稻油(麦)轮作机械化技术

DAOYOU MAI LUNZUO JIXIE HUA JISHU

吴崇友 等 编著

中国农业出版社

图书在版编目（CIP）数据

稻油（麦）轮作机械化技术/吴崇友等编著．—北京：中国农业出版社，2013.6
ISBN 978-7-109-17968-4

Ⅰ.①稻…　Ⅱ.①吴…　Ⅲ.①粮食作物－轮作－农业机械化－研究　Ⅳ.①S344.15

中国版本图书馆 CIP 数据核字（2013）第 124302 号

中国农业出版社出版
（北京市朝阳区农展馆北路 2 号）
（邮政编码 100125）
策划编辑　杨天桥

北京通州皇家印刷厂印刷　　新华书店北京发行所发行
2013 年 7 月第 1 版　　2013 年 7 月北京第 1 次印刷

开本：880mm×1230mm 1/32　　印张：15.875　　插页：8
字数：432 千字
定价：80.00 元

编著者

吴崇友　张文毅

石　磊　夏晓东

金　梅　梁苏宁

胡敏娟　王素珍

金诚谦　龚　艳

卢　晏　袁文胜

张　敏　余山山

涂安富

前　言

水稻和小麦是我国主要的粮食作物，油菜是主要的油料作物。

长江流域是我国水稻、小麦和油菜的集中产区，因此形成了世界上并不多见的水（水稻）—旱（小麦、油菜或其他旱作作物）轮作种植制度。由于水—旱轮作种植制度的特殊性，导致其生产系统、机具结构不同于完全旱作的欧美国家，也不同于一年一熟旱作或水作的我国北方地区。从生产者的角度来看，水—旱轮作是在同一个生产模式下的同一田块里同一个生产周期内完成的，生产技术和装备通用性越高，越有利于组织生产，降低生产成本。

本书以稻、麦、油三种作物集中产区——长江流域为对象，研究水—旱轮作机械化生产技术，分析和阐述机械化生产系统、机具结构和性能的一般性、通用性、特殊性，以及技术发展方向。

本书一部分内容是编著者多年从事农业机械化科研的成果，一部分是从服务于稻—油（麦）集中轮作生产的角度，梳理、总结已有的研究成果。适合于生产经营者、农业机械化技术推广人员、管理人员以及农业机械化专业、农业机械化工程专业的学生阅读。

本书由吴崇友设计内容结构和统稿，并负责编写第一章、第四章和第五章；张文毅负责编写第三章；夏晓东负责编写第二章。参加本书编写的人员还有（以姓氏笔画为序）：王素珍、石磊、卢晏、张敏、余山山、金诚谦、金梅、胡敏娟、袁文胜、涂安富、龚艳、梁苏宁。

袁钊和教授和涂安富高级工程师对本书进行了两次审阅，并提出修改建议，在此向他们表示衷心的感谢。

由于编著者水平有限，书中定有不少错误和不足，恳请读者批评指正。

编著者

2012年12月

目　录

第一章
绪　论

1.1　稻油（麦）轮作区

1.1.1　我国稻油（麦）轮作区的基本区域

1.1.1.1　我国水稻主要种植区域

水稻是我国主要粮食作物之一，其种植面积平均占谷物播种面积的26.6%，稻谷总产量占粮食总产的43.6%，占全国商品粮的50%以上。

我国水稻分布广泛，区域辽阔：南自热带海南省崖县，北至黑龙江漠河，东自台湾，西达新疆维吾尔自治区；低自东南沿海的潮田，高至海拔2 710m的西南高原。以秦岭—淮河线划分：秦淮线以南为主要稻区，以栽培籼稻为主；以北以栽培粳稻为主。另外，秦淮线以南的太湖流域多种粳稻，云贵高原海拔较高之处宜种粳稻。按省份统计，除青海省外，其余各省均有水稻栽培。

根据水稻种植区域自然生态因素和社会、经济、技术条件，中国稻区可以划分为6个稻作区和16个稻作亚区。南方3个稻作区的水稻播种面积占全国总播种面积的93.6%，稻作区内具有明显的地域性差异，可分为9个亚区；北方3个稻作区虽然仅占全国播种面积的6%左右，但稻作区跨度很大，包括7个明显不同的稻作亚区。

1.1.1.2　我国油菜主要种植区域

我国油菜种植面积和总产量均居世界第一位，常年种植面积在666.7万 hm^2 左右，占世界总面积1/4强。

我国油菜分布极为广泛，几乎遍及全国，海拔上限为4 630m。按播种季节不同分为秋播、春播、夏播和春夏复播等。根据油菜种植区划，我国油菜生产分为8个类型区：华南秋播油菜区，长江流域秋播油菜区，黄淮关中秋播油菜区，渭北晋中海河秋播春夏复播兼种油菜区，长城沿线松辽平原春夏复播油菜区，兴安岭内蒙古北部高原春播油菜区，蒙新春夏复播春播兼种油菜区，青藏高原春播油菜区。

秋播油菜约占全国油菜总面积的90%，分布在浙江、江苏、上海、安徽、江西、福建、山东、河南、湖北、湖南、广东、广西、云南、贵州等省份，以及四川雅安以东，陕西、甘肃、河北、山西、北京南部和辽宁东南部，以长江流域的太湖、鄱阳湖、洞庭湖冲积平原及四周低山丘陵地区最为集中，其中湖北、四川、湖南、安徽省面积较大，总产也最高。

1.1.2　我国稻油（麦）轮作区的农业自然条件

稻油（麦）轮作区（图1-1）大多属亚热带温暖湿润季风气候。稻作生长季210～260d，≥10℃的积温4 500～6 500℃，日照时数700～1 500h，气温由北向南递增；稻作期降水量700～1 600mm，降水分布由东南沿海向西北递减。本区气候温暖湿润，是中国热量条件优越、雨水丰沛的地区；冬季气温虽较低，但并无严寒，没有明显的冬季干燥现象；春季相对多雨；夏季则高温高湿，降水充沛；秋季天气凉爽，常有干燥现象；冬夏交替显著，具有明显的亚热带季风气候特点。

本区主要的地带性土壤是红壤与黄壤，以及山地黄棕壤；本区地貌类型较多，山地、丘陵、高原、平原交错分布，总的特点是西高东

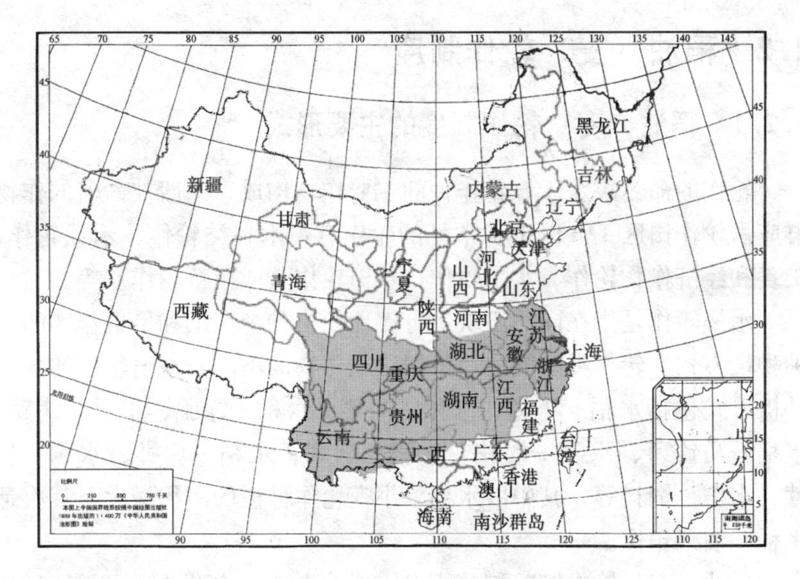

图 1-1　稻油（麦）轮作种植区域分布

低，大致可分为高山、中山和平原三部分。地势较高的山地多分布在西部，包括秦巴山地等，大部分海拔为 2 000～3 000m。中部和南部的大别山地、江南丘陵和南岭山地等，除个别山峰海拔达 2 000m 以上外，多数在 1 000m 左右。长江中下游平原的洞庭湖、鄱阳湖、太湖一带，水网交错，湖泊星罗棋布。

华东地区季风气候显著，夏季高温多雨，冬季寒冷干燥。雨热同期，年降水量 1 000mm 左右，约有 2/3 集中于夏季，全年四季分明，天气多变。本区多为平原、丘陵。

华南地区属中亚热带气候，最冷时平均气温≥10℃，极端最低气温≥－4℃，日平均气温≥10℃的天数在 300d 以上。多数地方年降水量为 1 400～2 000mm，是一个高温多雨、四季常绿的热带—南亚热带区域，有丰富的热量和水分资源。地表侵蚀切割强烈，丘陵广布，是我国砖红壤、赤红壤集中分布区域。

1.2　稻油（麦）轮作制度

1.2.1　稻油（麦）轮作制度的主要形式

轮作的命名决定于该轮作种的主要作物构成，一般被命名的作物群应占轮作田区 1/3 以上。常见的轮作有：禾谷类轮作、禾豆轮作、粮食和经济作物轮作、水旱轮作、草田轮作（或田草轮作）等。

水旱轮作是指在同一田块上有序地轮换种植水稻和旱地作物的一种种植方式。轮作类型繁多，根据旱地作物的不同，水旱轮作的主要种植方式包括水稻—小麦、水稻—油菜、水稻—绿肥、水稻—蔬菜、水稻—马铃薯、水稻—棉花、水稻—烟草、水稻—豆类、水稻—甘蔗、水稻—饲料等，其中以水稻—小麦轮作种植的面积最大，其次是水稻—油菜轮作。

稻油（麦）轮作按熟制特点分，常见的有一年两熟、两年三熟。一年两熟指稻、油（麦）轮作，两年三熟是油、稻、稻轮作。

1.2.2　主要轮作制度的特点

良好的轮作比在选种中克服一些诸如疾病、野草、昆虫和土壤肥沃度的因素更有影响力。选种并不能取代作物轮作的效应。以往的作物类型和种子、品种都将影响今后的选种。

中国早在西汉时就实行休闲轮作。长期以来中国旱地多采用以禾谷类为主或禾谷类作物、经济作物与豆类作物轮换，或与绿肥作物轮换，有的水稻田实行与旱作物轮换种植的水旱轮作。

水稻和油菜分别是我国主要粮食作物和油料作物之一，同时又分别属于水田作物和旱田作物。长江流域既是水稻主产区也是冬油菜主产区，两大作物在这个大的区域里相容共生，这就形成了世界上比较少见的水—旱轮作（稻—油或稻—稻—油）一年多熟的栽培制度和生态类型。

轮作是用地养地相结合的一种生物学措施。合理的轮作有很高的生态效益和经济效益：①有利于防治病、虫、草害。作物的许多病害如烟草黑胫病、蚕豆根腐病、甜菜褐斑病、西瓜蔓割病等都通过土壤浸染。如将感病的寄主作物与非寄主作物实行轮作，便可消灭或减少这种病菌在土壤中的数量，进而减轻病害。对为害作物根部的线虫，轮种不感虫的作物后，可使其在土壤中的虫卵减少，减轻危害。合理的轮作也是综合防除杂草的重要途径，因为不同作物在栽培过程中所采用的不同农业措施，对田间杂草有不同的抑制和防除作用。如密植的谷类作物，封垄后对一些杂草有抑制作用；玉米、棉花等中耕作物，中耕时有灭草作用。一些伴生或寄生性杂草如小麦田间的燕麦草、豆科作物田间的菟丝子，轮作后由于失去了伴生作物或寄主，能被消灭或抑制危害。水旱轮作可在旱种的情况下抑制并在淹水情况下使一些旱生型杂草丧失发芽能力。②有利于均衡地利用土壤养分。各种作物从土壤中吸收各种养分的数量和比例各不相同。如禾谷类作物对氮和硅的吸收量较多，而对钙的吸收量较少；豆科作物吸收大量的钙，而吸收硅的数量极少。因此，两类作物轮换种植，可保证土壤养分并均衡利用，避免其片面消耗。③改善土壤理化性状，调节土壤肥力。谷类作物和多年生牧草有庞大的根群，可疏松土壤，改善土壤结构；绿肥作物和油料作物可直接增加土壤有机质来源。另外，轮作根系伸长深度不同的作物，深根作物可以利用由浅根作物溶脱而向下层移动的养分，并把深层土壤的养分吸收转移上来，残留在根系密集的耕作层。同时，轮作可借根瘤菌的固氮作用，补充土壤氮素，如花生和大豆每亩①可固氮 6～8kg，多年生豆科牧草固氮数量更多。水旱轮作还可改变土壤的生态环境，增加水田土壤的非毛管孔隙，提高氧化还原电位，有利于土壤通气和有机质分解，消除土壤中的有毒物质，防止土壤次生潜育化过程，并可促进土壤有益微生物的繁殖。

水旱轮作系统一个显著的特征就是作物系统的水旱交替轮换导致了土壤系统季节间的干湿交替变化。水热条件的强烈转换，引起了土

① 亩为我国非法定使用计量单位，15 亩＝1 公顷。——编者

壤物理、化学和生物学特性在不同作物季节间交替变化，水旱两季也相互作用，相互影响，构成一个独特的农田生态系统，系统在物质循环以及能量流动、转换方面都明显不同于旱地或湿地生态系统。

水旱轮作系统中，土壤的物理性状在水旱两季存在明显差别。在水稻季，传统的稻田耕作要在移栽水稻前进行带水耕耙，将耕层土壤打浆使大土粒分散成微团粒或细小黏粒，多年的水耕后，由于黏粒在耕层下逐渐沉积而形成紧实的犁底层，这有助于减少稻田渗漏，提高水分、养分的利用效率；同时可控制杂草，利于插秧。然而，淹水种稻时土壤表层的浆状结构和多年形成的紧密犁底层，在由水田轮换为旱地时容易引起土壤板结，从而影响后季作物生长发育。土壤板结耽搁了后季作物整地，影响了整地质量以及种子萌发，也将阻碍小麦根系下扎和对下层土壤养分、水分的吸收利用，最终导致作物产量降低，这也被认为是水旱轮作条件下后季作物生长发育的主要障碍因子。水稻季推行少耕、免耕制，以及秸秆还田和其他有机质物料的施用，均能够减轻耕层土壤粘闭和种旱季作物时造成的土壤板结问题。在水稻收获之前种小麦，由于稻田仍处于湿润状态，能够促进种子萌发，从而避免土壤板结对麦种萌发的影响。

然而，水旱轮作也能改善长期淹水稻田的物理性状。研究表明，在长期淹水的稻田中，如双季稻条件下，由于频繁水耕，使土壤结构破坏，耕层土壤粘闭，土壤氧化还原电位低，次生潜育化普遍，影响了水稻根系的活力和生长。但是，这种田块实行水旱轮作后，土壤团粒结构和非毛管孔隙增加，氧化还原电位提高，次生潜育化消除，土壤物理性状的改善，有利于作物的生长发育。

在同一块土地上好的轮作可以提高土壤肥力并帮助控制昆虫生长、耐除草剂和疾病的蔓延。例如，在一块大量种植过豌豆后的土地上种植作物，会降低除草剂对作物的伤害。双低油菜若种植在前谷物或者夏季休耕的土地上，其产量会提高（图1-2）。油菜具有很好的作物轮作性。油菜的植物残留能作为一种生物燃料，控制一些谷类根部疾病。

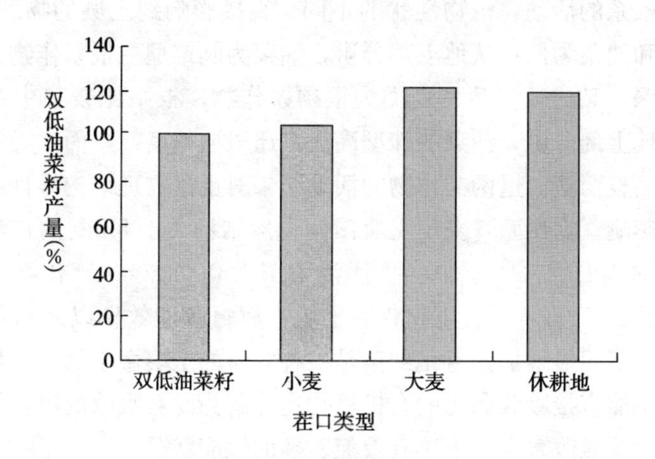

图 1-2 黑色和深灰土壤地带不同茬口的双低油菜籽产量

油菜是养地作物，大量试验表明：稻—油轮作比稻—麦轮作在同等条件下，一般下茬作物（水稻）可增产 5%以上。

各种作物秸秆还田的营养成分有所不同，水稻、油菜秸秆是各类秸秆中养分含量较高的作物。有研究发现，稻草还田后，有机质含量提高了 17.5%～28.7%；油菜秆还田后，有机质含量提高了 17.5%；麦秸草还田后，有机质含量提高了 14.0%。有机质增加，经矿化后可使土壤中氮素养分得到明显的改善。与对照相比，稻草还田后土壤全氮含量提高了 28.5%～40.1%，碱解氮含量提高了 13.2%～30.8%；麦秸草还田后土壤全氮含量提高了 5.5%，碱解氮含量提高了 14.3%；油菜秆还田后土壤全氮含量提高了 26.7%，碱解氮含量提高了 14.3%。秸秆还田还有利于土壤速效钾的积累和提高。稻草还田后，速效钾含量提高了 12.9%～21.0%；麦秸草还田后，速效钾含量提高了 12.1%；油菜秆还田后，速效钾含量提高了 4.8%。

油菜是用地和养地相结合的作物，是耕作制中重要的茬口作物，种植油菜对保护甚至提高土壤肥力、控制土传病害起到重要作用，是促进我国农业可持续发展的重要因素之一。不同作物在生长发育过程中由于根系的活动、植物性状的不同，直接影响到土壤的物理性状。以麦类和油菜为例：从地下部分讲，油菜为圆锥型主根系作物，根系入土较深，又比较发达；麦类为根须系作物，根系比较集中在土表层。从地上部分讲，油菜的株型高大，通风通气良好，而麦类密集丛生，地面较荫蔽。这两类作物的活动结果对土壤物理结构等性状起着不同的影响。据试验，麦田土壤田间自然结构大于5mm的较油菜田多10.7%～11.4%，土壤容重比油菜田大0.08g/cm^3，孔隙度比油菜田土壤少3.08%。油菜收获后土壤水解氮和速效磷以及氮化细菌均比大麦田明显增加。氮化细菌是一种有益的土壤微生物，能把土壤中植物不能直接吸收利用的有机氮化物分解为易被吸收的氮，因而种植油菜有明显改善水田土壤有效氮、磷的供应状况。

油菜属十字花科作物，其所需要的营养元素只能从土壤和施肥中得到，而油菜又是需要氮素较多的作物，似乎对养地没有什么作用，但是它通过本身对土壤养分的“归还”达到一定程度的养地目的。油菜每生产100kg油菜籽需要吸收氮8.8～11.64kg，其中菜籽中占44.1%，落花落叶占29.1%，根茬占6.9%，茎秆荚壳占20.9%；需要磷总量为3.0～3.9kg，其中菜籽中占65.9%，落花落叶占13.3%，根茬占5.8%，茎秆荚壳占15.0%；需要钾总量为8.5～10.1kg，其中菜籽中占21.2%，落花落叶占29.4%，根茬占13.4%，茎秆荚壳占36%。菜籽中的氮、磷、钾等以饼肥还田，落花落叶和根系残茬留在田里，直接还田，只有茎秆和荚壳中的氮、磷、钾随收获物带走。如把茎秆荚壳还田，则更不浪费养分。这说明油菜的养地作用在形式上与豆科绿肥不同，是在其自身生长发育过程中、落花落叶在田中，成为已分解或半分解的腐殖质，以及集中在种子中的大量氮、磷养分，以饼肥形式还田，达到作物用地养地目的。

近年来保护性耕作得到大发展，尤其是稻田免耕水旱轮作对作物的产量和土壤生态效应都有很好的影响。以稻油水旱轮作为例，油菜收获后，将油菜秸秆均匀散布全田，喷施一定的除草剂，施加肥料后深水淹没，待稻田水自然落干后开厢施足底肥插栽水稻；水稻收后，免耕覆盖稻草，用免耕移栽器插栽油菜……，如此循环往复实行秸秆还田连作免耕种植水稻和油菜。这种种植模式下水稻和油菜产量较常规种植均有所提高。有试验数据显示稻油连作免耕后土壤养分除速效磷有所下降外，其他养分指标均高于基础指标，同时随着免耕年限增加，施肥量逐年减少。由此可以看出，随着作物秸秆及根系连续还田，土壤在干湿交替条件下循环，作物根系及油菜秸秆在水气两相环境和多种微生物作用下，养分以缓释形式供给土壤和作物，油菜秆和稻草轮流还田，且每季作物根深均在20cm以内，根系死亡后，极大地丰富了土壤耕作层中腐殖质含量，进而土壤有机质含量随之增加，土壤肥力得到提高。油菜秸秆还田，油菜收获指数按28%计，每年有500kg以上的生物量以风干基还田。按100kg风干基含N 0.816kg、P_2O_5 0.14kg、K_2O 1.857kg计算，即可为稻田提供N4.08kg、P_2O_5 0.7kg、K_2O 9.3kg，N、P、K养分的增加、微生物及其酶活性的增强，加快了稻田生态系统的物质循环和能量转化，为作物生长建立一个高肥力的生态环境，致使稻油作物持续稳产高产。

稻油（麦）轮作区，茬口紧的地区水稻育秧—插秧，油菜育苗—移栽；茬口松的地区可以直播水稻，直播油菜；或者根据实际情况适当选择移栽还是直播。

水稻移栽区，油菜或麦子收获后，省去犁地，用旋耕机以旋代耕，耕地与平整土地一次完成，可以满足插秧要求。前茬为麦子，要求麦茬高度不大于8cm，麦秸秆全部回收利用；前茬为油菜，菜籽壳可还田，油菜秆应全部回收，以免影响整田质量。若时间来得及，可在油菜或麦子收获后直接进行免（少）耕直播。

水稻为前茬作物时，水稻收获后，在稻茬田进行小麦免（少）耕施肥条播种植。对于油菜，根据各品种的生长期以及当地具体气候情况选择种植方式，直播优先，能播不栽，在很长时期内育苗移栽仍是主要的种植方式。

1.3 稻油（麦）机械化机器系统

1.3.1 稻油（麦）主要轮作制度对机械化技术的需求

长江流域水稻—油菜轮作的栽培制度和这一地区的气候条件决定了它所需要的生产装备系统的特殊性和复杂性。相对而言，水旱轮作地区的生产机械化系统比美国、欧洲和我国东北地区一年一熟的旱地，菲律宾、泰国、越南等大多数地区一年多熟的水田，以及我国华北大部分地区的一年两熟旱地生产机械化系统都要复杂，既要解决水田也要满足旱地的耕作、播种、移栽及收获的要求，有时两者是可以通用的，如旱耕整地、油菜直播与水稻旱直播所需要的机械化技术；也有大致一样而局部不同的，可以通过局部改变而求得兼用；还有一些是大部分不同，而局部相同，需要分别研究和应用。

1.3.1.1 水稻机械化技术

水稻生产全过程中采用机械化作业的技术，包括硬件技术（技术设备）和软件技术（生物技术措施及管理技术）。主要由以下几项作业环节的机械化技术及其装备组成。

1. 水田耕整地机械化技术 使用与各类拖拉机、水田耕整机等动力机械配套的旋耕机、铧式系列犁、水田耙等机具，完成大田耕、耙、平等作业的技术，以满足水稻插秧、抛秧等后续工序对水田的耕作要求，以及水稻秧苗生长对水田的农艺要求。

水田耕整地机械是对水田耕作层土壤进行加工整理的农业机械。根据耕作措施分基本耕作机械和表土耕作机械（又称辅助耕作机械）两大类。基本耕作机械用于土壤耕翻或深松耕，主要有铧式犁、圆盘犁、凿式松土机、旋耕机等；表土耕作机械用于土壤耕翻前浅耕灭茬或耕翻后耙地、耢耱、平整、作畦等作业机械，主要包括各种耙、作畦机等。水田土壤耕作机械按动力传递方式有非驱动型和驱动型两类。非驱动型土壤耕作机械主要依靠拖拉机的牵引力进行作业，其工作部件与机体之间没有相对运动，或只在土壤反力作用下作被动旋转或弹跳运动，如铧式犁、圆盘犁、圆盘耙等；驱动型水田土壤耕作机械除由动力牵引作前进运动外，其工作部件同时由动力驱动作往复式或旋转式运动，如旋耕机、旋转犁等。有些土壤耕作机械能一次完成两项或多项土壤耕作作业，称为联合耕作机，如耕耙犁、打浆机等、水田耕整机械化作业可耕翻土层、松碎土壤、改善水田土壤结构、覆盖残茬和肥料、消灭虫害，有利于水田积蓄水分和养分，为水稻生长创造良好的条件。

2. 水稻育秧机械化技术 为了使秧苗适合水稻移栽机械化，近几年水稻机械化育秧技术得到了迅速发展。水稻机械化育秧技术是在育秧过程中使用机械、电加温和自动控制等手段，将种、土、温度、湿度等条件置于人工控制之下的一种技术。采用该技术育出的秧苗均匀、整齐、规格统一，便于机插秧，成活率90%以上，且移栽后返青快，分蘖早，产量高。

水稻机械化育秧技术经过一段时间的发展形成几种方式。①带土育秧机械化技术，也叫规格化育秧技术，按选用的机械设备不同，又可分为工厂化育秧、框架育秧、隔膜育秧、嵌条育秧、切块育秧、模盘育秧等方式。②工厂化无土肥水育秧技术，也是一种很受欢迎的育秧方式，是将稻种播在秧盘上，不覆盖土壤，在温度、水分和通气条件良好的条件下，使种子发芽现青，再经过绿化、炼苗，待秧高8～10cm即可机插。③水稻软盘育秧技术，是在“工厂化”育秧的基础上总结转化而来的低成本、简易化的育秧方式；该育秧方式成本低，质量好，易于操作，适合机械化栽插的要求；其作业流程为：床土准备—肥料搅拌—破碎过筛—堆闷熟化—晒种脱芒—发芽试验—选种—药剂浸泡—催芽—铺空盘—装盘土—洒水—播种—覆土—封膜盖草—揭膜炼苗—肥水管理—起盘移栽。

3. 水稻轻型栽培机械化技术 包括机械插秧技术及机械化高速插秧技术、机械抛秧技术、水稻直播技术。①水稻机械化插秧技术是使用插秧机把适龄的秧苗按农艺要求和规范移栽到大田的技术。该技术模仿人工手插秧，具有定苗定穴的特点，既保证了秧苗个体的壮实，又保证了水稻的群体质量。②高速插秧机与普通步行式机型相比，具有舒适、高效率的优势，大大减少了人力劳动。③抛秧机抛秧对农艺技术要求较高，抛秧机使用的秧苗必须使用“蜂穴式”塑料软盘培育的秧苗。秧苗是否合乎抛秧机的要求，将直接影响抛秧的质量和工作效率，甚至影响机械化抛秧技术的成败。④水稻直播就是不经育秧、移栽而直接将种子播于大田的一种栽培方式。水稻直播有以下优点：一是省工、省力、省钱，增产、增收、提早成熟。直播免除了传统育秧、移栽用工，节省秧田，使稻作生产简易轻松。二是产量高。由于直播稻更有利于低节位分蘖，穗茎优化合理配置，主蘖穗基本上整齐一致，成穗率高，总穗数多。三是生育期缩短。直播水稻无拔秧植伤和栽后返青过程，因而生育进程加快，生育期一般比同期移栽的水稻缩短 5～7d 以上。四是有利于发展集约化生产。大面积水稻直播可节省大量劳力，缓解劳力季节性紧张的矛盾，对实现水稻生产的机械化、轻型化、现代化有着重要意义。水稻直播技术各季水稻都可以采用，尤其是田多劳少和洪涝灾害过后抢种。与移栽水稻相比，直播水稻存在难全苗、草害、倒伏三大难题。因此，在生产上应特别注意掌握好全苗早发、除草防害、增肥防早衰、健壮栽培防倒伏等技术措施。

4. 水稻收获机械化技术　包括分段收获（收割与脱粒分开作业）和联合收获机械化技术。水稻机械化收获技术就是按水稻收获的农业技术要求，用机械一次性完成或分节完成收割、脱粒、清选等技术。联合收获工艺是使用机械一次性完成水稻收割、脱粒、清选、装袋或输入粮箱等工序，茎秆分离后可切碎还田，也可集堆后捆扎收集。联合收割机当中半喂入式机器是只将稻穗送入脱粒装置脱粒，可切碎茎秆还田，也可保留茎秆，实现茎秆的条铺和堆放，适合各地区对秸秆处理的不同要求。全喂入收割机则将被割下的全部稻株送入脱粒装置中，茎秆切碎后还田。

5. 水稻烘干机械化技术 包括移动式、固定式烘干机械化技术。近来水稻机械化干燥技术在发达地区推广应用较快，它也是水稻生产全程机械化的一个重要组成部分。目前应用的水稻机械干燥技术，主要是以中、小低温循环干燥机械设备的手段，人工控制温度、湿度等因素，在不损害水稻品质的前提下快速降低含水量，使其达到国家安全储存标准的干燥技术，是水稻丰产丰收的重要保障条件。该技术除了能有效防止连绵阴雨等灾害性天气所造成的损失外，还具有其他明显的优势：一是减轻劳动强度，改善劳动条件，提高劳动生产率，为实现农业产业化、集约化、现代化提供了有效手段。二是提高了粮食品质、流通性和加工性。三是可以防止自然灾害对粮食造成的污染，杜绝农民因占有公地晾晒粮食而造成的不便。

水稻生产机械化技术路线总体上以机械插秧为主，在适宜地区发展精（少）量机械直播和钵体苗机械有序移栽、抛栽；主要采用以精密播种技术为基础的双膜育秧和软（硬）盘育秧等田间低成本育秧技术，在育秧季节气温较低的北方稻区采用简易设备（棚盘）育秧技术，有条件的地区发展育秧中心，开展育秧规模化服务。多数地区主要采用全喂入、半喂入联合收获形式，少数丘陵山区采用分段收获形式。机械烘干、秸秆根茬处理还田和少（免）耕整地技术、机械化深施肥技术、精密高效施药技术、航空施药技术、机械中耕除草技术、节水灌溉技术以及激光平地技术也急需发展。

1.3.1.2 小麦机械化技术

小麦机械化技术主要包含以下内容：精（少）量播种机械化技术，化肥深施机械化技术，农作物秸秆直接还田机械化技术，全方位深松技术，节水灌溉机械化技术，稻茬麦浅旋耕机条播技术，稻麦联合收获机械化技术。

1. 精（少）量播种机械化技术 播种是关键，要掌握三要素，即选择优质种子、适宜播种期、规范播种质量。

机械化精（少）量播种技术是指用机械将一定数量的种子，按农业要求（行距、株距、深度、播量）播入土壤的技术。其实质是在土、肥、水条件较好的地块上，通过降低播量、处理群体与个体发育的矛盾，改善群体内有效分蘖的光照和营养条件，实现成穗率高、穗粒多、籽粒饱满，从而达到高产的目的。常量机播在小麦产区已基本推开，但精（少）量播种发展不平衡，还需进一步加大精（少）量播种技术的推广力度，提高播种质量。

根据不同农作物种类、不同茬口、不同自然条件，可采用不同播种技术和不同功能的播种机。目前，国产播种机有以下几种类型：专用播种机、精密播种机、施肥播种机、铺膜播种机、坐水播种机、灭茬免耕播种机等。

前茬作物是玉米、大豆、甘薯、棉花的播种工艺路线：施底肥，耕整地，机播；前茬作物是水稻的播种工艺路线：施底肥，浅旋耕灭茬，机条播，机开沟，化学除草。

提高小麦的机播质量，关键要把握以下几点：一是注意土壤墒情，遇到干旱要造墒，遇到涝渍要排渍；二是提高耕整质量，特别是细碎度和平整度；三是选择先进适用的播种机，传动可靠、排种均匀、输种准确；四是加强对播种机手的培训，熟悉播种机的使用与调整，不重播、漏播，并注意播种的直线性和靠行的一致性。

2. 化肥深施机械化技术 化肥深施技术是小麦机械化技术的主要内容，也是提高秋种质量的重要内容。根系是农作物吸肥的主要器官，要求化肥深施。化肥深施技术是指使用机械和手工工具，将化肥按农作物生长要求数量和化肥位置效应，施于土壤表层以下一定深度的技术。按化肥深施的技术内容，主要有三种形式：①深施底肥；②深施种肥；③深施追肥。化肥深施是一项比较成熟的增产技术。如果将机械化深施化肥与测土配方施肥结合起来。对提高化肥利用率、降低生产成本、增加作物产量、减少环境污染，具有更好的经济效益和社会效益。据中国农业科学院土肥所研究表明，碳酸氢铵、尿素深施比表施氨态氮利用率分别由27%和37%提高到58%和50%，磷肥和钾肥深施也可以减少风蚀，增加肥效。一般化肥深施于土壤 6cm 或 10cm 以下，化肥的挥发损失量显著降低。

小麦播种期间，耕地时可在拖拉机机组上安装犁底施肥器，或采用施肥播种机复式作业。没有条件的地方，人工丢犁沟，也是个比较好的办法。

目前，国内用于追施的固体、液体手动化肥深施器均比较成熟，生产犁底施肥器厂家也较多。

3. 植保机械化技术 为了充分发挥农药的有效作用，并尽量防止可能产生的危害，施用化学农药必须达到三个条件：一是高效、低毒、低残留的农药；二是先进可靠的施药机具；三是安全、合理的施药方法。节药型植保机械为大面积、高效、低残留病虫害防治提供了有效手段。

在我国，农业生产中应用的节药型植保机械化技术常见的是喷雾喷粉和超低容量喷雾技术两类。①喷雾喷粉机械化技术：是我国应用最广泛的植保技术，具有结构紧凑、射程远、雾化性能高、工效高、适应范围广，对不同介质药剂如油剂、水剂、乳剂、粉剂、颗粒状等均可使用，颗粒状可用于除草、土壤处理、施肥、播种作业，可配备多件喷射部件，如高容量喷头、弥雾喷头、超低容量喷头、喷粉装置、喷颗粒装置等，达到一机多用、降低成本、综合防治目的。常用的机型有背负式、担架式、悬挂式等型式。②超低容量喷雾机械化技术：对于什么是超低容量喷雾，有各种不同的说法。美国农业部给超低容量作了一个规定，即在应用浓缩农药（不加稀释的浓油剂时），其稀释液要少于农药本身容积的 50%。一般来说，按我国的单位制，每亩地施药量在 30L 以上的称为常规喷雾，也称高容量喷雾；每亩地施药量在 0.3～30L 的称为低容量喷雾，每亩地施药量在 0.3L 以下的称为超低容量喷雾。从喷洒雾滴的大小及类型上来分，超低量喷雾中使用雾滴在气雾剂（30～50μm）和弥雾剂（50～100μm）两个范围比较理想（表 1-1）。

我国确定的超低容量喷雾技术有以下几个特点：①雾流细密，浓

表 1-1 雾滴大小分类、类型及使用范围

雾滴直径（μm）	雾滴大小分类	作用范围
小于 50	气雾滴	超低容量喷雾
50～100	弥雾滴	超低容量喷雾
105～200	细雾滴	低容量喷雾
201～400	中等雾滴	高容量喷雾（即常规喷雾）
大于 400	粗雾滴	

度高，在作物丛中飘移穿透性好，时间长，防治效果好。②与常规喷雾比可节省农药 10%～30%，所喷药液量少，流失到地面的药量相对减少，减少了环境污染。③用水量少，适用于航空喷雾以及干旱地区和林区等大面积防治。超低容量喷雾技术是包括药剂、药械及使用技术为一体的节药新技术，忽视其中的某一因素都会影响该技术的实施效果。

4. 农作物秸秆直接还田机械化技术 秸秆粉碎还田机械化技术是用机械将秸秆粉碎、切碎、破茬、深耕、旋耕和耙压等作业方式，把秸秆直接翻埋到土壤中或切碎覆盖在地表的技术。

很多农业发达的国家都很重视可持续农业发展，重视施肥结构的科学合理。一般化肥的施用控制在施肥总量的 1/3 左右，秸秆还田和厩肥用量占 2/3。美国、加拿大等国的小麦、玉米秸秆大部分都要还田。1994 年我国每公顷农田的化肥用量已达 346.5kg（同时发达国家为 81kg/hm^2，世界平均水平为 91.5kg/hm^2），已超过世界平均水平 2.8 倍。这说明我国化肥施用量太大。

机械化秸秆还田不仅抢农时、抢积温，及时解决了大量秸秆就地还田，避免焚烧和田边地头腐烂带来环境污染等问题，而且为大面积用地养地、增加土壤有机质含量、蓄水保墒、改土培肥、减少化肥用量、节约生产成本、提高农作物产量、建立高产稳产农业创出了新路子。

5. 全方位深松技术　长时间种植、机械耕作，以及不科学使用化肥、有机施肥用量低，在大自然的综合作用下，造成土壤板结、耕作层变浅，逐步形成了坚硬的犁底层，大大减弱了耕作层和心土层之间水肥的流通，使作物根系难以伸展。雨季降雨时因犁底层的阻隔雨水不能及时渗入、蓄集到心土层，容易形成地表径流，甚至大量耕作层土壤被冲蚀。而在干旱天气，坚硬密实犁底层又使底层水分难以向耕作层移动，容易造成“小雨小灾、大雨大灾、无雨旱灾”的现象。给农业生产带来不利的影响。为改变这一状况，提出“全方位深松技术”，取得了一定的效果。

所谓深松，是指用机械疏松土层而不翻转土层的土壤耕作技术。深松有全面深松和局部深松两种，或称为全方位深松和间隔深松。全方位深松技术是以大中型拖拉机配套的具有国际先进水平的 V 形深松铲，作业时强制进入土层的一定深度，打破犁底层，使土层向上抬起，并具有碎土作用，同时在深松层底部形成鼠洞式的暗沟，提高土壤的蓄水保墒能力。该技术又被称为“土壤水库”，是一项充分利用的自然降雨、节药灌溉水、改造中低产田、增加农作物产量的一项工程技术措施。深松深度一般在 30～40cm，深松后整地最好采用旋耕作业，一般称为浅翻深松法，播种后需适度镇压。这项技术实施最好与当地中低产田改造结合起来，有组织地统一进行。

全方位深松技术应注意：一是动力要与作业机具相配套，一般需 36.78kW 以上的拖拉机；二是深松以保持耕层土壤适宜的松紧度，为创造合理的耕层构造为目标，掌握合理深度、深松方式和深松间隔时间；三是漏水田块或改造田块不适宜深松。

6. 稻茬麦浅旋耕机条播技术　在稻麦连作地区，由于前茬水稻收获后，给整地种植带来很大困难，不仅费工时、用种量大，而且产量低下。20 世纪 80 年代后期，农机和农业科技人员多年合作研究探索新的栽培技术，形成了以旋耕条播为核心的稻茬麦播种机械化技术，它具有省工、省种、增产等特点。该技术是通过使用旋耕条播机在稻茬田上一次完成旋耕、灭茬、碎土、播种、覆土、压实等多道整地和播种小麦作业工序，将农机与农艺有机结合起来，形成了稻麦茬连作地区小麦高产的机械化综合技术。在推广应用时要掌握以下技术要点：①以旋耕条播为核心，重视作业质量。旋耕深度一般在3～5cm，做到土块细碎、灭茬干净，调整好行距和播种量，行距在20～23cm；播种量视种子特性、亩基本苗要求及土壤肥力等因素，每亩控制在9kg左右。②适时开沟，排除田间地表积水及降低土壤含水量，以防涝渍。一般采用专用开沟机，开沟深度25～35cm，间隔3～4m，开沟时将沟体的泥土均匀地覆盖在播种小麦的地表上。③合理施用肥料。结合浅旋耕条播小麦的耕种特点，制订合理的施肥方案，保证小麦正常生长和提高产量。对中等肥力的田块，其施肥方案是施足底肥、巧施平衡肥、增施拔节孕穗肥；60%用作底肥，10%用于冬前和早春平衡肥，30%用作拔节孕穗肥。④注重化学除草。播前或播后，视田间杂草、湿度、温度而定，选择合理对路的化学除草剂及时防治。

7. 稻麦联合收获机械化技术　收获是农业生产过程中季节性强、用工量多、劳动强度较大的生产环节。稻麦机械化收获与人工收获相比，可使收获期从10～15d缩短到7～10d，使丰产的粮食及时归仓，对下茬作物抢种，确保农时、促进农业增产增收。机械化联合收获能减少粮食收获过程中的损失和浪费，总损失率可降到5%以下，人工收获总损失率高达12%～15%，可减少损失8%左右。

从机械化收获工艺上可分为分段收获和联合收获，联合收获机按茎秆是否全部进入脱粒装置可分为全喂入和半喂入两大类。全喂入收割机又分为背负式、轮式自走式、履带自走式、牵引式；半喂入收割机又分为自走式和悬挂式。按采用的割台形式不同分为卧式割台和立式割台。稻麦联合收获机不论哪种形式，其基本工作原理相同，在田间一次完成稻麦切割、输送、脱粒、分离和清选等项作业，获得比较清洁的谷粒。主要部件除动力行走装置外，主要有收割台、脱粒机和中间输送装置三大部件。但是，水稻与小麦的生物学特性不同，在联合收获机中，脱粒装置结构有差异。小麦脱粒采用的是揉搓原理，水稻则采用梳刷原理。

影响联合收割机作业的因素包括地块含水量（小麦）和泥脚深度（水稻）、秸秆长短和温度、田块形状和田间转移的道路。

1.3.1.3 油菜生产机械化技术

油菜生产机械化技术主要包括以下一些环节：大田、苗床的耕整，开沟，移栽或直播，排灌，植保，化肥深施等田间管理，收获，烘干等各机械化技术环节。根据种植方式的不同，油菜机械化生产的作业流程分两种：①油菜机械移栽的作业流程：机械整地、选种育苗→机械耕整大田、施肥、开沟→机械移栽→生长过程管理→机械收割→机械烘干。②油菜机械直播的作业流程：精选种子、试验发芽率→大田准备、机械直播（破茬、浅耕、施肥、精量播种、开沟）→生长过程管理→机械收割→机械烘干。根据收获方式的不同，油菜机械化收获又可分为联合收获和分段收获。

1. 种前机械化耕整地技术 油菜苗期要求有松细的土壤，整地质量差、湿耕烂整、土壤板结不仅移栽油菜缓苗期长、生长速度慢，而且易造成油菜烂根死苗。若前作收获较早，可及早犁地炕土，蓄纳降雨和熟化土层；若前作收获较晚，应抓紧耕作整地。干旱地区可在前作生长后期雨后及时锄地；有灌溉条件的地区若干旱不雨，可在前作收获前后灌一次“跑马水”，待土壤水分适耕时进行犁耙；前茬作物为水稻的田块，要求在水稻收割前7～10d排水晒田，收割后抢晴天翻耕晒垡，干耕干整，碎土开浅沟或穴移栽，以利土壤疏松、通气透水，油菜栽后早发根、快活棵。在翻耕油菜田整地时，要开好厢沟、腰沟、围沟，做到深沟窄厢。一般开厢为南北向，厢宽4m左右，横竖沟要达到宽30cm、深30～35cm，确保排水通畅，以避免油菜根系遭受渍害，并减轻病害发生。南京农业机械化研究所正在研发一种油菜稻板田免耕移栽机，已经取得了阶段性的成果，此机可在稻板田上直接移栽，只需在移栽前进行开沟作业。茬口松的地区可进行直播油菜，可在播种时同时完成耕地、施肥、开沟、播种作业。

2. 油菜机械化种植技术

（1）直播　油菜机械化直播技术的主要优势是环节少，省工、省力，生产效率高，并能获得高产。主要制约因素是对前茬作物腾田有时限要求。

目前直播油菜使用的机械有条播类机械和撒播盖籽类机械两类。条播类机械代表机型是 2BG-6B 型条播机，是稻麦条播机的改进机型。排种器为外槽轮式排种器，行距为 30～60cm，且可调节，灭茬碎土部件为旋切刀辊。其他条播（含点播）类机械主要是排种器的差异；盖籽类机械通常由人工完成大田撒种，再用盖籽机旋切盖土，可简单将其看作是去掉排种装置的条播机。

早播选用高产、高抗品种，迟播选用发苗快、长势旺的品种。播种时间一般 9 月中下旬至 10 月上旬，最迟至 10 月 20 日。亩基肥量不得少于：纯氮 7～8kg，五氧化二磷 7～8kg，氯化钾 7～8kg，硼肥 500～750g。亩播量为 100～250g，亩基本苗控制在 1.5 万～3 万株。保墒播种、一播全苗是机直播油菜成功的关键。播种深度 20mm 以内，浅播不露籽，压实不架空。如雨水过多，及时开沟降渍，防止闷种死苗、墒情不足，影响出苗。

（2）移栽　在油菜全程机械化技术中，油菜移栽是近几年才发展起来的，田块、苗、时机、密度等是油菜机械化移栽高产栽培成功的关键因素。耕整地质量的好坏直接关系到机械化栽植作业质量。移栽田块要求平整，田面整洁、细而不烂，碎土层大于 8cm，碎土率大于 90%。综合土壤的地力、茬口等因素，可结合旋耕埋茬作业施用适量有机肥和无机肥，进行适度病虫草害防治后即可移栽。将要移栽的油菜苗高度应控制在 15cm 以内（三叶一心为宜），若过高移栽时会产生夹苗、拔苗现象。过高部分在不伤苗心的前提下可切除，并不影响油菜移栽后成活、生长。将秧盘运至田头应随即卸下平放，使油菜苗自然舒展，并做到随起随栽。然而，小苗移栽比大、中苗移栽获得增产不是绝对的。如播种期推迟，在低温条件下，小苗抗逆性较弱，不利长苗；而大苗移栽因其积累较多的营养物质，移栽后有利越冬。为此，大小苗移栽，何种为好，尚须根据不同地区、不同品种，尤其是播期的不同，择适而定，不可强求一致。油菜最适宜的移栽期是10月中下旬，一般要求在10月下旬结束，最迟不宜晚于11月上旬，11月中旬栽的油菜，发根慢，植株长势差，不利于早发高产。上述时间随各地气候差异有所区别。

移栽机按栽植器类型进行分类，主要分为以下几种：钳夹式、挠性圆盘式、吊篮式、带式、导苗管式。其中较为常见的是钳夹式。国外的产品以意大利切克基—马格利公司（Checchi & Magli）生产的奥特玛（OTMA）栽植机和荷兰米启根公司（Michigan）生产的MT栽植机、法国的UT-2为多见。

我国油菜移栽机械研究起步较迟，研究资料显示，1979年四川省温江地区农机所研制了2ZYS-4型油菜蔬菜钳夹式栽植机；北京市农机所曾于1980年和1991年分别研制了2ZSB-2型钵苗移栽机和2ZWS型蔬菜无土苗移栽机，2000年安徽省滁州农机所研制的2ZY-2油菜移栽机。江苏省镇江市农业机械技术推广站研制了两种型式的油菜栽植机，即钵苗栽植机和裸苗栽植机。这些机具由于与育苗方式不配套或不能满足油菜栽植的要求等原因而没有得到推广应用。

目前，国内很多单位正在从事油菜移栽机的研究工作，主要是在引进和借鉴国外移栽机的基础上进行改进仿造。我国目前研制和推广的栽植机基本上都是半自动化机型，正在移栽过程中。首先由人工将秧苗喂入到移栽机构，再由机具完成开沟、放苗、扶苗、覆土和镇压等工作，主要的配套动力是手扶拖拉机或小型拖拉机。

3. 油菜机械化收获技术 由于油菜的某些生物学特性，与稻麦相比很不利于机械化收获，多数地方基本上是以人工收获为主。人工对收获时机虽然要求不是十分严格，但是劳动强度大，生产成本高，效率极低。如果在收获过程中遇到阴雨天，油菜籽极易发芽、霉烂、变质，造成巨大损失。这就对油菜实现机械化收获有了迫切需要。

油菜的机械化收获主要有分段收获和联合收获两种方式。分段收获即先割晒再捡拾、脱粒的分段收获方式。联合收获即收割、脱粒、清选作业一次完成的联合收获方式。

（1）分段收获 分段收获方式的特点与传统的人工收获工序类似，利用了作物的后熟作用，可以提前收获，延长了收割期，籽粒饱满，产量有所提高，但是生产率较低，劳动强度大。分段收获是在油菜黄熟前期成熟度75%～80%时先割晒，待后熟干燥成熟度达到90%以上时进行脱粒，损失率与人工收获差不多。在机械化分段收获中，第二步作业现在又有两种方式：第一种是将割晒机割倒的油菜搬运至场上晾晒，然用谷物联合收割机脱粒；第二种是将割晒机割倒的油菜直接在田间晾晒，然后用专用捡拾机械捡拾脱粒。我国农村普遍使用的是第一种方式，第二种方式一般只应用于东北的大型农场。我国专用于油菜分段收获的机具很少，大多引进国外的大型收获机器，近年来农业部南京农业机械化研究所针对南方小型地块的移栽油菜分段收获的割晒机和捡拾脱粒机进行了研究，样机实验效果喜人。

（2）联合收获 油菜联合收获效率高，省工省时，尤其在气候条件不好的情况下有利于抢收。进行联合收获的关键问题是掌握好收获时期，即适时收获。既不能偏早，也不能偏晚。偏早收获往往产生脱不净和清选损失增大、籽粒清洁度不高等现象，同时还会导致种子过嫩含油量减少；偏晚收获容易裂果落粒，割台损失率增加。

国内现有的几种油菜联合收割机基本上是在稻麦联合收割机上改进而来，主要是加装竖切割分禾装置、加长割台、更换清选筛等，其他装置基本通用，通过调整位置、间隙、速度、形状、尺寸等参数来实现油菜联合收割，存在许多问题，如总体配置不合理，通过性、适应性较差，作业性能指标不稳定等。为此，有必要专门重点研究适合油菜联合收割、有别于稻麦联合收割机的切割分禾、脱粒分离、清选、秸秆切碎还田等装置的关键技术，以及适合油菜机械收获的配套农艺技术。油菜机械化联合收获技术的研究可从以下几方面进行研究：①割台技术。油菜本身的荚果易炸裂，分枝互相交叉，稍有拉扯，便有籽粒掉落。收割油菜时，除了设置竖侧切刀将未割区与待割区分开外，拨禾轮的拨齿拨油菜时应在主割刀切割油菜主茎秆后，这样便于籽粒掉落在割台内。所以，相对稻麦收割，油菜收割时，拨禾轮应后移、上提，但过多的后移、上提会影响油菜在割台上输送，为解决这种矛盾，提出了主割刀至螺旋输送器中心的距离必须加大的要求。当油菜收割机兼收稻麦时，主割刀至螺旋输送器中心的距离必须缩短，以满足较矮株型的稻麦作物的收割需要，否则也会影响稻麦在割台上输送。②竖侧切割技术。竖侧切割装置将未割区与待割区分开的同时，需要尽量做到两点：一是对荚果的打击要小，即振动要小，因此要求竖侧切割装置运动惯性小，切割刀质量小、切割频率低、割刀往复运动的距离小（刀距小）；同时要求驱动机构振动小。二是被切割的荚果、籽粒要落在割台内，因此要求竖侧切割刀后仰，即下端增设滑撬式分禾器，并高于、超前主割刀，上端落后主割刀。③秸秆切割、切碎技术。采用双层切割技术，主割刀切割荚果层，下割刀切割油菜下部的粗茎秆，可减少喂入量和输送、脱粒、清选负荷，降低损失率，便于秸秆还田。④脱粒分离技术。钉齿轴流脱粒滚筒脱油菜时，打击力度大，茎秆破碎严重，夹带损失大，脱出物中杂余（荚壳和短茎秆）较多。过去使用的纹杆轴流脱粒滚筒揉搓作用强，但易堵塞。如将钉齿轴流脱粒滚筒与纹杆轴流脱粒滚筒的优点结合起来，避免它们的缺点，可提高脱粒质量，依靠纹杆的揉搓作用实现油菜脱粒，钉齿的打击一方面配合纹杆的脱粒，另一方面可避免滚筒堵塞。适当减小凹板筛的栅格间距，也可提高油菜的脱粒质量。此外，如在脱粒滚筒排草口处装碎草刀，可解决油菜茎秆长、还田困难的问题。⑤清选技术。油菜脱出物包括籽粒、荚壳和短茎秆，几乎没有什么轻杂余，各成分含水量都很高，室内的漂浮试验发现，各成分之间的漂浮速度差别不是很明显，筛子在油菜脱出物清选中至关重要。考虑到要兼顾水稻和小麦的清选情况，宜采用传统的风筛式清选结构。采用冲孔筛，杂余不易通过，籽粒透筛不受影响，籽粒清洁度高、含杂率低，但杂余运动速度慢；采用鱼鳞筛，杂余的运动速度快；采用编织筛，清洁度受影响。因此，采用冲孔鱼鳞复合筛，配合较小的风力和反向风，将筛的后部提高，为防止“碎毛”黏在筛眼上，利用其他防黏技术，可提高清选效果。江苏大学针对油菜籽及杂物的特性利用仿生学原理研制油菜清选筛取得了一定的成效。

(3) 油菜籽烘干技术 油菜籽烘干机械技术是油菜籽烘干设备将收获后的油菜籽从自然水分干燥到安全贮藏或加工要求时所需的水分比重，并保持油菜籽化学成分基本不变。目前，广泛采用的干燥方式是加热干燥，通常有预热、水分汽化、缓苏和冷却 4 个过程。但针对油菜籽的机械烘干，其工艺过程、技术机理、作业标准和在线检测、监控措施的研究仍是保障油菜优质、高产、高效的关键。我国油菜机械化烘干技术的研发刚开始起步，尽管谷物烘干技术及装备相对成熟，但难以适用于油菜籽的干燥。

1.3.2 稻油（麦）主要轮作制度的机器系统组成

稻油（麦）轮作，指稻油轮作或稻麦轮作，其机器系统组成也有所差异。轮作制度下的机器系统中水稻机械化组成包含水田耕整地机械、水稻育秧机械、水稻插秧（直播）机械、水稻病虫害防治机械、水稻收获机械；若下茬作物是油菜，其机械系统为播前耕整地开沟机械（免耕）、油菜直播（移栽）机械、油菜机械化收获（联合收获/分段收获）机械；若下茬作物是小麦，其机械系统为小麦少（免）耕播种机械、小麦收获机械。

1.3.2.1 水稻生产机器系统组成

我国耕整地机械种类繁多，有铧犁、旋耕机，配套动力有与中拖配套、与手扶拖拉机配套，也有自带动力的。水田耕整机和通常的耕整地作业机械一样，由两大部分组成：一是动力行走部分，产生牵引力，起着与拖拉机相同的作用；二是农具部分，由犁、耙等组成，在牵引力的作用下，对水田土壤起耕翻、耙碎、浪平等作用。常见耕整地机械有：1LB 水田耕整机，多功能小型农田耕作机械，耕深 10～15cm，耕宽 20～22cm，一人乘坐操作，独轮行走，可完成水田耕、耙、滚作业；1LYQ 系列驱动圆盘犁，单盘耕幅

20cm，耕深12～20cm，覆盖性能好，通过能力强，不缠草，生产效率高；东风-12手扶式拖拉机及配套旋耕机，工作幅宽76cm，耕深12～15cm，可在水田、旱田耕作，适应性广；1G系列配36.78kW拖拉机的旋耕机，工作幅宽150～200cm，成系列化，耕深15～25cm，可在水、旱田作业，适宜大、中田块作业；1BSQ-23型水田驱动耙，工作幅宽230cm，工作速度快，田块平整；1GH-175水田秸秆还田机，该机能将稻麦整秆、留茬、杂草、绿肥等农作物秸秆进行直接埋覆还田，旋耕深度大于15cm，旋耕宽度175cm；1BMQ型水田埋茬起浆整地机，工作幅宽230cm，埋茬深度5～8cm，其在灌水浸泡后已耕地上作业，能一次完成埋茬起浆和平地作业。

图1-3 SBL-280水稻育秧播种流水线

早期的水稻机械化育秧机械有2SB-500型水稻苗盘自动播种机，能够实现播种功能。工厂化无土肥水育秧机械有GWF-500型水稻无土肥水育秧设备；BJB-1000型水稻工厂化育秧成套设备，空格率≤3%，播量80～180g/盘。水稻软盘育秧是近几年大力推广的实用技术，相继出现了多种适合软盘育秧的机械化播种流水线装备，一般能自动完成供盘、铺土、洒水、播种、覆土、落盘等工序。现市场上出现多种播种流水线，有 YBZ600 育秧播种机，播种量 110～370g/盘；SR－501C 秧盘播种成套设备，播种量 90～300g/盘，播种效率≥500 盘/h；2BZP－580A 育秧播种机，播量 80～245g/盘，播种效率 300 盘/h；SBL－280 水稻育秧播种流水线（图 1－3），播种量40～160g，铺土厚度 4～16mm，覆土厚度 13～20mm，生产率≥380 盘/h；YM－0819 全自动水稻育秧播种机，播种量 20～320g/盘，均匀度≥90%，空格率≤5%，生产率≥35 盘/h，适合机插杂交稻秧苗的农艺要求 1～3 粒/格；2BL－280 型全自动育秧播种流水线（图1－4），播种量 40～200g，铺土厚度 10～15mm，覆土厚度 8～12mm，生产率≥400 盘/h。

图 1－4　2BL－280 型全自动育秧播种流水线

目前我国使用的水直播机和旱直播机多为采用外槽轮式播种方式，早期在上海、江苏使用的水直播机有沪嘉 J－2BD－10 型水直播机和苏昆 2BD－8 型水直播机，这两种机型均为独轮驱动，条播，播种行数 10、8 行，播幅 2m，播种量 60～75kg/hm^2，生产效率

0.53hm²/h。旱直播机有2BG-6型稻麦少（免）耕条播机可一次完成旋切碎土、灭茬、开沟、下种、覆土、镇压等多道工序，播幅1.2m，行数为5行或6行，播深10～15mm，播量60～110kg/hm²，生产率0.23～0.4hm²/h。现在常用的有2BD-8水稻直播机，播种行数为8行，播种行距25～30cm，播种株距为12～14cm，适播芽长≤5mm，亩播种量2.5～8kg，纯生产效率5～7亩/h；2BD-6D带式精量播种机，播种行数为6行，播种行距30cm，适播芽长≤5mm，亩播种量2.5～5kg，生产效率6～8亩/h。

水稻插秧机有人拉机动式、手扶自走式、乘坐自走式、拖拉机悬挂式、机耕船或手拖引式等，各地目前主要推广手扶自走式和乘坐自走式两种机型。我国生产、引进的插秧机械种类较多，日本和韩国企业生产的机具较多，以下是具有代表性的几种机型：江苏东洋插秧机有限公司生产的乘坐式6行P600插秧机、步进式4行PF55S插秧机，现代农装湖州联合收割机有限公司生产的2ZG630A乘坐式6行高速插秧机、MSP-4U亚细亚步进式4行插秧机；南通柴油机股份有限公司生产的“富来威”步进式2Z-455型4行插秧机，久保田农业机械（苏州）有限公司生产的乘坐式6行SPU-68C快速乘坐式插秧机，洋马（中国）有限公司生产的乘坐式8行VP8D高速插秧机、6行VP6乘坐式高速插秧机，延吉插秧机制造有限公司生产的乘坐式6行2ZT-9356B插秧机。

水稻病虫害的防治技术主要是化学防治。其防治机具主要有手动喷雾器、背负式机动喷雾喷粉机、喷射式机动喷雾机等。按机具的大小可分为：①便携式。主要工作部件安装在带有手提把的轻便机架上。②担架式。主要部件安装在担架或框架上。③车载式。主要部件均安装在各种型号拖拉机上，田间作业转移由拖拉机完成。

水稻收获机械已经得到长足的发展。从20世纪50年代引进样机试验研究开始，到现在自行设计开发、生产并开始推广使用，已经走过了近半个世纪的漫长历程。

无论是全喂入机或半喂入机，脱粒分离、清选装置是联合收获机核心工作部件，其工作指标直接影响整机性能。脱粒装置目前有切流、横轴流、纵轴流、切流和轴流联合等形式。约翰迪尔、纽荷兰和克拉斯等国外大型联合收获机生产企业均已研制成功先进的切流与纵轴流组合式脱粒分离装置。切流脱粒装置采用大间隙、较低转速结构，可先将作物中的易脱籽粒先脱下来，以减少籽粒破损率，作物中的难脱籽粒进入纵轴流滚筒进行复脱。由于纵轴流滚筒转速较高、脱粒能力较强、滚筒沿机器纵向布置、物流路径较长，可保证籽粒能得到充分的脱粒和分离，有效地减少了夹带损失，提高了脱净率。因此，该装置能满足大喂入量、高效和高性能作业的要求；此外，能满足多种作物的收获作业要求，适应性强。我国纵轴流联合收获机的研究处于起步阶段，少数厂家研制出了一种直脱式纵轴流联合收获机，使物料经输送槽直接进入纵轴流脱粒滚筒。清选装置目前主要有风机清选、筛选、风机加筛选等三种方式。

20 世纪 90 年代水稻联合收割机得到了迅速发展，一批新机型相继问世。例如，新疆-2 型、上海-ⅡB 型、海马-Ⅲ型、珠江-1.5 型、常柴 4L-2.2 型、湖州-160 型、台州-150 型、太湖-1450 型、4LZ-150、4LZ-160，等等，履带自走式机型发展迅速，背负式机型的市场日见萎缩，有被逐步取代的趋势。

半喂入收割机制造技术复杂，需要许多基础制造技术领域的突破。虽然经历了外资独资、中外合资、研发仿制等多种形式的发展，中国并没有实现半喂入机以市场换技术的目标，制造关键技术仍然为日韩公司所把持，国产化进程速度缓慢。半喂入式联合收割机收获水稻，适应性强，日本、韩国多采用这种机型，但结构复杂，整机进口成本偏高。国外一些厂商看到我国联合收割机市场培育正日益走向成熟，近年来纷纷来华投资建厂，如日本“洋马”、“久保田”、东洋收割机（江苏）有限公司等，其优势在于技术先进、资金雄厚，产品制造精良、性能稳定。到 20 世纪 90 年代，在我国南方地区出现了一股半喂入联合收割机热。主要表现在现代农装科技股份有限公司、北汽福田车辆股份有限公司潍坊收获机械分公司、湖州中收星光联合收割机制造有限公司、泰州现代农业装备有限公司、常柴股份有限公司、现代农装湖州联合收割机有限公司等企业进行引进、消化和吸收国外半喂入技术，结合中国国情进行研究和开发。半喂入式代表机型主要有久保田系列、洋马系列、HL系列、福田谷神B1500、太湖-1450、中农机503、星光-450、碧浪-150、东杭-2000、东方红-120、贫乐-500等。

1.3.2.2 油菜生产机器系统组成

油菜移栽或直播大田一般需要耕整开沟，要求油菜大田耕深20cm左右，深浅一致，翻垡一致，地表植物残株覆盖严密，无漏耕、重耕。整地要求平整松碎，地表去杂草，墒性好，上虚下实，底肥覆盖严密。开沟做到厢沟、腰沟、围沟配套。地势高、排水良好的厢宽30cm左右，沟深20～25cm。地势低、地下水位高、排水差的，厢宽250～300cm，沟深33cm，沟宽20～30cm，要求沟形笔直，厢沟沟底长度方向稍带坡度，两头偏低，腰沟、围沟比厢沟深3～5cm，便于排水。一般选择拖拉机配置悬挂铧犁、牵引耙或驱动耙进行耕整地。常用动力主要有上海-50、上海-504，天津产60、604型，洛阳产东方红-70、东方红-75链轨型，湖北产神牛-25型，山东产泰山-25型，武汉产工农-12型小型拖拉机。这些机具均为成熟产品，作为主机可一机多用，也可选择水旱两用专业耕整机作业、拖拉机配置旋耕机进行旋耕作业和拖拉机配置开沟机进行开沟作业。

油菜直播栽培是不经过育苗移栽，直接将油菜种子播种到大田的一种栽培方式。这种栽培方式简化了油菜栽培操作步骤，省去秧苗培养和移栽过程，大大降低油菜生产的用工量，提高了种植效益。油菜种子粒径小、含油率高、易破碎，播种量控制难度较大，难以实现精量播种。一些企业和科研单位研究开发了油菜专用直播机械。如农业部南京农业机械化研究所研究开发由丹阳市欣天农业装备有限公司生产的2BKF-6型油菜施肥播种机。适合油菜等小粒种子田间直播的异形窝眼排种器开放型窝眼，对种子形状、粒径适应能力强，充种性好，播量精确；毛刷加挡板的清种机构清种性能好，不伤种；通过窝眼轮转速和改变型孔多少调节播量，调节方便。研究设计的刀盘式驱动型开沟器与牵引型清沟铲相结合的畦沟开沟器，并与旋转浅耕、灭茬导辊结合为一体，实现一次作业同时完成浅耕灭茬、开畦沟、精播种、施肥、覆土等作业，作业质量好，作业效率高。

图 1-5　2BKF-6 型油菜直播机

2BKF-6 型油菜直播机与 36.78kW 拖拉机配套，一次作业可完成旋耕灭茬、播种、施肥、开畦沟、覆土等作业（图 1-5）。该机主要技术指标：行距 350mm，可调；播种量 1.5～4.5kg/hm²，可调；各行播量、总排量一致性变异系数≤10%；播种深度 0～30mm，可调；合格率≥80%；可靠性有效度≥90%；作业效率≥0.35hm²/h；开畦沟深度×宽度≥18cm×20cm。

此外，华中农业大学研究开发了气力式油菜播种机，上海市农业机械研究所开发出嵌镶块式油菜直播机，都获得较好的性能，得到一定的应用。

耕整地完成后就可进行油菜移栽，移栽机按自动化程度可分为 3 种：①手动栽植器。结构简单、效率低，适宜小规模作业。②半自动栽植机。先由人工分出单株秧苗喂入栽植机，再由机具完成开沟、栽苗、扶苗和覆土等工序。人工喂苗效率一般 60 株/min 左右，我国研制和推广的栽植机基本上是半自动的。③全自动栽植机。由机械和人工喂入一组秧苗，由机具完成分苗和栽植工序。移栽机按栽植器类型分，主要有钳夹式、挠性圆盘式、吊篮式、带式、导苗管式。洋马ACP10型、井关PVH1-60FV型，栽植器均采用导苗管式；还有用于烟草的秧苗移栽机器也能用于油菜移栽。

图1-6 2ZL-2型油菜移栽机

我国长江流域大部分地区由于复种，生长季节短，目前大多高产品种不能满足直播生长期长的要求，需要育苗移栽。裸苗移栽育苗成本低，对苗规格要求低，但必须人工分拣和喂苗，机器作业速度受到人工分拣和喂苗速度的限制，因此在保持裸苗移栽的同时，如何提高作业速度是需要解决的难题。链夹式移栽机苗夹采用橡胶材料，由特制模具制造成型，夹持裸苗和带土苗均可，实现一种机具同时适应油菜、蔬菜等多种作物的裸苗和带土苗（土块直径或长、宽小于3cm的小钵体苗）移栽。栽植器一般设计成单元式结构：栽植、开沟、镇压等功能部件设计成独立单元，运输拆装便捷，行距调节方便。通过数学模型和动力学模型分析确定最佳投苗位置，最佳投苗点位置应为苗夹到达最低点之前，苗夹与竖直位置有一定夹角β。β角的确定依据机具前进速度、苗夹在下部时转动角速度和秧苗的物理形态。农业部南京农业机械化研究所研究开发出2ZL-2型油菜移栽机，其主要技术指标如下：行距400mm左右，可调；株距23～80cm，12档变换；栽植深度40～100mm，可调；立苗率≥80%；成活率≥90%；作业可靠性≥90%；作业效率≥45 株/（行·min）。

该类型移栽机的移栽原理：开沟—投苗—覆土固苗，对于征地要求较高，必须细碎、疏松、平整，投苗后土壤能够自然回填，从而实现立苗。稻—油轮作区水稻收获后必须立即种植油菜，没有时间晾田、整地，而土壤含水率高、黏度大、茎秆和根茬多，难以达到移栽整地的要求，因此该机器适合于旱茬移栽，难以适应稻板田移栽。链夹式移栽机存在的另一个缺点是人工喂苗，作业速度受到人工分拣、喂入苗速度的限制，作业效率低。

机械收获方式主要分联合收获和分段收获。联合收获由一台联合收获机一次完成切割、脱粒、清选作业，收获过程短。联合收获省时、省心、省力，但适收期短，损失率较高。分段收获把割晒与捡拾脱粒、清选分成两个阶段完成。适应性强，适收期长，有利于提高单机收获作业量，增加作业收入，收获总损失率低于联合收获，但是收获持续时间长。分段收获还可以采用与人工作业相结合的多种组合方式，如“机器割晒＋人工脱粒和清选”或“人工割晒＋机器捡拾、脱粒、清选”等多种组合形式，灵活实用。

现在市场上出售多种油菜联合收割机。江苏沃得农业机械有限公司生产的4LYZ-2.0型油菜联合收割机，工作幅宽2 200mm，喂入量2.0kg/s，生产效率0.33～0.47hm^2/h。中机南方机械股份有限公司生产的4LZ（Y）-1.0型油菜联合收割机，工作幅宽2 000mm，喂入量1.8kg/s，生产效率0.2～0.4hm^2/h。福田雷沃国际重工股份有限公司生产的4LZ-2A型油菜联合收割机，工作幅宽2 000mm，喂入量2.0kg/s，生产效率0.2～0.4hm^2/h。湖州星光农机制造有限公司生产的4LL-2.0D型油菜联合收割机，工作幅宽2 000mm，喂入量2.0kg/s，生产效率0.2～0.4hm^2/h。浙江柳林机械有限公司生产的4LZ-160B型油菜联合收割机，工作幅宽2 000mm，喂入量2.2kg/s，生产效率0.2～0.4hm^2/h。上海向明机械有限公司生产的4LYZ-1.5B型油菜联合收割机，工作幅宽2 000mm，喂入量1.5

kg/s，生产效率 0.27～0.4hm^2/h。

油菜分段收获是近几年发展起来的成熟的机型，在市场上还不多见。农业部南京农业机械化研究所经过几年的研发，开发出了 4SY-2 型油菜割晒机和 4SJ-1.8 型油菜捡拾脱粒机，已经形成，批量生产。

1.3.2.3 小麦生产机器系统组成

1. 小麦播种机 小麦播种前的深耕整地是关系全年产量的一次耕作，在原有基础上逐年加深耕作层，一年加深一点，不宜一下耕得太深，以免将大量的生土翻出。具体耕地深度，机耕的应在 25～27cm，畜力犁地耕 18～22cm。根据各地的大量资料表明，深耕由 15～20cm 加深到 25～33cm，一般能使小麦增产 15%～25%。深耕可以加厚活土层，改善土壤结构，增加土壤通气性，提高土壤肥力，协调土壤水、肥、气、热，增强土壤微生物活性，促进养分分解，保证小麦播后正常扎根生长。实践证明，深耕的作用是有后效的，所以一般麦田可三年深耕一次，其余每两年进行浅耕，深度 16～20cm 即可。深松最好采用全方位深松机或凿铲式深松机，禁止使用旋耕机以旋代耕。

小麦机械播种应根据各地播种习惯选用播种施肥联合作业机、精（少）量播种机、精播机、沟播机等。常见的小麦播种机有以下几种：

(1) 2BJM 型锥盘式系列小麦精密播种机 山东莱芜华龙机械厂生产。主要有 3、6、9、12 行系列产品，3 行播种机由人畜力牵引，6～12 行由拖拉机牵引。该机主要由主梁、平行四连杆机构、驱动仿形轮、箭铲式开沟器、机架、排种器、镇压轮及链条传动部分组成。锥盘式精密排种器排种准确、精密，一器三行，结构简化，效率提高，既可实现亩播量 3～6kg 的单粒精播，也可实现 7～12kg 的精密点条播，播种均匀，苗齐苗壮。机引播种机采用单梁结构和一组三行的播种单体，变型简便，仿形准确。箭铲式开沟器结构精巧，开沟工艺好，湿土直接覆盖种子，出苗早，出苗齐。采用链条齿轮传动，平稳可靠，改变速比和播量简便。该机是为实现小麦精播高产理论专门设计的产品。采用的种子要精选分级，种子分蘖能力强、单株产量高。播前整地要精细，深耕细耙，耙透耙实，上松下实，地如明镜，无明暗坷垃。对于秸秆还田地或整地不精细的田地适应性差，且不能随施种肥。其主要性能指标：

2BJM-3-Ⅰ型：重量35kg；行数3行；行距20～30cm；作业幅宽0.6～0.9m；播种深度3～5cm；种箱容积15kg（小麦）；亩播种量3～6kg（小孔盘）、7～12kg（大孔盘）；配套动力人畜力；生产率20～30亩/d。

2BJM-6-Ⅱ型：重量140kg；行数6行；行距20～25cm；作业幅宽1.2～1.5m；播种深度3～5cm；种箱容积30kg（小麦）；亩播种量3～6kg（小孔盘）、7～12kg（大孔盘）；配套动力8.83～11.03kW小型拖拉机；作业速度60～70亩/d。

2BJM-9-Ⅲ型：重量170kg；行数9行；行距20～25cm；作业幅宽1.8～2.25m；播种深度3～5cm；种箱容积45kg（小麦）；亩播种量3～6kg（小孔盘）、7～12kg（大孔盘）；配套动力13.24～18.39kW小型拖拉机；作业速度80～90亩/d。

（2）2BXYF系列施肥玉米小麦两用机 河北农哈哈机械有限公司生产的2BXYF系列施肥玉米播种机有3/9、4/12两种产品。主要由机架、牵引装置、种子箱、肥料箱、地轮、传动部件、排种器、排肥器、箭铲式开沟器等部件组成。该机小麦播种采用外槽轮式排种器，玉米播种采用窝眼轮式排种器，属于半精量播种。该机适用于收割小麦后，麦茬地免耕播种玉米，同时可播肥；在秋季已耕地中播种小麦。该机结构简单，用途广，成本低，收效高，但在玉米秸秆还田地应用通过性差，小麦播种质量下降，且没有装配筑畦装置，不能进行扶垄作业。

技术参数：型号2BXY-3/9、4/12；配套动力11.03～22.06kW拖拉机；运输间隙30cm；作物种类小麦、玉米；播种行数小麦9、12行，玉米3、4行；行距小麦20cm、玉米54cm；播种深度小麦2～4cm、玉米3～5cm；工作效率小麦3～5亩/h、玉米2～3亩/h；

亩播种量小麦5～30kg、玉米1.5～5kg。

(3) 2BXF系列小麦播种机 河北农哈哈机械有限公司生产的2BXF系列小麦播种机，主要由合垧器、筑畦机构、机架、种肥箱总成、传动机构、开沟器、镇压机构及覆土机构等部分组成。当播种机工作时，种箱内种子（颗粒肥料）靠自重充满排种（肥）盒；当镇压轮转动时，通过传动机构带动排种（肥）器工作，排种（肥）轮将种子（肥料）均匀排出，经输种（肥）管落入种沟内，完成播种作业。该机一次作业可完成平地、开沟、播种、施肥、镇压、覆土、筑畦等项作业。该机与中小马力四轮拖拉机配套，采用三点悬挂，利用液压升降，排种装置由地轮驱动，使用方便；排种器为外槽轮式，实现小麦半精量播种；轻型双圆盘开沟器可在秸秆还田的土壤中顺利开沟、施肥、播种；圆盘开沟器采用弹簧浮动机构，可有效避免因单盘受阻而整体漏播；在没有秸秆的土壤中，可更换箭铲式开沟器。该系列小麦播种机适用于平原丘陵地区条播小麦，并可同时施肥。

主要技术指标：配套动力8.83～36.77kW以上拖拉机；播种行数6～12行；基本行距16～22cm；亩最大施肥量15kg（可调）；亩最大播种量30kg（可调）；播种（肥）深度2～5cm。

(4) SGTNB系列变速旋播机 西安市旋播机厂生产的SGTNB系列变速旋播机，是在旋耕机基础上增加播种、施肥功能，与大马力拖拉机配套使用。该机主要由机架、牵引装置、变速箱、旋耕刀轴总成、种肥箱总成、排种（肥）器、宽幅播种（肥）器、镇压轮、链轮总成等部件组成。一次进地可完成灭茬、旋耕、播种、施肥、覆土、开沟、镇压等多道工序，工作效率高。该机可当旋耕机、小麦条播机、玉米硬茬播种机三机用，既能联合作业，也能单机分段作业，可播小麦、玉米、大豆等多种作物，功能多；播小麦采用12cm的宽幅播种器，小麦种子分布合理、均匀，通风透光能力增强；化肥深施于种子下方或侧旁，种肥隔行分层，保证种子幼苗生长发育；采用组合弯刀进行旋耕碎土，效率高，性能好，节省功率；采用仿形限深轮，提高拖拉机液压寿命；安装不同部件，可实现小麦和玉米免耕播种和垄播、沟播等多种状态的播种要求；刀轴转速可变，适应不同的土质和地表秸秆覆盖量，通过性强。

主要技术指标：耕幅 1.8～2.2m；耕深 8～18cm；配套动力 40.45～66.19kW 拖拉机；刀片数量 60～70 把；刀轴转速 249、277、307r/min（可变）；播深 3～8cm；播种行数小麦 8～9 行、玉米 3～4 行；苗幅宽 10～12cm；纯小时生产率 8～20 亩/h。

（5）2BMFS 系列小麦免耕播种机 2BMFS 系列小麦免耕播种机主要由悬挂装置、万向节、齿轮箱总成、刀轴总成、排种（肥）链传动总成、种肥箱总成、播种（肥）器、镇压轮等部件组成。该机在秸秆覆盖的土地上一次进地，可完成破茬、开沟、施肥、播种、覆土、镇压、筑畦等作业工序，实现肥种分施，效率高，省工省时。生产企业主要有山东奥龙、潍坊天宇、郓城工力、庆云颐元等。该机播种施肥器的施肥口在播种口下方，置于旋转刀后，实现肥料深施和肥种分施，提高化肥利用率，避免烧种；采用防缠绕装置，减少秸秆缠绕、堵塞，机具通过性和播种质量提高；采用旋耕弯刀，将种肥沟内秸秆抛出，为种子发芽和小麦生长发育创造良好环境；采用宽苗带播种装置，实现小麦宽幅、宽垄播种，达到小麦宽幅密植高产目的；配置筑畦扶垄装置，实现灌区筑垄，节约灌水。

主要技术指标：工作幅宽 1.8～2.2m；播种行数 5～7 行；苗幅宽度 10～12cm；行距 25～30cm；施肥深度 8～12cm；播种深度 3～5cm；整机重量 700kg 左右；配套动力 51.08～66.19kW 拖拉机；作业效率 60～70 亩/d。

2. 小麦收获机 目前我国小麦基本上实现了收获机械化。小麦联合收获机包括悬挂式和自走式两种悬挂式收获机，是将收获机前后悬挂在拖拉机上，靠拖拉机动力行走，由拖拉机的动力输出轴获得动力，带动收获机作业；自走式联合收获机自带动力和行走机构，可以独立完成收获作业。自走式谷物联合收获机除柴油发动机外，主要由收割部分、脱谷部分和传动、行走、驾驶、液压及电器等部分组成。收割部分由拨禾轮、切割器、喂入搅龙、倾斜输送器等组成，用于切割和输送谷物。脱谷部分由脱粒、清选和籽粒输送等装置组成，完成对谷物的脱粒、分离、清选、集粮等，并将茎秆、糠排出机外。传动、行走部分完成动力传递和实现联合收获机自走。驾驶装置包括仪表和操纵系统用于监视收获机正常工作，并操纵收获机作业。液压和电器系统用于实现对收获机的各种控制、自动监视和照明等。

常见的小麦联合收割机如下：

YTO/4LZ－2.5 小麦联合收割机：喂入量 2.5kg/s，割幅 2 360mm，总损失率 1.2%（图 1－7）。

图 1－7 YTO/4LZ－2.5 小麦联合收割机

图 1－8 新龙 4LD－2A 小麦玉米两用联合收割机

新龙 4LD－2A 小麦玉米两用联合收割机：喂入量 2.5kg/s，割幅 2140mm，总损失率 0.2%（图 1－8）。

4LZ－0.6 型顺田牌小麦轻型联合收割机：喂入量 0.6kg/s，割幅 1 000mm，总损失率小于 2.5%。

1.4 稻油（麦）轮作生产机械化技术展望

1.4.1 稻（油）麦机械化技术现状

水稻机械化种植是水稻机械化技术中比较难解决的技术问题。目前，在我国大部分地区还采用手工插秧，生产工艺落后，作业条件艰苦。从 20 世纪 90 年代起，国家开始重视对农业的投入，水稻价格也有了较大幅度的提高，这些大大激发了农民种植水稻的积极性，使我国水稻种植机械化水平有了一定程度的提高。现阶段，在稻（油）麦轮作区，除东部沿海发达地区机械化程度稍高，内陆欠发达地区仍存在很大比例的手工栽秧。在水稻机械化种植机械中，日本和韩国的机具较国内的先进，有育秧播种流水线、手扶插秧机、高速插秧。现在国内也有很多企业和研究所投入到水稻育秧、移栽等机械的研制，取得了很大的成果。一方面，经过技术引进和科技攻关，我国在水稻育秧工艺和插秧、抛秧、摆秧以及直播机械的研发创新方面取得了突破，基本解决了水稻种植机械化中的技术瓶颈问题，在机械化移栽方面建立了初步的技术体系，形成了技术操作规程，但对于高速插秧机底盘技术还远不如国外，要进一步改进。

我国水稻收获机械化已从最初的分段收获发展到联合收获，经过半个世纪漫长的历程，形成了悬挂和自走、半喂入和全喂入四大类几十个品种，基本上满足了不同地区、不同农艺的要求。水稻收获机械化已成为水稻生产全程机械化中的首推技术，由于机械技术含量的不断提升，其作业质量及作业效率已被稻区农民认可，并作为农机致富的首选机械化技术。水稻收获机械化已在发达地区基本实现。

目前小麦生产在耕、种、收环节已基本实现机械化，进一步推动小麦生产机械化向田间管理、秸秆综合利用和产后烘干等环节拓展，推动小麦生产机械化实现二次飞跃。在小麦播种前对水稻秸秆还田技术还有待进一步研究，现在秸秆焚烧问题还普遍存在。

近年来少（免）耕保护性耕作得到大力推广，基于保护性的耕作是针对以翻耕为特征的传统耕作的弊端发展起来的一种新型耕作技术。传统耕作是作物收获后运走或烧掉秸秆、翻地耙地、裸露休闲、整地播种。而基于保护性的耕作方式是在作物收获后，把秸秆留在地里、覆盖休闲、免耕播种。保护性耕作由四项关键技术组成：①免耕播种技术。使用特殊的免耕播种机将种子播在有秸秆覆盖的地表上。②秸秆残茬处理技术。对秸秆残茬及地表进行粉碎等处理。③杂草及病虫害控制技术。靠除草剂或表土作业来控制杂草。④土壤深松技术。在地表覆有秸秆的情况下使用深松机具进行松土。保护性耕作有以下优点：一是增加土壤有效水分：旱作农业土壤水分主要来自天然降雨，降雨时一部分雨水没等入渗到地里就从地表流走了，称径流损失；还有一部分是地表蒸发损失；剩余部分才是作物生长用的有效水分。若要增加有效水分，就要减少径流损失和蒸发损失。据测定，保护性耕作可减少径流损失60%左右，减少蒸发10%左右，增加有效水分17%。二是提高土壤肥力：机械化保护性耕作可通过秸秆还田直接增加有机质，使速效氮、速效钾提高，土壤肥力增加，促进作物增产。但是，也存在一些问题：一是免耕播种与旋耕播种比较，免耕播种夜间不易作业，机手收入低，因此机手积极性差；二是免耕播种技术对播种质量要求高，对播种时间、播种深浅、土壤墒情都有较严格的要求，操作难度大，在一定程度上制约了推广；三是保护性耕作涉及农机、农艺、土肥等多个部门，推广有一定难度。现在小麦播种一般能实现旋耕、播种、施肥、开沟等作业同时进行。

我国小麦收获基本上已经全部实现机械化，从最初的引进国外先进技术到自行研制开发，经过多年的发展，小麦联合收割机技术比较先进，产品已走向成熟，目前国内以中型自走式联合收割机为主导产品，背负式以配22.06～40.45kW轮式拖拉机为主。

油菜机械化相对于水稻和小麦起步较晚，随着近年来国际油料市场的紧俏，油菜机械化技术得到迅速发展。油菜直播机械大多从小麦条播机改装而成，播种精度有待进一步提高。油菜移栽机引进日本、韩国的产品较多，国内也有企业开始研究生产，江苏南通富来威研发的油菜移栽机有很大的市场前景。

中国油菜收割机的研制，可以追溯到20世纪60年代，江、浙、沪种植油菜的地区均做过用稻麦收割机进行油菜机收的尝试，如近几年北方少数油菜种植地区把油菜联合收割机的开发建立在技术较为成熟的稻麦联合收割机平台之上，对大型谷物联合收割机稍加改装来收获油菜。这种思路使得开发难度和成本降低，周期缩短，也符合农民的购买能力，但普遍存在着改制过于粗浅、技术含量不高、收获损失严重等问题。

近年来，各农机部门为实现油菜收获机械化做了不少尝试和探索，研制出了一些油菜联合收获机具，大多是以全喂入式稻麦联合收割机改装或改制为主。具体来说，在农机方面主要做了以下几方面的工作：

(1) 分禾器的改装　油菜茎秆高，分枝多，且相互交叉，分禾难度比小麦、水稻大得多。油菜挂在割台分禾器上，影响连续分禾作业，并且增加割台损失。为此，有的机型把原来的左分禾器拆除，换为左分禾板，以改善分禾质量。有的机型还装有前挡板，目的是为了减少割台损失。

(2) 切割装置的改进　油菜的茎秆比小麦、水稻的茎秆粗且坚韧，所需切割力较大，故有些机型的割刀传动采用摆环机构代替曲柄连杆机构，以增加动刀杆驱动强度，减小震动；或安装圆盘切刀，即在外分禾器处增加圆盘切刀，将交织的枝序切断，对收割分枝较多、交错严重的油菜较理想，但在切割时要损失一部分果角。

(3) 筛面的更换　油菜籽的尺寸要比稻麦籽粒的尺寸小得多，因此必须把筛面更换为适合于筛分油菜籽的筛子。有的机具换的是油菜专用筛；有的机具是把原来的鱼鳞筛换为加密圆孔筛。

(4) 其他改进　有的机型为减少损失增加了二次回收搅龙，并设置了杂余回收装置及杂余收集箱；为增大分离面积，有的机具采用了加密栅格式凹板筛；为减少脱粒损失，有的机具还将脱粒滚筒与凹板的间隙作了适当调整。

经过几年的研究发展，油菜联合收割机已经有成熟的机型走向市场，联合收获机能一次完成切割、脱粒、清选作业，收获过程短，具有省时、省心、省力的优点，得到了农民的普遍欢迎。

分段收获把割晒与捡拾脱粒、清选分成两个阶段完成，收获过程延长，但分段收获前阶段只进行割晒，对油菜的成熟度及其一致性、株型等不敏感，因此适应性强、适收期长，有利于提高单机收获作业量，增加作业收入；收获总损失率低于联合收获。由于分段收获有其一定的优点，近几年得到普遍的重视，已开始研究制造，样机试验成果喜人，但是还没有成熟的机型，有待进一步提高产品质量。

1.4.2　国外相关技术的特点

1.4.2.1　耕整地

土壤耕作是根据对土壤的要求和土壤特性，应用机械方法改善土壤的耕层结构和理化性状，以达到提高土壤肥力、消灭病虫杂草的目的而采取的一系列耕作措施。土壤耕作的任务包括：改善土壤及耕层结构；创造深厚的耕层和适宜的播床；清除残茬杂草肥料，消灭病菌。

1. 翻耕（plowing）　世界各国应用最普遍的耕作措施是翻耕，采用铧式犁、圆盘犁进行。传统的铧式犁多为 3～5 铧悬挂液压翻转犁，与 58.8～88.2kW 拖拉机配套。另一类是对称双向翻垡犁，韩国多家厂商展出此类产品。该机具安装有左、右翻犁体，前后对称配置在框型架上，前后排犁体翻转的土垡方向相反。后犁体犁壁高于前犁壁，翻垡能力更强。此种产品对地表残茬的覆盖性能较好，适于水田作业。其中，韩国永新公司的 6 铧犁产品与 25.7～37.5kW 拖拉机配套，在后犁体上部装有圆盘覆草器。

驱动圆盘犁的工作部件是安装在同轴上的凹面圆盘，与前进方向呈一偏角。利用拖拉机动力输出轴驱动圆盘旋转进行翻耕作业，可显著降低机具前进阻力，充分发挥轻型拖拉机在潮湿地和水田作业的有效功率。圆盘数有 4～14 个等的不同规格，耕幅多在 1.0～3.5m。在中央传动箱下有一组合墒圆盘，为增强入土能力有些产品装有配重块。有的产品的圆盘偏角可用液压油缸无级调节，驾驶员能根据使用条件，在拖拉机上适时改变机具的作业幅宽、翻垡性能，改善作业质量和提高作业效率。韩国世雄株式会社的驱动圆盘犁系列产品主要参数见表1-2。

表1-2　韩国世雄株式会社的驱动圆盘犁主要参数

配套拖拉机功率（kW）	圆盘数	作业幅宽（m）	耕深（cm）	圆盘偏角（°）	机具质量（kg）
22.1～29.4	6	1.5	15～20	21～33	360
29.4～40.4	8	2.0	15～20	21～33	410
≥40.4	10	2.5	15～20	21～33	460
≥44.1	12	3.0	15～20	21～33	580

2. 深松耕（subsoiling）　分层松耕而不打乱土层的耕作措施。耕作深度较深，可疏松犁底层。使用无壁犁、凿型铲和深松铲（有壁犁后加装）等机具。

约翰迪尔公司的900V形松土机属于挤压松土式深松（机械式深松犁），其工作原理是在拖拉机的牵引下，由犁体切割土壤而达到深松目的。该机的结构特点：一是铲柄工作曲面采用抛物线形结构，这种结构的优点是能松碎底层土壤，同时抬起表土覆盖作物残茬。其缺陷在于凹处正处于地表面，杂草易堵塞地面与机架的空间，从而增加拖拉机的耕作阻力。二是该机采用矩形钢管压制而成弧形机架，这种机架特点是节省钢材，机器质量小，安装犁铲方便。德国劳尔公司生产的悬挂式深松机是与大功率拖拉机配套，一般深松50cm左右（深松铲上带暗沟器，最大深松深度可达90cm）。该机深松铲柄的工作曲面为弧形，中间部位近似直线，铲尖到铲柄内侧面的距离比约翰·迪尔深松铲长，这种结构使其具有较好的切削能力，不挂草，深松效果好。除此之外，国外还有许多类型的深松机，其主要区别在于深松铲的工作曲面不同。为减少深松工作阻力，有些深松铲前方还安装有小圆刀。全方位深松机于20世纪80年代初起源于前苏联，将一种用于铺放暗管的梯形框架式工作部件用于土壤深松，获得良好效果。

德国1983年研制了振动深松机，其工作原理：①偏心振子使犁柄产生横向振动，以减少工作阻力。②偏心振子使犁产生上下振动，以松动犁尖上部土壤来减少犁的工作阻力。③偏心振子使铲柄的连板产生上下振动，带动铲尖横向运动，使犁板前土壤松动面积增大，减少犁的工作阻力。振动式深松机可以解决深松工作阻力大、能源消耗大的问题。该机械由拖拉机动力输出轴驱动偏心振子使犁产生振动，振动频率通常为540次/min，一般降阻20%～40%。日本在多功能振动式深松机的研制方面做了大量工作，并取得显著成绩。第二次世界大战后，日本最初用畜力拉深松犁，随着农业机械化程度的提高，改用拖拉机拉犁耕田，最大的深松犁有9个犁刀，深耕380mm，最大耕幅2440mm。1989年开发推出新型振动式深松机，该深松机具有松土效果好、牵引阻力小等优点，不但适用于大田，而且适用于菜田、果园、烟草田，还可以收获块茎作物。

对于深松机具，美国和西欧等发达国家曾做过大量的研究工作，目前，这些国家的深松机具已相当完善，并形成系列化。

3. 旋耕（rotary tillage） 旋转过程中进行切割、打碎、掺和土壤，一次作业可同时完成松土和碎土，多用于水田。使用机具为旋耕机或旋耕犁。旋耕机是日本普遍使用的农机具，它将向降低能耗、保证耕深、提高耕速方向发展。旋耕机生产厂家也多，机具与22.1～73.5kW拖拉机配套，耕幅1.5～5.4m，动力多采用中央齿轮或侧边链条传动，传动箱为钢板冲压件。纵观各类旋耕机产品，在技术上的发展趋势主要有三个方面：①发展大幅宽、大耕深的产品，如韩国雄进公司的宽幅旋耕机与66.2kW以上拖拉机配套，作业幅宽5.4m，机架和刀轴可用液压油缸进行折叠，旋耕机最大耕深达25～30cm。②产品多采用刀盘式结构，旋耕刀片有宽弯刀、驼刀等多种形式供选用。③发展旋耕—播种等联合作业产品。

在整地机械方面，日本还开发了与履带拖拉机配套的激光平地机。

4. 少耕免耕（minimum tillage/no - tillage） 少耕是指在常规耕

作基础上尽量减少土壤耕作次数或在全田间隔耕种、减少耕作面积的一类耕作方法，即作物播前不用犁、耙整理土地，直接在残茬地上播种；作物生育期间也不使用农具进行土壤管理的耕作方法。表1-3为美国农场的耕作技术。

表1-3　作物残茬管理和耕作系统

非管理	作物残留物管理（CRM）			
集约化或传统耕作（Intensive or Concentional—till）	减少免耕（Reduced—till）	保护性耕作（Conservation Tillage）		
		覆盖免耕（Mulch—till）	垄上耕作（Ridge—till）	不耕（No-till）
犁耕或其他集约化耕作	减少犁耕或其他集约化耕作	耕作强度进一步降低	只有垄的顶端耕种	前茬作物收获后不再耕种
＜15%残留物覆盖	15%～30%残留物覆盖	播种后30%或更高残留物覆盖		

如表1-3所示，农民采用传统耕作方式在种植季节需要工作次数较多。收获结束后，农民使用犁翻耕前茬作物收获后的残留物，使土壤表面在冬季暴露出来。农民可能还要在播种前再次除草几次。作物残留物管理将秸秆残留在土地上免受风和水的侵袭。农民在收获后采用少耕耕作，但仍留有15%～30%的残留物留在田间。覆盖免耕通常残留30%左右的残茬，多于减少免耕的残留物。垄上耕作系统将前茬作物自收获后的残留物保留直到后茬作物播种。播种是在4～6in①高的垄上进行，该垄即为控制杂草而筑建的行，前茬残留物通常留在两垄之间。在不耕作系统中有超过70%的土地被去年的作物残留覆盖。从美国保护性耕作技术信息中心调查数据显示，该技术的应用正在增加。美国在1990—2004年这15年期间，农田种植免耕技术从17万英亩②（约占总耕地面积的6%）增加至62万英亩（约占总耕地面积的22%）。

① in，即英寸，为非法定计量单位，1英寸=2.54厘米。——编者注
② 英亩，为非法定计量单位，1英亩=6.072市亩。——编者注

1.4.2.2　施化肥

国内已广泛改插秧前施肥为旋耕前施肥，达到化肥与耕层混合均匀并可深施的需求。水稻生产前期耗肥量约为整个生长期的80%。针对这一特点，农民们摸索出了“一炮轰”施肥法，即把80%的氮肥、100%磷肥整田时一次施入，后期视苗情不施或少施追肥。

国外则于早期便研究开发自动变量施肥技术。

1995年，美国明尼苏达州、华盛顿州开发了商品性变量投入技术（VRT—Variable Rate Technology）应用设备。Mid—Tech公司生产的新型控制器TASC6200具有较大的适应范围，可控制液体、颗粒状固体、液态氨、排种、化学农药注射系统等，具有很大的通用性。Rawson控制系统公司生产的ACCU—RATE变量控制器是一种多功能处理器，可以进行编程独立控制两种种子变量播种，或者在同一时间控制种子和化肥两个量。有两个RS-232口用来输入两种GIS决策信息，其处理器可以显示速度信息、面积计算、距离以及每英亩种子数量和化肥的重量。该处理器有一个GPS工作模式和一个人工作业模式，在人工作业模式下，通过拨号来控制施肥量或播种量的变化。可以用于精确播种、条播、飞播任意类型的种子，也可以用于液态化肥或固态化肥的变量实施。另外，Ag Leader公司生产的PFA田间计算机使精确农业播种和施肥的精确和简单达到一个更高的水平。它带内置GPS，可直接控制Rawson变量液压驱动系统，不需变量控制器中间环节。通过手动设置或自动读取处方图，控制播种、固体化肥或液态产品的施用。作业过程中可记录实际施肥量或播种量，同时利用导航光靶进行导航。

日本对氮肥变量实施进行了研究。由Hatsuta工业公司制造的稻田变量施肥机是基于地图的，可施用固体肥料、喷药等。系统由电子马达、容量为120L的肥箱、6个测连装置和12只喷管组成，由地轮传感器测得机具前进速度，机载GPS测得位置信息，查询地图中相应的施肥量，从而控制排肥口的施肥量。实验表明变量施肥比传统均一施肥节肥12.8%，而且使水稻种植获得高产成为可能。

俄罗斯全俄农机化研究所自行研制了自动变量施肥机，并进行了田间试验。该机自动变量控制原理是在排肥口装一个电磁铁和共振片，通过控制电磁频率，使共振片震动，达到开启和闭合的目的，从而自动控制施肥量变化。

德国AMAZONE公司开发了一种主要用于麦类作物春季追肥的实时自动变量施肥机。在该机器的中央控制单元里，存储变量施肥处方图，同时通过拖拉机前部安装的基于机器视觉的作物长势传感器监测作物冠层的叶绿素含量，判断作物的营养状态，计算出氮的追肥需要量对原来的处方图作出修正，然后通过液压马达控制变量施肥。

1.4.2.3 育苗和插秧技术

进入20世纪中期，随着世界水稻种植业的发展，水稻种植机械化取得了长足的进步，种植模式日趋多样化，直播与育苗移栽成为水稻种植机械化的两种主要形式。

直播是美国、澳大利亚、意大利以及其他一些欧洲国家水稻种植的主要形式，具有作业效率高、劳动强度低、生产作业成本低尤其是节省水资源等显著特点，因此适合于大规模种植。

育苗移栽是亚洲水稻种植的主要形式，主要包括插秧、抛秧等方法。日本水稻插秧机械科技水平一直走在世界的前列，20世纪80年代，日本全国基本形成了统一的水稻栽培模式，育秧、插秧机械已实现了系列化、标准化，到1990年水稻种植机械化水平达到98%。韩国起步较晚，但机械化发展迅速，已有赶超日本的趋势，1996年机插面积达种植面积的97%，泰国也已基本实现插秧机械化。

1. 育苗技术特点 以直播机械化为主的欧美国家研制出来的水稻秧盘育秧播种的设备比较少，目前用于蔬菜、花卉等植物的温室秧盘育秧播种流水线已有多种，如Blackmore System、Marksman、Speedling Systerm、Hamilton等机型，设备普遍采用吸针式，每穴1～5粒不等，作业质量较好，功能全，自动化程度高。亚洲的水稻秧盘育秧流水线比较多，像日本的久保田、井关、洋马、实产业、日清、三菱等株式会社都有自己的育秧播种设备，其工艺精湛、自动化程度高，但价格昂贵，而且这些生产线主要是针对常规稻和普通杂交稻育秧播种技术，能实现3～8粒/穴（格）的穴播、条播与撒播，采用的播种部件主要有机械式槽轮、窝眼、型孔和气力式（图1-9）。韩国的育秧技术与日本水平接近。

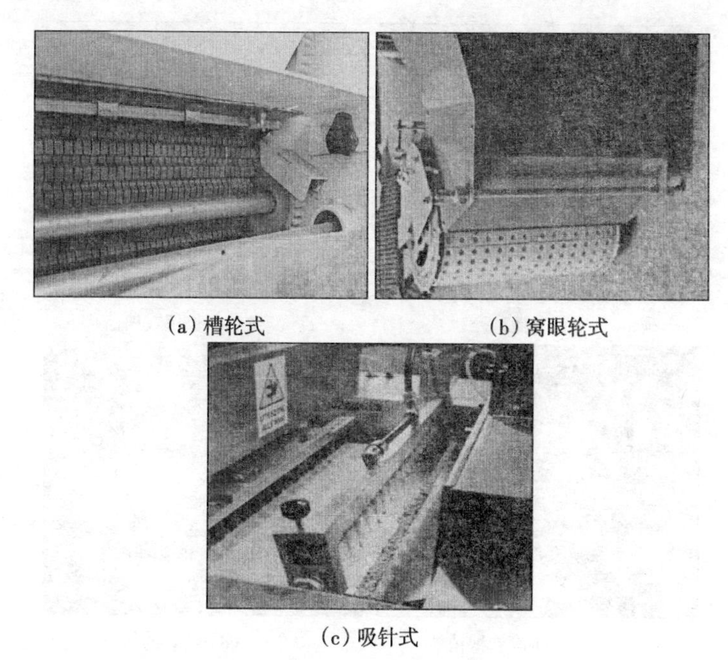

(a) 槽轮式 (b) 窝眼轮式

(c) 吸针式

图1-9 秧盘育秧播种装置

日本机械化种植方式主要是带土苗工厂化育秧和机械插秧。水稻秧盘育秧播种流水线主要由供/接送秧盘、铺/覆土、压实、播种、淋洒水等装置和秧盘组成，以前的核心技术仅是播种，而今除涉及播种器的精量取种外，能否保证准确投种、排土均匀，也是秧盘育秧流水线的关键技术。

另外，为解决传统的土壤苗床育秧系统存在的问题，在充分利用原有的插秧机基础上，尽量减轻水稻种植过程中的劳动强度，长毯式育秧和插秧系统应运而生。长毯式育秧采用了无土栽培技术，育秧装置包括一个 600cm（长）×28cm（宽）×5cm（深），盛液体肥料的容器和一个喷水泵。在育秧盘上铺一层无纺织物，种子就撒在上面，由水泵喷洒培养液。秧苗经过约两周的生长，就可以插秧。培育出来的秧苗连成大约 6m 长的毯状，所以叫做长毯式秧苗（图 1-10）。

(a) 播种　(b) 长毯式秧苗

(c) 滚卷秧苗　(d) 卷好的秧苗

图 1-10　水稻长毯式育秧

传统的土壤苗床育秧箱的长度是 60cm，而长毯式的长度是它的 10 倍，长毯式秧苗补给只是传统的 1/10。而且，对于同样数量的秧苗，长毯式的重量大约是传统的 20%。因此，把长毯式秧苗送到田里显得比较容易。长毯式秧苗带很长，不方便运送，由此开发了长毯式秧苗卷紧技术。这种技术可以把秧苗安置在插秧机的正常位置。卷好的秧苗的重量与相同数量的传统的土壤苗床培育的秧苗相比，只有大约20%。小型载货卡车一次可以装载1.5hm^2稻田所需的秧苗。长毯式秧苗插秧机是在一般秧苗插秧机上增加了卷秧苗和压秧苗的折叠器，而插秧机的精确度与传统插秧机相当。可以看出，长毯式育秧技术不需要育秧土，减轻搬运劳动强度（是传统育秧技术的一半左右），这种技术已在日本的农场开始应用。

2. 插秧技术特点 日本插秧机主要有乘坐式和步行式两大类。根据插秧要求和用户的使用层次不同，带土苗插秧机高、中、低档规格俱全，每种机器各具特色。尽管日本的插秧机有很多种型号，但其原理和结构基本类似，主要生产厂有久保田、洋马和井关等。

图1-11为洋马生产的VP6型高速插秧机，主要特点为功率大、栽插迅速整齐、超级回转式栽植臂。每个回转箱有2个插植臂，边旋转边插秧，实现了高效率作业，高速栽植时的振动小。另外，在回转箱内有一组行星齿轮，可以使插秧的动作接近于手插秧，即使在高速插秧时也可实现栽插不伤秧。插秧深度自动补偿——速度感应型插植深度自动调节。在高速作业时，根据浮船浮起的调试，自动调节插秧的深度，从低速作业到高速作业可减少秧苗浮起、倒伏，保持插秧深度的一致。不伤苗、柔和插秧，已插好的秧苗不会被碰伤。秧苗取量的调节，在驾驶席上就可操作。发动机最大功率为8.83kW，排气量337cc，即使低转速也可发挥大扭距进行高速作业。另外，在高湿田也可发挥力量，而且因为低油耗、低噪音、低振动，能够连续作业。仪表盘按人体科学原理设计，分布合理，警告灯、刹车踏板连接器、监视装置、燃料等，一目了然，在作业中可用视线余光确认，而且各警报都由警报器及灯光告知。

针对上述长毯式育秧技术，日本对现有的插秧机进行改进（改进栽植臂、强化送秧机构、安装筒状苗专用的载秧台等）制造出长毯状小苗插秧机（图1-12）。该机的载秧台上可同时放6个苗卷，相当于60盘带土毯状苗，可实现3 000m^2地块连续插秧而无须补给秧苗。若辅助秧架上再放6个秧苗卷，中途由机手补给秧苗，则可插

6 000m^2地块，从而减少了辅助作业者的劳动量。产量和带土苗移栽相当。

图 1-11　VP6 型高速插秧机

图 1-12　插秧机

分插机构是水稻插秧机从群秧中分取一定数量的秧苗并插入土中的机构，它是插秧机的关键部件，其性能决定插秧质量、工作可靠性和插秧频率。

目前国际上水稻高速栽插机构总体上有两种，即偏心齿轮行星机构和非圆齿轮行星机构。两种机构的示意图见图 1-13。非圆齿轮行星机构主要由壳体内的太阳齿轮、行星齿轮Ⅰ、Ⅱ和从动齿轮构成，另外还设有减振装置。工作时太阳齿轮固定不转，由壳体带动对称配置的行星齿轮Ⅰ、Ⅱ转动，动力传递到从动齿轮再带动秧爪完成取秧和插秧动作。非圆齿轮是圆齿轮的一种变形，其滚动节圆已变为非圆形，称之为节曲线，由于改变节曲线就可以实现不同的传动比，且具有结构紧凑、传动时动平衡性好的特点，所以设计时确定采用非圆齿轮行星机构。

日本插秧机同样在施肥、秧箱、底盘和操作性能方面设计采用了各种新技术（图 1-14、图 1-15）。井关配置深施肥机构，节肥 1/3，提高产量，减少污染；洋马采用折叠式秧箱，方便运输；久保田使用多功能小型底盘（4 行、5 行机），能替代步行机，步行机所占比重已减少到 1%左右。

近来，随着农场面积的增大和农民人数的减少，需要更高效

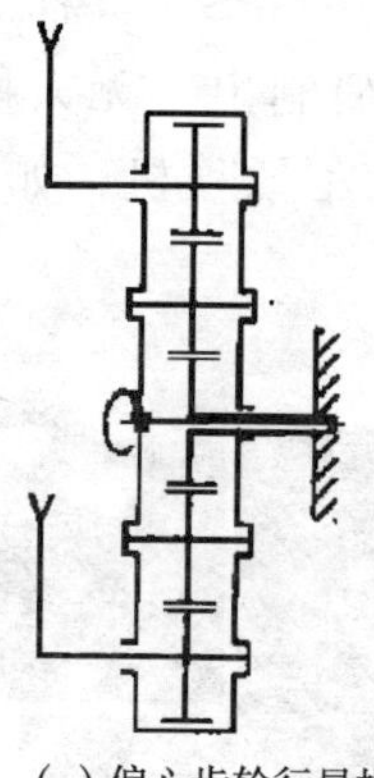

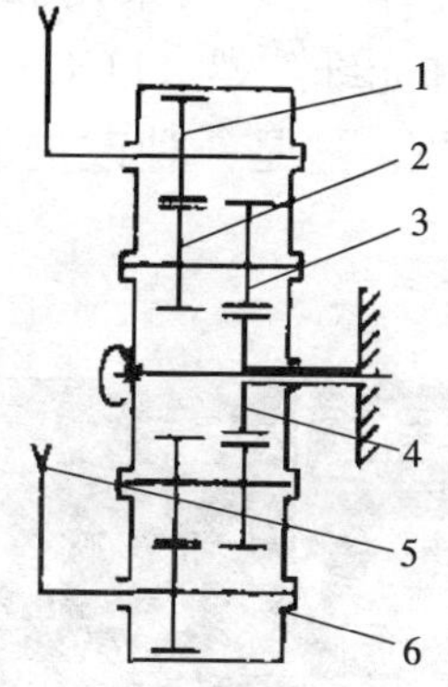

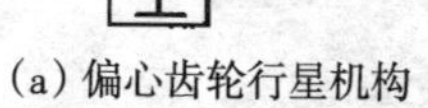
(a) 偏心齿轮行星机构　　(b) 非圆齿轮行星机构

图 1-13　高速栽插机构简图

1. 从动齿轮　2. 行星齿轮Ⅰ　3. 行星齿轮Ⅱ
4. 太阳齿轮　5. 秧爪　6. 壳体

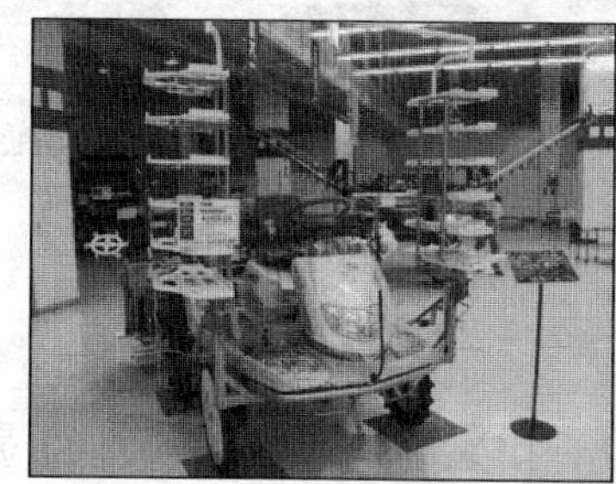

图 1-14　插秧机

的农业机械。研究人员采用载波相位差分 GPS（也称为 RTK - GPS）技术和光纤陀螺（FOG）传感器等研制出了无人操纵高精度水稻插秧机。这是一种改进了的 6 行水稻插秧机，如图 1 - 15 所示。

图 1 - 15　商业化 6 行水稻插秧机

RTK - GPS 的精度可达到 2cm，用来确定水稻插秧机的位置，波特率为 9 600bps 的无线电调制解调器用于 RTK - GPS 系统基站和移动站之间的数据交换，一个 FOG 用作测量机具的偏航角，由 3 个 FOG 和 3 个加速度计组成的姿态测量装置测量机具前后、左右的倾角。

无人操纵高精度水稻插秧机在开始作业之前，计算机必须产生一条水稻插秧机需要的路径，而且稻田被假定是矩形的，四个角落的位置预先已测量好。

日本使用全球定位系统技术成功开发出无人插秧机，体现了现代农业机械化生产的整体发展趋势。

日本带土苗插秧机主要有以下几个特点：

（1）水稻插秧机的高速化 曲柄摇杆机构插秧频率可达 270 次/min，但随着作业速度的提高，机身振动加剧和插秧精度下降。日本在 20 世纪 80 年代初提出了以偏心非圆行星齿轮系机构代替曲柄摇杆机构，采用回转双插头装置，插速高达 400～600 次/min，最高作业速度 1.4m/s，插秧速度提高 50%。由于有对称的两只栽植臂，既实现高效率作业，又减少了插秧机惯性力引起的振动，所插秧苗稳定，插秧质量好，作业效率高。

（2）工作可靠性高、作业质量好 广泛使用液压技术、自动控制和安全装置，如自动仿形控制插深、机体水平自动控制、插秧离合器分离及转弯自动减速、秧爪安全分离装置等，当遇到超负荷时（如石块），秧爪能在任一位置停止运动，避免损坏秧爪和其他机件。

（3）产品多样化，以适应不同地区对机器的需要 步行机两轮驱动，有 2、4、6 行。乘坐型三、四轮驱动，有 4、6、8、10 行。行距 300mm，株距 120～200mm，可调。普遍可配带化肥深施装置，所施肥料有液体肥料和颗粒肥料。

（4）四轮驱动底盘的乘坐型插秧机 近两年，日本开发的高速水稻插秧机乘坐式底盘都采用液压无级变速驱动装置，田间作业和转移速度快，机手操作轻便，工作效率大大提高。

（5）底盘与插秧部分采用液压浮动悬挂 在一般田里工作时，不会发生秧船壅泥现象。插秧部分能左右摆动，因此在犁沟不平的田间作业时能够保持水平。

（6）电子监视装置 安装缺秧、施肥等监视装置，乘坐型插秧机的秧箱底板处装有传感器，当秧箱内的秧苗快插完时向驾驶员发出信号。

（7）采用新材料和先进制造工艺 广泛采用高强度轻金属、塑料制板和型材等；零件采用压铸、粉末冶金等工艺制造，零件精密、轻巧，适合水田作业。

1.4.2.4 病虫害防治及叶面施肥技术

在施肥和病虫害防治方面，通过使用遥控无人驾驶机器人，以减轻劳动强度。

水稻的田间管理，一是采用射程近 30m 的喷雾机进行喷药和追肥，二是采用直升机和无人驾驶的飞行器（图 1-16）。

图 1-16 施肥机械

在日本，有一型粒状肥料用的施肥机可提供作水田变量施肥。该机由 Hatsuta 工业公司制造的稻田变量施肥机（GS-MPV8 型）是基于地图的，可施用固体肥料、喷药等。系统由电子马达、容量为 120L 的肥箱、6 个测连装置和 12 只喷管组成，由地轮传感器测得机具前进速度，机载 GPS 测得位置信息，查询地图中相应的施肥量，从而控制排肥口的施肥量。实验表明变量施肥比传统均一施肥节肥 12.8%，而且使水稻种植获得高产成为可能（图 1-17）。

国外先进技术主要体现在以下几个方面：

（1）开发了直接注入式喷雾机 在机上分别设置药箱与水箱，使农药原液从药箱直接注入喷雾管道系统，与来自水箱的清水按预先调整好的比例均匀混合后，输送至喷头喷出。与通常的喷雾机相比，它减少了加水、加药操作过程中机手与农药的接触机会，消除了清洗药液箱的废水对环境的污染。

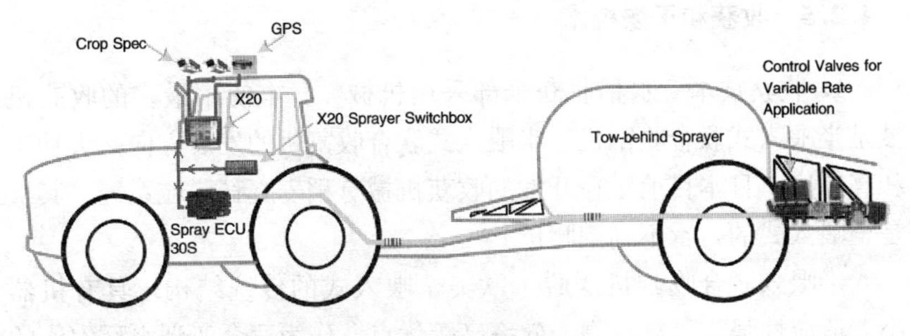

图 1-17 喷雾器

(2) 在大中型喷雾机上采用完善的过滤系统 从向药液箱内加水，到药液从喷头喷出，中间经过四次以上的过滤。特别是自洁式过滤器的使用，避免或减少了喷雾系统的堵塞和清理工作。

(3) 发展无人操作喷雾机 日本在果园和温室中发展无人操作喷雾机。利用遥控直升机施撒农药已进入实用阶段。

(4) 改进喷雾机 在喷雾机上采用了少漂（LD）喷头，因雾流中小雾滴少，可使漂移污染减少 33%～60%。在喷雾机的喷杆上安装防风屏，使常规喷杆的雾滴漂移减少了 65%～81%。

(5) 开发了带有药液雾滴回收装置的循环式喷雾机 有用于大田作物和果树的不同机型。喷雾时雾流横向穿过作物叶丛，未被叶丛附着的雾滴进入回收装置，过滤后，返回药液箱。这既可提高农药的有效利用，又减少了漂移污染。

(6) 采用叶片涂抹机械 对于某些农作物，采用了叶片涂抹机械，直接将除草剂涂抹在杂草叶片上；或对树木采用注射机械，直接将内吸性农药注射入树木木质部，依靠其传导作用分散分布于树木整体，减少了农药进入外部环境的机会。

(7) 在喷雾机上安装近红外光电传感器和控制电路 利用近红外光的反射来辨别行间杂草，通过控制电路控制喷洒系统进行针对性的喷雾，无杂草的地方不喷雾，既可节省农药，又减少了农药进入空间的机会。这种光电控制电路也被用于果园喷雾机上。

1.4.2.5 收获和干燥技术

1. 收获技术 水稻收获全部采用机械，日本使用最多的收获机械是半喂入式联合收割机。半喂入式联合收割机的发展方向是大功率和高速度。日本目前正在开发的收获机械有稻麦立秆脱粒系统，其次是全喂入式的，看不到割晒机。

半喂入联合收割机摆脱了欧美全喂入式的传统结构，具有机器小、适应性强、可靠性高、效率高等优点。作为适合亚洲水稻农作的高性能机械，半喂入联合收割机损失小，拆装简便、操作舒适、电子自动监控、稻麦均可收获等特点，能在小田块、高湿烂田进行作业，经过几十年的研究和改进，日本半喂入联合收割机技术非常成熟。目前主要生产企业有洋马、久保田、井关、三菱4个公司，韩国有国际、荣洋、LG、大同等公司。日本生产的久保田系列半喂入履带式稻麦联合收割机（图1-18）更畅销全球。久保田系列半喂入稻麦联合收割机是适应高湿烂田的湿田型机器，其高性能、高质量、高效率满足了顾客的投资需要。该系列机型的动力充足，设计美观大方，具有使用耐久性、安全性高的优点。在整机结构和作业性能上优于其他同类机型的特点主要有以下几个方面：

图1-18 久保田半喂入履带式稻麦联合收割机

（1）前伸量小的带扶禾器的立式割台 扶禾器采用门形结构，前伸量小，割台刚度好，不易损坏变形，转向更灵活。割台动力单向同步输送，扶禾高度和速度可适时调节，满足不同高度作物、不同脱粒难度品种和倒伏作物要求，对严重倒伏作物也能轻松扶起并顺利输送。切割装置采用动定刀组合及动刀左右双驱动机构，割台振动小，零部件不易损坏。宽割幅，各链条交接口设计紧凑，交接平稳顺畅，输送平滑均匀整齐，不易堵塞。割台导轨采用实心方铜，提高各输送链条、架等易磨损零部件的刚度和强度。

（2）高处理能力的脱粒清选装置 采用下脱式轴流二次清选机构，结构新颖简单，脱粒清选等各项性能指标极佳。大直径超长单脱粒筒，凹板包角大，脱粒间隙可调，脱粒能力超强，减少籽粒破碎率，提高籽粒清洁度。上抬式脱粒筒，脱粒清选室可完全打开，清扫、拆装和维修保养方便。整体箱式大摇摆振动筛，多级筛分选，气选方式并用，提高清选能力，改善湿脱性能。采用可更换的高强度的钢板筛网，并可根据实际情况，增设唇形加强板、加强筋等方式来增强对难脱作物品种的适应性。高效率，并能轻松装接粮、输粮。

（3）大排量高功率省油的发动机 普遍采用直喷式高速柴油机，动力强劲，功率大，油物料消耗少。高速作业中体现低振动、低噪声和低消耗的优异性能。动力储备充足合理，可以承受大负荷作业，满足 7 500～11 250kg/hm^2 高产水稻收割需要，收割优质高效。发动机高位采气，3 级滤芯过滤，吸入空气清洁；冷却进风口大，进风充足，散热效果好。

（4）操纵轻便的液压行走无级变速机构 行走变速采用静液压无级变速机构与简单的齿轮式变速箱相结合的变速方式，操作舒适。单手柄液压操作，动力变速时不必踩下主离合器踏板，只需扳动主变速杆即可实现，能最大限度减轻劳动强度。视野宽阔的操作台，设计合理的组合操纵手柄，即使在满载或陡急的弯道也能轻松驾驭，确保平稳操作。

（5）低接地压力的橡胶履带行走装置 普遍采用耐高湿烂田的轻型重量平衡设计，适合中国地块小、田埂多、多湿烂和多季作业等恶劣条件，接地压力小，宽幅履带、大行走轮、高离地间隙，进一步改善田间通过性，在湿地上也能更加平稳工作；可单独更换带轮，内藏式履带张紧螺栓，可快速维修保养，降低维修成本和时间。

（6）反应灵敏的自动控制报警系统 普遍采用了机电液一体化技术，实现模拟人工的自动化控制，在易发生故障或人工难以监测到的重要的工作部位装有先进的自动控制装置，部分实现了自动监测和控制，大大降低了劳动强度。普遍采用高可靠性的液压电气装置，能有效防止故障发生并延长使用寿命。水温、茎秆堵塞和发动机油压等各种自动装置在仪表盘上能自动报警，令检测更快捷容易。

（7）简便多样化的茎秆处理方式 茎秆处理有切碎和条放两种方式。切碎还田利于增强地力，条放茎秆便于回收利用。圆盘切草刀采用齿形陶瓷制作，且采用双支承切断方式，延长了刀片的使用寿命。茎秆排草两段输送，输送整齐，不易堵塞。

2. 干燥技术 日本气候湿润，水稻收获时含水分高，一般要送去进行烘干处理。烘干采用水稻专用烘干机5～30t不等，大的也有上百吨。日本大量推广的是循环式谷物干燥机，其发展方向是高品质干燥。在开发新机型方面，以阳光作为主要热源的搅拌式通风干燥机已经实用化，新开发的远红外线谷物干燥机已经上市。目前正在研制的其他干燥机与干燥技术有：带有碾谷功能的干燥机，稻米品质的测定评价装置。谷物干燥机的发展方向是提高操作的自动化水平。

（1）连续流下式干燥机 依据干燥塔构造大致分为以下4种型式：柱状筛型、柱状挡板型、山形多管型、级联型（图1-19）。

柱状筛型干燥机中的谷物在2片多孔板之间流动，空气从每片多孔板向对方多孔板吹送（图1-20）。这种机型结构简单，物料流动流畅，具有不易堵塞的特点。但是谷物经通风部下降时，紧挨两侧多孔板表面的谷物难以替换，只一次行程就结束干燥，空气入口侧和空气出口侧的谷物之间会产生干燥不均匀。在一些用于共同设施的干燥机，根据经验采用适当的风量、热风温度和通过时间，达到合适的干

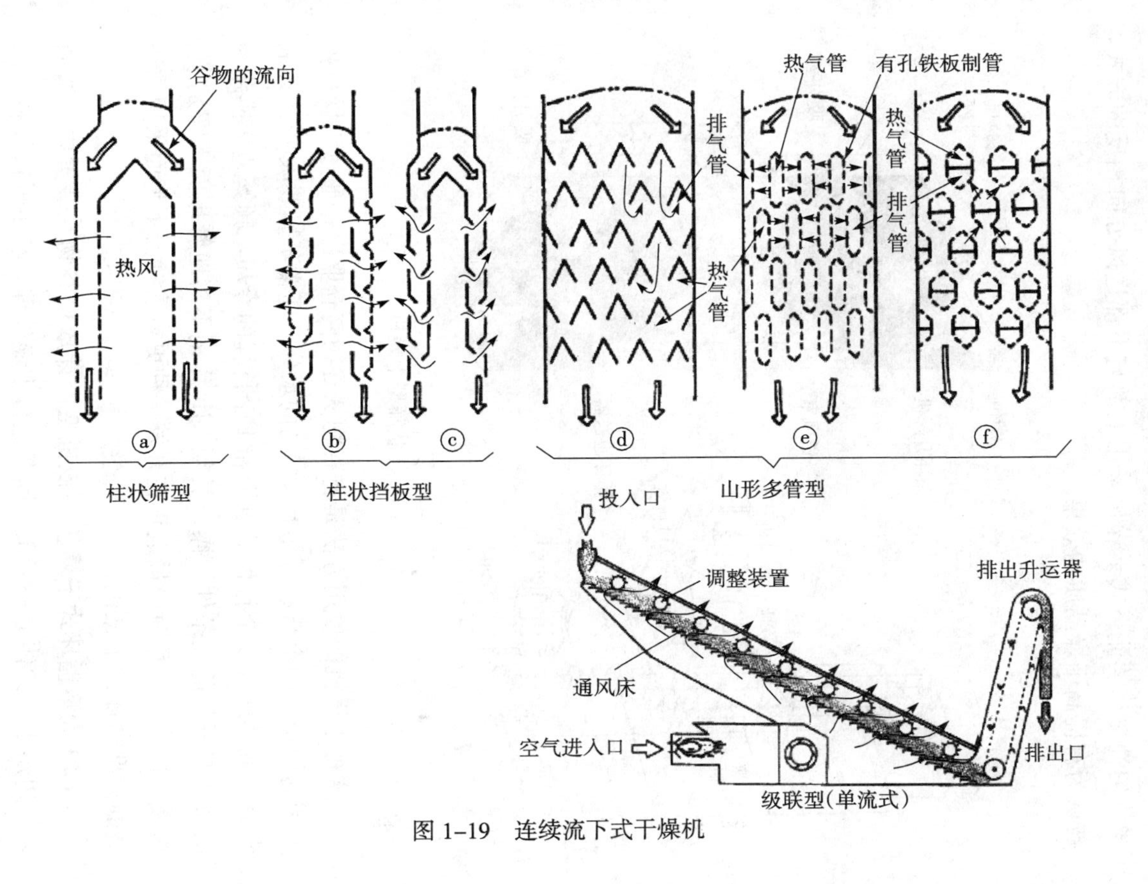

图 1-19 连续流下式干燥机

燥均匀性。连续流下式干燥机采用上部与下部送风方向相反的方式，被认为有提高干燥品质的效果。

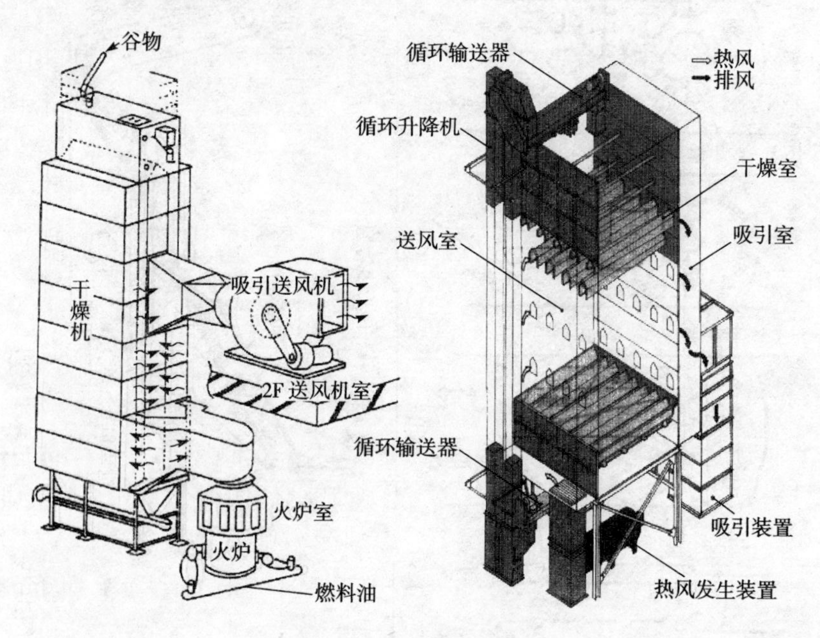

图 1-20　柱状筛型干燥机

这种干燥机的使用方法是将谷物从谷物筒仓取出，通过干燥机投入别的筒仓，一个行程可望减少 2%的水分。通常干燥要除去 10%的水分，就必须有 5 个行程的烘干和 1 个行程的冷却，频繁地变换路径的搬运装置是前提条件，操作员须 24h 片刻不离地管理而无暇别顾。为减轻操作员的负荷，最近正在开发一种更替连续流下型而采用循环型的大型循环式干燥机。

（2）大型循环式干燥机　该机型设计成使谷物在装置内一边循环一边烘干，大体上一天 1 个周期进行干燥处理。从干燥机投料、烘干、干燥速度到干燥温度的控制，都实现自动管理，达到设定水分后自动结束烘干，使操作者的劳动强度得以大幅减轻。

（3）流化层式干燥机　流化层干燥是从水平多孔板下方向上通

风，用空气使谷物一边流化一边烘干的方式。因通风速度快，提高了干燥机的效率，常用作收粮时的预先干燥机（图 1-21）。

这种处理方式把轻飘的夹杂物浮游于空气流将其分离，在后续的干燥处理工序中提高干燥机的充填率，在增加处理量的同时改善谷物流动性，显著改善干燥谷物品质。同时，这种装置使石子等重物不因空气流浮游而残留于机内，不向后续工序移动，兼备了除去沉重夹杂物装置的作用，在减轻后续工序故障因素的同时提高谷物的品质。

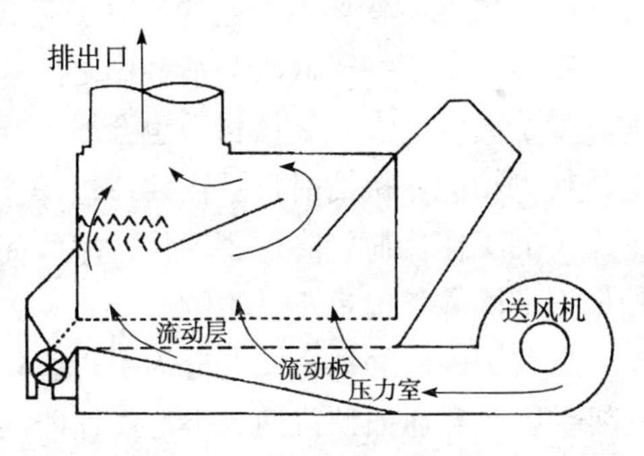

图 1-21 流化层式干燥机

1.4.3 近期需要解决的主要技术问题

1.4.3.1 水稻机械化主要技术问题

水稻在育秧播种机对常规稻的大播量育秧方面已经是比较成熟的技术，但是针对不同水稻品种要求的播种量控制还有待进一步研究，一般育秧播种机采用槽轮式排种器，其结构简单，但是不能精确控制排种量。

水稻直播机也存在以下两个问题：①播量调整不准确。直播机的播种量主要与机器的行驶速度有关。机播时的实际播种量随着机器在田间的行驶速度变化而改变。当直播机行进速度快时，实际播种量就减小；反之，实际播种量就增大。有的直播机播种量调节范围太小，如 J-2BD-10 型直播机，只能播播量在 60～75kg/hm^2 的粳稻，不能播播量为 15～22.5kg/hm^2 的杂交稻。因此，要求直播机能根据农艺要求预设播种量，并能根据行驶速度随机自动调节播种量。②漏播不能检测。机直播的重播指数和漏播指数受机器结构、行驶速度、种子特征等因素的影响而改变。如垂直圆盘式排种器的重播指数随机器行驶速度的增大而减小，漏播指数却迅速增大，这是由于速度增大后种子的充填性能变坏而引起的。对于毛刷清种式窝眼轮排种器，当种子包衣时，由于种子衣膜与清种刷之间的摩擦增大而导致漏播指数增大。种子的湿度大，漏播指数也会增大。由于现有的水稻直播机没有漏播检测功能，机播时机手需要一边操作，一边观察播种情况，增加了机手的工作负荷，降低了工作效率，而且播种时即使出现漏播或播种量不准确等状况也不易察觉。

目前国内的插秧机主要分为引进国外技术在国内组装的高性能插秧机和国产普通插秧机两大类。高性能的机型有东洋 PF455S 手扶插秧机、东洋 P600 型高速乘坐式插秧机、洋马 VP6 高速乘坐式插秧机；国产的插秧机主要以延吉 22K-630 型机动水稻快速插秧机等为主。近年来，现代农装湖州联合收割机有限公司和南通富来威农业装备有限公司等企业也开始研制开发水稻插秧机。水稻生产从原来精耕细作至 20 世纪 90 年代以来逐步完善并推广群体质量栽培技术体系，以水育壮秧、肥床旱育中小苗移栽以及宽行窄距、浅栽为主要特点的移栽方式，使水稻的增产潜力得到了充分发挥，并持续多年实现了高产稳产。

由于插秧机生产的技术要求很高，在我国的发展时间也不是很长，从目前国内生产的插秧机产品来看，还是存在产品型号单一、制造工艺水平比较低、可靠性差等一系列的问题：①高速插秧机价格高但动力不足。引进的高速插秧机产品虽然技术水平高、可靠性好，但价格高，高价位产品与我国目前大部分地区的农村经济发展水平不相适应，影响了高速插秧机的推广使用。高速插秧机为提高作业效率，需随机装载更多的备用秧苗和搭乘 1 名续秧手，作业中常出现强度不够、动力不足等问题，在深泥脚田作业时更突出。因此，对高价格高性能的产品出现了问题，用户更难谅解。②独轮乘坐式插秧机适应性不强。目前大批量生产的独轮乘坐式插秧机采用独轮驱动加拖板底盘和曲柄连杆插秧机构，具有结构简单、成本低的特点。但由于底盘结构的限制，拖板不能对田间进行浮动仿形，因此不能有效地控制插秧深度，存在对整地要求高、作业速度难提高、容易产生壅泥下陷、转弯半径大及田间转移困难等不可克服的问题，造成插秧质量不稳定，影响了插秧机的适应性，限制了插秧机性能的提高和推广应用。该类产品目前适用于东北地区。③步进式插秧机可靠性不高。插秧机是农机制造行业里具有较高科技含量的产品，生产工艺水品要求高。国内自主开发的步进式插秧机生产批量小，企业对生产工艺的投入不够、设备专业化程度低、配套体系不完善，造成了产品质量不稳定，整机可靠性与国外产品相比还有相当差距，如液压件及发动机等方面的小故障多。

1.4.3.2 油菜机械化主要技术问题

长期以来，我国油菜生产一直沿袭传统的生产作业方式，机械化作业水平远远低于三麦、水稻乃至大豆和玉米，除耕整地和植保外，油菜种植、田间管理、收获主要依靠人工作业，机械直播和收获均不足 8%，而面广量大的移栽作业几乎全部依靠人，用工量大，劳动强度高，生产率低。当前油菜生产的突出问题是生产成本高，比较效益低。而加拿大、德国等国油菜生产全面实现机械化作业，生产成本远远低于我国。我国油菜机械化主要存在以下一些问题：

（1）机械化水平低，装备可靠性低、适应性差 我国油菜生产机械化水平低，生产成本高，制约了油菜生产发展。农业部油菜机械化技术专家组 2008 年 3 月份的调查发现：虽然油菜直播机的核心部件排种器具有精（少）量、播量可调、均匀度高等良好性能的异型窝眼轮、镶嵌式窝眼轮、偏心强制剔种式窝眼轮等多种形式的排种器相继研发出来，过去单一的外槽轮式排种器已基本上被淘汰，但机械直播省工节本的潜力还很大，应研究开发免（少）耕播种、施肥联合作业机；油菜裸苗移栽机从无到有取得了突破，目前基本能满足油菜移栽的需要，但尚需要攻克在稻后田黏重土壤条件下机械移栽的难题；油菜联合收获机围绕降低收获损失率和油菜—稻麦兼用的核心目标开展了广泛的技术创新，目前已形成机械式驱动和液压式驱动两种通用底盘，现有的几种机型在割台、输送、脱粒清选部件等装置上结构原理各具特色。作业性能也逐步提高，但目前联合收割机的损失率仍然偏高，除油菜作物本身不适应性以外，联合收割机本身仍需要改进提高，降低脱粒清选的损失，提高可靠性和提高作业的流畅性。分段收获应是近期研究开发的重点。在联合收割机的基础上开发捡拾脱粒机容易实现，并能获得很好作业效果；开发适合移栽油菜（高大、分枝多）的割晒机有一定难度，需加强攻关。

（2）农机与农艺、品种培育技术分离，相互适应性差 以往油菜育种的目标是致力于高产优质，在指标设计上主要追求“双高”和“双低”，即高油酸和亚油酸含量，低芥酸和硫代葡萄糖苷（简称硫苷）含量，忽略了对机械化作业的适应性。问题的另一个方面是我国长江流域在当年晚秋时种、次年春夏之交时收的越冬油菜，由于收获时气温高，而且在成熟期气温逐步升高，因此角果抗裂性较差，适收期短。我国大面积种植的油菜适合机械作业的性能较差，特别是南方的移栽油菜，由于株型大、分枝多、角果易开裂，给机械收获造成很大困难。油菜种植密度、播期、品种、田间管理技术与适合机械收获性均有直接关系。目前尚没有从品种筛选、种植技术、机械装备技术多方面一体化研究，以使农艺、品种与农机相互适应，全面协调解决油菜全程机械化问题。

（3）技术路线和技术模式不明确 我国油菜种植制度多样，缺乏规范化的栽培制度，生产手段、生产经营方式落后，缺乏与现代生产手段相适应的集中、成片种植和规范化管理。在机械种植方式上注重机械直播，忽视了面广量大的机械移栽；在机械收获方式上注重联合收获，忽视了具有适收期长等多方面优越性的分段收获。因此，迫切需要确定与现代生产装备、栽培技术相适应的，从种植到收获的机械化技术路线和区域模式，给农民明确的方向引导和成功的典型模式示范。

1.4.3.3 小麦机械化主要技术问题

我国小麦的收获机械发展已有一定的成果，市场上的产品大多为成熟产品，但是也存在一些问题：通过性差，可靠性低，收获质量不高，秸秆处理不够理性，机具成本高，机型结构庞大，收割适应性差。在某些关键部件上与国外机器相比还存在一定的差距。

(1)割台部分 我国铺放式小麦收割机目前大型的都是双帆布输送带卧式割台，小型的都采用带有扶禾星轮的立式割台，作物铺放方式多为与机器前进方向呈 90°角平铺，也有堆放式及后铺放式。小麦联合收割机都是卧式螺旋割台，立式割台尚处于研究中。除个别机型配有多种割台外，多数机型的割台均为单一形式。目前，国外联合收割机割台大多朝着多品种、多系列方向发展，以增强对作物的适应性。在连接方式上，大都设有快速挂接装置，割台高度、拨禾轮高度、转速及其前后位置都能在驾驶室内调整控制，而且割台一旦发生堵塞，可利用反吐装置立即排除。国内外各种收割机的切割器基本都是往复式的，这也是收割机故障率甚高的工作部件，新型回转链式切割器的推广应用，必将使收割机的整机性能得到显著改善。

(2)脱粒装置 我国小麦联合收割机的脱粒基本都采用全喂入式，传统结构多采用切流式单滚筒或双滚筒脱粒装置。我国自行研制开发的中小型拖拉机悬挂式和自走式小麦联合收割机大多采用轴流滚筒式脱粒装置，悬挂式机型以横置纹杆或杆齿轴流滚筒居多，也有部分为纹杆、板齿组合滚筒，个别采用立式轴流滚筒；自走式机型多为板齿或纹杆切流滚筒与纹杆及叶片齿组合式轴流滚筒构成的双滚筒脱粒系统。轴流滚筒与传统的切流滚筒相比，作物脱粒时间长，脱净率高，分离能力强，对易脱和难脱的作物均有较好的适应性，可以取消庞大的逐稿器，使收割机结构大为简化、紧凑。国外一些具代表性的联合收割机脱粒系统的改进除采用横置轴流滚筒外，许多采用了纵置轴流滚筒；为适应收获不同作物，许多还备有多种凹板，而且改装、更换滚筒、凹板十分方便；有的在滚筒传动部分装设了增扭装置，同时扩大了转速变化范围；有的在安装转速检测仪的同时，还增设了计算机监控系统，使脱粒性能始终保持在最好状态。

（3）分离装置 传统的谷物联合收割机（切流式脱粒滚筒）的分离装置基本都采用键式逐稿器，它是关系到分离损失率和机身长度、制约收割机喂入量提高的关键部件。我国自行研制开发的中小型轴流脱粒滚筒谷物联合收割机简化了分离装置，有的沿用键式逐稿器，有的采用平台式逐稿器，特别是拖拉机悬挂式联合收割机大多都省略了逐稿器，依靠脱粒滚筒栅格状凹板进行分离。国外联合收割机分离装置有的对逐稿器键面进行了改进设计；多数采用了辅助分离机构；许多采用分离滚筒及其凹板取代了传统的键式逐稿器；许多收割机还采用了各种性能检测器来控制分离损失。

（4）清选装置 目前大多数机型采用气流、振动筛式或气流、双圆筒式清选装置，风机（扇）一般都采用离心式。前者结构复杂、振动大、湿分性能较差；后者结构简单、对高产及潮湿作物的适应性好，但对干燥作物适应性较差。洛阳工学院研制了一种由离心式风机、圆筒筛和径向风机组成的新型清选装置，清选性能明显提高。约翰·迪尔公司的新型联合收割机独特地采用了新式涡流风扇清选装置，实践证明该种清选装置气流流量大，速度较高，分布均匀，清选效果明显改善。另外，近年来，国内外收割机制造厂商在收割机的设计、改进中重视人机工程学研究成果的应用，广泛应用电子和液压技术，给驾驶员创造安全、舒适的工作条件，使机器的操纵、调整、故障排除等工作环节不断向自动化方向发展。

1.4.4 技术发展趋势

1.4.4.1 稻麦油播种机械的发展趋势

加拿大、德国等主要生产油菜的发达国家，稻麦油种植几乎全部是直接播种，其播种机发展趋势主要是大型、高效、气力式播种，广泛采用机电一体化技术和GPS技术。我国近几年稻麦油播种机有了较快发展，但在性能上还存在较大差距，未来发展的主要方向可以概括为以下几个方面：

（1）提高通用性 不论是机械式排种器还是气力式排种器，为了适应同一地区不同作物的播种，必须提高对作物种子的适应性，针对一种作物研究开发一种播种机既不经济也不方便使用。

（2）增强功能性 为提高作业效率，降低作业成本，减少机器下地次数，必须研究开发多功能的联合作业机械。基本功能包括旋耕灭茬、精（少）量播种、准确施肥、覆土（镇压）等；对于油菜播种还需要具备开畦沟功能；对于秸秆还田、免（少）耕田的播种，还需要具有排草防堵等功能。土地流转或社会化服务的发展，农业生产经营规模不断扩大，国内大中型（36.77kW以上）拖拉机动力快速发展，社会保有量快速增加，为发展大中型复试作业播种机提供了动力条件。

（3）作业性能监测 目前稻麦油播种机存在播量调整不准确和漏播不能检测的问题，而且因漏播引起的减产损失不容忽视。为此，单片机控制和现代检测技术将逐渐运用于水稻直播机的排种性能检测和播种量自动调节控制。播种时一旦出现漏播，及时用声、光报警，提醒机手排除故障；当实际播种量因机器的行驶速度变化而改变，并超出预设播种量的范围时，直播机能随机自动调节排种量的大小，使实际播种量保持在预设值范围内，实现对播种量的精确控制。

1.4.4.2 水稻插秧机发展趋势

从目前国内生产机械化的发展情况看，水稻插秧仍然是水稻生产过程中最薄弱的环节。插秧机还处于发展初期，未来几年市场需求量仍会保持上升的趋势，国内插秧机发展面临着前所未有的机遇与挑战。今后国内插秧机将向以下几个方面发展：①从机型来看，高速插秧机是未来的主要发展方向。近期为满足市场需求，步行式和独轮乘坐式插秧机仍将是市场的主导机型。步行式插秧机由于效率低，使用劳动强度大，占有率将逐步下降，随着用户对插秧机产品舒适要求的提高，轻便型乘坐插秧机可能会逐步代替步行式插秧机。②插秧机产品的系列化和多样化。步行式插秧机形成1、2、4、6行，乘坐式插秧机形成4、6、8、10行的系列化产品，产品类型分为不同层次，以满足不同市场的需要。③针对四轮乘坐式插秧机利用率低的问题，插秧机底盘将向水田多功能通用底盘方向发展，以提高机器利用率，降低生产成本，其底盘的多用化将是一个重要的发展方向。

1.4.4.3 油菜移栽机的发展趋势

我国油菜移栽集中于长江流域的越冬油菜区，也是轮作油菜。油菜移栽是长江中下游地区油菜稳产、高产的栽培方式，将长期存在。现有移栽机的移栽原理不适应稻后田黏重土壤、不能很好精细整地的作业条件，因此必须根据我国油菜移栽的特殊性研究开发高效移栽机。走农机与农艺结合的技术路线，从机器、育苗方式、整地方式三个方面协调解决入手，改变传统的技术模式，才可能在解决移栽机对于土壤适应性的同时，解决作业高效率的问题。

1.4.4.4 稻麦油联合收割机发展趋势

国外联合收割机发展趋势是大功率、宽幅、高效、通用型，针对小麦、玉米、大豆等作物收获，纵轴流占据主导地位；广泛应用机电一体化技术，测产、关键工作参数监测技术广泛应用，GPS定位、导航应用越来越多。国内受到经营规模、特别是田块的限制，仍将以中小型收割机为主，特别是对于稻油（麦）轮作区，联合收割机必须适应小田块、多种作物收获的基本条件。具体将体现以下几个特点：

（1）多用途联合收割机 我国除东北、西北部分地区外，绝大部分地区是一年两熟或三熟，多种作物轮作，农时极其紧张，多功能、通用型联合收割机才能满足同一地区的多种作物收获。通用型联合收割机是建立在通用底盘基础上的，根据作物和收获方式配置专用割台，包括稻麦割台、油菜割台以及分段收获的割晒台和捡拾台。通用型收获机械可提高机具利用率、降低购置和使用成本。

(2) 半喂入联合收割机 半喂入联合收割机虽然对于水稻收获优势明显，但不能收获油菜，更不能通过更换部件收获玉米、大豆，因此半喂入收割机发展将受到一定的局限。对于需要利用稻草的水稻收获，半喂入收割机不可替代。

(3) 广泛应用机电一体化和计算机技术 日本和美国的联合收割机研究水平较高，机电一体化和计算机技术应用于联合收割机越来越多，不断提升收割机的性能、可靠性、操作方便性、舒适性。

第二章

耕整地机械化技术

耕整地机械化包括耕地机械化和整地机械化两大部分。

耕地是农业耕作中最基本的作业。其主要目的是通过土垡翻转，将压实板结的表层土壤连同地表杂草、秸秆残茬、虫卵、草籽、绿肥或厩肥等一起埋到下层，起到松碎土壤，改善耕层结构，促进土壤中水、肥、气、热相互协调，消灭杂草和病虫害，提高土壤肥力的作用，为作物生长发育创造良好的土壤条件。在干旱和水土流失严重的地区，对农田间隔几年以不翻转土垡的深松作业取代铧式犁翻耕，实行少耕、免耕，保留作物秸秆残茬覆盖地表，使土壤蓄雨保墒，减少土壤风蚀和水蚀，提高土壤肥力和抗旱能力，这是自 20 世纪中叶开始发展的保护性耕作技术。

整地作业包括耙地、平地和镇压。其目的是使免耕或耕地作业后的土壤表层细碎疏松，秸秆残茬均匀覆盖，地表平整，为播种和移栽作业准备良好条件。

我国耕整地机具有悠久的历史。据传在神农时代人类已开始经营农业，在烧荒和雨后用耒、耜翻耕土地下种。夏商至西周人们将入土较易的耒与入土困难但覆土较易的耜合并而成“耒耜”，耕种方法上出现二三人一组用耒耜翻地，通过协作提高劳动效率，渐渐演变为人力拉犁耕田的工作方式。到了春秋时期已由休闲耕作制过渡到连年种植制，由人拉犁耕进步到牛拉犁耕，劳动生产率因此大大提高。到战国时期牛耕被逐渐推广。由于发明了铸铁技术，铁制农具日渐增多，出现了铁犁铧和铁犁壁。汉代改进了犁的结构，出现了最简单的整地碎土工具“耰”（地槌），耕整地技术由深耕熟耰发展到和土保墒。唐代创制了曲辕犁，能轻便地调节耕深、耕宽和转弯、回头，并出现了铁齿人字耙、耢、陆轴等整地农具，在我国南方已形成了一整套耕、耙、耖的精耕细作方法。到了宋、元时期耖的结构更加完善，并创制了秧板。这些古代创造的优良耕整地机具沿用至今。在经历了千百年的畜力犁耙阶段之后，随着近代钢铁工业和机械动力的出现，发展了机械化耕整地机具。新中国成立六十多年来，我国耕整地机械化产品技术发展大致上经历了仿制、改进、开发新产品、发展系列产品和更新换代产品等阶段。就稻麦（油）轮作区而言，水田耕整地长期以来使用的是简单的手工具和传统的畜力犁耙。20 世纪 50 年代开始发展水田犁等新式畜力农具；60 年代初研制绳索牵引双向双铧犁，解决沤田中以人拉犁的繁重劳动问题；60 年代中期完成了机力水田犁的系列设计；70 年代前半期相继完成了船形拖拉机（机耕船）的研制及机力牵引水田耙和旋耕机的系列设计。改革开放后，农村普遍推行联产承包责任制，土地经营规模变小，80 年代初我国南方深泥脚水田地区在机耕船基础上研制成功了结构简单、灵巧耐用、价格低廉的水田耕整机，得以迅速推广。80 年代后期研制了水田驱动耙。90 年代研制了驱动圆盘犁、灭茬还田机及多种旋耕联合作业机具，90 年代后期研制出激光平地机。其他小型水田耕整地机具也百花齐放，例如单履带顶推式微型耕作机、双轴螺旋水耕机等。进入 21 世纪，国内对资源、能源有效利用和生态环境保护的认识进一步提高，稻麦（油）轮作区水田耕整机械化技术不断进步，重点发展了机械化秸秆残茬还田技术和机具，如稻麦秸秆粉碎还田机、水田埋草起浆整地机、船式旋耕埋草机、旋耕复合作业水田平整机等。自动化、信息化和智能化技术也开始在耕整地机械上应用，例如拖拉机—旋耕机组耕深和横平的电子液压自动控制；2006 年研发了数显深松多用机和数显免耕施肥播种机，2007 年研发了遥控微耕机等。

目前耕地常用的机具有铧式犁、旋耕机、旋耕联合作业机、耕耙犁、圆盘犁、深松机等。铧式犁是历史最悠久，曾经数量最多、应用最为广泛的耕地机械，它具有良好的翻垡埋覆性能，耕后植被不露头，回立垡少，为其他机具所不及。圆盘式平地合墒器与铧式犁配套形成联合作业机具，平整墒沟，破碎土块，在适耕条件下一次行程可完成耕地、耙地、合墒等作业，使耕地达到播种要求。旋耕机碎土率高，可减少耕后整地工作量，但翻埋性能和耕深受一定限制，先用于水田耕作，后来推广应用到旱地。旋耕机用于盐碱地浅层耕作，抑制盐分上升；在新垦地用于灭茬除草、牧区草地再生等作业也有良好效果。旋耕联合作业机以旋耕机为主体，附加灭茬、深松、开沟、起垄、施肥、播种、铺膜、镇压等工作部件，一次行程可完成多项工序。耕耙犁把犁耕和旋耕两种作业的特点结合起来，一次行程可完成耕、整地作业，充分发挥机具的效能。圆盘犁能切碎干硬土壤，切断草根和小树根，但碎土、翻土和覆盖性能均不如铧式犁，仅用于生荒地和干硬土壤，在我国较少使用。我国在 20 世纪 90 年代初开发的驱动圆盘犁集驱动式和圆盘式耕作机具的优点于一体，它对土壤的破碎主要基于拉伸撕裂作用，因而比铧式犁作业效率高，能耗低，已在我国水田和旱地耕作中有局部推广使用。我国北方旱作农业区正逐步推广使用的深松少耕机具，包括凿铲深松机和全方位深松机等。

旱地耕整特别是对于黏重土壤，耕后多使用圆盘耙或缺口耙耙地，有的用圆盘耙作业后再用钉齿耙。圆盘耙还能进行收获后的浅耕灭茬、保墒和松土除草等作业。钉齿耙可在耕后单独使用，有时与铧式犁组合进行复式作业，也能用于幼苗期疏苗除草。用弹齿耙在石砾地和牧草地进行松土作业，碰到石砾弹齿不易损坏。网状耙由于其耙齿用弹簧钢丝弯制而成，每个耙齿之间相互铰接，因而对地面高低起伏的适应性强，用于早春除草、播种时覆土及作物苗期除草等作业。钢丝滚子耙可与幅宽相近的犁组串联作业，在湿度适宜的沙壤土和轻质壤土中碎土能力强。近年来，由拖拉机动力输出轴驱动的各种动力耙日益增多，在土壤条件恶劣、湿度过大或过小的黏重土壤中使用可取得良好的碎土效果。如动力滚齿耙，其钉齿按螺旋线交错排列在由动力驱动的水平横轴上，可将表层土壤击碎并拌和均匀。此外，还有动力往复耙、动力转齿耙等。松软土壤往往用镇压器压实表土，以利于保土保墒。

我国水稻生产历来采用移栽方式，水田地区在耕后使用各种类型带轧辊和耥板的水田耙，使土壤松碎起浆，覆盖绿肥，田面平坦，有利于进行水稻秧苗移栽作业。在连作晚稻的原浆田中，也可以耙代耕。田面平整度要求较高时，耙后再使用耖耥平地机。水田驱动耙是我国于20世纪80年代研制开发的水田整地机械，由拖拉机动力输出轴驱动，主要工作部件是齿板形耙辊和耥板，用于旋转切削破碎土块和耥平表层土壤。它与一般牵引型水田耙相比，具有碎土和起浆性能好，工作效率高，节省油耗，适应性强，宽幅整平作用大等优点，已在我国逐步推广使用。20世纪末我国水稻生产推广旱育稀植技术和抛秧、摆秧、播秧等轻型栽培技术，从而对耕整地质量，如地表平整、覆盖严密、碎土起浆、避免后续作业机具壅泥等提出了更高的要求。于是，大型激光平地机开始引进使用。黑龙江省农垦科学院也于1995年领先研制出IPJY-6型激光平地机，配套东方红-75/802拖拉机，用于高差不超过20cm的旱地（大豆地、玉米地）改水田及水田旋耕后精平作业。精度达±1.5cm，填补了国内空白。1999—2001年江苏省首创的水田埋草起浆整地机是改进旋耕机结构适用于水田耕整灭茬埋草而研发成功的，它可在水泡的麦（油）茬田一次作业完成旋耕、埋草、起浆、平整等四道工序，达到水稻移栽前的大田要求。2005年江苏省研发的旋耕复合作业水田平整机，进一步拓展和提升了平地装置功能，可依据田块的高低、墒沟等情况运泥平地，已在逐步推广应用。

我国除移栽水稻外，部分国营农场在20世纪50年代初开始采用水直播和旱直播方式，实施水稻生产机械化。70年代末，由于除草剂逐步推广，杂草得到控制，有较多的国营农场以至一些农户也开始采用直播方法，水稻的航空播种在60年代曾在少数国营农场试用。机械直播在我国已沿袭了30多年。随着我国农业生产节本增效增产增收技术的发展，近年来水稻直播栽培技术的应用推广日趋兴旺，成绩斐然。国营农场在经济较发达或地广人稀地区已进行较大面积的水稻直播机械化生产。专家预测，今后我国移栽稻和直播稻将长期并存，而直播稻的发展前景看好。

综观国内外耕整地机械化技术发展趋势，可归纳为：

(1)在旱作农业区推广保护性耕作法 保留秸秆残茬覆盖地表，免耕、少耕，以间隔几年的深松作业和播种前的表土作业取代铧式犁的连年翻耕，节约能耗，蓄水保墒，避免土壤水蚀风蚀，增加有机肥培养地力，改善农业生态环境，实现可持续发展。在两熟制稻麦（油）轮作区，也开展保护性耕作技术多样性与适应性的试验研究，探索应用少（免）耕技术和秸秆残茬覆盖还田技术，试图改革传统耕作技术以降低成本、节约资源、保护环境。

(2)发展联合作业机具 机组下田一次行程完成多项作业工序，大幅度提高生产效率，节约机具初置成本、油耗和用工量，减少拖拉机对土壤的反复辗压。

(3)由拖拉机动力输出轴驱动 由拖拉机动力输出轴驱动的耕整地机械比牵引型机具有一系列优点，因而发展成为主流产品。

(4)适应土地流转集中、农业合作组织扩大规模经营及农机专业户跨区作业需要 发展与大功率拖拉机配套的宽幅、高速、高效耕整地机具。

(5)适应新农艺和特殊农艺需要 发展秸秆残茬还田、化肥深施、保护性耕作、果园耕作，蔬菜园艺温室大棚内耕作等新型耕整地机具。

(6)机电仪一体化 应用微电子、计算机技术甚至GPS全球卫星定位系统和地理信息技术于拖拉机作业机组的无线遥控、自动化或智能化监测、显示和控制。

2.1 油菜（冬麦）播栽前的耕整地农艺

水田稻作后轮种三麦、油菜等作物，稻茬田（又称稻板田）的特点是土壤质地为水稻土，虽然可细分为重黏土质、黏土质、黏壤土质、壤土质和沙壤土质，但一般黏性较大，含水量较高（15%～25%），残留稻茬高度10～30cm，有部分或全量稻草覆盖田面。

常规耕地作业要达到如下农艺要求：①适期作业，不违农时；②保证规定的耕深和碎土要求，田面平整耕深一致；③作物残茬、杂草和肥料应严密埋覆；④耕作完整，不留田边地角，不重耕漏耕，地表深沟应填平，高垄应铲除。⑤减少土壤压实和避免水田犁底层破坏，保持土壤的良好结构。

整地作业包括耙地、平地和镇压，其目的是对犁耕后土壤作进一步加工，使表层土壤细碎疏松、地表平整，为播种和移栽作业准备良好的条件。

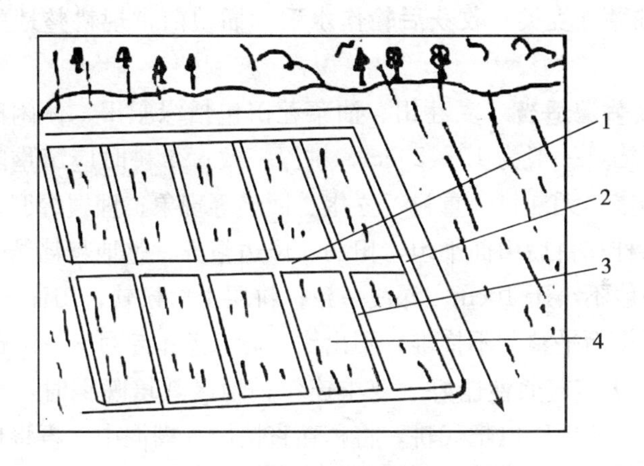

图2-1　油菜移栽前耕整地示意图

1. 腰沟　2. 围沟　3. 厢沟　4. 厢地

油菜对水分特别敏感，干旱天气油菜容易凋萎枯死，多雨时往往产生烂根死苗。油菜移栽前稻板田一定要开好围沟、腰沟和厢沟。油菜大田耕深20cm左右，深浅一致，翻垡良好，无漏耕、重耕。整地要求平整松碎，地表无杂草，墒性好，上虚下实，底肥覆盖严密。开墒沟做到厢沟、腰沟、围沟配套。地势高、排水良好的，一般厢宽300cm左右，沟深20～25cm；地势低、地下水位高、排水差的，一般厢宽250～300cm，沟深33cm，沟宽20～30cm，要求沟形笔直，厢沟沟底长度方向稍带坡度两头偏低，腰沟、围沟比厢沟深3～5cm，便于排水。

麦类播种和油菜直播保护性耕作农艺与北方旱地大同小异，要求残茬和稻草（部分或全量）翻埋还田或覆盖还田，实行免耕或少耕，因而省略单项的耕整地而与播种施肥联合作业，然后开挖墒沟。

2.2 水稻播栽前的耕整地农艺

水稻田耕整地机械化技术是通过机械将田块耕翻、平整，以利于机械化播种或插秧的作业技术。

1. 油菜（麦类）**收获后轮作水稻** 插秧前常规耕整地的农艺技术要求：

（1）耕深适当 麦茬田、油菜茬田包括绿肥田、休闲田等，要求耕深适当，一般为12～20cm，耕深一致；犁耕时应窜垡断条，以利架空晒垡，无漏耕、重耕、立垡、回垡等现象；埋覆绿肥、残茬和还田的秸秆；耕后田面平坦，田头、田边整齐。整地耙耖结合，深度可调，一般不小于10cm，深浅一致；耕层土壤松软，田面土壤细碎、起浆好；田面平整，不拖堆，不出沟，高低差不超过3～4cm。

（2）灭茬起浆性能好 双季连作稻地区栽培晚稻时，由于农时季节短，有些地区以耙代耕，将稻茬直接压入糊泥中，再将地整平即行插秧，这就要求整地机械灭茬起浆性能好。秸秆还田，虽需先耕后耙，但要求耙田不仅能碎土起浆，还要能压草。

2. 水稻直播栽培 对水田耕整地提出了更高的农艺要求：

（1）对田面平整度的要求 美国自20世纪70年代开始应用激光控制平地机作业，提高水稻田的平整度。加利福尼亚州以水直播为主，南部以旱直播为主，无论是机播还是飞播，对田面平整度要求±2cm，精确的水深为播种提供了条件，水深大于3cm，种子就不容易出芽。

（2）对秸秆、残茬、杂草切碎埋覆的要求 采用水稻直播技术离不开化学除草剂，但为了保护环境，避免或减少化学药剂对农田并由此扩及浅表地下水及江河湖海水体的污染，应尽可能减少用药量，限量施用药剂而充分发挥其效果。这就有赖于耕整水田时将杂草籽大部分埋覆在0～10cm的浅层土壤中，在泡田期诱发杂草大量发芽，在直播前施药，将杂草杀死在萌发期。同样，为减少化学肥料施用量，增加稻田土壤有机质，要求充分切碎、翻拌、埋覆秸秆残茬等生熟有机肥，加速其分解矿化，形成有效肥分。为满足这些要求，采用旋耕机及秸秆残茬还田、化肥深施联合作业机进行直播稻田的耕整地，比传统牵引式农具更适宜。

（3）对作业效率的要求　欧美国家实行区域化、规模化农业生产，采用水稻直播栽培法，田块面积大，因而使用大型拖拉机配套旋耕机械较多，配套动力最大到231kW，旋耕机最大耕幅达4m，卧轴式驱动耙最大幅宽达6m；日本松山株式会社也向市场推出了配套88.2kW拖拉机的3m耕幅旋耕机。大功率、宽幅、高速耕整地机械可降低作业成本、提高效益、提高整地质量。另一方面，大功率拖拉机具有强劲的动力输出、较大的牵引力和悬挂提升能力，为配套联合作业机提供了先决条件。以旋耕机为主体更换和附加工作部件，形成结构紧凑的灭茬、旋耕、旋耙、化肥深施、精量穴播等多项联合作业机，大幅度提高作业效率，可能更适合我国地块相对较小、航空撒播尚不普及的国情。

随着轻简化稻作技术和秸秆残茬全量还田技术的应用推广，目前我国稻油（麦）轮作区以旋耕为主的简化耕整地农艺正逐步替代犁耕晒垡—耙地—平整的传统农艺。水稻播栽前耕整地方式大体上可分为两类：一类是旱耕型，另一类是水耕型。旱耕型包括施肥→干田浅旋耕→灌水→耙平→机插，以及施肥→干田浅旋耕播种→灌水→排水→后续作业这两种方式；水耕型也包括施肥→灌水浸泡→水田秸秆还田机作业→机械或人工整平→后续栽种作业，以及施肥→灌水→旋耕（犁耕）→水田埋草起浆机作业→后续作业这两种方式。尚处于探索阶段的水稻保护性耕作技术，借鉴北方旱地保护性耕作“少动土，多覆盖”的原则，作必要的铲垄填沟、平整田面后，实施条带耕土翻埋秸秆，在播种或插秧行间免耕并保留这部分秸秆残茬覆盖田面。

2.3 耕整地机械

耕整地机械按作业环节划分，包括耕地机械和整地机械；按工作部件驱动方式划分，包括牵引式耕整地机械和驱动型耕整地机械。牵引式耕整地机械采用从动工作部件，由拖拉机牵引进行耕整地作业。牵引式耕地机械包括铧式犁、圆盘犁、深松机等，牵引式整地机械包括圆盘耙、钉齿耙、水田耙、镇压器及联合整地机等。驱动型耕整地机械是利用拖拉机动力输出轴驱动工作部件进行耕整地作业的机械。驱动型耕地机械包括驱动圆盘犁、旋耕机等，驱动型整地机械包括旋耕机、动力耙、秸秆粉碎还田机、根茬粉碎还田机、水田驱动耙和水田埋草起浆整地机等。与牵引式耕整地机械相比，驱动型耕整地机械有碎土能力强、作业深度大、地表平整及对土壤条件适应性强的特点，并能充分利用拖拉机功率，减少机组下地次数和降低油料消耗，但机具结构较复杂。为了适应插秧的农艺要求，自 20 世纪 80 年代以来国内主要推广旋耕机、水田驱动耙、水田埋草起浆整地机等驱动型耕整地机具，与犁耙等牵引型耕作机具相比，具有作业质量好、工作效率高、对水田适应性强、经济效益显著等优点。

2.3.1 铧式犁

铧式犁曾经是应用最广的耕地机械。用铧式犁耕地可改善土壤结构，翻埋残茬、杂草、绿肥或厩肥，有利于消灭杂草、病虫害和恢复土壤肥力。

2.3.1.1 铧式犁的类型和结构

目前我国能制造与 4.4～132.3kW 拖拉机配套的各种类型铧式

犁，产品技术水平在不断提高。铧式犁的类型按与拖拉机的联接方式分为牵引犁、悬挂犁、半悬挂犁和手扶拖拉机直联式犁等。按用途分为水田犁、旱地犁、深耕犁、双向犁（翻转犁）等，按结构特点分为栅条犁、菱形犁、调幅犁等。

1. 牵引犁　牵引犁（图 2-2）由犁体、犁刀、犁架、牵引装置、起落机构、耕深和水平调节机构、犁轮等组成。犁以牵引装置与拖拉机挂接。耕地时，犁的沟轮与尾轮走在沟底，地轮走在未耕地上。用调节地轮高度来控制耕深。通过水平调节机构调节沟轮的高低位置，使耕地时犁架保持水平姿态，前后犁体耕深一致。由拖拉机液压系统推动犁上的分置油缸，带动沟、地轮弯臂摆动而实现犁的起落，转换工作状态和运输状态。

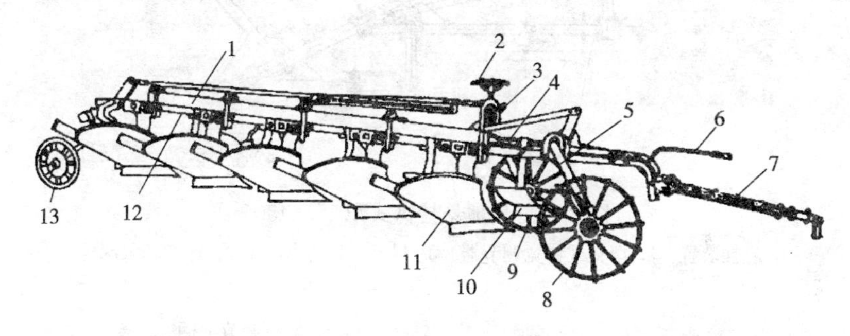

图 2-2　机引五铧犁

1. 加强梁　2. 水平调节机构　3. 耕深调节机构　4. 液压油缸　5. 沟轮弯臂　6. 油管　7. 牵引装置　8. 沟轮　9. 地轮　10. 小前犁　11. 犁体　12. 犁架　13. 尾轮

2. 悬挂犁　悬挂犁由犁体、犁刀、犁架、悬挂装置和耕宽调节装置等组成。通过悬挂装置将犁与拖拉机挂接。耕深由拖拉机液压系统力调节或位调节控制，也可由犁的限深轮控制（即高度调节法）。为防止重耕和漏耕，通过耕宽调节器改变犁的两个下悬挂点前后相对位置来控制耕宽。耕宽调节器有销轴式（图 2-3）和曲拐轴式（图 2-4）等。

3. 半悬挂犁　半悬挂犁（图 2-5）由犁体、犁刀、犁架、半悬

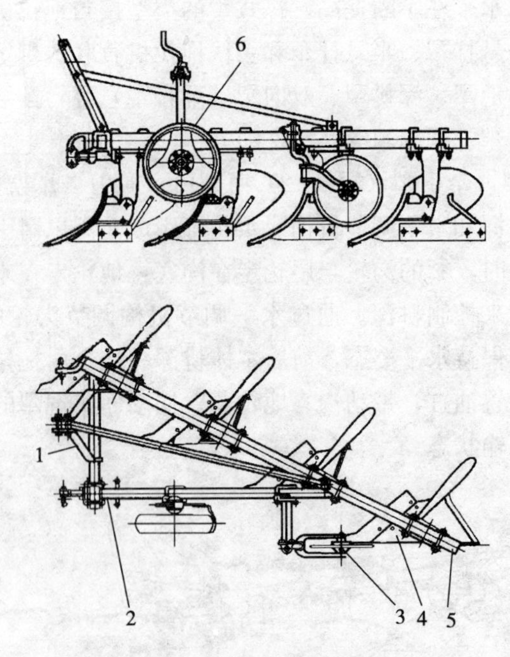

图 2-3　旱地悬挂铧式犁 1L-430

1. 悬挂装置　2. 销轴式耕宽调节器　3. 犁刀　4. 犁体　5. 犁架　6. 限深轮

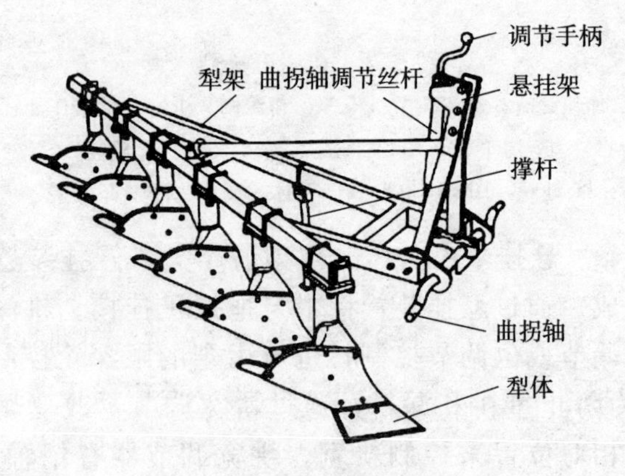

图 2-4　水田悬挂六铧犁

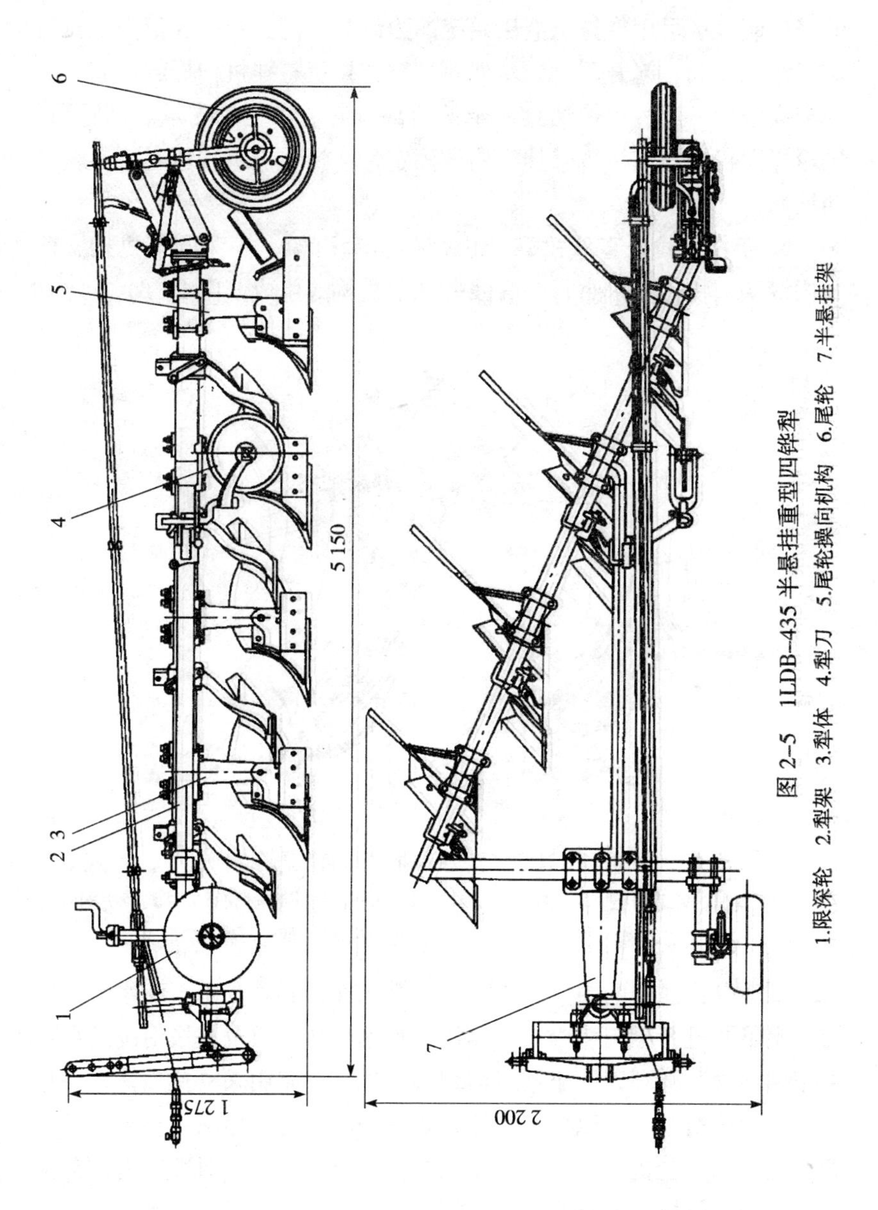

图 2–5　1LDB–435 半悬挂重型四铧犁

1.限深轮　2.犁架　3.犁体　4.犁刀　5.尾轮操向机构　6.尾轮　7.半悬挂架

挂架、限深轮、尾轮及其操向机构等组成。耕深可用调节限深轮的高低来控制，也可用拖拉机液压系统的力调节功能。犁的起落由拖拉机液压系统控制。起升犁时，犁架前端被拖拉机悬挂机构提起，起升到一定高度后，通过尾轮油缸使犁的后部升起，由尾轮支承后部重量。尾轮操向机构与拖拉机悬挂机构的固定臂连接，机组转弯时，尾轮自动操向。

4. 手扶拖拉机直联式犁　由犁体、牵引架、耕深调节机构、前犁耕深调节机构和机组行驶直线性调节机构等组成（图 2-6）。

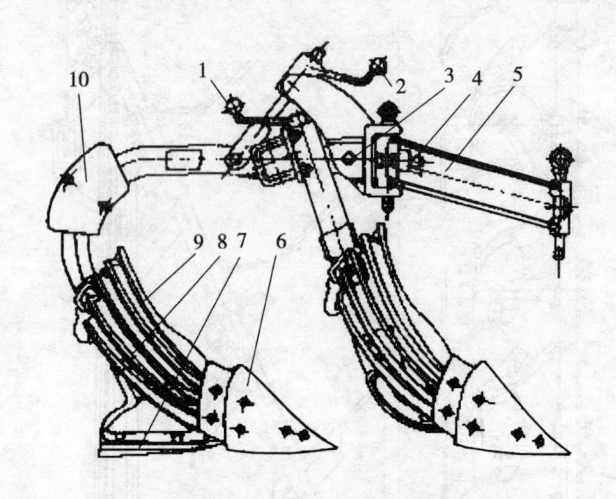

图 2-6　1LS-220 手扶拖拉机直联栅条犁

1. 前犁耕深调节机构　2. 耕深调节机构　3. 水平插销　4. 行驶直线性调节机构　5. 牵引架　6. 犁铧　7. 犁踵　8. 犁托　9. 栅条犁壁　10. 配重块

犁体是铧式犁的主要工作部件，其工作面起着在垂直和水平方向切开土壤并进行翻土、碎土的作用。根据耕作要求及土壤情况还可在主犁体前安装圆犁刀、小犁或前犁等附件。犁架用来支持犁体，并把牵引动力传给犁体，以保证犁体正常耕作。悬挂架用来将整台犁悬挂到拖拉机的悬挂机构上，由液压系统控制犁的升降。对装有力调节操纵机构的拖拉机（如神牛-25、奔野-250、长春-400、上海-50、江苏-50型等)，除控制犁的升降外，还可调节犁的耕深，犁上不需要安装限深轮。对没有力调节操纵机构的拖拉机（如铁牛-55C型、东方红-802型等)，只能控制犁的升降，因此需要在犁上安装限深轮来调节犁的耕深。

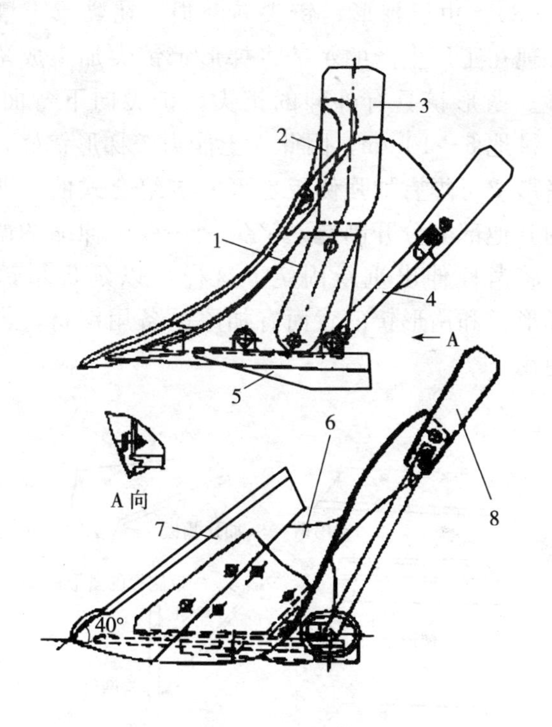

图2-7　犁　体

1. 犁托　2. 滑草板　3. 犁柱　4. 犁壁撑杆
5. 刀形犁侧板　6. 犁壁　7. 犁铲　8. 延长板

1）犁体　犁体由犁铲、犁壁、犁侧板、犁托和犁柱等组成（图2-7)。犁铲和犁壁构成犁体的工作曲面，犁的切土、翻土和碎土都由工作面来完成；犁侧板用来支持犁体并承受犁体工作时所产生的侧压力；犁托是一个连接件，用来固定犁铲、犁壁和犁侧板，以保持三者的相对位置不变，犁柱也是一个连接件，其下端固定在犁托上，上端与犁架相连。根据犁体工作面的翻垡情况又可将犁体分为翻垡型、滚垡型和窜垡型。

(1)犁铲（犁铲、犁尖） 犁铲的主要作用是入土和切土，然后扛起切下的土垡导向犁壁。犁铲的形状可分为梯形和三角形两类（图2-8），由于梯形铲铲尖易磨损，在黏重土壤中入土性能也较差，现在工厂生产的犁铲将梯形铲铲尖加工成凿形，以提高其耐磨性。凿形铲具有外伸的铲尖，铲尖向下弯曲约10mm，并略偏向未耕地5～10mm，因此入土能力较梯形铲好，适于耕黏重土壤。凿形铲可焊有加强侧板也可制成组合式的，即将犁铲的铲尖和铲的其他部分分开制造，铲尖是一根可伸缩的凿杆，当铲尖磨损后，将凿杆伸出重新固定，这样可以延长犁铲的使用期限。有的梯形铲和凿形铲的背面有加厚的备用钢材，供犁铲磨损后锻伸时使用。

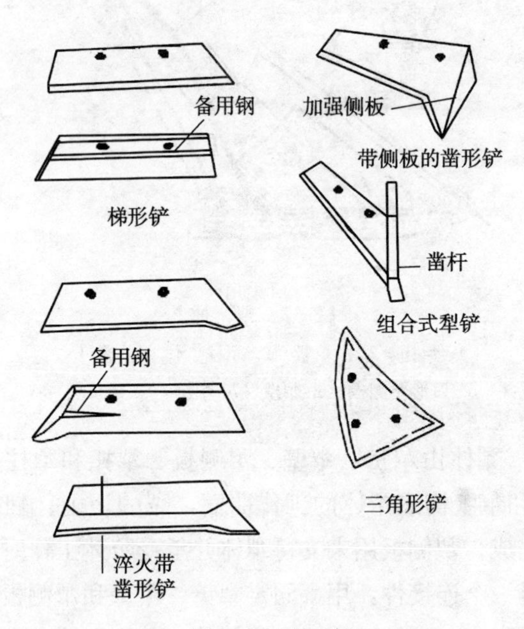

图2-8 犁 铲

（2）犁壁（犁镜） 犁壁位于犁铲的后方，与犁铲共同构成犁体的工作曲面。犁壁起着翻土和碎土的作用，耕地质量好坏与犁壁曲面的形状有很大关系。犁壁曲面形状很多，归纳起来可分为翻垡型、

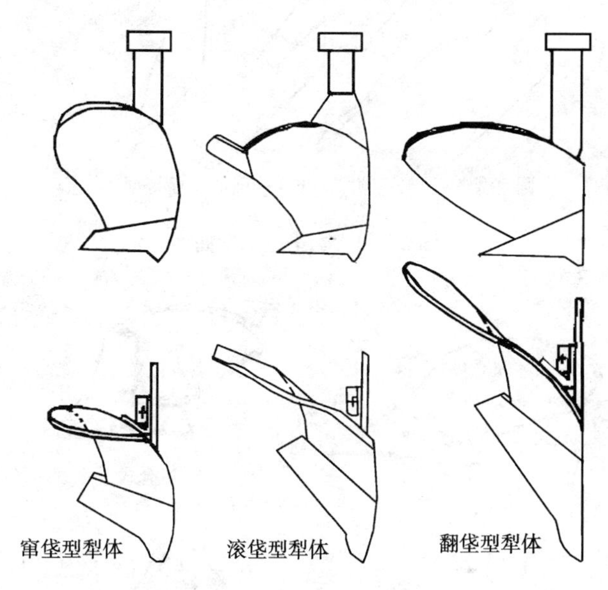

图 2-9　各种犁壁曲面

滚垡型及窜垡型（图 2-9）。翻垡型犁壁曲面以翻转土垡为主，覆盖性能较好，有一定的碎土能力，适于耕翻绿肥田；窜垡型犁壁曲面是我国水田犁耕所使用的一种传统的工作曲面，它的特点是使土垡沿曲面升起窜到一定高度，然后使垡条断裂，顺序翻到田里，因此土垡的断条架空性能较好，适用于耕翻需要架空晒垡的田块；滚垡型犁壁曲面是结合前两种曲面的特点设计的一种犁体工作面，它既有一定的翻垡性能，又有一定的断条架空性能，适用于水田旱耕和水耕。翻垡犁按照犁壁曲面扭曲的程度，分为圆筒型、熟地型（通用型）、半螺旋型及螺旋型（图 2-10）。在南方水田地区熟地型和半螺旋型用得较多，前者适用于一般熟地，碎土能力较好，翻土覆盖性能较半螺旋型差；而半螺旋型的碎土性能不如熟地型。在实际耕作中，应根据地区

土质情况及耕作要求选用。

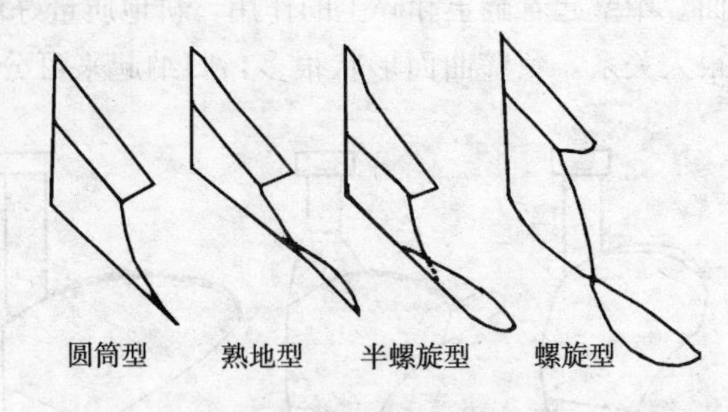

图 2-10　翻垡型犁壁曲面

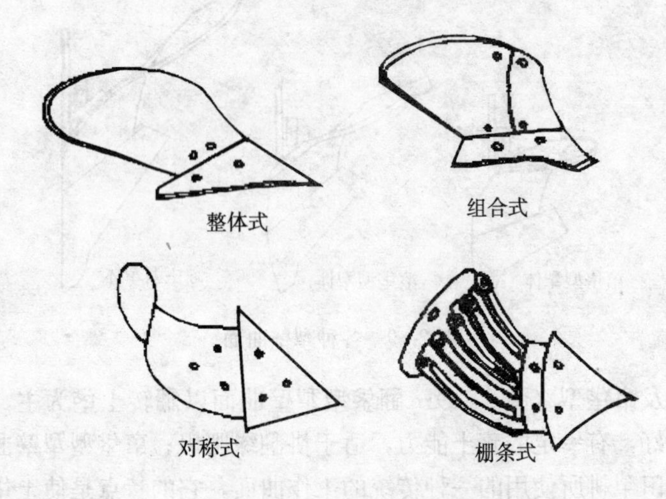

图 2-11　不同形式的犁壁

通常将表面光滑无缝的犁壁，叫做全面式或整体式犁壁（图 2-11）。对翻垡犁来说，由于犁胫曲线部分容易磨损，也可将犁壁分两块制造，以便更换，这种形式的犁壁叫做组合式。双向犁的犁壁是对称式。在黏重土壤耕作时，全面式犁壁不容易脱土，而栅条式犁壁可以减少犁壁与土壤的接触，使犁壁容易脱土，还可减轻犁的工作阻力。有些栅条犁的犁壁是可调节式的，改变犁壁调节板的位置，就可改变犁的翻土和碎土性能。

犁壁的后部可加装延长板，以保证耕深增大时的翻土性能。一般情况下，延长板与犁壁的下边线平行，深耕时可根据需要进行调整。为了保证犁壁的刚度，还可在犁壁背面安装撑杆。

(3)犁侧板（犁床） 犁侧板（图 2-12）位于犁壁背面犁铲的后方，用来支持犁体，并平衡犁体工作时产生的侧压力，使犁能稳定地工作。同时，由于犁侧板对沟墙的挤压，还可防止沟墙崩落。翻垡犁的犁侧板多由扁钢制成，窜垡犁多采用锻造或铸造的刀形犁侧板。在水田带水耕作时，沟墙的承受力很小，采用刀形犁侧板，可使刀刃在耕作时插入沟底，一方面平衡侧压力，同时也增加了犁工作时的稳定性。犁侧板的末端与沟底的接触处叫犁踵，犁踵在工作时最容易磨损，尤其是翻垡多铧犁最后一个犁体承受的侧压力最大，因此最后一个犁体的犁侧板要较前几铧的犁侧板长些（刀形犁侧板前后犁都一样长），且犁踵做成活动可调节的，以便根据磨损情况进行调节或更换。在耕地时，由于犁耕阻力过大需要拆去 1～2 个犁体时，应始终保持最后一个犁体的犁侧板比前面几铧的犁侧板长，以保证犁耕作时的稳定性。

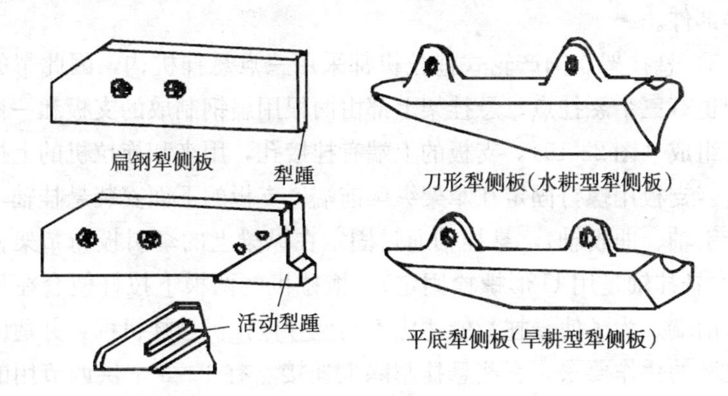

图 2-12　犁侧板

(4)犁托和犁柱 犁托（图 2-13）是连接件，犁铲、犁壁和犁侧板都是用埋头螺钉固定在犁托上的。犁柱用来连接犁体与犁架，并将动力由犁架传给犁体，带动犁体工作。犁托和犁柱可以制成一体，这种形式的犁托也叫高犁柱。高犁柱可用螺钉直接与犁架相连。在耕绿肥田时，为了防止犁柱挂草，可在犁柱上部犁壁的前面加装挡草板。

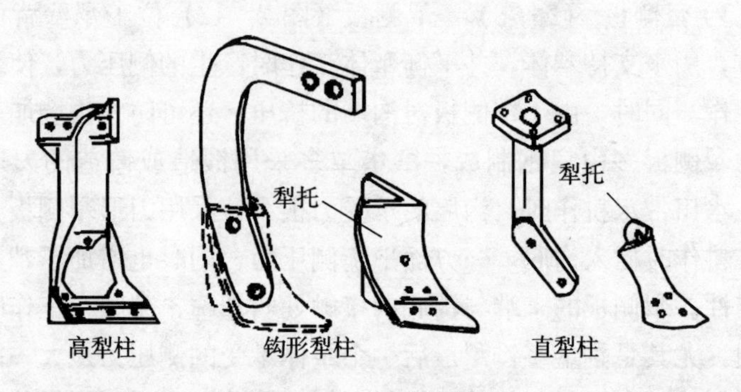

图 2-13　犁托和犁柱

2）犁架　犁架用来装配犁体、悬挂架及限深轮等部件，并传递动力带动犁体工作，因此犁架应有足够的强度和刚度防止变形。犁架如果变形，犁体间的相对位置发生改变会影响耕地质量。悬挂犁多采用平架（图 2-14），主梁用来安装犁体，副梁用来安装悬挂架及限深轮等部件。

3）悬挂架　国产轮式拖拉机都采用三点悬挂机构，因此犁的悬挂架也有三个悬挂点。悬挂架上部由两根用扁钢制成的支板和一根斜撑杆组成（图 2-15），支板的上端有挂接孔，用来和拖拉机的上拉杆相连。支板用螺钉固定在犁架纵梁前端。支板的下面安装悬挂轴（也叫牵引轴、曲拐轴），悬挂轴通过固定在纵梁上的牵引板与犁架相连（有的悬挂轴是用 U 形螺栓固定），拖拉机的两根下拉杆便套在悬挂轴的前端。为了使悬挂犁能适应不同型号拖拉机悬挂机构，并适应不同土质的耕作要求，有些悬挂犁除上挂接点有 1～3 个供调节用的孔外，在牵引板上还有不同位置的孔，用来调节悬挂轴的高度。

悬挂轴在耕地时需要调整，目的是改变悬挂犁在水平面内犁与沟壁的偏角位置，以平衡偏牵引时所产生的偏转力矩，同时调平犁架（轮式拖拉机耕地时，除开墒外，右轮都走在犁沟里，需要调整；链轨拖拉机耕地时，左右侧链轨都走在未耕地上，不需要此项调整。悬挂轴多采用偏心曲拐式，其偏心角约5°～7°，使用时只要用手转动固定在悬挂轴上的螺杆机构（如悬挂轴是用U形螺钉固定，则应先松开螺钉，再转动悬挂轴至所需位置后，重新将U形螺钉旋紧），即可使悬挂轴转动以调节偏角。悬挂轴还可横向移动，以保证耕幅的稳定，消除重耕和漏耕。

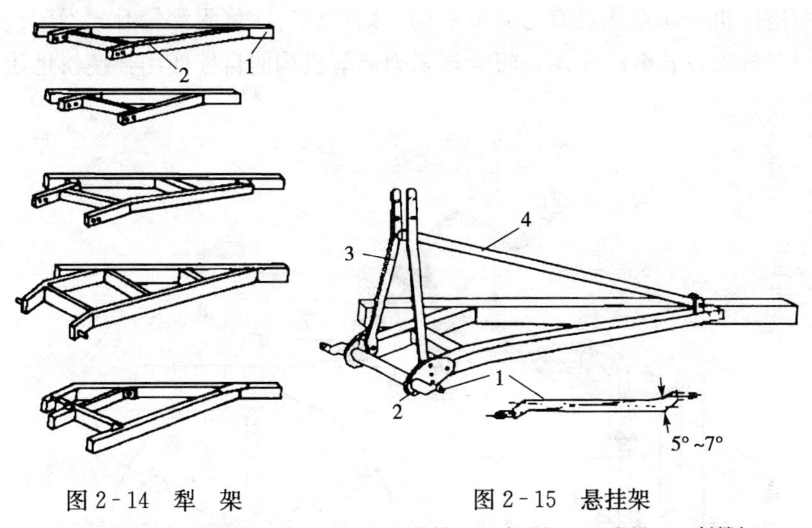

图2-14　犁　架

1. 主梁　2. 副梁

图2-15　悬挂架

1. 悬挂轴　2. 牵引板　3. 支板　4. 斜撑杆

在正常耕作时，悬挂轴曲拐的右端应向下（沿着犁的行进方向看），曲拐的左端应向上。在向拖拉机上挂犁时，应将液压系统操纵手柄放在下降位置（分置式液压系统操纵手柄应放在浮动位置），先挂上左侧下拉杆，再挂上右侧下拉杆（因右侧下拉杆的高度可通过丝杆或调节齿轮盒来控制，挂接较左侧方便，故宜后挂），最后再连接上拉杆。

履带式拖拉机所使用的悬挂犁，不存在横向调平问题（拖拉机下拉杆的高度除开墒外应一致），犁的偏牵引通过调节牵引点解决，不需要曲拐式悬挂轴，只在前梁的两侧焊上供下拉杆悬挂用的销轴。

4）限深轮和撑杆　限深轮只用于没有力调节机构的拖拉机的悬挂犁上，犁的耕深调节通过限深轮来控制。升起限深轮，耕深增加，反之，则耕深减少。限深轮的升降是通过固定在悬挂架上部的螺杆机构来调节的（图2-16）。为了适应水田耕作的需要，防止泥土黏在限深轮上，限深轮都做成空心封闭式。犁停放在场地上时，可将限深轮摇至犁体支持面上，支撑犁架，使犁架不会歪斜，也便于犁的挂接。如拖拉机液压系统具有力调节机构，则耕地时应将限深轮升起不用或暂时拆除；若继续使用，将会影响力调节机构的自控作用，使耕地质量变差。

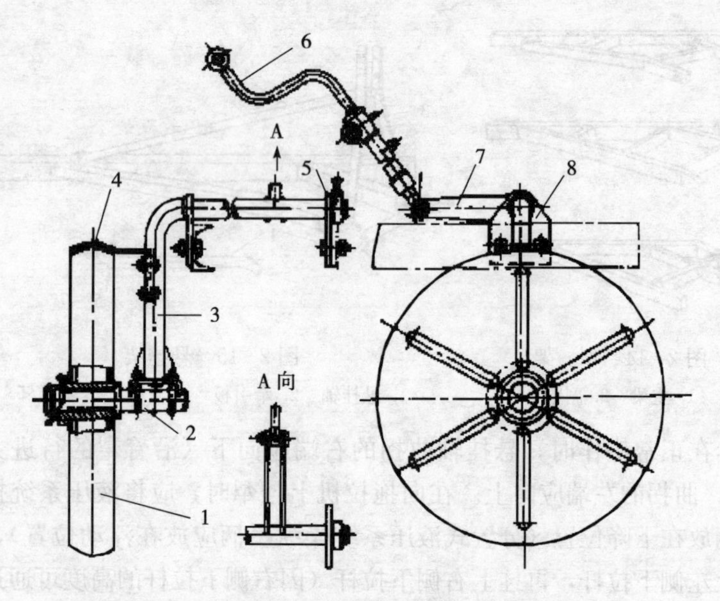

图2-16　限深轮及调节机构

1. 地轮　2. 地轮轴　3. 弯轴　4. 刮泥板
5. 挡圈　6. 调节手柄　7. 摇臂　8. 支承板

为了解决没有限深轮的悬挂犁在停放时的稳定问题，在犁架上装有一根撑杆，停放时可将撑杆落下，犁架便不会歪斜。

5）圆犁刀　圆犁刀（图2-17）位于主犁体前方，其主要作用是

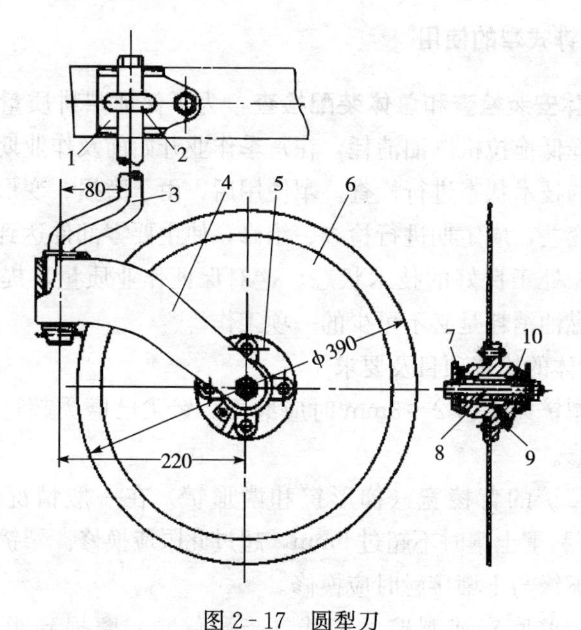

图 2-17　圆犁刀

1. 犁刀座　2. U形固定螺栓　3. 刀柄　4. 犁刀架　5. 盘毂
6. 圆犁刀　7. 防尘盘　8. 犁刀轴　9. 黄油嘴　10. 轴套

协助主犁体沿垂直方向切开土壤，并压紧沟墙，防止沟墙塌落而获得整齐的沟墙，以利下一趟耕作。圆犁刀由刀柄、叉架、刀盘及轴承等构成。圆犁刀的安装位置可根据不同情况进行调整。一般情况下，刀盘中心应位于主犁铲尖垂直线的上部，如发现有卡土现象时，可将犁刀适当前移，犁刀安装的高度随耕深而定，但不应使盘毂凸缘碰到地面。圆犁刀在水平面应装在犁胫的左侧 1～3cm 处，以保证沟墙整齐(调整方法是略松刀柄固定卡板，转动刀柄即可获得所需要的位置)。圆犁刀一般只装在最后一个犁体上，在开荒和耕作多草根的土地时，也可在每铧前带一个圆犁刀。水田水耕时，耕沟不易看清，可不使用圆犁刀。在耕绿肥田和稻草田时，使用圆犁刀会造成拥塞拖推现象，影响耕作质量，也不宜使用圆犁刀。

2.3.1.2 铧式犁的使用

1. 犁体安装检查和总体装配检查 为了保证犁耕质量，减少犁耕阻力，降低拖拉机燃油消耗，在每季作业开始前及作业期间都应定期对犁体的技术状态进行检查。犁使用后，由于磨损、变形，其技术状态逐渐变差，应定期进行检查、维修，使主要零部件达到或接近原出厂标准，处于良好的技术状态。这对保证作业质量，提高作业效率，降低燃油消耗是必不可少的一项工作。

1）犁体的检查项目及要求

（1）犁铲刃厚达 2～3mm 时应磨刀。铲尖已磨秃超过铲刃线以上时应换修。

（2）犁铲的背棱宽（梯形铲和凿形铲）在一般情况下不超过 10mm，耕黏重土壤时不超过 5mm，超过此限应换修。犁铲的宽度磨损到犁托下缘与土壤接触时应换修。

（3）犁壁磨穿或犁壁的胫线（指翻垡犁）磨损到距犁柱小于 3mm 时（在犁铲与犁壁的接缝处量），应更换。

（4）犁侧板弯曲或末端磨损严重时应换修。

（5）犁铲与犁壁的连接处应密合，两者之间的缝隙不应超过 1mm。安装好的工作面应光滑，不允许犁壁高出犁铲。

（6）犁体工作面上的埋头螺钉应与工作面一样平滑，不得凸出。如有个别螺钉凹下，应不大于 1mm，否则容易黏土增加阻力。

（7）在更换犁铲和犁壁时，新换犁铲与犁托的间隙不能大于 3mm；犁壁与犁托的局部间隙也不得大于 3mm。犁铲和犁壁与犁托连接的地方应紧贴在一起，否则工作面形状与原工作面不一致，影响耕地质量。

（8）对翻垡犁来说，犁铲与犁壁所形成的垂直切刃（即犁胫线）应位于同一平面内，如有偏斜，也只允许犁铲凸出犁壁之外，但不得大于 3mm。

（9）犁侧板不得凸出于犁胫线之外。

（10）犁体安装好以后，其铲尖与犁侧板末端（犁踵）同犁体支持面（即通过铲刃的平面）所构成的垂直间隙（图 2-18），同垂直基面（即沟墙平面）构成的水平间隙（两种间隙都从犁侧板前端测量）应符合规定（垂直间隙合适使犁容易入土，水平间隙合适使犁工作稳定）。梯形铲的垂直间隙约为 10～12mm，水平间隙约为 5～10mm；凿形铲垂直间隙约为 16～19mm，水平间隙约为 8～15mm（均从犁侧板前端下面测量）。铲尖和犁侧板磨损后，间隙相应缩小，当垂直间隙小于 3mm、水平间隙小于 1.5mm 时，应根据情况换修犁铲或犁侧板。

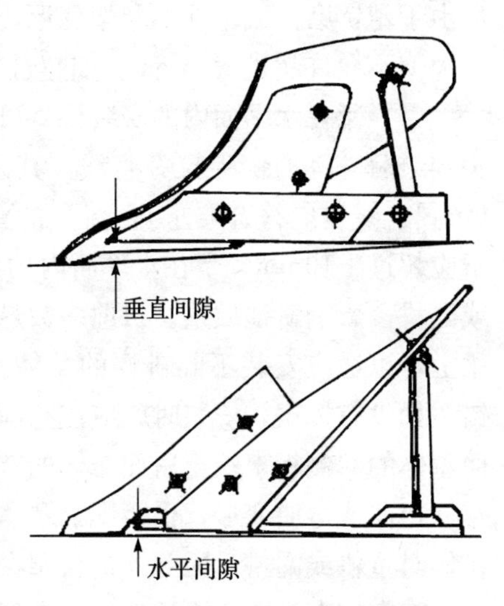

图 2-18　犁体间隙及测量部位

2）犁的耕地质量　不仅与犁体的技术状态有关，同时还受到总体装配的影响，如前后犁体安装高度不一致或犁架变形都会影响耕地质量，因此除保证犁体处于正常技术状态外，还需进行总装检查，使整台犁都具有良好的技术状态。总装检查的内容及要求有以下几方面：

（1）拧紧各部分的螺母，螺栓头露出螺母 1～5 扣。

（2）悬挂轴调节机构及限深轮调节机构应灵活。

（3）将犁架垫起，使犁体稍微离地，并使犁架处于水平状态。在主梁和副梁上选几点，将水平尺放在梁上，若水平泡在各点都处于两根刻线的中间，机架即为水平。犁架放平后，测量从固定犁体的斜梁底面至犁铲刃的垂直距离，以中间一铧的数据为基准与前后犁体所测得的数据之差即为犁体安装的高度差。高度差越大，也就表明各犁体耕深不一致性也越大。一台新犁的高度差不应超过±5mm。犁使用后由于犁铲磨损或犁柱、犁架变形，都可能引起高度差的变化，但其最大值不允许超过±15mm。如超过规定，应找出原因并加以排除。

（4）犁在水平面内的安装检查可用拉线辅助进行。从第一铧的铲尖到最后一铧的铲尖拉一直线，其余各铧的铲尖均应落在此直线上（铲翼连线也应符合要求），新犁的允许偏差为±5mm，使用过的犁不应超过±10mm。犁在水平面内的安装位置如不正确，会造成重耕或漏耕，影响耕地质量。目前多数悬挂犁产品犁体都固定在同一根主梁上，以适应安装不同耕幅的犁体。如梁上有定位标记，则不会装错，如没有标记，安装时就应注意前后犁体的相互位置，一般应使前面犁体的犁侧板末端至后面犁体的铲刃的距离等于本犁体的耕宽。如犁柱扭曲或弯曲变形，也会影响犁体在水平面内安装的准确性，引起耕作时重耕或漏耕。因此，进行犁在水平面内的安装检查的同时，还应检查犁柱有没有变形，如发生变形，应及时加以校正或更换。

2. 试耕和调整　犁总装检查完毕后，即可进行试耕，在试耕中对犁进行必要的调整，犁作业达到规定的耕深及稳定的耕幅后，就可以进行正常耕作了。试耕时的调整内容有以下几方面：

（1）犁入土及入土行程调整　犁在地头入土时，并不能立即达到所要求的耕深。从入土到规定的耕深，犁所前进的距离叫入土行程（图2-19）。多铧犁因前后犁体错开，入土行程较大，因此应尽量缩短入土行程，可提高耕地质量并减少耕地头的时间。要使犁能及时入土，除犁体的安装应符合规定外，还可采取缩短悬挂机构上拉杆（中央拉杆）的方法，使铲尖先碰地面增大犁的入土角，相应缩短入土行程。

（2）耕深调整　耕深的调整与拖拉机的液压系统有关。分置式液压系统只能控制犁的升降，犁的耕深靠限深轮来调节。使用这种液压系统的拖拉机耕地时，升降机构的操纵手柄应放到浮动位置，转动限深轮调节手柄将限深轮升起，限深轮与犁体支持面的高度差即为耕深（图2-20）。具有力调节功能的液压系统只要控制耕深调节手柄即可，手柄向下，耕深增加；反之，则耕深减小。耕深调好后应将手柄

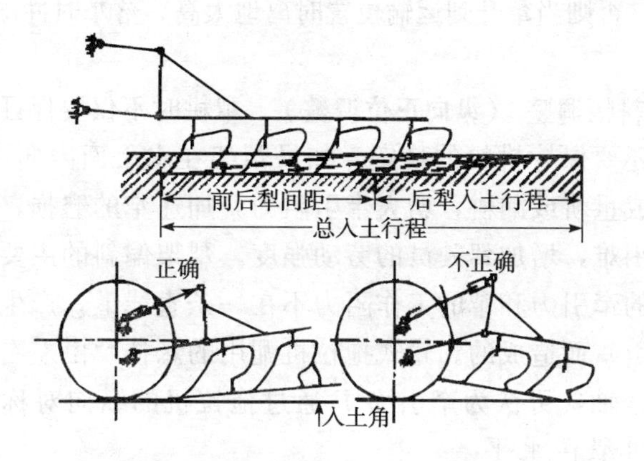

图 2-19　犁的入土行程及调整

固定。

(3) 犁架水平调整

犁在耕作时犁架应保持水平，这样才能保证耕深一致。轮式拖拉机在正常耕作时，右边轮子走在耕沟里（沿拖拉机行进方向看），开墒时两轮都走在未耕地上，为适应这一情况，犁架需要进行左右（即横向）和前后（即纵向）两方面的调节，才能使犁架水平（图 2-20）。犁架左右调平是通过悬挂机构的右提升杆来控制的，而左提升杆的长度是固定的。犁架的前后调平是用伸长或缩短上拉杆的方法来控制的。在调节上拉杆时，又牵涉到犁的入土性能，因此在调节时应综合考虑，在满足耕深一致的前提下，尽量缩短犁的入土行程。履带型拖拉机在开墒和正常耕作中，两边链轨都走在未耕地上，因此犁架只需调节前后水平，对于左右水平只要将拖拉机悬挂机构提升杆调成等长就行了。左右提升杆的长度

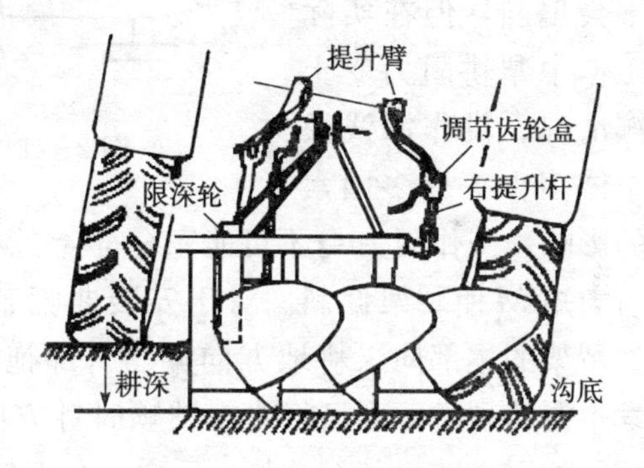

图 2-20　耕深调整及犁架调平

不要太短，否则当犁升到运输位置时离地太高，落犁时冲击较大，易使犁损坏。

（4）耕幅调整（纵向正位调整） 犁耕时不仅要保证耕深的稳定，同时还要保持耕幅的稳定。如果犁架在水平面内向一侧倾斜，不仅会造成重耕或漏耕，增大牵引阻力，加速犁的磨损，还会使拖拉机操向困难，增加驾驶员的劳动强度。犁架偏斜的主要原因是由于拖拉机的牵引力和犁的工作阻力不在一条直线上，产生了偏转力矩（偏牵引）而造成的。轮式拖拉机配用的悬挂犁由左右两根下拉杆牵引悬挂轴，可认为牵引力 P 通过拖拉机的纵向对称轴线（图 2-21），如犁在水平面内的工作阻力 Q 也通过此轴线，犁架就不会偏斜，但在实际工作中犁耕阻力受土壤情况、耕作深浅及犁体多少等许多因素的影响，工作阻力 Q 不可能完全符合上述条件，因此就产生了偏牵引力矩 M 使犁架偏斜。对于安装曲拐轴式耕宽调节器的悬挂犁，如犁架的尾部向未耕地方向偏斜（即拖拉机向已耕地方向偏斜）、发生漏耕现象，则可将曲拐轴顺时针方向转动（即向后转），便能使犁的漏耕减少甚至消除；反之，犁架的尾部偏向已耕地（即拖拉机向未耕地方向偏斜），发生重耕现象，则应将曲拐轴逆时针方向转动（即向前转），使重耕减少至消除。为了掌握曲拐轴转动的数值，最好在轴上和犁架上对应地标上记号，便于调节时掌握。根据测定，曲拐轴每转动 3mm，耕宽变化约 25mm。通过上述调整，如还有漏耕和重耕现象（指第一铧），还可将曲拐轴作轴向移动，以改变机架相对于曲拐轴的位置。移动前应先松开固定在曲拐轴上的U形螺栓（有的曲拐轴还要松去挡圈上的止动螺钉），待轴移动好后再重新固定。如有漏耕，可将曲拐轴向右移动，如有重耕，可将

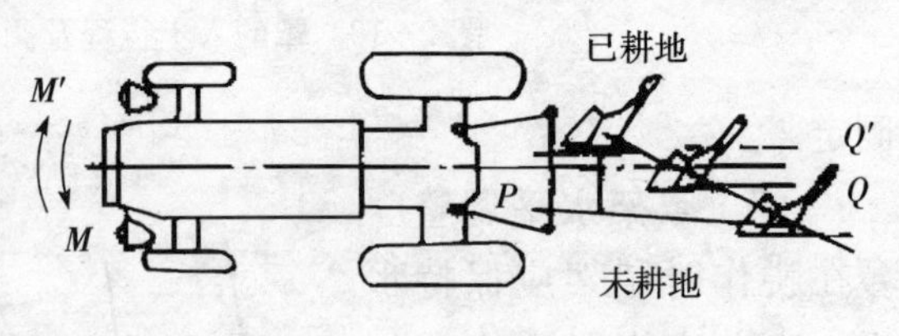

图 2-21　悬挂犁受力示意图

曲拐轴向左移动（图 2-22）。

履带式拖拉机在配带悬挂犁耕地时，左右下拉杆前端合并成一个铰挂点，犁便绕此铰挂点运动，其情况与牵引机组相似。因此，犁在耕地时如有偏牵引现象，只在固定下铰挂点的轴上移动铰挂点位置来调整牵引线。

（5）轮距调整　轮式拖拉机如轮距调整正确，也能减少偏牵引现象，因此在用以上方法仍不能解决偏牵引问题时，还可适当调整轮距。

（6）上拉杆位置的调整　为了使悬挂犁能适应不同机型及水田干、湿耕作的需要，拖拉机悬挂架上拉杆固定点有 2～3 个固定孔，耕干田时可将上拉杆固定在上面的孔内。如拖拉机机身较高可采用上孔，机身较低时可用下孔。

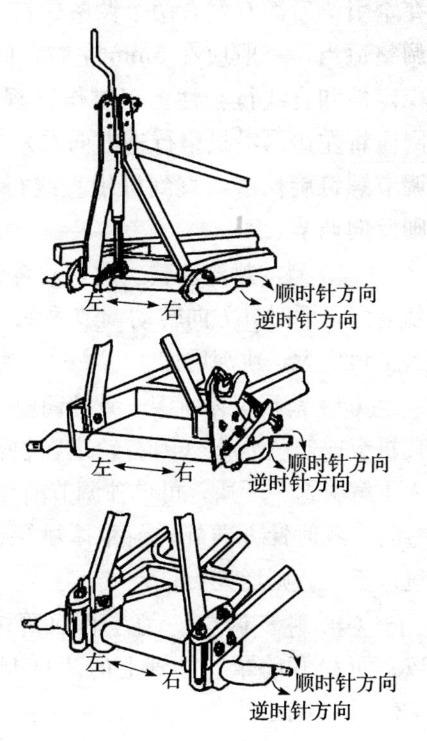

图 2-22　曲拐轴调整

3. 手扶拖拉机直联铧式犁的安装调整　手扶拖拉机根据动力大小配有单铧或双铧栅条窜垡犁（也有配翻垡犁的）。手扶拖拉机的型号很多，配套犁在构造上也有所不同，但安装调整内容大体一致，现仅以东风 12 型手扶拖拉机配套江苏 1LS-220 栅条双铧犁为例进行说明。

双铧犁由犁体、犁架、牵引架及有关调节机构组成，在与拖拉机挂接前应先将旋耕机取下换上一个挂接框架，将犁前端的牵引梁对准挂接框中孔，穿入垂直插销，并装好弹簧销。

（1）拖拉机组行驶直线性的调整　为了保证机组直线行驶，在牵引梁后面有左右两个调整螺钉。该螺钉与连接架之间的间隙应调整适当，一般应在5mm左右，间隙过大、过小都会影响机组的稳定性和直线行驶性。在耕作过程中，如发现机组向已耕地偏驶，则应将左边（沿机组行进方向看）一只调节螺钉旋短些，右边一只调节螺钉旋长些，直到机组直线行驶为止。如机组向未耕地偏驶，则反向调节。

（2）犁的耕深调整　通过耕深调节手柄，改变犁的入土角来控制耕深。顺时针方向转动调节手柄，入土角变小，耕深变浅；反之，入土角变大，耕深增加。

（3）前后犁体耕深一致性调整　耕地时犁和拖拉机成刚性联接，且机组成倾斜状态（因右轮走在耕沟里），影响前后犁的耕深一致。为了解决这一矛盾，可单独调节前犁体，使前、后犁的耕深一致。调整时，顺时针方向旋转前犁体耕深调节手柄，使前犁升起，耕深变浅；反之，则增大。

（4）耕宽调整　为了保证犁在耕作过程中前后犁体耕宽一致，可松开前犁柱导管上的两只U形螺栓，使前犁柱向左或右移动，从而减小或增大第二铧的耕宽。调整好后将四个螺母重新拧紧。

4. 耕地方法　采用合理的耕地方法，既保证了耕地质量，又能减少机组空行，提高耕地效率。铧式犁多是向右侧翻土的，因此拖拉机耕地时需采用回行方法进行作业。常用的耕地方法有内翻法和外翻法两种。图2-23a是单区内翻的行走路线，机组从耕区中线左边进入开墒（即耕第一犁），顺时针方向围绕中心线向内翻垡，最后在地边收墒（即耕最后一犁）。图2-23b是单区外翻法，其行走路线正好跟内翻法相反，机组是从耕区右边进入开墒，按逆时针方向从外向内耕，最后在耕区中间收墒。采用内翻法在耕区中间形成一条大垄，在耕区的两边留下两条耕沟；外翻法在耕区中间留下一条大沟，在耕区两边留下两条小垄。内翻法在开墒时、外翻法在收墒时，耕区中间的宽度小于机组回转半径，机组需要在地头作环形转弯，操作不方便，因此在耕区宽度许可的情况下，尽量采取单区套耕（内、外翻结合起来耕）或相邻地块结合起来实行双区套耕，这样既可减少沟垄，又可避免小转弯，减少空行时间。图 2-23c 为一种单区套翻法，先将耕区等分成 4 个小区，机组沿第一小区的里边开墒，到地头后转入第三小区的里边回耕，按内翻法将一、三区耕完，机组再进入第二小区，由第四小区回耕，仍用内翻法将二、四区耕完。这样耕出来的地只留一条大垄和一条单沟。为了保证耕后地面平整，应尽量减少耕区的沟垄，并应使耕沟留到地边，不要留到中间。

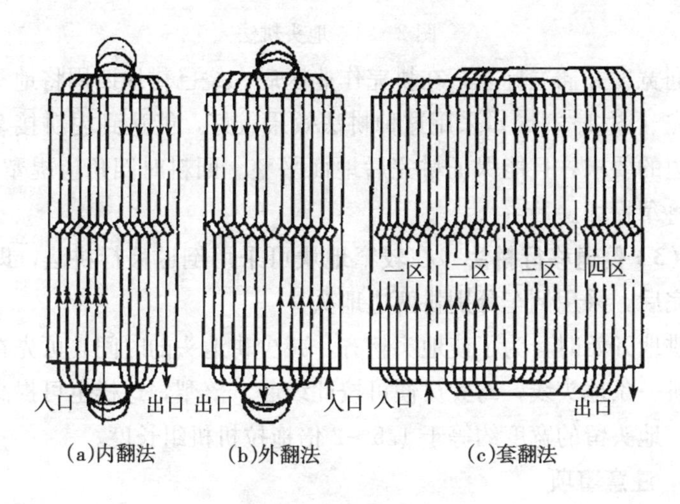

图 2-23　耕地方法

为了使机组能在耕区两头转向，耕区两边都留有地头，一块地耕完后，地头也应保质保量地进行耕翻，且拖拉机不应再走在已耕地上，以免将已耕地压实。

地头的耕法有以下几种：

（1）联耕法　使地头耕翻和区内耕翻恰当地结合起来，以减少机组空行，此法适于内翻法耕地时采用（图 2-24a）。

（2）回耕法　根据机组地头回转时需要的宽度，在耕区两侧量

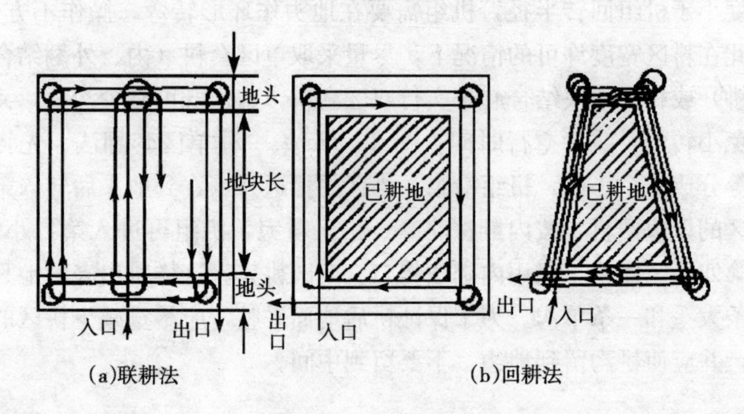

(a)联耕法　　(b)回耕法

图 2-24　地头耕法

出相同宽度并插立标志，在耕完作业区后，绕已耕地四周将地头及两侧耕完（图 2-24b）。采用这种耕法效果较好，能达到内耕接垡，外耕到边的要求，且能保证耕完后地面平整。回耕时四角应提犁转弯，以免将犁损坏。

（3）倒退移行耕法　在较窄地块可采用倒退移行耕法，即在地块耕完后，采用倒车分别耕两边地头。

耕地开始时，为了使地头整齐，减少耕地头的时间，可先在地块两侧耕一条地头线，驾驶员便可按此线起、落犁，这样也可提高耕地质量。地头留的宽度约等于 1.5～2 倍拖拉机机组长度。

5. 注意事项

（1）耕地时应尽量避免犁长时间超负荷工作，以防犁架变形。因焊接的犁架变形后，矫形比较困难，且不易恢复到原来的技术状态。

（2）犁工作时，不得对犁进行调整、检查和修理，检修应停车后进行。

（3）犁工作时，犁上不得坐人，如果因为犁重量轻，入土性能不好，需加放配重时，配重应固紧在犁架上。

（4）地头转弯时应先将犁升起。

（5）机组转移地块、过田埂，都应慢速行驶。

(6) 犁悬挂着运输时，应将上拉杆缩短，使第一铧的铲尖距离地面有25cm以上的间隙，以防铲尖碰坏。若拖拉机悬挂着犁长途运输，升降手柄应固定好，下拉杆的限动链条应收紧，以减少悬挂机构的摆动量。

2.3.2　旋耕机及旋耕联合作业机

旋耕机与拖拉机配套成机组或组成整机，并以发动机动力输出通过传动变速系统驱动工作部件旋转而在田间对土壤实施作业，是驱动型耕耘机械之一（图2-25）。其主要机型——正转卧式旋耕机，工作时旋转的刀片切削土壤并将切下的土块向后抛掷与挡泥罩壳及平土拖板相撞击，使土块进一步破碎再落到地面，因而碎土充分，耕后地表平整，一次行程即相当于完成翻耕、细耙、拌和、整平作业。旋耕作业工效高，赶抢农时，作业效果满足精耕细作的农艺要求，充分发挥拖拉机功率，比传统的犁耙多工序作业节约燃油，降低耕整地成本，因而广泛用于水田、旱地、果园、苗圃、温室大棚保护地和草原牧场的耕耘。但使用旋耕机作业的缺点是对土壤扰动剧烈，功耗较高，杀死有益生物蚯蚓，对地表植被翻埋过多，耕后土壤过分松软，不易控制播种深度。在生态环境脆弱的我国北方旱作农业区推行以免、少耕、秸秆覆盖、根茬固土为主要措施的保护性耕作，应有限度地使用旋耕机，仅适宜用作播前表土处理的浅旋耕或对行破茬松土防堵的条带旋耕。

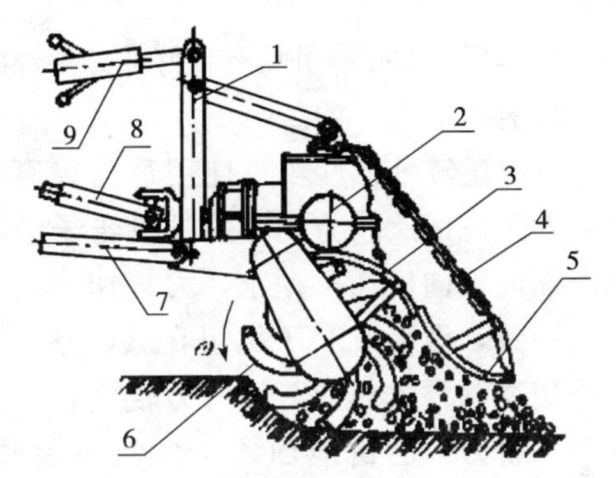

图2-25　旋耕机的工作原理
1. 悬挂架　2. 齿轮传动箱　3. 罩壳　4. 拖板调节装置
5. 拖板　6. 刀辊及弯刀　7. 拖拉机下拉杆
8. 万向节伸缩传动轴　9. 拖拉机上拉杆

2.3.2.1 旋耕机的种类

按工作部件的配置和作业方式，旋耕机可分为下列几类：

（1）工作部件绕与机具前进方向相垂直的水平轴旋转切削土壤，如卧式旋耕机等；

（2）工作部件除绕水平轴旋转切土外，同时又绕它自身的轴线旋转，如旋转锹等；

（3）工作部件绕与地面垂直或倾斜的轴线旋转切土，如立式旋耕机等。

卧式和立式旋耕机具有良好的碎土性能和拌和能力，旋转锹则能原行翻垡。

目前正转卧式旋耕机使用最为普遍，它通常采用顺铣方式作业，即刀辊的旋转方向和拖拉机轮子的转向相同，旋耕刀由未耕地表面向下向后切土抛土，刀辊切土的反作用合力与拖拉机前进方向一致，因而有利于机组在软、湿土壤上通过。反转卧式旋耕机采用逆铣方式作业，它的刀辊旋转方向与拖拉机轮子的转向相反，旋耕刀由已耕地面入土，从耕层底部开始往前往上切土抛土。研究表明，逆铣所遇切削阻力较小，当耕深大于刀辊半径时，消耗功率也较小；在多石砾的土壤中逆铣作业的旋耕刀不易损坏；但耕深小于刀辊半径时，有较多的土块向刀辊前方抛掷，形成壅土并重复切削。国产的反转旋耕埋青机、反转灭茬旋耕机都属于反转卧式旋耕机。

反转旋耕埋青机（图 2-26）用于绿肥田的耕整翻埋。其刀辊反转，向上掘起的绿肥根茎叶整株和土块沿机罩内面滑动，向后输送抛掷，由于附加了挡草栅，使尺寸较大的绿肥整株和土块不能通过栅隙，顺栅条滑落刀辊后方，先铺于耕沟底层，而碎土被抛掷通过栅隙，稍后落下盖于表层，实现埋覆绿肥的功能，并使耕后土壤形成下粗上细的层次分布，有利于作物着床生长。

按与拖拉机的联接方式，旋耕机可分三点悬挂和直接联接两种。

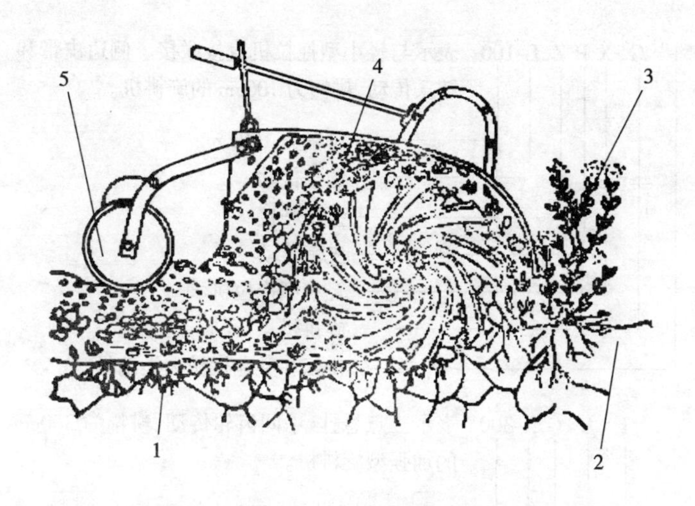

图 2-26　手扶拖拉机直联反转旋耕埋青机的工作原理

1. 已耕地　2. 未耕地　3. 绿肥　4. 挡草栅　5. 压实辊

三点悬挂又可分为中间齿轮传动和侧边齿轮传动两种。三点悬挂式旋耕机能与多种拖拉机配套，挂接方便。目前多数产品采用这种联接方式。直接联接又可分为侧边齿轮传动和侧边链条传动两种；直接联接旋耕机的齿轮箱或链传动箱用螺栓固定在拖拉机底盘传动箱上，省去了万向节传动轴，纵向尺寸较紧凑，但装拆不便。手扶拖拉机和标准型微耕机采用这种联接方式。

为适应新农艺的要求，旋耕机也由单一耕整地作业向旋耕、灭茬、深松、起垄、播种、施肥、覆膜、镇压、施药等复式作业发展。目前已研究开发多系列以旋耕机为主体或先导，附加相应的工作部件，在田间一次行程完成多工序作业的旋耕联合作业机，它们主要配套大、中功率拖拉机使用，能大幅度提高生产效率，减少机组下地次数，节约燃油消耗等成本，减轻田间作业机械的负面影响——对土壤的压实。

国内制造的旋耕机产品的型号一般按机械行业标准 JB/T8574-1997 农机具产品型号编制规则编制。举例说明如下：

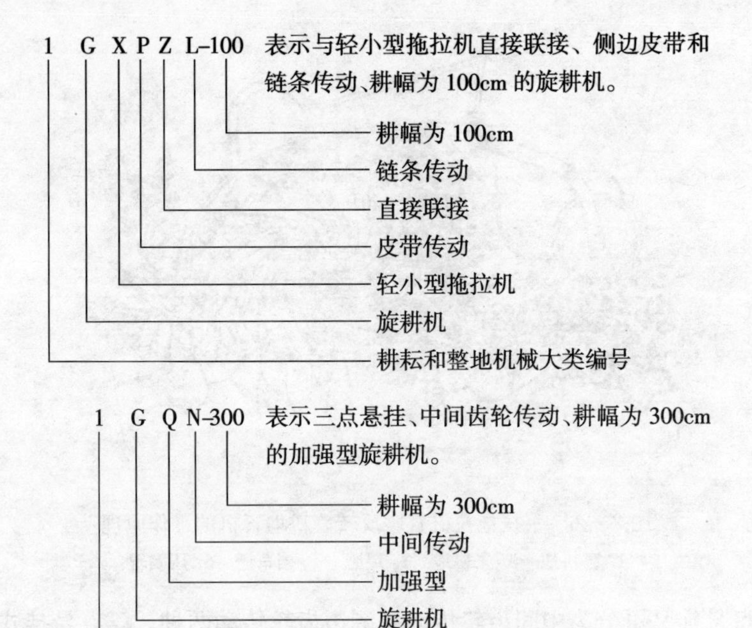

2.3.2.2　旋耕机的构造

旋耕机由机架、动力传动系统、罩壳、拖板、刀辊等几部分组成（图2-27）。

1. 机架　三点悬挂旋耕机的机架由悬挂架、左右主梁、中间齿轮箱、侧边齿轮箱和侧板联接构成。悬挂架是旋耕机和拖拉机三点悬挂机构联接的主要部件，由左右悬挂板、悬挂销、悬挂撑杆、支撑管等机件组成，用拖拉机的液压升降机构来控制旋耕机的提升、入土和调节耕深。直接联接旋耕机的机架由提升梁、中间齿轮箱体、侧边链条（或齿轮）箱体、右侧板等机件构成。中间齿轮箱体用联接体固定在拖拉机后桥壳体上，侧边链条（或齿轮）箱体和右侧板部件则与中间齿轮箱左、右主梁活铰连接，通过提升梁使侧边链条（或齿轮）箱与右侧板绕中间齿轮箱左、右主梁旋转，达到刀辊的升降。

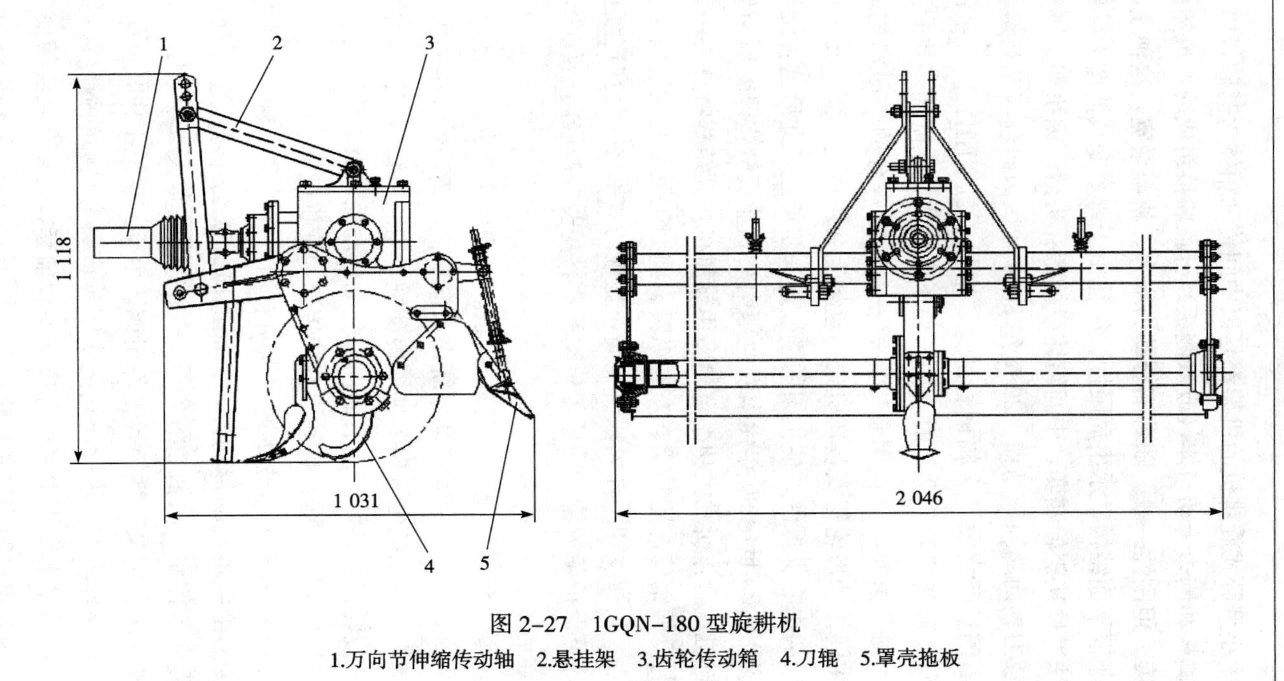

图 2-27　1GQN-180 型旋耕机

1.万向节伸缩传动轴　2.悬挂架　3.齿轮传动箱　4.刀辊　5.罩壳拖板

中小型卧式旋耕机的机架都是以中间传动箱体为基础，由左右主梁、侧板和侧边传动箱体（或双侧板）分段联接组成的，虽然结构简单紧凑，但刚性一般。随着配套动力增大、耕幅增宽，这种左右侧悬臂梁非框平面结构显示出局限性。往往由于弯矩变载荷增大导致左右主梁法兰联接螺栓蠕变，中间箱体联接螺孔失效。因机架的刚性不足而导致刀轴两端轴承易损。20 世纪 80 年代国内研制新系列旋耕机时在左右侧板间增设了全幅钢管副梁，增强了机架刚性。80 年代末国内在研发旋耕联合作业机时，为了便于在旋耕机上附加多功能工作部件，出现了由前后全幅钢管横梁和左右顺梁焊合的平面框式通用机架，中间传动齿轮箱安装在机架的座板上并用螺栓紧固，箱体成为全幅框架的中心支撑件，使机架的刚性进一步增强。此后这种结构得以推广应用。20 世纪 90 年代末农业部南京农业机械化研究所与原连云港旋耕机厂合作研发大功率宽幅多用旋耕机，其结构特点之一是传动箱体与全幅钢管前后横梁、左右纵梁、前副梁及左右侧板构成立体框式机架，其强度和刚性大幅度提高，显现的效果之一是在连续重载作业条件下保护了齿轮、轴承等传动系零件免受或减轻附加载荷，延长了寿命。

2. 动力传动系统　三点悬挂旋耕机有中间传动和侧边传动两种形式（图 2－28）。中间传动系统由万向节伸缩传动轴和中间齿轮箱组成；侧边传动系统由万向节伸缩传动轴、中间齿轮箱和侧边齿轮箱组成。直接联接的旋耕机没有万向节伸缩传动轴，而是采用三角皮带传动或齿轮传动，把拖拉机动力直接传递到旋耕机上。

（1）万向节伸缩传动轴　也叫农用万向节传动轴，是将拖拉机动力传递给旋耕机的传动件，它能适应旋耕机升降或左右摆动的变化。万向节伸缩传动轴（图 2－29）主要由活节夹叉、十字节、轴夹叉、轴、轴套夹叉、插销等零件组成。由于旋耕机工作时负荷变化较大，工作条件较差，因此所用的十字节应具有足够的强度和可靠性，一般选配载重卡车用十字轴总成。轴和轴套管的配合长度随拖拉机和旋耕机相对位置的变化而变化，为了保证传动的可靠性，轴与轴套管

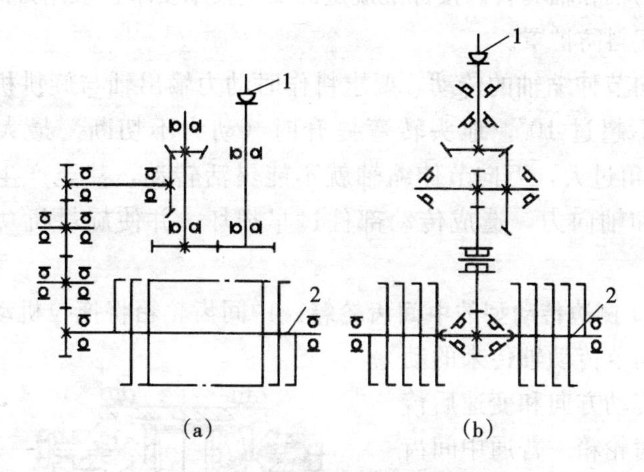

图 2-28 旋耕机的传动系统

(a) 侧边传动系统 (b) 中间传动系统

1. 万向节伸缩传动轴 2. 旋耕刀辊

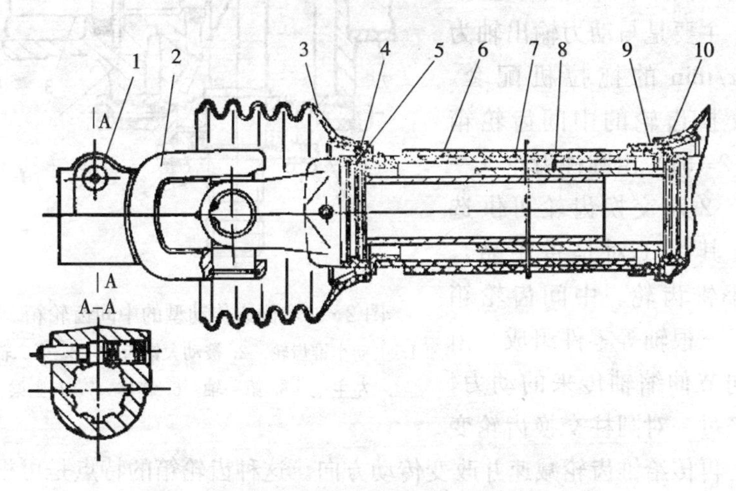

图 2-29 带塑料防护罩的万向节伸缩传动轴

1. 锁销 2. 万向节 3. 罩冠 4、9. 滑环座 5、10. 滑环

6. 护罩外管 7. 护罩内管 8. 伸缩传动轴

至少保持最小的配合长度，根据配套动力和悬挂参数的不同，配备不

同长度的轴和轴套管。按标准规定的安全技术要求，农用万向节传动轴应带塑料防护罩。

万向节伸缩轴的传动，要求耕作时动力输出轴与旋耕机第一轴的夹角不超过 10°，地头转弯提升时（动力不切断）最大不超过 30°。夹角过大，万向节伸缩轴就不能灵活转动，甚至产生很大的离心力和轴向力，造成传动部件过早损坏，并使旋耕机功率消耗过大。

（2）侧边传动型的中间齿轮箱 中间齿轮箱将拖拉机动力输出轴和万向节传动轴传来的动力改换传动方向和变速后传给侧边齿轮箱。普通中间齿轮箱（图 2－30）由一对锥齿轮、两根轴组成。这种箱体结构简单、体积小、重量轻，主要是与动力输出轴为 540r/min 的拖拉机配套。有交换齿轮的中间齿轮箱（图 2－31）由圆柱齿轮（一般有 2 对交换齿轮可供选用，其中 1 对是备用品）、大小锥齿轮、中间齿轮箱体、三根轴等零件组成。由万向节伸缩轴传来的动力，先经过一对圆柱交换齿轮变速，再传给锥齿轮减速并改变传动方向。这种齿轮箱的特点是可根据拖拉机动力输出轴的转速，较方便地选择一对交换圆柱齿轮而得到适宜的刀辊转速来满足田间作业的需要。另外，齿轮箱的后齿轮室采用带斜面的结构，维修人员在更换齿轮时，不用放掉润滑油。这种齿轮箱的缺点是体积大，分量重。

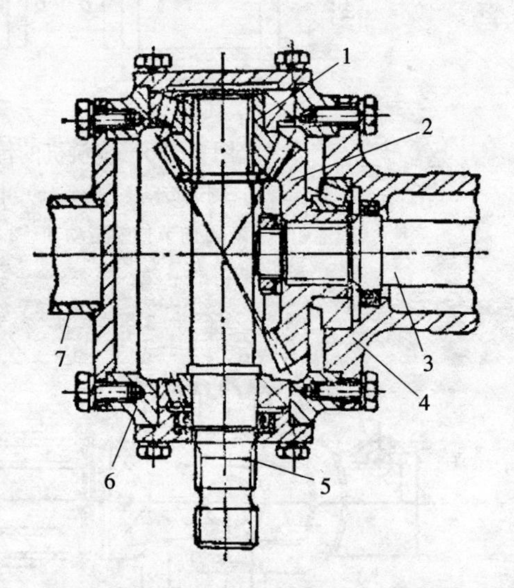

图 2－30 侧边传动型的中间齿轮箱

1. 主动小锥齿轮 2. 被动大锥齿轮 3. 第二轴 4. 左主梁 5. 第一轴 6. 箱体 7. 右主梁

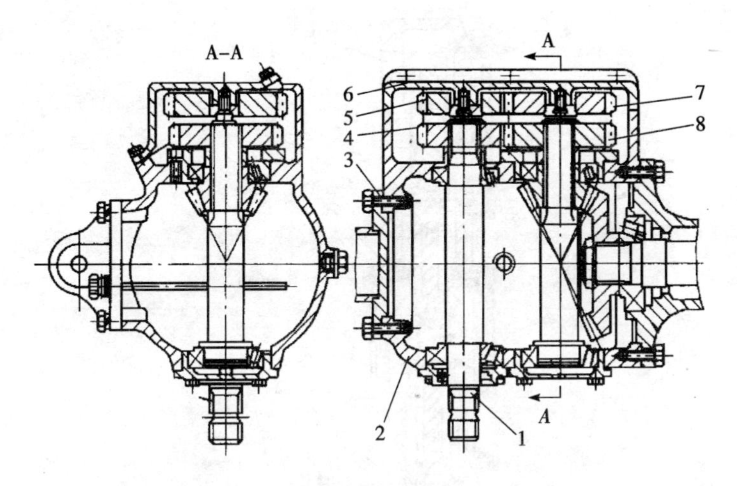

图 2-31　带交换齿轮的中间传动箱

1. 第一轴　2. 箱体　3. 右主梁　4. 圆柱齿轮
5. 圆柱齿轮　6. 后盖　7. 备换齿轮　8. 备换齿轮

(3) 侧边传动箱　侧边传动箱有齿轮传动（图 2-32）和链传动（图 2-33）两种。箱体除内装齿轮或链轮外又是旋耕机机架的组成部分，所以要求箱体牢固可靠，刚性好。三轴式圆柱齿轮的侧边齿轮箱将中间齿轮箱传来的动力以原转向传给刀辊。这种传动箱的中心距较小，适用于轴距小的机型。还有四、五轴的结构，传动轴数主要取决于轴距和转动方向。链传动的主要优点是结构相对简单，耗用材料较少，加工工艺要求较低，因而制造成本较低。为了保障链传动的可靠性，要求选用优质寿命长的链条。

(4) 中间传动齿轮箱　中间传动型旋耕机的齿轮箱（图 2-34）主要由 1 对锥齿轮、3 个圆柱齿轮组成。采用这种传动形式的齿轮箱，拖拉机动力经万向节伸缩轴传给齿轮减速并改变方向后，直接带动刀辊旋转工作。刀辊分左右两段安装在齿轮箱两侧。这种结构形式的特点是布局紧凑合理，传动路径短，以其为核心部件形成的对称机架牢固，刚性强，特别适用于宽幅旋耕机时，更显出它的优越性，缺点是箱体宽度内不能布置旋耕刀，会出现漏耕带。目前常用附加前犁

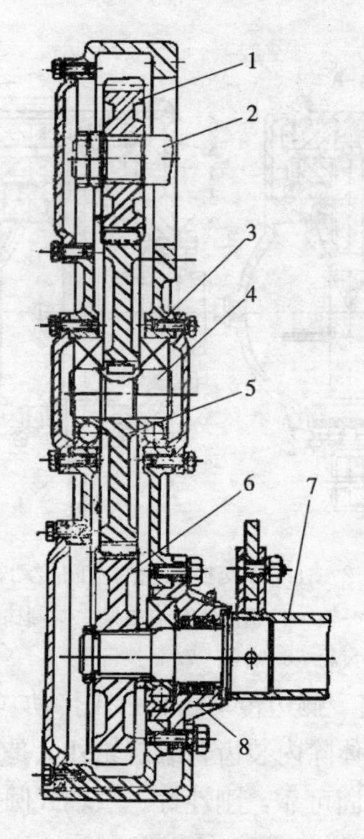

图 2－32　三轴式侧边齿轮传动箱

1. 主动齿轮　2. 第二轴　3. 箱体　4. 中间轴
5. 中间齿轮　6. 最终传动齿轮　7. 刀轴　8. 轴承座

或深松铲等工作部件来消除漏耕现象。

图 2－35 是以拨叉齿轮实现高、中、低三档变速的中间传动齿轮箱结构，虽然结构稍复杂，重量稍大，但使用者可根据拖拉机动力输出轴的多档转速和旋耕机多功能作业对刀辊转速的不同需求，调整变速机构来得到所需要的刀辊转速，因此能更好地满足耕作需求。

3. 罩壳和拖板　罩壳固定在刀辊上方，用于挡住旋耕刀抛出的土块，并使其在撞击过程中进一步破碎，同时保障操作者的安全防护和劳动条件。罩壳横截面一般呈凸弧形，也有呈三折线或多折线形

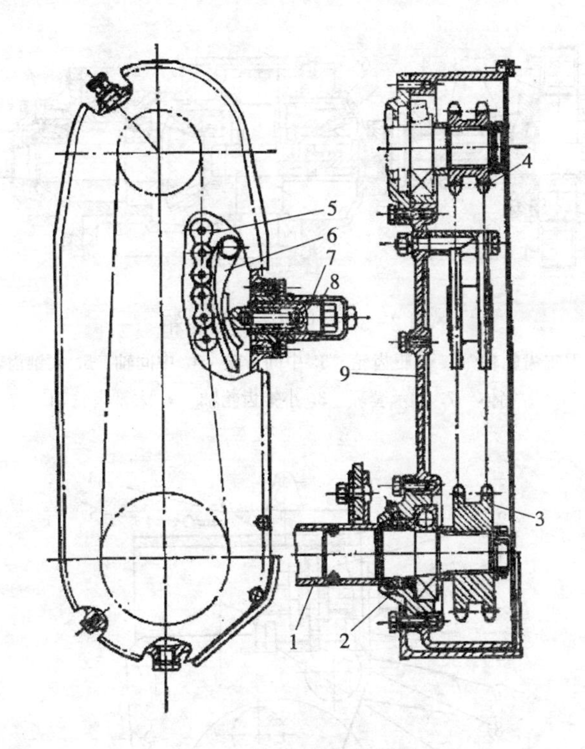

图 2-33　侧边链传动箱

1. 刀轴　2. 轴承座　3. 大链轮　4. 小链轮　5. 套筒滚子链　6. 张紧滑轨　7. 张紧螺杆　8. 护罩　9. 箱体

的。罩壳与刀辊之间的空隙，前缘约 30～40mm，后缘约70～80mm。

拖板对耕后地表起平整和稍加压实的作用。横截面一般为凹弧形，也有呈直线或折线形的。前缘与罩壳铰接，后缘位置用链索限位或压力弹簧调节。拖板加压力弹簧强压后，比仅用拖板自重能提高碎土、平整地表和压实表土的效果。在黏湿土壤中作业时为防止刀辊堵塞，宜将拖板挂起。

4. 刀辊及其零部件　刀辊（图 2-36）主要由刀轴、旋耕刀和刀座组成。

(1) 刀轴　刀轴是组成刀辊的核心零件，一般用钢管材料制造，

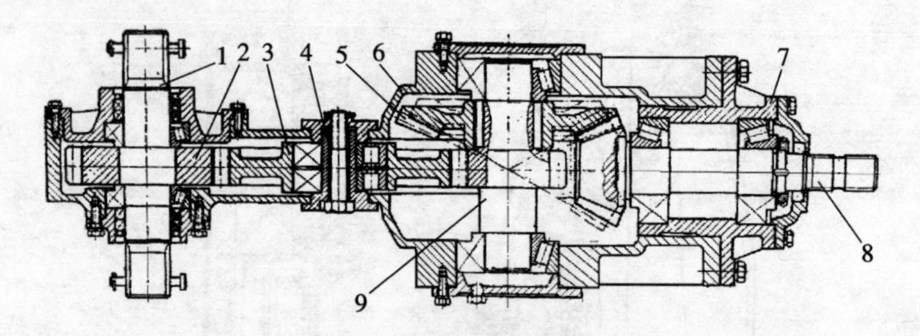

图 2－34　中间传动齿轮箱

1. 刀辊齿轮轴　2. 刀辊齿轮　3. 中间齿轮　4. 中间轴　5. 大锥齿轮　6. 箱体　7. 轴承套环　8. 小锥齿轮轴　9. 大锥齿轮轴

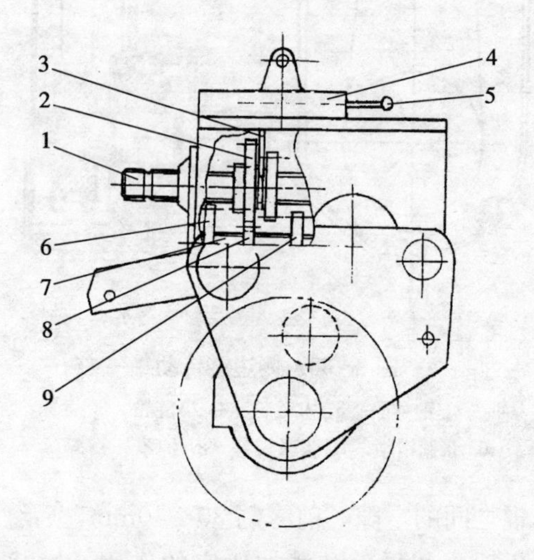

图 2－35　拨叉变速中间齿轮箱

1. 动力输入轴　2. 主动三联齿轮　3. 拨叉　4. 拨叉操纵装置　5. 操纵杆　6、7、9. 从动变速齿轮　8. 变速传动轴

两端焊合传动联接（花键）和支承（轴颈）结构。

（2）旋耕刀的种类　卧式旋耕机使用较多的旋耕刀有凿形刀、弯刀（刀座式旋耕刀）和直角刀（刀盘式旋耕刀）。

凿形刀前端刃口较窄，呈平口或尖头形（图 2－37）。有较好的入土性能，主要起挖掘土壤的作用，功耗较少。但作业时易缠草，

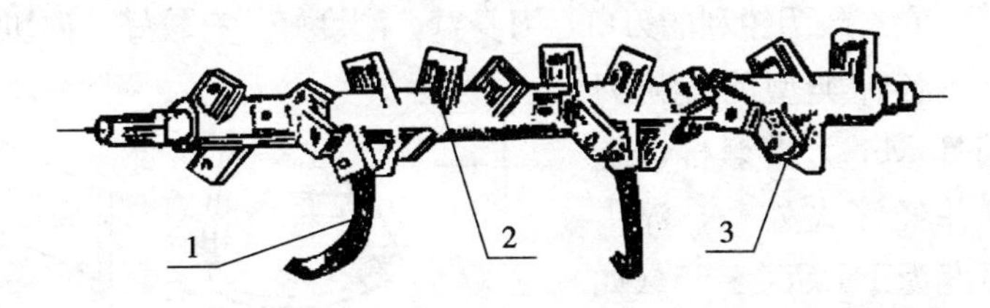

图 2-36　刀　辊

1. 旋耕刀　2. 刀轴　3. 刀座

在黏重潮湿的土壤中耕耘，刀间会漏耕。主要用于沙土、多石砾地等。

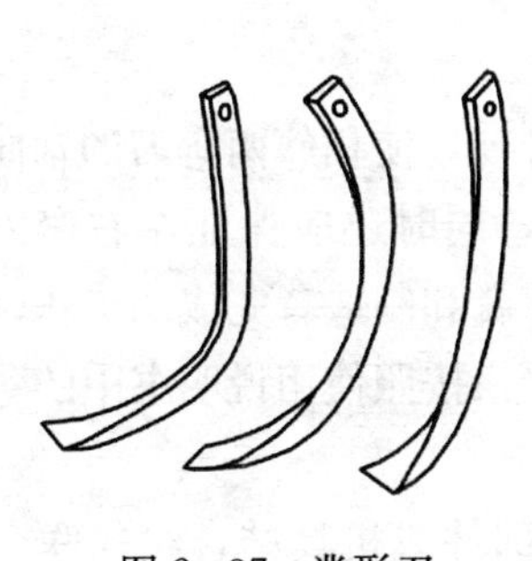

图 2-37　凿形刀

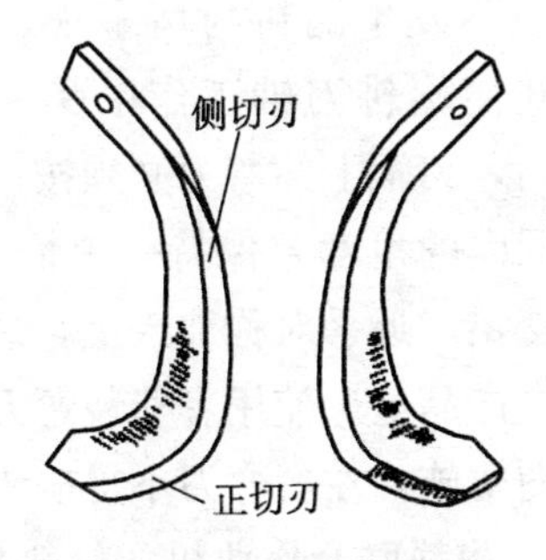

图 2-38　弯　刀

弯刀由正切部和侧切部构成（图 2-38），按正切部的弯折方向，可分为左弯和右弯两种。弯刀有较为锐利的正切刃和侧切刃，刃口为曲线，有较好的滑切性能。作业时，刀刃按离刀轴中心的距离先近后远依次入土，有利于使挂在刃口上的杂草、茎秆沿刃口甩出。常用于地面有秸秆和绿肥的稻田黏重土壤。

弯刀作为系列旋耕机的配套工作部件在我国应用较为广泛。GB/T5669-1995 标准规定了 S系列和 T系列，并分为Ⅰ型、Ⅱ型、Ⅲ型，回转半径 150～260mm 的 18 种刀座式弯刀。Ⅰ型刀主要用于水旱田耕作，如最常用的 IT245 左右弯刀；Ⅱ型刀主要用于水田绿肥、稻茬、麦茬较多的作业；Ⅲ型刀主要用于浅耕灭茬作业。

直角刀（图 2-39）也由正切部和侧切部两部分构成，两部分夹角≥90°，它有较为锐利的刃口，刀身宽，刚度好，有较好的砍切能力。

上述各种类型的旋耕刀都采用65Mn优质钢材锻造而成，并经淬火处理，淬火后的硬度为HRC50～55（如系整体淬火，淬火后刀柄处应退火）。

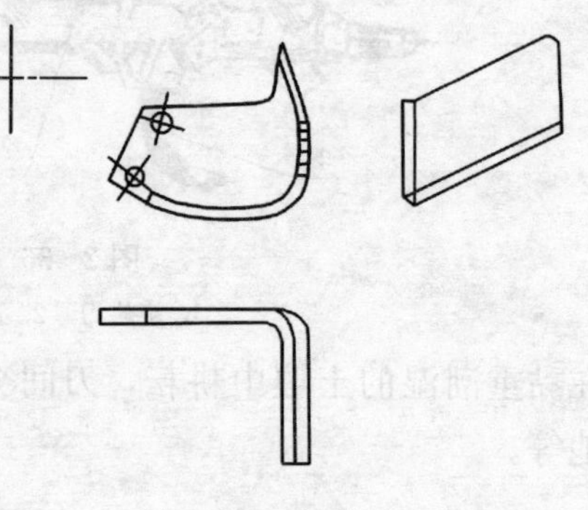

图2-39　直角刀

（3）旋耕刀在刀辊上的合理排列　为了使旋耕机在工作中不发生漏耕与堵塞现象，并使旋耕刀轴工作中受力均匀，刀辊上的弯刀必须按一定规则排列，使相邻两弯刀的轴向距离和周向的角度差保持一个恰当的数值，同时还应保证左右弯刀顺序、交错、近乎对称地入土，这是由设计者和制造者完成的工作，已体现在产品上。使用者安装弯刀时必须严格按照使用说明书中的弯刀排列图实施，左右弯刀不得搞错。

5. 旋耕联合作业机　旋耕机与其他部件或机具结合组成联合作业机，可提高工效，节能降耗，减少机组下地作业次数并减轻机械对土壤的压实。

（1）旋耕联合整地作业机　在旋耕机上附加灭茬、深松、起垄、开沟等工作部件，组合为不同种类的旋耕联合整地作业机。常用的有反转灭茬旋耕机、单轴式旋耕灭茬深松起垄联合作业机、双轴灭茬旋耕机、深松旋耕联合作业机、旋耕开沟联合作业机等。

反转灭茬旋耕机（图2-40）用于留茬地的旋耕埋茬作业。其刀辊反转，向上掘起的秸秆残茬和土块沿机罩内面滑动，向后输送抛掷，由于附加了挡草栅，使尺寸较大的秸秆残茬和土块不能通过栅隙，顺栅条滑落刀辊后方，先铺于耕沟底层，而碎土被抛掷通过栅隙，稍后落下盖于表层，实现埋覆秸秆残茬的功能，并使耕后土壤形成下粗上细的层次分布，透气性好，有利于作物着床生长。

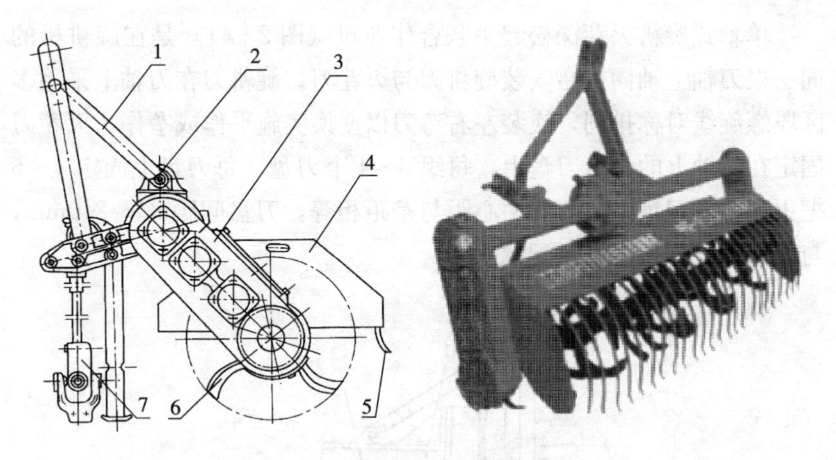

图 2-40　反转灭茬旋耕机

1. 悬挂架　2. 中间传动箱　3. 侧边传动箱
4. 机罩　5. 挡草栅　6. 刀辊　7. 万向节伸缩传动轴

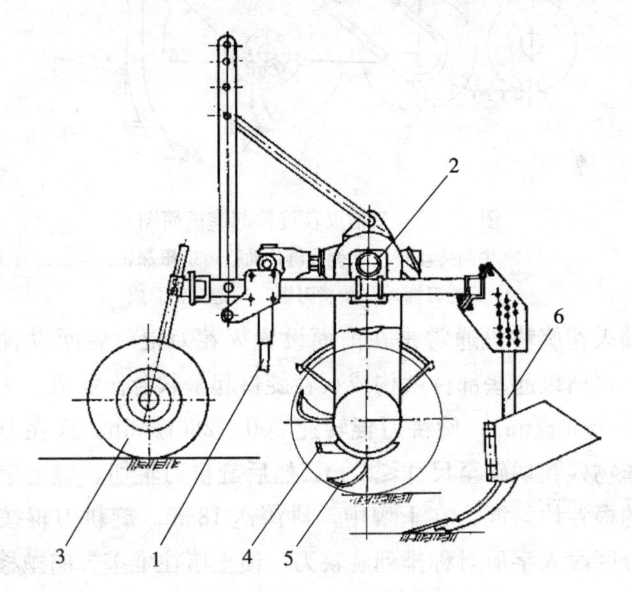

图 2-41　单轴式旋耕灭茬深松起垄机简图

1. 万向节伸缩传动轴　2. 传动箱总成　3. 限深轮　4. R185 灭茬刀
5. 深松起垄铲　6. 起垄铲总成

单轴式旋耕灭茬深松起垄联合作业机（图 2-41）是在旋耕机的同一根刀轴上轴向交错安装旋耕刀与灭茬刀。旋耕刀在刀轴上采用多区段螺旋线对称排列，换装左右弯刀以变换实施平作或垄作，灭茬刀固定在刀轴上的分组刀盘上，每组 3～4 个刀盘，每刀盘上固定 4～6 把灭茬刀。刀盘组与组间中心距与垄距相等，刀盘间距 80～240mm，与相邻的旋耕刀座交错配置。

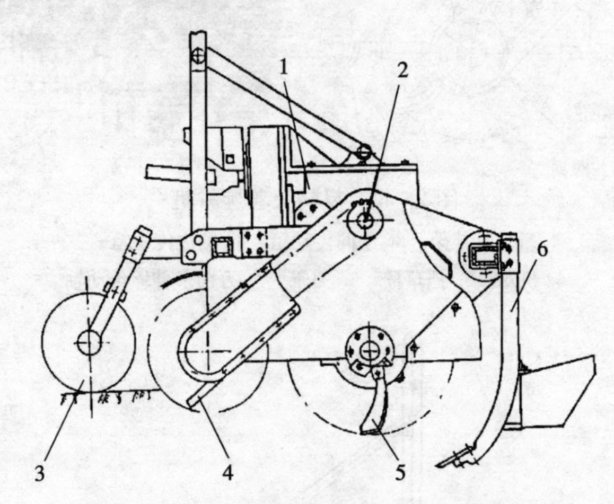

图 2-42　双轴灭茬旋耕起垄机简图

1. 中间传动箱　2. 侧边链传动箱　3. 限深轮
4. 灭茬刀辊　5. 旋耕刀辊　6. 起垄铲总成

双轴灭茬旋耕机通常是在前面设置灭茬刀辊，后面设置旋耕刀辊。后方再增设起垄部件就构成灭茬旋耕起垄联合作业机。灭茬刀辊转速 300～550r/min，旋耕刀辊转速 200～280r/min。灭茬刀辊先将玉米等作物残茬切碎至尺寸⩽5cm，然后旋耕刀辊切、抛土壤并将已被切碎的根茬均匀混合在土壤中，耕深达 18cm。旋耕刀辊按垄作农艺要求分区段人字形对称排列旋耕刀，使土壤往堆垄方向抛移，再经后部开沟起垄器铲沟扶垄，即完成灭茬、旋耕、起垄复式作业。按传动路径不同，该类机具还可细分为中间—侧边传动的双轴灭茬旋耕起垄机（图 2-42）和双侧边传动的双刀辊灭茬旋耕起垄机（图 2-43）。

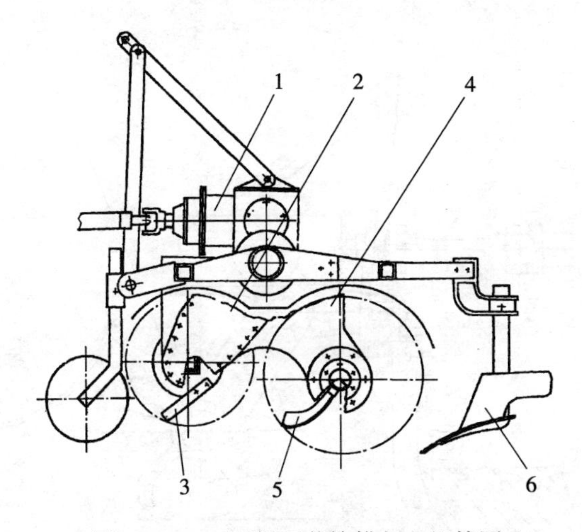

图 2-43 双刀辊灭茬旋耕起垄机简图

1. 中间齿轮箱 2. 左侧边传动箱 3. 灭茬刀辊
4. 右侧边传动箱 5. 旋耕刀辊 6. 起垄开沟器

深松旋耕联合作业机通常是在旋耕刀辊或前或后的机架横梁上设置凿形深松铲。有的还在刀辊上增设螺旋起垄器（图 2-44），或在后横梁上增设起垄部件（图 2-45），即构成深松旋耕起垄联合作业机。另外一类是在凿铲深松机后联接组合旋耕机或其他驱动型整地机械，通称深松整地联合作业机。

旋耕开沟联合作业机由旋耕刀辊和开沟部件组成。开沟部件有在旋耕刀辊上增设的开沟刀盘，也有后置的开沟铲、双翼铧式开沟器（图 2-46）和开沟刀辊（图 2-47）等几种。常用于可灌排田地旋耕开沟筑畦复式作业。

（2）旋耕（施肥）播种联合作业机 在旋耕机上附加开沟、施肥、播种和镇压等部件，可构成旋耕条播机、旋耕播种联合作业机、旋耕施肥播种联合作业机和旋耕施肥播种铺膜联合作业机等（详情请参阅有关章节内容）。

（3）免（少）耕旋耕联合作业机 在我国推广实施保护性耕作技术过程中，由于免耕播种机性能尚不能完全满足要求，加之

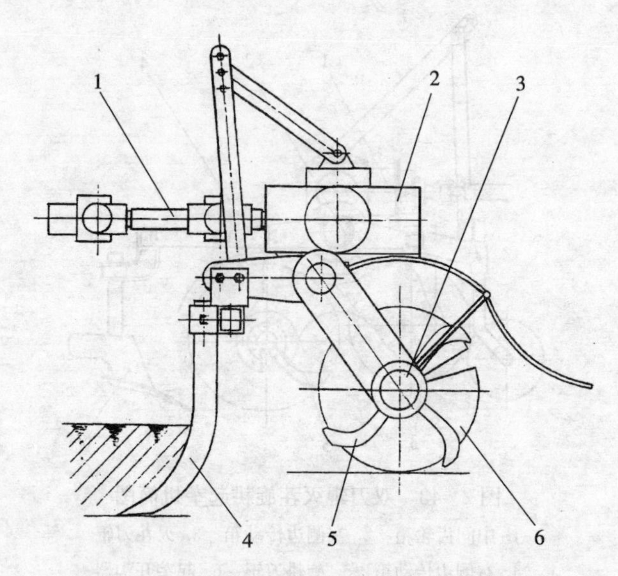

图 2-44　装有螺旋起垄器的深松旋耕起垄机

1. 万向节伸缩轴　2. 传动箱总成　3. 刀辊总成

4. 凿形深松铲　5. 旋耕刀　6. 左右螺旋起垄器

一年两熟区作物产量高、秸秆残茬覆盖量多，需要旋耕机作为表土处理的过渡手段。一般在播前半个月作旋耕表土处理，所使用的旋耕机耕深宜小于 10cm，为此可选用短刀以减小刀辊半径，并增设地轮等限深装置以控制耕深，适当提高刀辊转速以增大刀刃线速度切碎秸秆残茬。

保护性耕作的关键机具——免耕覆盖施肥播种联合作业机在免（少）耕及地表有秸秆残茬覆盖条件下进行施肥播种等作业，必须具有防止秸秆覆盖物堵塞的能力。旋耕防堵装置的机理是采用旋耕刀辊将施肥播种开沟器前覆盖在地表的秸秆残茬与表土切碎、混合、向后抛掷，有很强的防堵能力，尤其是在地表不平的情况下有很强的适应能力，播种质量较高。目前已开发的该类联合作业机有全面旋耕式和带状旋耕式。

2BMXS-3/10 型带状旋耕施肥播种机适用于一年两熟地区小

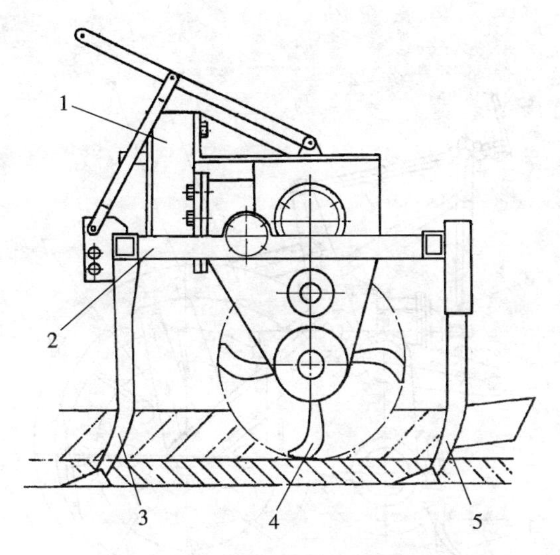

图 2-45　装有起垄铲的深松旋耕起垄机

1. 传动箱总成　2. 框式机架　3. 凿形深松铲
4. 旋耕刀辊总成　5. 起垄铲总成

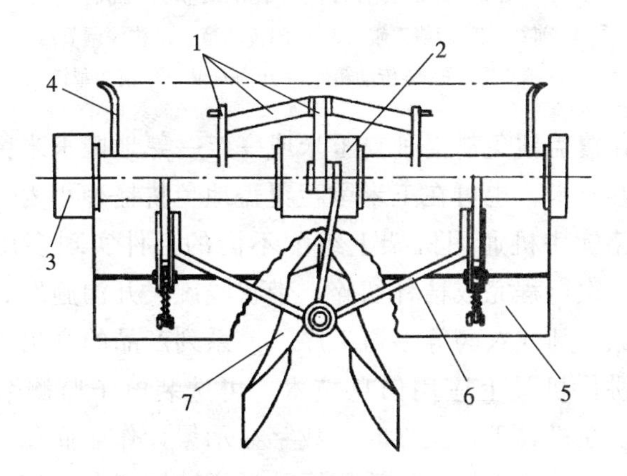

图 2-46　装有双翼铧式开沟器的旋耕开沟机

1. 悬挂架　2. 中间传动箱　3. 侧边传动箱　4. 旋耕刀辊
5. 挡泥板　6. 联接装置　7. 双翼铧式

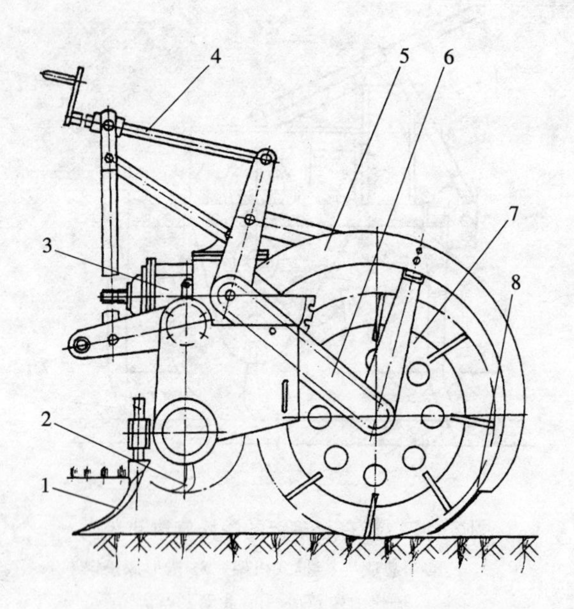

图 2-47　装有开沟刀辊的旋耕开沟机

1. 前犁　2. 旋耕刀辊　3. 中间传动箱　4. 沟深调节器
5. 挡土罩　6. 链传动箱　7. 开沟刀辊　8. 清沟犁铲

麦秸秆根茬覆盖地免耕播种夏玉米或一年一熟地区玉米留茬覆盖地免耕播种春玉米，也可在玉米留茬覆盖地免耕播种小麦。其特点是在拨叉变速旋耕机通用机架上组配不同的部件实现多用途联合作业，下地一次行程完成秸秆切碎、带状浅旋、开沟施肥、播种、镇压、喷洒除草剂或农药等多道工序。该系列产品的突出特点是于国内率先在耕作机具上应用信息技术，可选装电子监测数显调控系统。该系统在机具正常工作时，数字显示累计作业面积，数字显示当前播种量，并可由拖拉机手用播种量增减按钮电动调控；落种管堵塞时报警，并以数字显示故障行序，提示机手及时准确排除；在种子肥料箱储存量低于安全线时报警，提醒机手及时添加（图 2-48）。

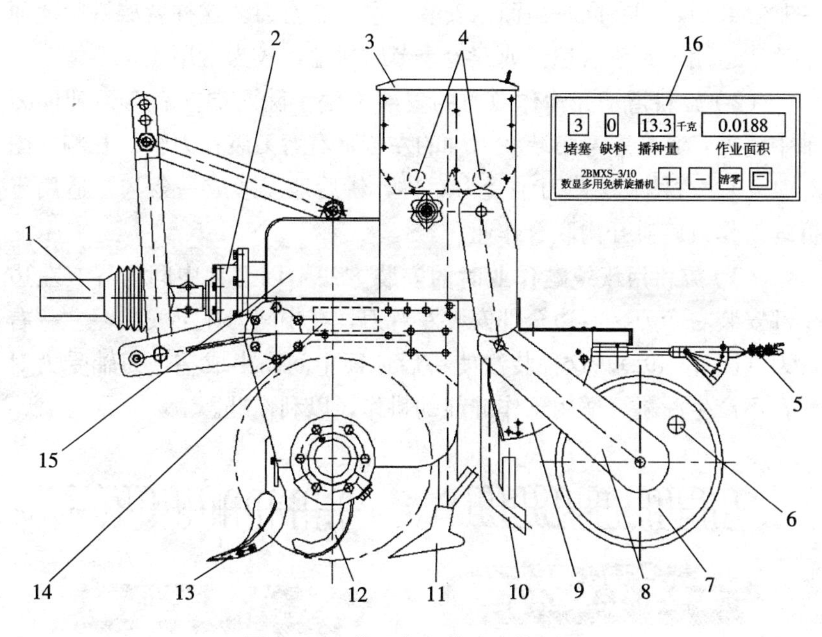

图 2-48　数显免少耕多用旋播机

1. 万向节伸缩传动轴　2. 传动箱总成　3. 种肥箱　4. 缺料传感器　5. 喷杆喷头　6. 地轮传感器　7. 镇压轮（辊）　8. 链传动　9. 调节板　10. 落种管及堵塞传感器　11. 施肥开沟器　12. 旋耕刀辊　13. 防漏耕犁　14. 喷雾泵　15. 药液箱　16. 仪表面板

2.3.2.3　旋耕机的使用

1. 耕作前的安装与调整　旋耕机及旋耕联合作业机在投入耕作前，需做好以下几方面的安装与调整工作：

1）旋耕刀的安装检查　凿形刀的安装没有特殊要求，只要用螺栓将刀片紧固在刀座上就行了。弯刀安装时需注意刀刃的方向要和刀辊旋转方向一致，切勿将弯刀反装，否则刀背入土会损坏机件。另外，还需要注意根据不同的耕作要求依说明书选择弯刀的安装方法，弯刀安装不当不仅影响耕作质量，还会影响机器的使用寿命。

(1) 常用的弯刀安装方法　右右弯刀片在刀轴上交错对称安装

（图 2－49a），即在同一截面内安装一左一右弯刀。这种装法耕后地面平整，适用于犁耕后耙田或双抢季节时耕地，较为常用。

（2）旋耕用于开沟作业时的安装方法 除两端左右弯刀朝向刀轴中间外，其余左弯刀装在刀轴的左侧，右弯刀装在刀轴的右侧（图 2－49b）。这种装法使刀轴受力对称，耕后地面形成一条沟，适用于拆畦耕作或旋耕开沟联合作业。

（3）旋耕用于筑畦作业时的安装方法 以刀轴中间为界，左边全部安装右弯刀，右边全部安装左弯刀，在中间刀座上安装一左一右弯刀（图 2－49c）。这种装法使耕后地面中间高出成垄，刀轴受力对称，不产生漏耕，适用于作畦前的耕作，以利作畦。

a.常用的弯刀安

b.用于开沟的弯刀安

c.用于筑畦的弯刀安

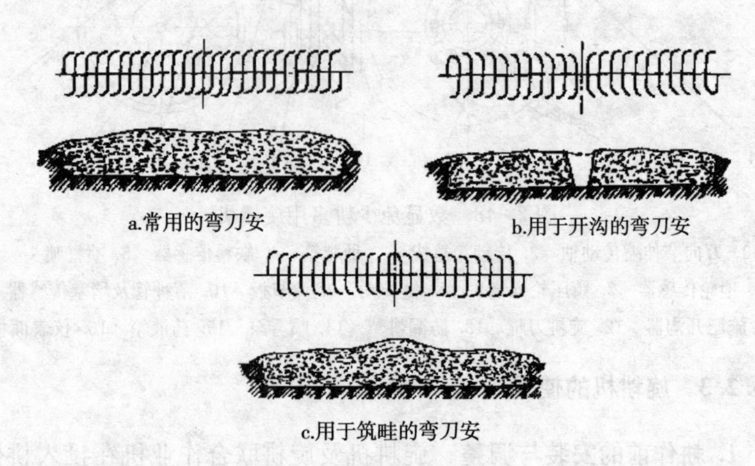

图 2－49　弯民安装方法

安装弯刀时，应顺序进行，以免装错或装反，对装刀多的旋耕机尤需注意，弯刀装好后还应全面检查，拧紧螺栓。

2）拖拉机轮距及耕幅配置的调整　旋耕机的工作幅宽是根据拖拉机功率大小和机组速度等因素来确定的。旋耕机耕作时应使拖拉机的后轮走在未耕地上，避免将已耕地压实，因此耕作前对轮距要进行调整。旋耕机对于拖拉机的耕幅配置有正配置和偏配置两种。在旋耕机的耕幅超过拖拉机后轮外缘宽度时，通常采用正配置（或称正悬挂），反之则采用偏配置（或称偏悬挂），习惯上是偏右侧（以拖拉机前进方向为准）。为消除轮辙并达到耕后地表平整，耕幅偏出后轮胎外缘的距离一般取 50～100mm。采用偏配置的旋耕机工作时，只要选择合理的耕作方法，就可以避免拖拉机的轮胎走在已耕地上。

3）与轮（履带）式拖拉机的联接安装　轮（履带）式拖拉机所使用的旋耕机都是用拖拉机动力输出轴传动，但传递动力和悬挂的方法有不同形式：一种是三点悬挂；另一种是直接联接。悬挂和传动方式不同，安装要求也不一样。三点悬挂联接的旋耕机，通过万向节伸缩轴传动，安装比较简便。其具体步骤如下：

（1）拆去拖拉机牵引挂钩，卸下动力输出轴盖。

（2）将拖拉机对准旋耕机悬挂架中部倒车，提升下拉杆至适当高度，直至能与旋耕机左右悬挂销联接为止。

（3）将拖拉机下拉杆落下，然后用手抬起，先使左边下拉杆与左销轴联接（沿机组行进方向看），再挂右下拉杆（因右边提升杆有调整长度的机构，可调整右下拉杆的高低），并分别用插销固定。

（4）安装拖拉机上拉杆（如长度不适当，可用伸长或缩短上拉杆或用操纵手柄升降下拉杆的方法调节）并装上插销固定。

（5）将带有万向节传动轴方轴的夹叉装入旋耕机第一轴固定，再将旋耕机提起，用手转动刀辊，看其运转是否轻便灵活；然后再把万向节传动轴方套夹叉套入方轴并缩至最小尺寸；以手托住夹叉套入拖拉机动力输出轴并固定。安装时应注意使方轴夹叉及方套夹叉的开口位于同一平面内（图 2-50），如方向装错，万向节处会发出响声并造成旋耕机振动加大，容易引起机件损坏。万向节伸缩传动轴安装妥当后，提升旋耕机，使弯刀稍离地面，挂上动力输出轴低速档，让刀辊原地空转 1～2min，待运转情况正常后方可作业。

直接联接旋耕机的安装步骤以 1GXPZL-100 旋耕机配套各种无后置动力输出轴的小四轮拖拉机为例说明如下：①卸下拖拉机悬挂机构上的上、下拉杆和牵引板。②利用中间传动箱底板上的螺孔，把旋耕机与拖拉机联接在一起并拧紧 6 个螺帽。③在拖拉机侧置动力输出

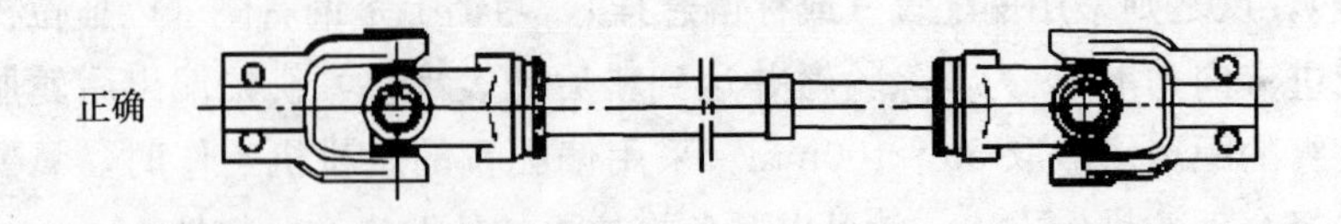

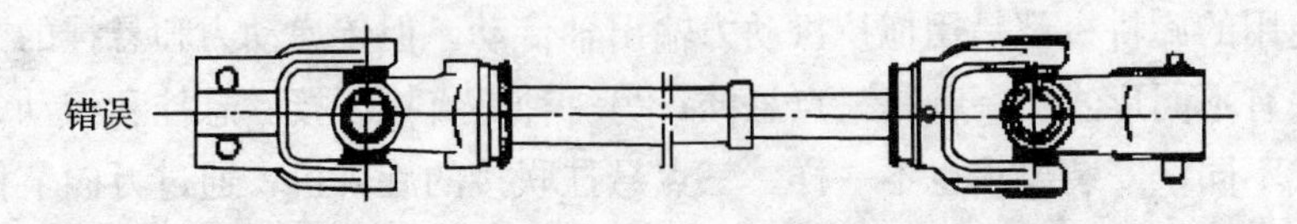

图 2-50　万向节伸缩传动轴的正确安装

轴上装入主动皮带轮。④安装好 4 根三角皮带并张紧皮带。⑤安装提升拉杆并装好插销。⑥安装好皮带罩壳。

4）耕作前的调整　旋耕机装好以后，在进入田间开始耕作前需进行调整。

(1) 左右水平的调整　三点悬挂的旋耕机需进行水平调整。将拖拉机停放在平地上，将旋耕机降下使刀尖接近地面，视其左右刀尖离地高度是否一致，若不一致则需调节右下拉杆高低，使旋耕机处于水平状态，以保证左右耕深一致。左右耕深不一致也是造成旋耕机工作中产生偏挂的原因之一。

(2) 第一轴（输入轴）水平的调整　将旋耕机降到要求耕深时，目测拖拉机的动力输出轴与旋耕机齿轮箱的第一轴是否平行。如不平行，应调节上拉杆的丝杆长度，使第一轴与动力输出轴平行，保证万向节转动的均匀性。直接联接的旋耕机无此项目。

(3) 旋耕机提升高度的调整　用万向节伸缩轴传动的旋耕机由于受万向节传动倾斜角的限制，不能提升过高，在传动中如旋耕机提升高度过大，万向节的倾斜角超过 30°会引起万向节损坏而产生危险，故必须对提升高度加以限制。在地头转弯时，需先切断旋耕机动力再提升旋耕机，比较耗费时间，影响工作效率，所以一般在田间工作地头转弯提升时只要使刀尖离地 15～20cm 即可。过沟埂或在道路上运输需要升到较高位置时，必须切断动力操作。因而在开始耕作前，应将液压操纵手柄事先限制在允许的提升高度，这样既可提高工效又能保证安全。

（4）耕深的调整　旋耕机在与具有液压悬挂机构的拖拉机配套时，由于拖拉机液压悬挂机构形式的不同，调节耕深的方法也不同。旋耕机与具有力、位调节液压悬挂机构的拖拉机配套时，以江苏-50型拖拉机为例：旋耕机工作时禁止使用力调节，而使用位调节；这时，必须将力调节手柄限制在“提升”位置，并用定位手轮将力调节手柄固定，防止移动；将位调节手柄向前移到“下降”区，使旋耕机下降，向后拉到“提升”区，可使旋耕机上升；先试耕一段，当旋耕机达到所需要的耕探后，机组应暂停前进，用定位手轮将位调节手柄挡住，以便于旋耕机下降调节时每次都达到同样深度。旋耕机与具有分置式液压悬挂机构的拖拉机配套时，以铁牛55C为例：旋耕机作业时，应将拖拉机的液压悬挂操纵手柄迅速扳到“浮动”位置，下降或提升旋耕机后，手柄应迅速放到“浮动”或“提升”位置，不要在“压降”和“中立”位置上停留；下降旋耕机时，不要在“压降”位置停留，以免损坏旋耕机；先试耕一段，当旋耕机入土到适当深度后，机组暂停前进，固定油缸定位卡箍挡块位置，作为最大耕深的限制位置。

（5）碎土性能调整　碎土性能与拖拉机前进速度、刀辊转速有关。刀辊转速一定，增大拖拉机前进速度则耕后土块较大，反之则较小。此外，在旋耕机的后面有一块可调节的拖扳，其高低位置和对地面压力的改变，也影响碎土和平土的效果，在使用时可根据需要调节环链或弹簧强压杆的长度。

5）旋耕灭茬深松起垄联合作业机有关部件的安装与调整

（1）起垄器的安装调整　起垄器通过起垄支架焊合与铲柄的相对位置来调整起垄板的前倾或后仰。调整调节撑杆的长度可改变左右起垄板之间的开度，以满足起垄农艺要求。当进行平耕与深松作业时，只要将起垄器拆去即可。根据深松要求，调整深松铲的间距。如原配深松铲数量不够，可适当增加，以满足作业时农艺要求。

（2）限深轮的安装调整 限深轮总成固定在牵引架的前横梁上，可根据垄距的大小在前横梁上左右位移，使限深轮走在垄顶或垄沟上。限深轮管柱上有多孔位，拔出限位插销，可调节限深轮高度，达到所要求的耕深。

2. 旋耕机组田间作业的操作方法

1）机组速度的选择 旋耕机刀辊转速和拖拉机前进速度选择的原则是碎土要达到农艺要求和沟底平整的要求，既保证耕作质量，又要充分发挥拖拉机的功率，从而达到高效、优质、低耗的目的。因而拖拉机前进速度与刀辊转速配合要恰当。

（1）拖拉机前进速度的选择 在一般情况下，旱地作业前进速度选用2～3km/h，水耕或耙地作业可选用3～5km/h。比阻大的土壤选小值，比阻小的土壤选大值，目前多数拖拉机的Ⅰ挡适用于比阻大的土壤旱耕；Ⅱ挡适用于一般土壤的旱耕、水耕，Ⅲ挡适用于水耕、耙地。

（2）刀辊转速的选择 考虑到拖拉机功率和土壤性质等情况，一般旱耕和耕作比阻较大的土壤时选用低速挡，转速为200r/min左右；在水耕、耙地和耕作比阻较小的土壤时选用高速挡，转速为270r/min左右。由于拖拉机动力输出轴转速不同，有的具有高、低两挡，有的只有一挡，如何达到需要的刀辊转速，可参照旋耕机使用说明书来选择传动箱交换齿轮变速。

2）机组的起步、转弯和倒退 机组起步前，必须先将旋耕机提升到刀尖离地，挂上动力输出轴低速挡，使旋耕机原地空转1～2min，待运转正常后，再挂上拖拉机前进工作挡，缓慢地松开离合器的踏板，同时操作拖拉机液压悬挂机构位调节操纵手柄，使旋耕机渐渐入土，并加大油门，达正常耕深为止。使用中严禁旋耕机猛降入土。因猛降入土使拖拉机超负荷，会造成熄火，甚至损坏机件。机组转弯时，必须将旋耕机升起，但不宜升得过高。严禁转弯时进行耕作，否则会导致弯刀变形、断裂，甚至损坏旋耕机。机组倒退时，必须将旋耕机升起，否则会使旋耕机拖板倒卷入土而损坏机件。

3）耕深的控制　请参阅前文1　4）（4）节内容。

4）耕地方法　由于旋耕机的构造与犁不同，因此耕地方法也不一样。

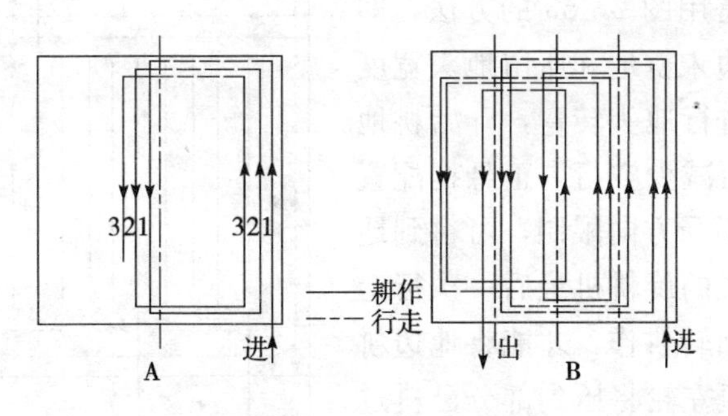

图 2-51　小区套耕法

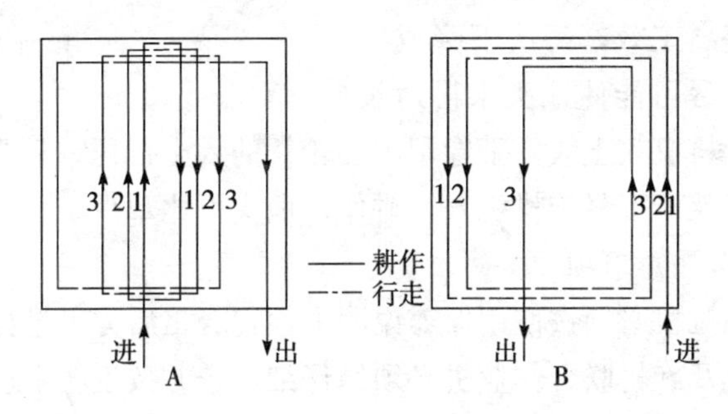

图 2-52　回耕法

(1) 小区套耕法　在大田耕作时，为了减少地头空行时间，提高功效，采用小区套耕法（图 2-51A）。小区宽度尽可能接近耕幅的整数倍（一般小区宽度取 15m 左右），以减少重耕。正配置的旋耕机左右回转方向不受限制；偏配置的旋耕机可采用图 2-51B 的路线进行耕作。

(2) 回耕法　在水田耕作时采用回耕法（图 2-52A），耕后地面平坦，漏耕减少。回行耕作，拖拉机在转弯时应将旋耕机提离地面，防止刀片及刀轴受扭而损坏。正配置的旋耕机采用回耕法可从地块的任一方向进入。向右侧偏置的旋耕机采用回耕法时，应从地块的右侧进入（图 2－52B），这样拖拉机的轮子压在已耕地的机会较少。

（3）耕地头的方法。目前使用旋耕机作业，多数驾驶员对于地头耕作都是用图 2－53 的方法，即旋耕到地边未耕地和所留地头宽度相等时，进行地头转弯，开始耕地头，这样可减少空行。正悬挂配置的旋耕机不受方向限制，可耕到地边。偏配置的旋耕机最后一次行走必须是左回转耕作，才能将地边耕完，拖拉机左轮将压到部分已耕过的地，为了耕地平整，减少耕地头的次数，提高工效，每次下降或提升旋耕机，尽可能使地头未耕地长度一致。旋耕机入土快，不像犁需要较长的入土行程，只要拖拉机能转弯对正，就可下降旋耕机入土耕作，地头可比犁少 1m 左右。

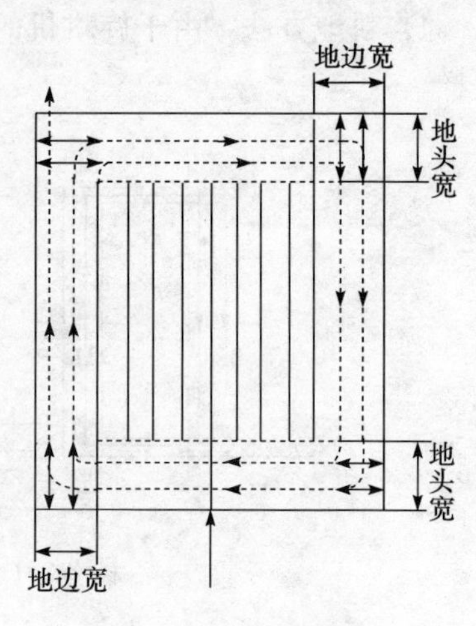

图 2－53　耕地头

5）安全注意事项

（1）拖拉机必须按使用保养说明书检查合格后方可悬挂旋耕机使用；旋耕机及旋耕联合作业机必须经仔细检查并按说明书进行保养之后方可使用。

（2）经常注意察听旋耕机工作部件在运转中是否有杂声或金属敲击声，如发现杂声应立即停车检查，找出原因并加以排除后才允许重新工作。

（3）万向节伸缩传动轴工作时两端应接近水平。万向节伸缩轴在工作状态提升时，要减慢旋转速度，且应限制提升高度使两端万向节夹角不超过 30°。注意经常检查万向节伸缩轴上的插销及十字节挡圈，禁止安装使用已损坏或技术状态不良的万向节伸缩轴，以免发生意外。

（4）工作时，旋耕机后面和机上禁止站人，运输时禁止在旋耕机上站人和堆放重物，以防发生意外事故。

（5）检查旋耕机万向节伸缩轴、弯刀及齿轮箱零件时必须切断动力。如需要更换零部件时，应将旋耕机垫妥，然后将发动机熄火，严禁在发动机未熄火时更换零部件。

（6）田间转移或过田埂时，应将旋耕机升到最高位置，同时切断动力输出轴。若进行长距离运输或转移时，应拆除与拖拉机动力输出轴连接的万向节伸缩轴，并将旋耕机升高到最高位置，如拖拉机具有力调节—位调节液压悬挂机构，则应关死下降速度调节阀门；如拖拉机具有分置式液压悬挂机构，则应将油缸活塞杆上的定位卡箍固定在最低位置。

（7）因受结构重量的限制，田间转移时种（肥）箱应排空，农机具提升高度不宜过大。爬坡时应以低速前进，若出现翘头现象，前部需加配重。

（8）由于旋耕机是由拖拉机动力驱动的农机具，因而要求驾驶人员特别注意提高警惕，随时准备切断动力，以免意外事故发生。

（9）停车时，应将旋耕机降落着地，不得悬挂停放。

2.3.3　耙

整地作业包括耙地、平地和镇压，其目的是对犁耕后土壤作进一步加工，使表层土壤细碎疏松、地表平整，为播种和移栽作业准备良好的条件。

整地机械种类很多，可根据不同土壤和作业条件选用。耙是主要的机引整地机具。

2.3.3.1　旱耕耙

旱耕地区特别是黏重土壤耕后多使用圆盘耙（图 2－54）耙地，有的使用圆盘耙作业后再使用钉齿耙（图 2－55）。此外，圆盘耙还能

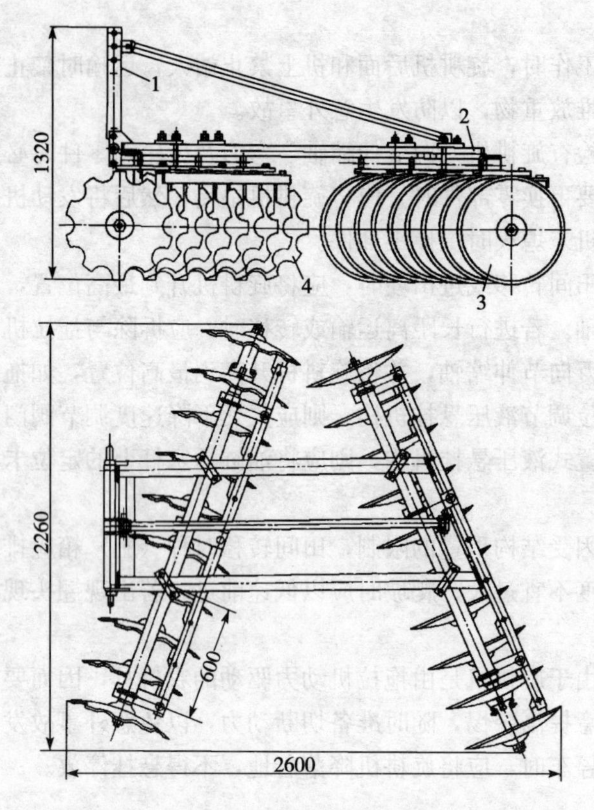

图 2－54　1BJZ－2.0 型悬挂偏置式中型圆盘耙

1. 悬挂架　2. 耙架组合　3. 后耙组　4. 前耙组

进行收获后的浅耕灭茬、保墒和松土除草等作业。钉齿耙可在耕后单独使用，有时与铧式犁组合进行复式作业，也能用于幼苗期疏苗除草。用弹齿耙在石砾地和牧草地进行松土作业，遇到石砾，弹齿不易损坏。网状耙由于耙齿系用弹簧钢丝弯制而成，每个耙齿之间都相互铰接，因此对地面适应性强，用于早春除草，播种时覆土及作物苗期除草等作业。钢丝滚子耙可与幅宽相近的犁组串联作业，在湿度适宜的沙壤土和轻质壤土上作业，碎土能力好。近年来，由动力输出轴驱动的各种动力耙日益增多，在土壤条件恶劣、湿度过大

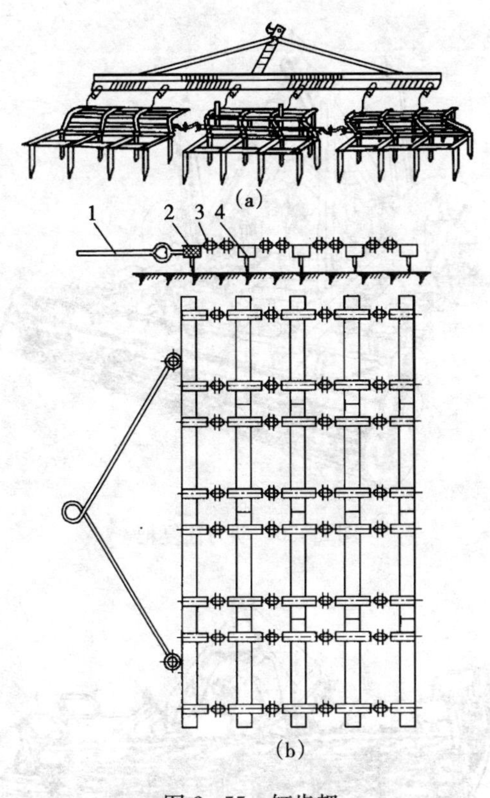

图 2-55 钉齿耙

(a) 刚性耙架 (b) 非刚性耙架

1. 牵引杆 2. 耙齿横杆 3. 联结环 4. 钉齿

或过小的黏重土壤上使用，可取得良好的碎耕效果。如动力滚齿耙，其钉齿按螺旋线交错排列在动力驱动的水平横轴上，可将上层土壤击碎并拌和均匀。此外，还有动力往复耙（图 2-56）、动力转齿耙（图 2-57）等。

圆盘耙的构造由悬挂架、耙架、前耙组、后耙组、压板、转轴压板等零件组成。前、后耙组由横梁、外垫、耙片、凸面间管、轴承组合、凹面间管、间管、内垫、方轴、连接梁、刮泥刀横梁和附加耙组等零部件组成。前耙组一般采用缺口耙片，安装时应使相邻耙片缺口

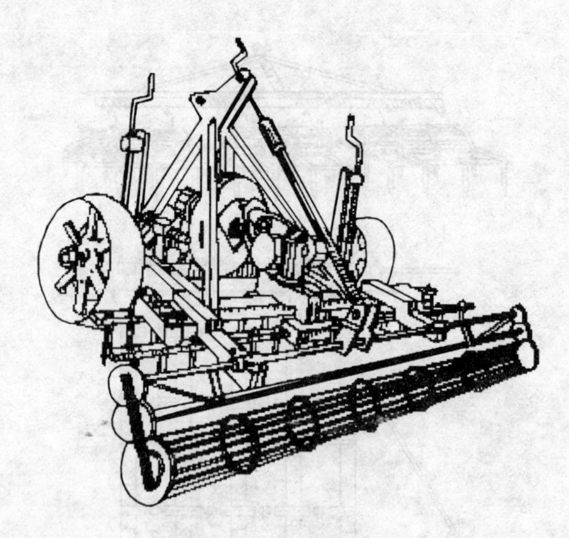

图 2-56　动力往复耙

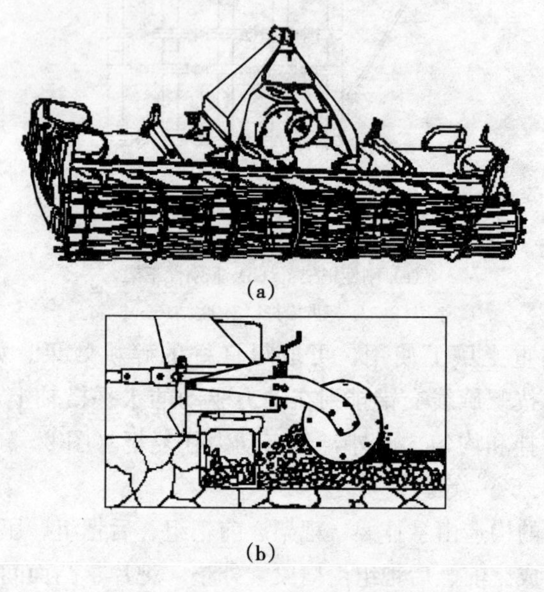

(a)

(b)

图 2-57　动力转齿耙

(a) 外形及构造　(b) 工作过程

错开，后耙组一般使用圆盘耙片。

旱地耙的调整和使用，以 1BJX-2.0/2.2 悬挂中型圆盘耙为例说明如下：

（1）整机装配后应拧紧所有紧固件，而耙组应转动灵活。

（2）耙深的调整，可调整耙组偏角，耙深随着偏角的增大而加深，偏角刻度线在耙架的左右横梁上。前后耙组的偏角应调整到对应序号的刻度线上，后耙组比前耙组偏角大 30°。另外，还可调整悬挂孔位，一般情况（除非土质坚硬）下，提高下悬挂点和降低上悬挂点的孔位可增加耙深。

（3）耙的横向水平调整，调整拖拉机悬挂机构右提升杆的长度求得耙的横向水平。

（4）耙的纵向水平调整，调整拖拉机悬挂机构上提升杆长度求得耙的纵向水平。

（5）消除偏牵引的调整，将拖拉机悬挂机构的拉杆放长，或同时将前后耙组向相反方向移动相等距离，或减小前耙组偏角。

（6）刮泥刀刃口与耙片凹面之间隙应保持在 1～8mm，遇黏重土壤或多杂草作业时，其间隙应尽量放小。

（7）将 1BJX-2.2（20 片耙）改装为 1BJX-2.0（18 片耙）时，在耙的两端拆去两附加耙组，左右调整前后耙组相对于耙架的安装位置，并将前后刮泥刀横梁分别向左右移一位。

（8）耙在作业时禁止后退，转弯时必须升起。

（9）每季节作业结束后，应拆洗轴承加注润滑油，并保养其他机件。

2.3.3.2　水田耙

水田地区在耕后使用各种类型带轧辊和耥板的水田耙（图 2-58），使土壤松碎起浆，覆盖绿肥，田面平坦，有利于进行水稻移栽作业。在双季稻地区连作晚稻原浆田中，为争抢农时，往往以耙代耕。

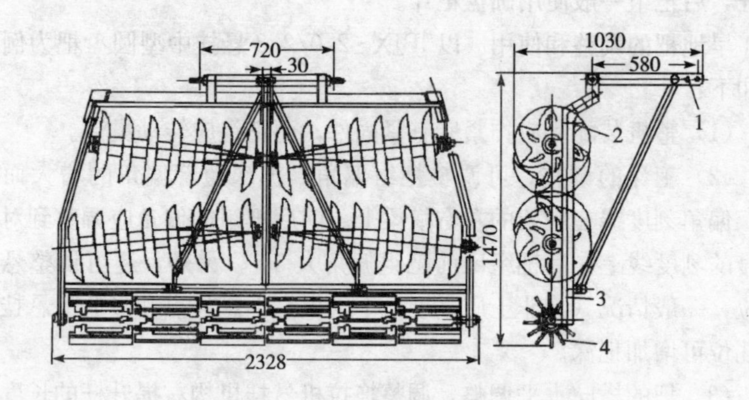

图 2－58　1BS－322 水田耙

1. 悬挂架　2. 星形耙组　3. 耙架　4. 轧辊

1. 水田耙的工作部件　机引水田耙多采用将不同部件组合在一起的方法，以加强耙碎和整平土壤的作用；又可减少耙地次数，降低作业成本。常用工作部件有以下几种：

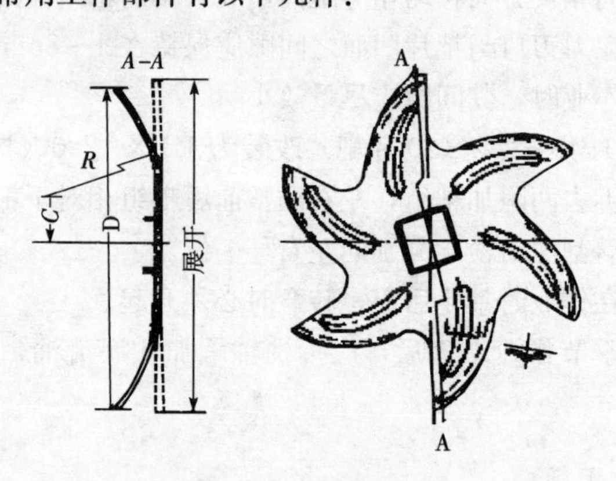

图 2－59　星形耙片

（1）星形耙片（图 2－59）　它具有一定的凹度，刀刃长，滑切作用大，阻力小，切土和碎土能力强，并能将表层土搅得比较糊软，还具有一定的翻土灭茬作用。耙片直径多为 400mm 左右。耙片安装孔的形状主要有 3 种：一种是耙片中间为方孔，套在方轴上由间管隔开；另一种是耙片中间为较大的圆孔，而将耙片直接焊在作为耙组轴的圆筒上；再一种是将耙齿做成零件分别铆在一个圆盘上组成一个耙片。耙片用65Mn钢板制造并经热处理。

（2）圆盘耙片　圆盘耙片有整体式（图2-60）和缺口式（图2-61）两种。整体式耙片翻土作用强，有一定灭茬效果，但对黏重土壤碎土起浆效果差。缺口圆盘耙片具有较强的切土、碎土作用，对较硬或脱过水的稻茬地适应性较强，但其碎土起浆作用不及星形耙片。目前水田耙多采用缺口圆盘耙片，材料一般都用65Mn钢制造。

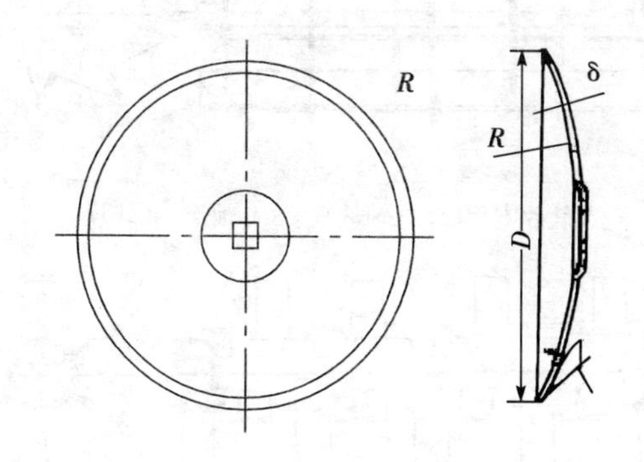

图2-60　整体式圆盘耙片

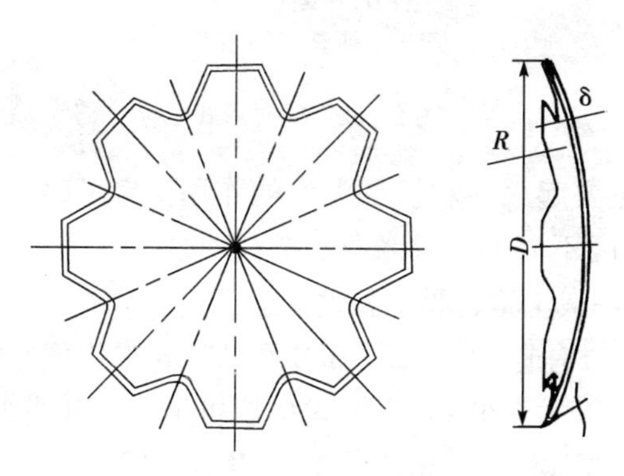

图2-61　缺口式圆盘耙片

（3）轧辊（图2-62）　轧辊是在南方传统农具蒲滚的基础上

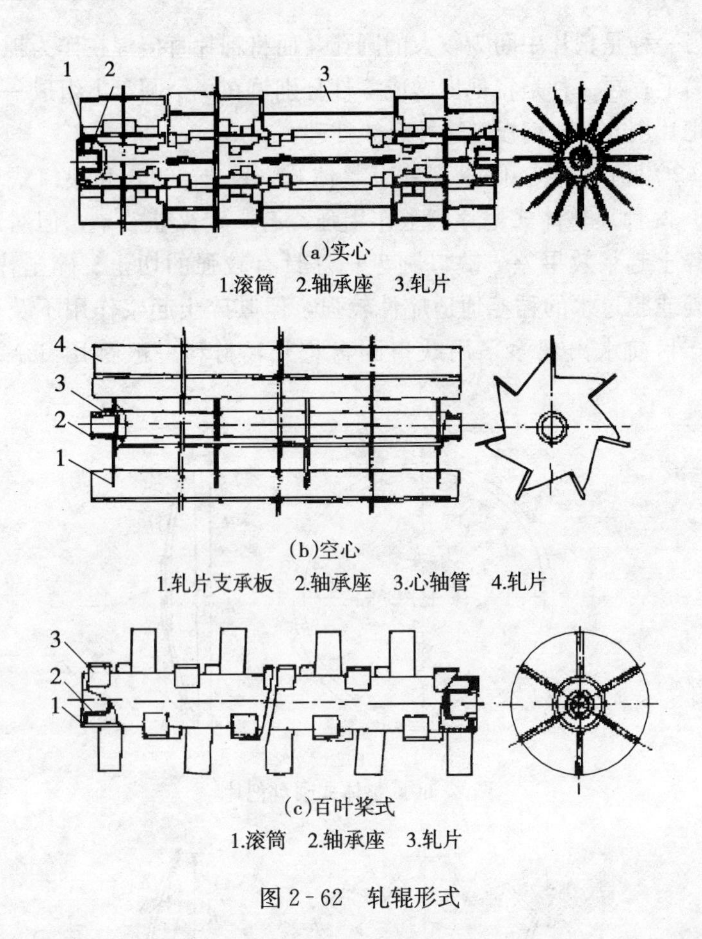

(a)实心

1.滚筒　2.轴承座　3.轧片

(b)空心

1.轧片支承板　2.轴承座　3.心轴管　4.轧片

(c)百叶桨式

1.滚筒　2.轴承座　3.轧片

图 2-62　轧辊形式

发展起来的，主要起灭茬和搅拌泥水的作用，也可碎土和平整田面。为了适应各地区不同的土壤条件，轧辊有实心、空心和百叶桨式 3 种，分别用于一般土壤、黏土和黏重土。

2. 水田耙的构造　以 1BS-322 型悬挂式水田耙（图 2-58）为例，该产品与 22.1～29.4kW 轮式拖拉机配套。其主要参数：耙幅 2.2m，最大耙深 10～14cm，质量 257kg，外形尺寸长 1.47m、宽 2.33m、高 1.03m。

整机由悬挂架、耙架、前后列星形耙组及轧辊等组成。

耙架由矩形无缝钢管弯成，两旁焊有可调轴承座，中间焊有中间轴承座，前端焊有悬挂销座。耙架的前面做成上翘形状，可以避免前进时壅土。耙架上面装有悬挂架。

星形耙组（图 2-63）由耙片轴、星形耙片及轴承等组成。耙片直径 400mm，6 齿边缘加工成锋利的刃口，7 个耙片焊在由钢板卷成的圆筒上构成耙片组。耙片组圆筒的两端装有衬套，衬套中装有整体式耐磨橡胶轴承。耙轴由短轴和钢管焊合而成，穿过橡胶轴承以支承耙片组，轴两端都用销钉固定，以防耙轴移动。整个耙片组装在耙架轴承座上，可以拆卸。

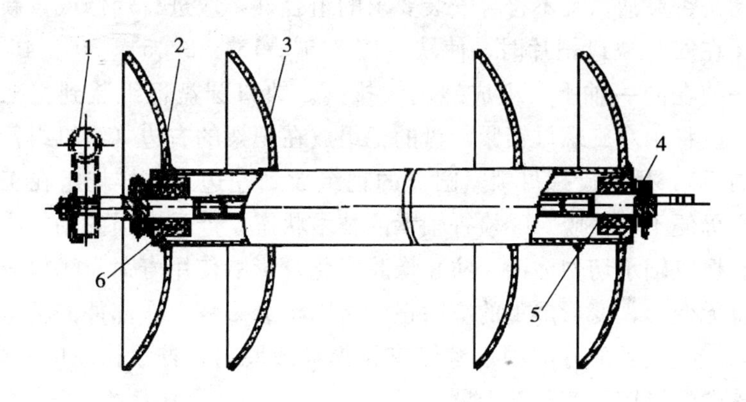

图 2-63　星形耙组

1. 耙架　2. 橡胶轴承　3. 耙片　4. 插销　5. 耙轴　6. 轴承座

为了加强星形耙片碎土及翻转根茬的能力，其回转面应和机具前进方向成一偏角。前列耙片组偏角可调节为 5°或 10°，后列固定为 5°。耙片组在工作时产生侧压力，偏角愈大侧压力也相应增加，因此耙组都采用对称配列的方法，以平衡侧压力。前列耙组的星形耙片凹面向外，后列凹面向里。前后列耙组的耙片交错排列，这样就加大了前后列耙片的间距，防止堵塞，又避免了漏耙。

轧辊采用直径 280mm 的实心形式，由轧片、滚筒、轴承座等组成（图 2-62a），轧片交错焊在滚筒上，滚筒两端装有轴承座，内装橡胶轴承，心轴穿过橡胶轴承固定在耙架上。轴和轴承磨损后可以更换。

3. 水田耙的调整和使用

1）安装检查　水田耙工作前一定要进行安装检查，使其处于完好的技术状态。检查内容有以下几方面：①检查各工作部件的技术状态是否完好，凡是损坏的工作部件应及时修理或更换，星形耙片和圆盘耙片的刃口应锐利，过钝的刃口应磨锐。②检查工作部件的安装情况，如轧辊叶片或星形耙片有无脱焊，装在方轴上的圆盘耙片是否晃动等。同时，还应将耙架垫起，用手转动耙组或轧辊看其转动是否灵活。凡不符合安装要求的组合件，应进行焊修或重新调整。在安装缺口耙片时，使缺口按7.5°、15°、22.5°、30°、45°的顺序装在同一轴上，组成螺旋线排列。缺口圆盘耙组装到耙架上时，应将用左旋螺母锁紧圆盘的耙组放在耙架的右边（沿机组行进方向看），用右旋螺母锁紧圆盘的耙组放到左边，这样耙组在工作时螺母便不易松脱。③检查轴承的技术状态，严重磨损的轴衬应更换。橡胶轴承切勿沾油，防止橡胶老化，影响使用寿命。④检查耙架有无变形，变形严重的应矫正，否则将会影响工作部件的耙深一致。⑤检查各部分的固定螺钉有无松动或脱落，拧紧松动的螺母，失落的螺钉应补齐重新上紧。

2）试耙和调整　水田耙安装检查完毕后，可进行试耙和必要的调整，观察耙能否正常工作。星形耙和圆盘耙还需要调节偏角。如1BS系列水田耙前列耙组的调整范围为5°和10°，后列耙组偏角为5°，不能调整；前列耙组偏角采用的数值：①粗耙，指犁耕后第一次耙，以碎土为主，选用10°；②细耙，指第二次耙，以平土、糊田为主，选用5°。角度调节方法是先将耙升起，旋松星形耙组轴端螺母与限位片，将轴向上抬出半圆缺口，移至所需位置处，再将轴放进该缺口处，重新装上限位片并拧紧螺母。

春耕耙地时使用水田耙还需调整上拉杆长度，使耙前端稍高，最好使耙架与地面成1°～3°的倾斜角度。夏耕耙留茬稻田时（第一次），要将上拉杆缩短，使水田耙前列较低，加强前列星形耙片的浅翻作用，然后调整悬挂机构右提升杆的长度，使水田耙左右高度一致。

在向拖拉机上悬挂水田耙时，还应根据拖拉机机型的高矮，适当选择上拉杆在悬挂架上的安装位置，悬挂架上较高的孔用于高机型，低位置的孔用于矮机型。

经过试耙及调整，如已达到要求，即可将液压机构限深手柄位置固定进行工作。

3）耙地方法　在水田耙地时，由于受地块及地形的限制需要用不同的方法去解决不同的矛盾。从耙地的方向相对于耕地的垡条来说，基本上有3种：①顺耙。耙地方向与耕地垡条一致，这样机具在作业时，机组颠簸较小，耙地阻力也小，但不易耙平垄沟，此法适用于狭长地块。②横耙。耙地方向与耕地垡条垂直，切土、碎土、平地效果好，但机具阻力较大，且机组颠簸厉害，此法适用于地块横向较宽的大块地。③斜耙。耙地方向与耕地垡条成一角度，切土、碎土、平地作用良好，机组行走也比较平稳，大地块采用此法。

具体的耙地方法有以下几种：

（1）梭形耙法　适用于顺、横或斜耙（图2-64a）。这种耙法在操作上较简单，但地头要留得较大，因机组需在地头小转弯。

（2）套耙法　此法可避免小转弯，其行进路线如图2-64b所示。但这种耙法应防止机组走歪，引起重耙和漏耙。

（3）回行耙法　在不规则地块上可采用回行耙法（图2-64c），这种耙法也比较简单，容易操作，但机组在转弯时容易产生漏耙，因此耙至最后，应对四角作一次梭形往返。

（4）交叉耙法　可分直角纵横交叉耙地和对角斜交叉耙地（图2-64d，图2-64e）。采用交叉耙地法效果良好，但要求地块成方形或长方形。用对角斜交叉耙地时，第一趟应对准对角线偏1/2耙幅的目标，为此应设立明显的标志。当全部耙完后，还需绕地边四周耙一圈，将地边地角全部耙到。

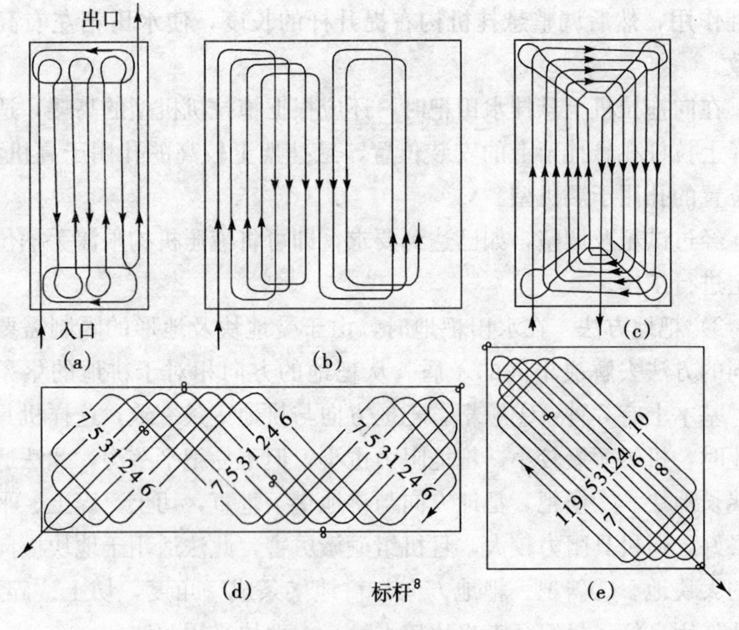

图 2-64　耙地方法

4）使用注意事项

（1）水田耙耙地时，必须在田里灌适量的水，灌水过深看不清地面，不容易耙平；水太浅容易拖堆，土块不易破碎，影响作业质量。灌水深度以 3～6cm 为宜。

（2）灌水时间最好比耙地时间提前几天，这样土垡浸水后，水分子进入土粒之间形成水膜，使土粒间距增大，降低土壤的黏结性，有利于耙碎土垡，提高耙地质量。

（3）地头转小弯时应将耙提起。

（4）转弯、倒车时，应避免水田耙与田埂相撞；靠近田埂耙地时，不应让耙片顶住田埂，以免损坏机件。

（5）如发现有严重壅土、拖堆现象，要分析产生的原因加以排除，不应勉强使用，这样既影响工作质量；同时还会引起耙架及工作部件的变形和损坏。

(6) 耙地时相邻行间应有 20～40cm 的重叠量，这样地面容易耙平，避免漏耙。

(7) 水田耙工作时，严禁在机具上站人或搁置重物，并严禁修理或排除故障；如需修理一定要停车后进行。

(8) 水田耙在过田埂或运输时，一定要将耙升起，远距离田间转移时，还应将耙锁住。

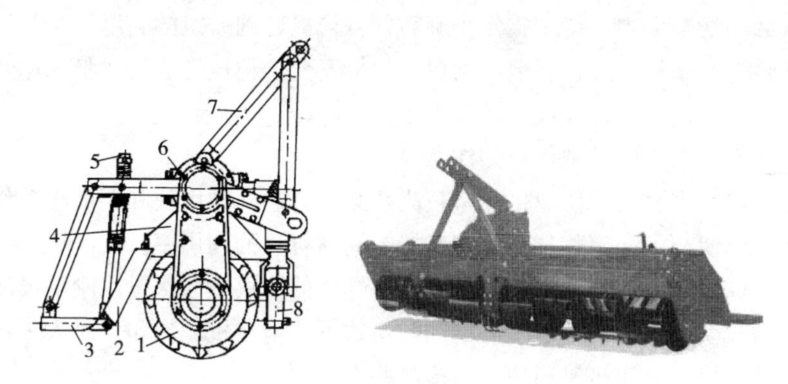

图 2-65　水田驱动耙

1. 耙辊　2. 拖板　3. 耥板　4. 罩壳　5. 调节杆　6. 传动箱
7. 悬挂架　8. 万向节传动轴

2.3.3.3　水田驱动耙

水田驱动耙（图 2-65）是我国于 20 世纪 80 年代研制开发的水田整地机械。LBQS-23 型水田驱动耙配套上海 50、江苏-50 等中型轮式拖拉机，由拖拉机动力输出轴驱动，通过万向节伸缩传动轴传入中间传动箱和侧边传动箱，经一对锥齿轮和三只圆柱齿轮带动主要工作部件齿板型耙辊旋转，切削破碎土块。耥板安装在后部，带有弹簧强压杆，机组前进时平移，耥平表层土壤。它与一般非驱动型水田耙相比有以下优点：①改善了碎土和起浆性能，碎土率可达 70%～80%，耙得细烂，表层松软，土肥混合均匀，增产效果显著；②工效高出一倍以上，省油耗，减少拖拉机下地次数；③适应性强，能适应各种水田土壤的耙田和轧田作业，尤其在黏重土壤中作业效果更佳；④带有耥板，具有很好的宽幅整平作用。

与中型拖拉机配套的水田驱动耙作业时，由拖拉机的液压悬挂升降机构位调节功能控制耙深。一般耙深调节在 12cm 左右即可满足水稻移栽要求。作业速度以Ⅲ挡为宜，过高使碎土性能受到影响，过低则生产率低。驱动耙在地头转弯、田块转移、过埂、运输及清除缠草时必须切断动力，待耙辊停止旋转并将耙提升到一定的高度。严禁地头转弯时不提升继续耙地，确保人、机安全。耙地作业时尽量采用套耙行走路线，以减少地头转弯壅土。

使用水田驱动耙作业的注意事项：

（1）因驱动耙作业生产率较高，必须合理安排田块和调度相关作业，以便与下一道移栽工序相衔接，提高机具的利用率。

（2）作业前提前一天放水浸泡耕翻后的田块，放水量以刚浸没泥土为宜。水过少则耙地阻力增加，也盖不住拖拉机轮辙印。对人工耕翻的田块，应比机耕田块适当多放些水。

（3）耙前的机耕田块地表应基本平整，没有漏耕。外翻犁耕后中间出现的深沟应用人工略加填平；内翻犁耕后中间出现的高垄可采用驱动耙重复耙一次，以确保耙地质量。

2.3.4 水田埋草起浆整地机

该机是江苏省连云港市元天农机研究所、姜堰市新科机械制造公司于 1999—2001 年在旋耕机和驱动水田耙产品基础上创新、拥有自主知识产权的新型水田秸秆还田整地机械，目前已形成系列产品，多厂商批量生产。它可在高留茬、多秸秆杂草、引水浸泡 16h 后的未耕麦（油）茬田一次下田 1～2 遍作业完成秸草残茬翻埋、碎土、起浆、平整等多道工序，作业效果满足后续机械插秧要求。其结构特点是采用旋耕刀辊和带圆弧齿的多棱滚筒组成的埋草起浆耙辊（图 2-66）。作业时旋耕刀辊进行翻土工序，弯刀重复碎土，高速旋转的圆弧弯齿完成压草工序，将秸草埋入田土内；多棱耙辊完成起浆工序，采用半封闭挡土板和流线型空心平地板，完成对土壤的粉碎、撞击、搅拌、耥平等工序，从而达到起浆平地的效果（图2-67）。使用该机械每公顷还草量可达3 000kg。

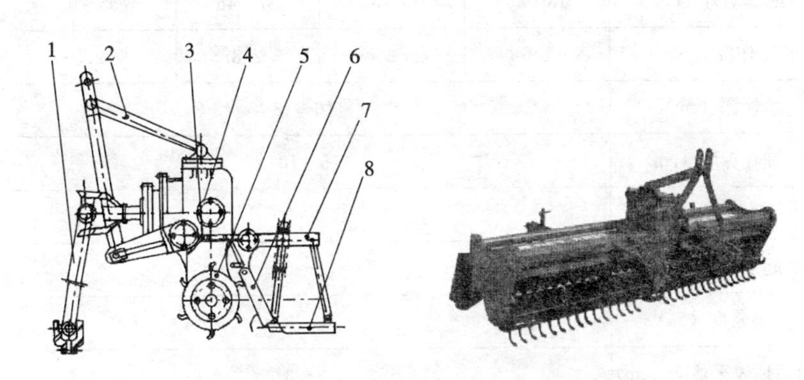

图2-66　水田埋草起浆整地机

1. 万向伸缩传动轴　2. 悬挂架　3. 机架　4. 变速箱
5. 旋耕埋草起浆耙辊　6. 挡土板　7. 后支架　8. 平地板

图2-67　水田埋草起浆整地机在田间作业

国内部分产品的技术参数如表2-1。

表 2-1　国内部分产品的技术参数

型号	1BMQ-160	1BMQ-200	1BMQ-230	1BMQ-250
配套动力（PS.）	13～26	30～37	37～45	55～65
工作幅宽（m）	1.6	2	2.3	2.5
耕深（cm）	16～18			
埋茬深度（cm）	5～10			
埋茬率（%）	50～90			
起浆深度（cm）	3～6			
溶浆度（%）	≥75			
耕后地表平整度（cm）	2～3			
作业效率（亩/h）	5～8	8～10	10～13	13～16

华中农业大学工程技术学院于2003—2007年研制的1GMC-70型船式旋耕埋草机以船式拖拉机（机耕船）为配套动力，采用左右对称布置的两组螺旋刀辊，一次作业连续完成压秆→旋耕→碎土→埋草→平整等多道工序，替代传统的耕、耙、耖、滚、平等多次作业及相应多台机具，达到水稻播栽前水田适度耕整与秸秆直接埋覆还田的农艺要求（图2-68）。

该机组采用浮式行走原理，适应我国南方深泥脚水田，如湖田、藕田等。适用于麦—稻、油菜—稻、稻—稻、绿肥—稻和休闲田等种植模式，对前茬收获后的残留秸秆高度和数量没有特定限制，适应性强（图2-69）。

1GMC-70型船式旋耕埋草机的主要技术参数：作业幅宽700mm，平均耕深≥120mm，地表平整度≤50mm，泥脚适应深度≤350mm，适应前茬作物留茬高度≤650mm，植被埋覆率≥90%，作业速度4～5km/h，纯工作小时生产率0.167～0.2hm^2/h，亩燃油消耗量1.2～1.3kg。

图 2-68　船式旋耕埋草机结构

图 2-69　船式旋耕埋草机田间作业

2.3.5　平地机及其激光控制技术

农用平地机主要用于平整农田，配备适当附件，还可进行铲运、筑埂、修路等作业。按与拖拉机联接方式分，主要有牵引式和悬挂式。牵引式平地机（图 2-70）纵向跨度大，反仿形性能好，调节平土铲各种角度的机构较完备，入土性能好，移土量多，大面积平地效果好，可进行细平作业。悬挂式平地机（图 2-71）的结构简单，机组移动灵活，但平地铲调节不便，纵向跨度小，反仿形性能差，大面积平地效果不好。只能进行粗平作业或在高差不大的小块地上进行细平作业。

1GSP-200 旋耕复合作业型水田平整机（图 2-72）是主要为水

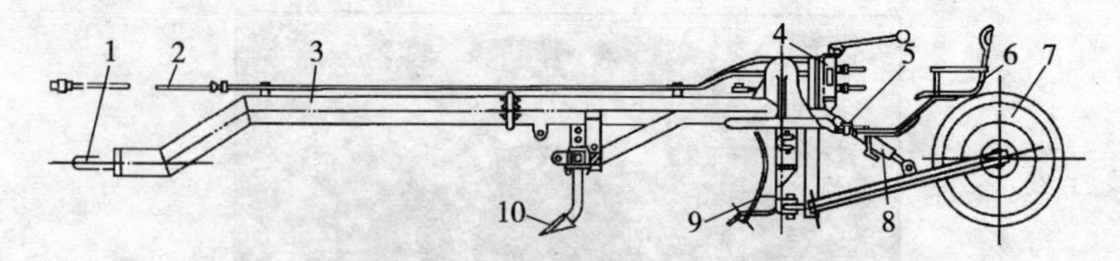

图 2-70　单轴牵引式液压平地机

1. 牵引钩　2. 高压油管　3. 主梁　4. 分配器　5. 定位销　6. 座位　7. 轮子　8. 油缸　9. 平地铲　10. 松土铲

田设计的悬挂式耕整平地作业机械，由扬州大学机械工程学院研发，于2006年在江苏省投产。这种机械由两大功能部分组成，一是旋耕灭茬埋草，碎土提浆；二是刮土运浆，平整地表，在水沤麦秸茬田中实施复式作业，其耕深达12～16cm，耕幅2m，平整幅2～3.6m，平整度＜2cm，溶浆度≥75%，埋茬率≥90%，作业后的田块符合机械插秧要求。配套38.5kW中型拖拉机，每天可作业4～5hm^2。这种机型的特点是其平整板具有液压操控实施的调整前后倾角、伸缩宽度和独立提升的功能，这使得水田平整作业更加高效和可靠。该机型拆去平整板也可作为普通旋耕灭茬机实施旱地作业。

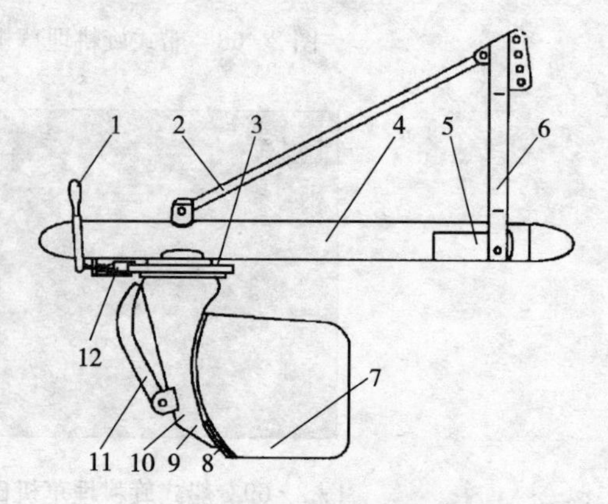

图 2-71　悬挂式松土平地机

1. 拉销手柄　2. 支撑杆　3. 齿盘　4. 主梁　5. 支臂　6. 悬挂架　7. 挡土板　8. 铲刀　9. 铲壁　10. 肋板　11. 松土齿　12. 定位销

激光控制机械化平地技术是对传统平整田地技术的一项重大变革，在发达国家已得到了普遍的推广应用。美国自20世纪70年代开始应用农业节水灌溉，目前除一半面积采用喷灌、滴灌外，另有一半

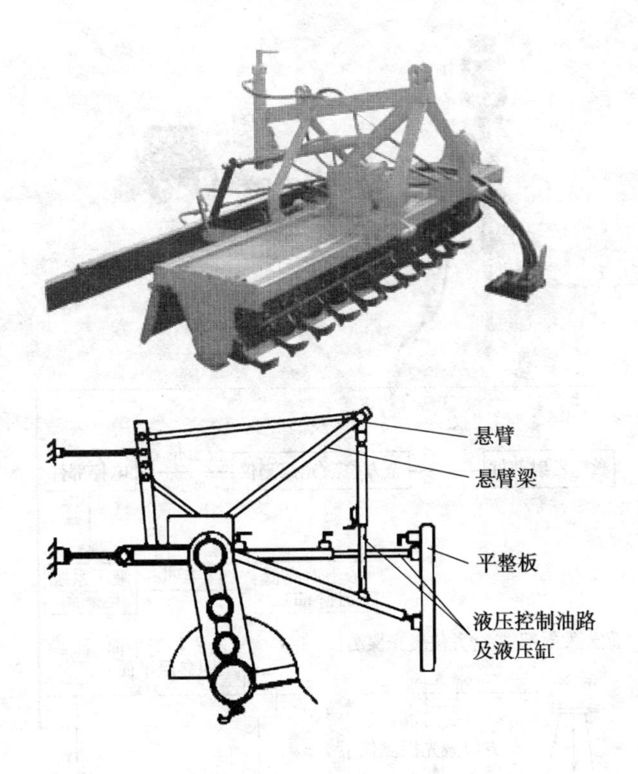

图 2-72　1GSP-200 旋耕复合作业型水田平整机

面积采用激光控制平地后的沟灌、畦灌等节水措施。近年来我国不少地方相继引进了美国激光控制平地设备（图 2-73），国内也自 1995 年始研发成功几种，如 IPJY-6 型激光平地机、lJP-200 型农田激光平地机、1PJY-3.0 型综合激光平地机、1JP-800 型激光控制旋耕平地机等。

用激光控制技术平整田地可以提高田间地面灌溉效率，自平整前的 40%～50%提高到平整后的 70%～80%；并使灌溉水均匀，使农作物从发芽到生长各阶段都能获得所需要的最佳水分，可节约用水 30%～50%；避免肥料流失，肥料利用率从常规田地的 40%～60%提高到 50%～70%；平整大面积田块还可以减少田埂所占面积约

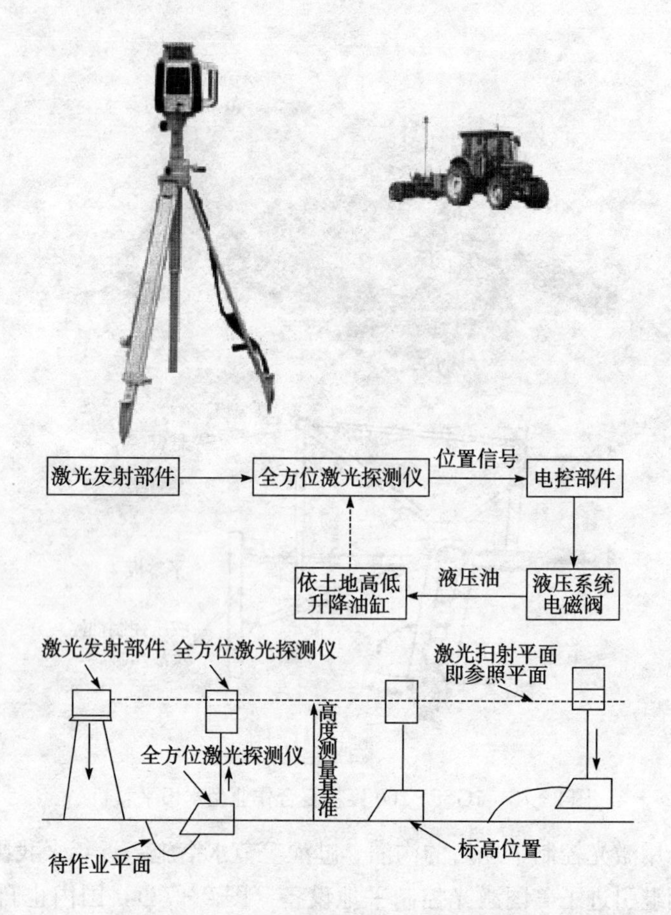

图 2-73　激光控制平地机及其工作原理

5%～9%，充分利用土地；即便是坡地，用激光控制技术精密平整后也能使坡度均匀，减少坡地土壤冲刷。由于综合改善了作物生长环境，从而可提高作物产量，比传统平整田地增产 2%～3%，比未平整田地增产 5%。

激光控制平地系统是由激光发射器、接收器、控制箱、液压阀和铲运机（刮土铲）组成。激光发射器能够发射一束极细的激光，旋转扫描产生有效工作半径最大达 500m 的光束平面，为整个平地现场提供一个恒定的基准平面。此光束平面可以是水平的，也可以与水平面呈一倾角（用于坡地平整土地）。激光接收器是信号接收装置，安装于刮土铲的垂直桅杆上，它的核心是一个光敏元件。平地过程中由它接收发射器发出的激光平面信号，从而检测出刮土铲相对于激光平面的位置偏差，并把这个位置偏差转换成电信号，传递给控制器上的电液伺服机构，电液伺服机构再将这个偏差的电信号转变成液压方向阀、活塞杆、地轮和刮土铲的相应运动，进而不断地消除偏差形成平整地表的过程。其感应和控制的灵敏度及准确性比人工视觉判断和手动操作液压系统高出 10～50 倍，是常规平地方法所望尘莫及的。

但实践表明这种单一的高程控制不大适合于水田使用。因为水田犁底层高低不平，平地机组拖拉机轮胎沉式行走于犁底层，在作业过程中难以保持平地铲左右水平，因而影响到平地效果。激光平地机在水田平整作业中，不但要保证平地铲自动调控高低，而且要保证平地铲自动保持左右水平姿态，使平地铲刃口在工作过程中始终与激光束平面平行。

华南农业大学工学院于 2005 年研制附加倾角传感器的水田激光平地机，采用 36.77kW 水田轮式拖拉机三点悬挂方式联接，平整幅宽设计为 2m。如图 2－74 所示。三点悬挂装置的两个提升杆改用两个双作用油缸 4 和 7 代替，两油缸的动作可分别控制，以实现平地机左右两侧提升和下降的独立控制。控制系统采用激光和倾角联合控制，激光控制器 2 控制平地机的油缸 4 升降，保证平地机按激光束平面基准纵向移动；而倾角传感器 12 对平地机的左右倾斜进行检测，输出信号给水平控制器 10，自动控制油缸 7 伸缩，从而保证平地机左右水平（图 2－75）。在平地铲后增设缺口圆盘耙、直齿耙和滚筒，既可将高出平均高程的泥土推至低处，又可将田面的杂草、残茬等轧入土内，保证了水田平整质量。

2007 年通过广东省鉴定的改进型样机采用乘坐式水稻插秧机底盘，发动机功率 8.83kW，平地铲幅宽可根据田块大小选择，设计有

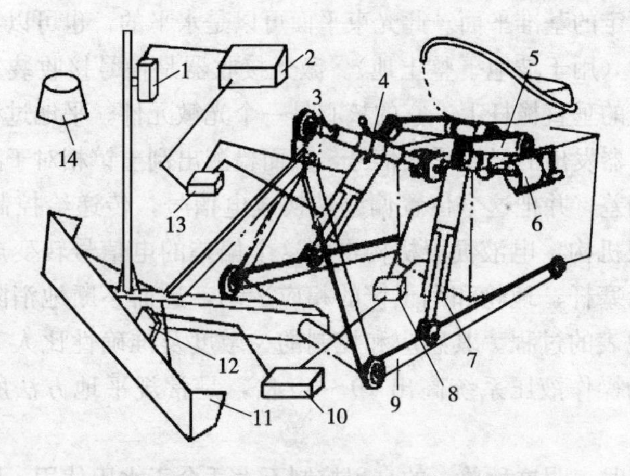

图 2-74　水田激光平地机结构示意图

1. 激光接收器　2. 激光控制器　3. 上拉杆　4. 双作用油缸
5. 提升臂　6. 活塞　7. 双作用油缸　8. 三位四通电磁阀
9. 下拉杆　10. 水平控制器　11. 平地铲　12. 倾角传感器
13. 三位四通电磁阀　14. 激光发射器

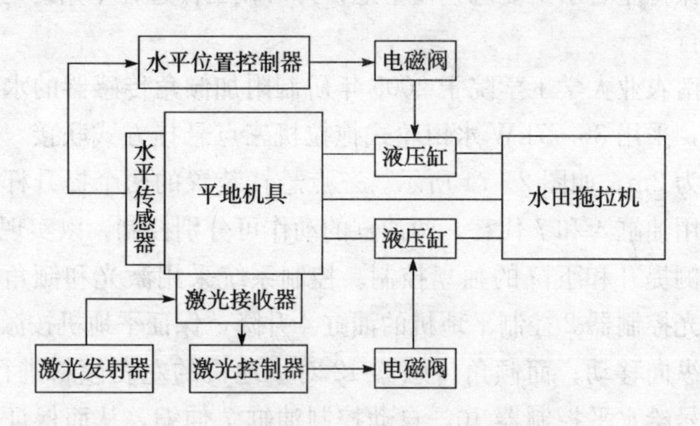

图 2-75　水田激光平地机系统工作原理框图

3m、4m、5m 等多种幅宽的平地铲。采用两个低成本的 MEMS 传感器来检测平地铲实时倾角，均内置于控制器中。所用 MEMS 陀螺仪 ADXRS300，利用测量内部高速振动的质量体受到的科氏加速度来检测平地铲水平倾角变化率。MEMS 加速度计 ADXL203 垂直于平地铲安装，用于检测平地铲水平倾斜角度。二者联合，通过信息融合检测平地铲实时动态倾角，与ARM7内核的微处理器组成高性能低成本的嵌入式平地铲水平控制器，通过液压油缸实现平地铲水平自动控制（图2-76）。

图2-76　附左右水平自控的水田激光平地机作业演示

实施激光控制平地作业的步骤：①在拟平整田块适当位置安装激光发射器，使激光束扫描平面高于田块内任何障碍物，以确保安装于刮土铲垂直桅杆上的接收器能收到光束信号；②采用手持电子测高仪按网格测点完成激光束有效工作半径内田块地形测量，格距一般为5～10m，从而得到田块内各测点处的相对高程；③由所获数据计算出田块的平均相对高程和基准点高程，以求平地作业中的削土量与填土量基本相等；④按基准点高程寻找确定刮土铲刀口在田块中的起始位置，刀口落地后调节并固定桅杆上接收器的高度，使其中心与参照激光平面同位；⑤由起始位置开始，拖拉机牵引的铲运机在田块内往复作业，削高填低，完成田地平整工作。作业完毕后，按原定网格测点作地形复测，评估平地效果。

2.3.6 微型耕作机

微型耕作机是由小型手扶拖拉机演变发展而成的微型多功能农机。其特点是比小型手扶拖拉机体积更小、重量更轻，但配置的发动机功率与小型手扶拖拉机相当，一般在 4.41kW 以下。具有多功能，更换工作部件和配置附加机具可犁耕、旋耕、开沟起垄、铺膜播种、中耕除草培土、抽水喷灌、喷雾施药、割晒、短途运输、发电等，适用于山区、丘陵、果园、菜地、温室大棚和大田高秆作物行间等高陡、低矮或狭小的场所及小块田地作业。

国内市场销售的微型耕作机有很多品牌，有国外、境外进口的，中外合资、合作生产的，国内自行研制开发的，新的品牌还在相继出现。可大体归纳为五种类型。

2.3.6.1 标准型

例如东风国际 6 型万能管理机、山东亚细亚万能管理机、小牛-600S 型中耕机、金狮-61 园艺型多功能手扶拖拉机等。

此类型与小型手扶拖拉机结构类似（图 2-77），主要由风冷柴油或汽油发动机、底盘（包括机架、手把、离合器、变速传动箱、行走轮胎）和旋耕机等部件组成。

2.3.6.2 无轮型

无轮型又称半轴式微耕机。例如 MI-3 型耕耘机、蓝天牌 lDN 多功能微耕机、小牛-600N 中耕机等，其结构比标准型简单。主要由风冷柴油或汽油发动机、机架、变速箱总成、旋耕刀辊或驱动轮、阻力铲等部件组成（图 2-78）。其特点是在驱动方轴上对称安装上旋耕刀辊取代驱动轮，在牵引架上挂接阻力铲即可进行旋耕作业，所以称之为无轮旋耕。进行其他多功能作业时，需卸下旋耕刀辊，装上驱动轮。

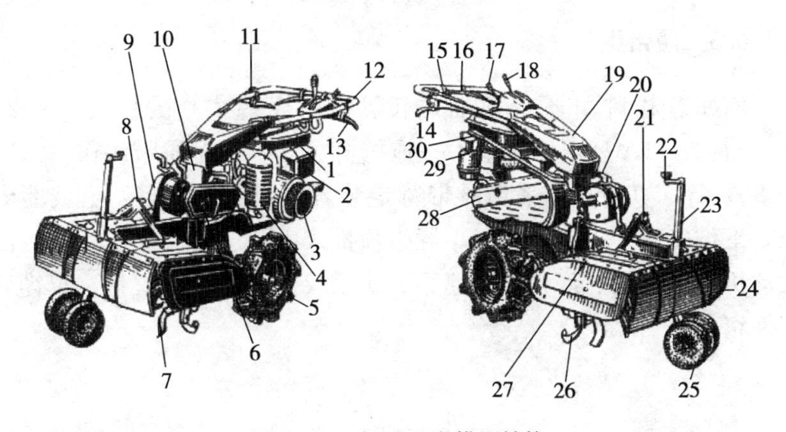

图 2-77　标准型微耕机结构

1. 燃油箱　2. 发动机　3. 手拉起动器　4. 排气管消声器　5. 左右轮胎
6. 链条传动箱　7. 左弯刀　8. 夹紧手柄　9. 旋耕传动箱　10. 底盘变速传动箱
11. 油门手柄　12. 手把　13. 左转向离合器手柄　14. 右转向离合器手柄
15. 上下调整手柄　16. 左右调整手柄　17. 高低速手柄　18. 主离合器操纵手柄
19. 主罩壳　20. 旋耕换向手柄　21. 机罩调整架　22. 尾轮升降手柄　23. 支撑座
24. 橡胶挡板　25. 尾轮　26. 右弯刀　27. 旋耕机罩　28. 皮带传动离合器及罩壳
29. 空气滤清器　30. 变速手柄

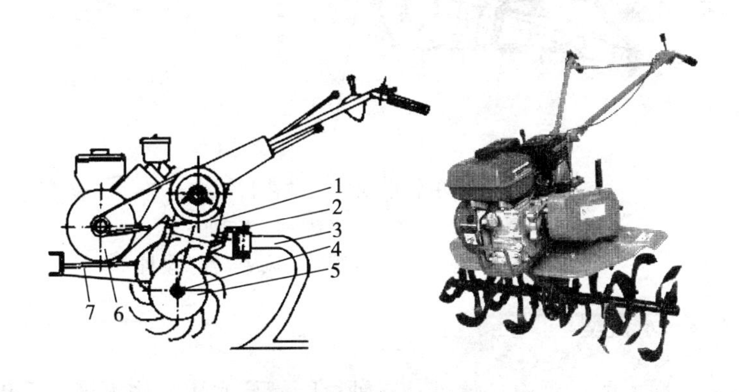

图 2-78　无轮型微耕机

1. 变速箱总成　2. 牵引架　3. 中耕器或阻力铲　4. 驱动方轴
5. 驱动轮或旋耕刀辊　6. 发动机　7. 机架

2.3.6.3 履带型

例如若松牌单履带顶推式（俗称屎壳螂式）微耕机（图2-79）、神农61A型山地微型手扶拖拉机、培禾微型履带耕作机（图2-80）等。其特点是采用履带行走装置，附着性能好，上坡能力强，下坡安全。主要结构以单履带顶推式1GZ-3C微耕机为例，由发动机、离合器、底盘、变速箱、扶手及操纵机构、履带、犁铧等部件组成。

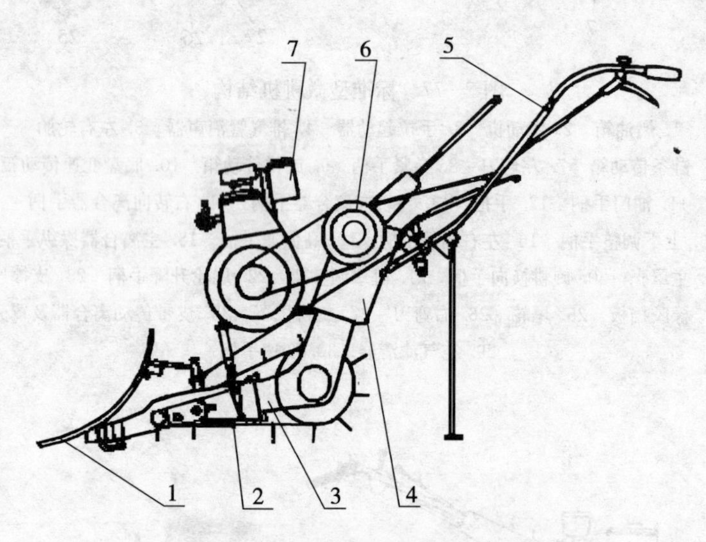

图2-79 单履带顶推型微耕机结构

1. 犁铧 2. 履带 3. 底盘 4. 变速箱
5. 扶手及操纵机构 6. 离合器 7. 风冷柴油发动机

2.3.6.4 水田型

水田型主要有水田耕整机、双轴差距螺旋水田耕作机等。是我国湖南省、四川省的科研、生产、推广部门和农民为适应农村联产承包责任制生产方式而研制生产推广使用的微型水田耕整机械。水田耕整机（图2-81）结构由两部分组成：一是动力行走部分，类同国产插

图 2-80　履带式微耕机

秧机动力头，配用 2.94～4.41kW 风冷柴油机，作用如同拖拉机，产生牵引力；二是农具部分，可换装犁、耙、蒲滚等，在动力头牵引下，对水田土壤起耕翻、耙碎、浪平等作用，适用于泥脚深度浅于 30cm 并保持 6～12cm 水深的水田里作业。

2.3.6.5　无线遥控型

遥控无人驾驶微耕机是无需机手下田驾机，只需在田边地头通过无线遥控器即可操作而完成田间作业的新型耕整地机械。它在很大程度上改善了机手工作条件，减轻了劳动强度。图 2-82 所示遥控无人驾驶微耕机由市售微耕机和遥控装置两部分组成，遥控装置由广西崇左市农机局于 2006 年研制（ZL200620095330.4），不需改变微耕机的原有结构，附加遥控装置，机手即可在 100m 距离内对微耕机的油门大小、传动离合、行驶转向随意操纵。图 2—83 所示遥控履带式微耕机，由陕西东明机械公司 2007 年研制并已产品化（ZL200720004287.0），机手通过遥控器的按键，可在 200m 距离范围内使微耕机依照指令进行左右转弯和旋耕部件的升起、降下动作。尤其适用于果园中枝条低矮的果树间耕整地作业。国内已有几家企业制造同类产品。

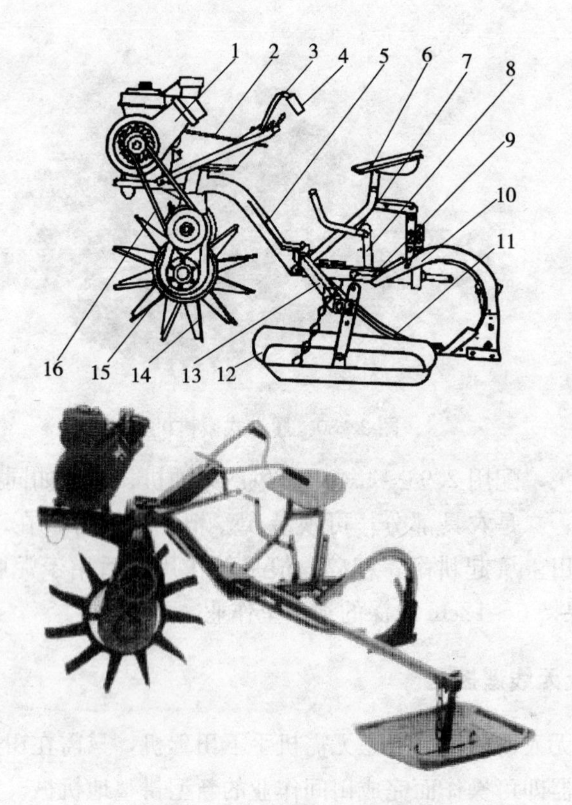

图 2-81　水田耕整机

1. 风冷柴油机　2. 油门拉杆　3. 离合连杆　4. 方向机　5. 牵引架
6. 座位　7. 农具升降杆　8. 升降连杆　9. 牵引杆　10. 犁　11. 小拖板
12. 大拖板　13. 主横梁　14. 驱动轮　15. 减速箱　16. 传动三角带

2.4　秸秆还田耕整地机械化技术

秸秆是成熟农作物茎叶（穗）部分的总称。通常指小麦、水稻、玉米、薯类、油料、棉花、甘蔗和其他农作物在收获籽实后的剩余部分。农作物光合作用的产物有一半以上存在于秸秆中，秸秆富含氮、磷、钾、钙、镁和有机质等，是一种具有多用途的可再生生物资源。

图 2-82　遥控无人驾驶微耕机在水田耕整作业

图 2-83　遥控履带式微耕机

我国对农作物秸秆的利用有悠久的历史，只是由于从前农业生产水平低、产量低，秸秆数量少，秸秆除少量用于垫圈、喂养牲畜，部分用于堆沤肥外，大部分都被用作燃料烧掉了。随着农业生产的发展，我国自 20 世纪 80 年代以来，粮食产量大幅提高，秸秆数量也增多，加之省柴节煤技术的推广，烧煤和使用液化气的普及，使农村中有大量富余的秸秆。同时，科学技术的进步，农业机械化水平的提高，使秸秆的利用由原来的堆沤肥转变为秸秆直接还田。我国的广大农业科技工作者对秸秆还田进行了卓有成效的研究，推出了多种多样的秸秆还田方式方法。

2.4.1 秸秆还田的方式

2.4.1.1 常用秸秆还田的方式

目前农作物秸秆还田有多种形式，可分为5大类：机械化秸秆粉碎直接还田、秸秆覆盖还田、堆沤还田、焚烧还田、过腹还田。

1. 机械化秸秆粉碎直接还田 这种秸秆还田形式，就是把作物收获后的秸秆通过机械化粉碎、耕整地，直接翻压在土壤里。这样能把秸秆的营养物质充分保留在土壤里。土壤微生物在分解作物秸秆时需要一定的氮素，易出现与作物幼苗争夺土壤中速效氮素的现象，甚至出现黄苗、死苗、减产等。因此，在秸秆直接还田时，一般还应适当增施一些氮肥，缺磷的补施磷肥，以促进秸秆腐烂分解，使其尽快转化为有效养分，并避免分解细菌与作物对氮的竞争。

另外，秸秆粉碎细度最好达到10cm以下，以免秸秆过长土壤不实，影响作物出苗与生长。并采取有效的措施杀虫，减轻病虫害。

2. 秸秆覆盖还田 这种方式就是秸秆粉碎后直接覆盖在地表。这样可以减少土壤水分的蒸发，达到保墒的目的，秸秆腐烂后增加土壤有机质。但是这样会给灌溉带来不便，造成水资源浪费，严重影响播种。这种形式适合机械化点播，也比较适宜干旱地区。

3. 堆沤还田 堆沤就是使作物秸秆充分高温腐熟以后施入土壤，堆沤方式有的是通过家畜圈，有的是加上生物菌、水等进行，但是秸秆在腐熟的过程中氮素有一定量的流失。这种形式费工、费时、占地，现在农民利用很少。

4. 焚烧还田 这是最不可取的方式。秸秆经焚烧，有效成分变成废气排入空中，大量能源被浪费，剩下的钾、钙、无机盐及微量元素可以被植物利用，在燃烧过程中可杀死虫卵、病原体及草子。但是焚烧造成资源浪费、环境污染、生态破坏，同时影响交通及百姓生活，已成为一大公害。要坚决采取措施禁止焚烧。

5. 过腹还田　这种形式就是把秸秆作为饲料，在动物腹中经消化吸收一部分营养，像糖类、蛋白质、纤维素等营养物质，其余变成粪便，施入土壤，培肥地力。而秸秆被动物吸收的营养部分有效地转化为肉、奶等，被人们食用，提高了利用率，这种方式最科学，最具有生态性。

目前主推的农作物秸秆还田技术主要是机械化秸秆粉碎直接还田，它是以机械的方式将田间的农作物秸秆直接粉碎并抛洒于地表，随即耕翻入土，使之腐烂分解，从而培肥地力，实现农业增产增收。

2.4.1.2　还田秸秆分解的一般规律

秸秆中有机物质的主要成分是纤维素、半纤维素、木质素、粗蛋白质、油脂、蜡质等（表2-2）。这些有机质进入土壤后，在土壤动物（鼠、昆虫、蚯蚓等）、土壤微生物、风霜雨雪等自然因素以及土壤物理、化学过程的联合作用下，一方面把有机物质中的营养元素释放出来，另一方面转变成组成和结构更加复杂的新的有机物质——腐殖质。

表2-2　成熟植物组织中主要有机物质组成

成　分	占植物组织中的比例（%）
纤维素	20～50
半纤维素	10～30
木质素	10～30
粗蛋白质	1～15
油脂、蜡质等	1～8

秸秆分解是微生物学过程，首先在白霉菌和无芽孢细菌为主的微生物作用下，分解水溶性物质和淀粉等；然后逐步过渡到以芽孢细菌

和纤维分解菌为主的微生物区系，分解蛋白质、果胶类物质和纤维素等；后期在以放线菌和某些真菌为主的微生物作用下，主要分解木质素、单宁和蜡质等难分解的物质。故初期分解迅速，在适宜的条件下，分解强度较大的时期可维持12～45d，然后转入缓慢分解时期。

作物秸秆在土壤中的矿化和腐殖化过程，受土壤物理、化学和生物学性质直接或间接的影响，其中尤以温度和水分最为突出。土壤温度不但影响微生物的区系组成和活性，而且也影响酶的活性，一般田间在7～37℃范围内，不但淀粉和纤维素的分解迅速，而且木质素也开始被氧化。土壤温度过低或过高都会抑制土壤中微生物的活动与酶的活性。在20～30℃时植物残体分解最快，低于10℃分解较弱，到5℃时则基本上不分解。温度对秸秆前期分解的影响比水分明显。

2.4.1.3 秸秆还田的好处

（1）增加土壤有机质，增肥地力，促进作物增产 据1980年代全国土壤普查901个县的统计，全国肥沃高产田仅占22.6%，中低产田占77.4%。从养分角度看，普遍缺氮、缺磷土壤占59.1%，缺钾土壤占22.9%，土壤有机质低于0.65%的耕地占10.6%。加之我国化肥生产氮、磷、钾比例严重失调，我国北方土壤缺磷，南方土壤缺钾的现象十分严重，磷钾供应不足明显降低了氮肥肥效。实践证明秸秆还田能有效增加土壤有机质含量，改良土壤，培肥地力，特别对缓解我国氮、磷、钾比例失调的矛盾，弥补磷、钾化肥不足有十分重要意义。秸秆中含有氮、磷、钾、镁、钙及硫等元素，这些正是农作物生长所必需的营养元素。据测定，秸秆中有机质含量平均为15%左右，每亩土地玉米摘穗后残留的秸秆平均以678kg计（2009年江苏省统计），全量还田后相当于增施碳氨10.17kg、过磷酸钙5.42kg、硫酸钾4.15kg；1吨稻麦秸秆还田后相当于增施尿素12.8 kg、过磷酸钙12.2 kg、硫酸钾44.6kg。据有关资料统计，目前我国每年生产秸秆6亿多t，其中含氮300多万t，含磷70多万t，含钾700多万t，相当于我国目前化肥施用总量的四分之一以上。可见农作物秸秆是一笔巨大的财富，付之一炬真是资源的极大浪费。

作物秸秆的成分主要是纤维素、半纤维素和一定数量的木质素、蛋白质和糖。这些物质经过发酵、腐解、分解转化为土壤重要组成成分——有机质。有机质是衡量土壤肥力的重要指标。因为土壤有机质不仅是植物主要和次要营养元素的来源，还决定着土壤结构性、土壤耕性、土壤代换性和土壤缓冲性，以及在防治土壤侵蚀、增加透水性和提高水分利用率等方面皆具有重要的作用。为土壤微生物的生长繁殖提供了丰富的营养和能量，使微生物数量猛增，在高肥土上约增加50%，在瘦土上更明显约增加 2 倍。由于土壤中微生物数量的增加，土壤的呼吸强度亦大大增加，在肥沃土壤上秸秆还田后 CO_2 释放量增加 8.3%～43.7%，在瘦瘠土壤上增加 81.51%～17.8%。秸秆还田也提高了土壤的酶活性，碱性磷酸酶、转化酶、脲酶、过氧化氢酶都有不同程度的增加。也就是说，土壤有机质含量越高，土壤越肥沃，耕性越好，丰产性能越持久。秸秆还田就是增加土壤有机质最为有效的措施。从黑龙江垦区国营农场获得的资料表明 ，由于长期连续秸秆还田 ，有效地遏制了土壤有机质的继续下降，并有逐渐回 L 的明显趋势，平均年增加量达 0.02%～0.04% 。特别是麦秸还田后土壤中的细菌数量增加了 16 倍；纤维分解菌提高 8.5 倍；放线菌提高 3.6 倍；真菌提高 2.7 倍。微生物数量增加，活动增强，加速了土壤有机质的分解转化，使土壤供肥能力得到加强。

(2)改善了土壤理化性状，使土壤耕性变好 土壤微生物在整个农业生态系统中具有分解土壤有机质和净化土壤的作用。秸秆还田给土壤微生物增添了大量能源物质，各类微生物数量和酶活性也相应增加；据研究实行秸秆还田可增加微生物 18.9%，接触酶活性可增加 33%，转化酶活性可增加 47%，尿酶活性可增加 17%。这就加速了对土壤有机质的分解和矿物质养分的转化，使土壤中氮、磷、钾元素增加，土壤养分的有效性有所提高。秸秆还田可使土壤容重降低，土质疏松，通气性提高，犁耕比阻减小，土壤结构明显改善。

经微生物分解转化后产生的纤维素、木质素、多糖和腐植酸等黑色胶体物具有黏结土粒的能力，同黏土矿物形成有机、无机复合体，促进土壤形成团粒结构，使土壤容重减轻，增加土壤中水、肥、气、热的协调能力，提高土壤保水、保肥、供肥的能力，改善土壤理化性状。试验表明，经两年秸秆还田后土壤有机质提高 0.1%～0.27%，容重下降 0.032 0～0.062g/cm³，土壤总孔隙度增加 1.25%～2.04%，土壤水分增加 1.1%～3.9%。全氮、速效磷虽然略有提高，分别提高 0.002%～0.009%和 0.4～5.3mg/kg，但是速效钾提高很大，增加8.3～105.1mg/kg，平均比不还田处理提高 38.8mg/kg，相当于一亩地多施 5.8kg 钾（相当于一亩地多施 10.9kg 氯化钾）。秸秆钾很容易分解释放并被作物吸收利用，所以秸秆还田对改良土壤、平衡土壤养分，特别对补充土壤钾素的不足有重要意义。

表 2-3 为江苏 17 个县市秸秆直接还田 3 年后，土壤理化性状的改善情况，其中增幅最大的是速效钾，而钾素对提高稻麦产量和改善品质的影响极大。

表 2-3　江苏 17 个县市秸秆直接还田 3 年后土壤理化性状的变化

	土壤有机质 (g/kg)	pH 值	容重 (g/cm³)	全氮 (g/kg)	碱解氮 (mg/kg)	有效磷 (mg/kg)	速效钾 (mg/kg)
还田前	18.7	7.15	1.22	1.29	110.2	7.4	79.5
还田 3 年后	19.6	7.04	1.17	1.35	115.3	8.2	90.2
增幅%	4.6	−1.5	−4.1	4.7	4.6	11.2	13.5

来源：徐顺年，江苏农作物秸秆机械化还田探索与实践，“首届农村废弃物及可再生能源开发利用技术装备发展论坛”论文集，2010 年

由于土壤物理性质得到改善，土壤水、肥、气、热四性得以很好的协调，渗水能力增强，保墒性能增加，抗旱抗涝的能力都得到很大提高；且有利于提高土壤温度，促进土壤中微生物的活动和养分的分解利用，有利于作物根系的生长发育，促进了根系的吸收活动。农民群众总结为“秸秆还田后，土头松，保水强，铲趟得心应手”。

（3）增加产量，降低成本，减少化肥使用量　农业发达国家都

很重视施肥结构，如美国农业化肥的使用量一直控制在施肥总量的三分之一以内，加拿大、美国大部分玉米、小麦的秸秆都还田，来自化肥的仅占23%～24%。这说明即使使用化肥，土壤有机物对作物生长仍是最主要的。所以，秸秆还田是弥补长期使用化肥缺陷的极好办法。

据试验调查，秸秆还田后第一季作物平均增产5%～10%，第二季后作物平均增产5%。表2～3为江苏省秸秆不同还田量时，小麦、大麦、水稻的产量增加情况。农业科研单位试验表明，在秸秆还田的地块上施用化肥，可较好地发挥化肥的肥效，可提高氮肥利用率15%～20%，磷肥利用率可提高30%左右，农田化肥使用量得以减少，生产成本得以降低。

表2-4　秸秆不同还田量与产量构成

还田方式	亩秸秆鲜重（kg）		亩产量（kg）		
	麦秸	稻秸	大麦	小麦	水稻
不还田	0	0	206.1	406.3	544.8
半量还田	300	500	233.0	422.6	565.0
全量还田	600	1 000	247.5	431.5	571.0

来源：徐顺年，江苏农作物秸秆机械化还田探索与实践，“首届农村废弃物及可再生能源开发利用技术装备发展论坛”论文集，2010年

（4）秸秆覆盖还田可减少杂草的生长，抗旱保墒　秸秆盖田可减少杂草的生长，解决杂草与作物争夺养分的矛盾；这样还可以减少土壤水分的蒸发，达到保墒的目的。有试验表明，地表覆盖秸秆，冬天5cm地温提高0.5～0.2℃，夏天高温季节降低25～35℃，土壤水分提高32%～45%，杂草减少40.6%～24.9%。

这种方式就是把秸秆粉碎后直接覆盖在地表，腐烂后增加土壤有机质。但是这样会给灌溉带来不便，造成水资源的浪费，严重影响播种。这种形式适合机械化点播，也比较适宜干旱地区。

（5）改善农业生态环境，避免秸秆焚烧，污染环境　农作物秸秆经焚烧，有效成分变成废气排入空中，大量能源被浪费，且污染环

境（图 2-84）。环境部门监测表明，农作物秸秆焚烧的烟雾中含有大量的一氧化碳、二氧化碳、氮氧化物、光化学氧化剂和悬浮颗粒等物质，严重地段空气中悬浮颗粒浓度是全年均值的 7 倍以上，二氧化碳浓度是全年均值的 9 倍以上。造成污染空气、影响交通、土壤表层焦化、影响农业生态环境等，有时还引起火灾。如果机场周围出现焚烧，还有可能会造成飞机停飞，不能起降。而农作物秸秆还田即可避免上述不利影响。

图 2-84　农田秸秆焚烧现场

我国每年秸秆产量 6 亿多吨，秸秆数量大、种类多、分布广。近年来，在国家有关部门和地方政府积极推动和支持下，秸秆综合利用取得了显著成果，在一定程度上减少了秸秆焚烧现象。国务院办公厅 2008 年下发了《国务院办公厅关于加快推进农作物秸秆综合利用的意见》，提出“力争到 2015 年，基本建立秸秆收集体系，基本形成布局合理、多元利用的秸秆综合利用产业化格局，秸秆综合利用率超过 80%”的目标。加快推进秸秆综合利用，对缓解资源约束，减轻环境压力，发展循环经济，促进农民增收，应对气候变化等都具有十分重要的意义。

专家认为，秸秆焚烧后，会造成土壤结构的破坏，造成微生物种群结构的改变和活性的降低。在农田生态系统中，秸秆是生态系统的一部分，应该把秸秆还回到农田里，以维持生态系统的平衡。

2.4.2　秸秆机械化粉碎直接还田工艺

所有的农作物秸秆均可还田，工艺方式也很多。本书介绍稻油（麦）轮作机械化技术，下面仅介绍小麦、水稻、油菜的秸秆还田工艺。玉米等其他农作物秸秆的还田工艺，现有书籍资料介绍的很多，不再赘述。

2.4.2.1　麦秸秆的机械粉碎直接还田工艺路线

小麦为我国的主要粮食作物之一，麦秸量很大。小麦秸秆含有大量的有机质、氮、磷、钾和微量元素，是农业生产重要的有机肥源。其中N为0.59%～0.65%（占干物重的%，下同）、P为0.064%～0.078%、K为0.96%～1.08%、S为0.123%、C/N值为62～71。因此，小麦秸秆还田，是一项培肥地力的有效措施。研究表明，随麦秸还田年份的增加，土壤速效氮、磷、钾含量亦逐步增加。

小麦后茬一般为水稻，具体还田工艺路线如下：

工艺1：铧式犁旱耕整地工艺路线。联合收割机收获小麦，秸秆经切碎装置切碎、抛撒田间→撒施基肥→铧式犁深耕晒垡→放水泡田→耙田平整→水稻机插秧。

工艺2：旋耕机旱耕整地工艺路线。联合收割机收获小麦，秸秆经切碎装置切碎、抛撒田间→撒施基肥→旋耕埋草等复式作业机作业→放水泡田→耙田平整→水稻机插秧。

工艺3：麦秸秆机械化还田集成水稻机插秧技术路线。方式很多，主要作业流程如图2-85。

1. 各类麦秸全量还田与水稻机插秧集成工艺路线

（1）全喂入收割、水田埋茬、秸秆全量还田与水稻机插秧集成技术路线　全喂入联合收割机收割小麦，出草口加装秸秆切碎装置，切碎长度5～10cm，留茬高度15～20cm→撒施基肥→放水泡田→作

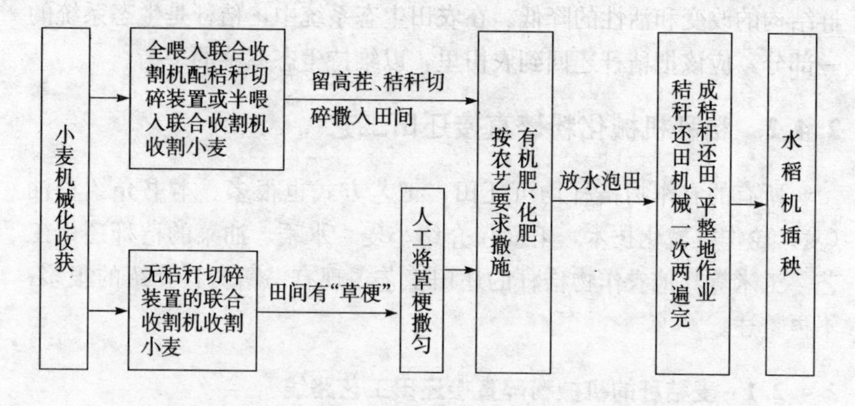

图 2-85　麦秸秆机械化还田水稻机插秧集成技术流程示意图

业一次两遍水耕还田（水田秸秆还田机）→沉实→机插秧。

（2）半喂入收割、水田埋茬、秸秆全量还田与水稻机插秧集成技术路线　半喂入联合收割机收割小麦，开启秸秆切碎装置，切碎长度5～10cm，留茬高度 10cm 以下→撒施基肥→放水泡田→作业一次两遍水耕还田（水田秸秆还田机）→沉实→机插秧。

（3）全喂入收割、旱田旋耕灭茬、秸秆全量还田与水稻机插秧集成技术路线　全喂入联合收割机收割小麦，出草口加装秸秆切碎装置，切碎长度 5～10cm，留茬高度 15～20cm→撒施基肥→旱旋耕灭茬还田→泡田整地→机插秧。

（4）半喂入收割、旱田旋耕灭茬、秸秆全量还田与水稻机插秧集成技术路线　半喂入联合收割机收割小麦，开启秸秆切碎装置，切碎长度 5～10cm，留茬高度 10cm 以下→撒施基肥→旱旋耕灭茬还田→泡田整地→机插秧。

2. 小麦秸秆还田应注意的技术问题　麦秸还田的核心技术就是采用各种秸秆还田机械将秸秆直接还入大田中，使秸秆在土壤中腐烂分解为有机肥，以改善土壤团粒结构和保水、吸水、黏接、透气、保温等理化性状，增加土壤肥力和有机质含量，使大量废弃的秸秆变废为宝。

(1) 秸秆的处理　小麦秸秆还田方式主要有自带秸秆切碎装置的半喂入联合收割机和另配置秸秆粉碎机的全喂入联合收割机收割作业两种。用联合收获机收小麦时，一般麦茬高度不超过 25cm，高留茬不超过 35cm，机械铺放整秸秆或抛撒碎秸秆要均匀，要保证粉碎质量，粉碎的秸秆越细越好，要求长度不超过 10cm 的秸秆应占秸秆总量的 85%以上，一般以 5cm 为宜，最长不超过 15cm。

对还田的麦秸秆应适时翻压覆盖，后茬为水稻时，补施氮肥后，要立即旋耕或耙地灭茬，使秸秆均匀分布在 10cm 的耕层内。使用水田旋耕埋草机和水田埋草驱动耙在水田进行埋草作业时，需用慢速和中速按纵向和横向作业两遍，即可达到插秧前的整地要求。

华北地区后茬为玉米，旱作。麦秸直接翻压还田，一般在 6 月上中旬进行，麦收后随即将麦秸切碎，均匀撒开，施肥翻耕整地播种。华北地区麦秸不同翻压深度的试验表明，翻压深度大于 20cm，或将秸秆耙匀于 20cm 耕层中，对玉米苗期的生长影响不大，翻压深度小于 20cm，则对苗期生长不利。

(2) 增施氮肥　通常秸秆的碳氮比为 65～85∶1，而土壤微生物分解有机物需要的碳氮比为 25～30∶1，微生物在分解作物秸秆时，需要吸收一定的氮营养自身，如不增施氮肥，微生物分解秸秆时必然会与作物争夺土壤中的氮素与水分，影响苗期正常生长。加之我国土壤普遍缺氮，磷钾也较缺乏，所以秸秆还田时一定要补充氮素，适量施用磷钾肥。

在水田条件下，土壤氮固定的临界含量为 0.54%。实施还秸秆田后，需补充氮量=还田秸秆量×（0.54%－秸秆含氮量）。由于麦含氮秸秆量在 0.5%左右，在水稻生长过程中不会出现严重的缺氮症状。但为了加速还田的腐秸秆解，提高当年的还田效果，在还田作业时结合测土施肥，基肥中适当增施 10%的氮肥，以补充秸秆分解、腐烂时微生物活动消耗过多的氮素，满足秸秆分解、腐烂的养分需求。

秸秆还田时调节 C/N 比值对氮肥品种有选择。试验表明，无论旱田或水田进行秸秆还田时，以选择铵态氮或尿素氮肥为好。并且最理想的施入位置是直接施在秸秆有机残体上。因此，可以将氮肥溶液喷洒在已抛撒地表的秸秆表面上，然后进行还田后的机械作业。

（3）及时放水泡田 施好基肥后立即放水泡田，浸泡时间以泡软、泡透秸秆土壤耕作层为准。未耕的旱地应先灌水泡田 12h，待土壤松软后再作业；若是已翻耕的土地，泡水后便可作业。田面水深以 3～5cm 为宜，3～5d 后待秸秆软化后再移栽秧苗。

麦秸秆一般在放水浸泡 12h 后基本软化，软化后的秸秆易于和泥浆搅拌均匀，浸足水分软化后的秸秆一般不会直立于田间或漂浮在水面。土壤耕作层泡透的时间视土壤物理性状而定，土壤酥软、团粒结构好，透水性强的土壤易于泡透；土壤板结、团粒结构差，透水性弱的土壤难于泡透。一般沙、壤土浸泡 24h 左右，黏土田块浸泡 36～48h 左右，即在还田作业前 1～2d 上水泡田。

水田浸水深度以 3～5cm 为宜，灌水过浅，达不到理想的埋草和整地质量；灌水过深，则影响埋草和覆盖的效果。要严格控制水层，以还田作业时水层田面高处见墩、低处有水，作业不起浪为准；水层过深，浮草增多，作业时水浪冲击过强，影响秸秆掩埋效果，耕整平整度差；水层过浅，土壤耕作层泡不透，秸秆泡不软，作业后田面不平整、不起浆。

据有关试验观察，麦秸秆上水后第 5d，呈灰褐色，浸出水混浊，开始腐烂；第 10d 田间气泡增多，水面发油花；第 15d 大量冒泡，臭味明显；第 25d 气泡减少，水层清晰，腐烂基本结束。

（4）水稻秧苗移栽后管理要点 与秸秆不还田的机插水稻管理基本一致。栽插水稻秧苗后，水深不宜超过 5cm。秧苗返青后立即采用浅水勤灌的湿润灌溉法，使后水不见前水，以便土壤气体交换和释放有害气体，采取合理的肥水运筹措施，优化还田机插稻的群体质量。

2.4.2.2　稻秸秆的机械粉碎直接还田工艺路线

水稻从土壤吸收的养分中，留在秸秆中的比例大概是氮 30%、磷 20%、钾 80%、钙 90%、镁 50%、硅 80%以上，也就是说稻草中所含的养分较高，特别是钾和硅的含量高。氧化钾为 1.13%～3.66%，平均 1.83%；二氧化硅为 5.3%～15.0%，平均 11.0%左右，并且稻草易于腐烂，因此说稻草还田是水田最有效的培肥增产方式。

工艺 1：全喂入联合收割机出草口加装秸秆切碎机，水稻机收的同时进行秸秆切碎抛撒→施基肥（注意增施氮肥）→秸秆还田粉碎机或反旋耕灭茬机（深旋耕）作业→少（免）耕机播小麦→开沟。

工艺 2：半喂入联合收割机启用秸秆切碎装置，水稻机收的同时进行秸秆切碎抛撒→施基肥（注意增施氮肥）→秸秆还田粉碎机或反旋耕灭茬机（深旋耕）作业→少（免）耕机播小麦→开沟。

工艺 3：联合收割机收获，秸秆切碎抛撒作业→反旋灭茬还田施肥播种复式作业机作业，条播小麦。

工艺 4：机械收获水稻，机械粉碎秸秆抛撒在田中→补施与秸秆等量的畜肥→灌水泡田→补施氮、磷肥→反转旋耕灭茬机或水田旋耕埋草机或水田驱动耙等水田埋草耕整机具进行埋草整地作业→栽插水稻或播种水稻。

该技术适宜双季稻或多季稻产区。水稻秸秆还田时田面水深以 3～5cm 为宜，过浅达不到理想的埋草和整地质量，过深则影响埋草和覆盖效果。

工艺 5：条耕稻秸秆保护性还田技术：机械收获水稻，秸秆全量还田→秸秆条切条播条耕深施肥复合作业机作业，条播小麦。

该方法只在耕作区内进行条耕，以保证小麦种子的发芽和根系发展，非耕作区水稻秸秆露地越冬。是一种新型的农田保护性少免耕技术，目前尚在试验推广中。

稻秸秆还田应注意的技术问题：

（1）秸秆处理 联合收割机作业，留茬高度应控制在 10～30cm，秸秆切碎长度 5～10cm。水稻秸秆还田宜采用带切草装置的半喂入联合收割机作业，全喂入联合收割机需在除草口加装秸秆切碎装置。已切碎的秸秆应在田间铺撒均匀。无秸秆切碎装置的收割机作业后，需人工在田间把秸秆均匀撒开。

（2）增施氮肥 土壤微生物在分解作物秸秆时，需要一定的氮素，易出现与作物幼苗争夺土壤中速效氮素的现象。因此，应适当使用一些氮素肥料，降低秸秆的碳氮比，以有利于微生物的活动和有机质的分解，同时也解决了微生物与作物争氮的矛盾。氮平衡理论值计算调氮量为：补充氮量（kg/hm^2）＝还田秸秆量×（1.7％－秸秆含氮量％）。一般 100kg 秸秆加 10kg 碳酸氢铵或 3.5kg 尿素即可。对于缺磷的土壤，还应适当补施磷肥。补施的氮肥被微生物利用后仍保存在土壤里，其利用率比施在未还田的耕地里要高，可以避免苗期缺氮发黄。其他的肥料按常规施用。

（3）足墒还田 秸秆分解依靠的是土壤中的微生物，而微生物生存繁殖要有合适的土壤墒情。若土壤过干，会严重影响土壤微生物的繁殖，减缓秸秆分解的速度。秸秆腐解的最适宜的湿度是饱和持水量的 60％～80％，因此，在秸秆还田后要及时浇水补充墒情。这样做还可以使土壤与种子接触紧密，正常发芽，避免小麦扎根不牢，甚至出现吊根等缺陷。

（4）及时耕翻 一般掩埋 10～25cm 为好，使秸秆残体分散均匀与土壤充分混合，微生物活动分解旺盛，有利于秸秆加快分解腐熟。留茬较高、秸秆还田量多时要尽量增加旋耕深度。

2.4.2.3 油菜秸秆的机械粉碎直接还田工艺路线

油菜秸秆含有大量的营养元素和丰富的有机质，还田后可以为农作物提供较多的氮、磷、钾、硅等营养元素，新鲜的油菜秸秆含氮 0.46％、五氧化二磷 0.12％、氧化钾 0.35％；风干后的油菜秸秆含氮 2.52％、五氧化二磷 1.53％、氧化钾 2.57％。油菜秸秆还田能改良土壤，培肥地力，增加土壤有机质，释放出氮、磷、钾等养分，还能改善土壤理化性状，提高土壤生物活性。试验表明，连续三年秸秆还田的田块，土壤有机质可提高 0.2%以上，土壤容重降低 0.1g/cm³ 以上，土壤速效钾提高 10mg/kg 以上，显著地改善了土壤结构，地力明显提高。可使水稻前期生长出现早发稳长，中期清秀健壮，后期不早衰，增强作物抗性，减轻病害发生，水稻产量明显提高，同时又降低了生产成本，经济效益显著。

工艺 1：油菜联合收割机尾部加装秸秆粉碎装置，机收油菜、秸秆粉碎、均匀抛撒田间→撒施基肥→旱旋耕灭茬还田→放水泡田→整地→水稻机插秧。

工艺 2：人工收获油菜后，将秸秆用铡刀铡成长 10～20cm 长的短节，均匀撒入田间，油菜夹壳可直接撒入农田；或用秸秆粉碎机（秸秆还田机）等将秸秆粉碎后撒入田面→撒施基肥→旱旋耕灭茬还田→放水泡田→整地→水稻机插秧。

工艺 3：沟式直接还田。油菜收获后，将秸秆连根拔起或从基部割倒，顺放于沟中，在秸秆上均匀撒施一层碳铵（每亩 30～40kg），将土翻压在上面→灌水浸泡 7d 左右→翻耕整地、注意不耕沟→水稻机插秧。

油菜秸秆还田应注意的技术问题：

（1）秸秆处理　采用油菜联合收割机收获油菜籽的，在收割机尾部加装秸秆粉碎装置，油菜秸秆粉碎长度 8cm 左右，均匀地抛洒在地里；人工收获油菜的，将秸秆切碎（长度 10～20cm）后均匀撒入田间；撒施基肥（补施氮肥）后，接着使用秸秆还田等复式作业机进行旋耕埋茬作业，将秸秆碎屑深埋地下。耕深过浅不易将油菜秸秆埋入，影响埋覆率，一般耕深以 15～17cm 为好。为避免漏耕，宜旋耕 2 遍，第 2 遍按一般的“绕行法”耕作即可。

人工收割脱粒留下的油菜果荚壳，因其养分含量更高，且易于腐烂，可直接撒入农田，或在秧田中施用，利于透气，促进秧苗根系生长。在经济作物地施用，效果亦很好。

(2) 增施氮肥 根据油菜秸秆的特性，还田时一般在亩施复合肥 20kg 的基础上增施碳铵 15～20kg 作底肥，使秸秆加快腐烂，防止土壤碳氮比失调，引起生物夺氮而造成水稻前期幼苗缺氮，确保幼苗前期早发稳长。同时要配施少量磷肥和钾肥，用于提高培肥效果。

(3) 科学管水 油菜秸秆还田技术主要适宜油菜－水稻、棉花轮作等种植模式。机械旋耕埋茬结束后，田间放浅水浸泡 7d 左右（也有资料介绍泡 12～15d），再平整田块，机插秧。要尽可能做到不放水出田，以减少肥水流失。因为秸秆翻压水田后，秸秆中的钾素很快随水释出，因此要加强肥水管理，防止养分流失。

2.4.3 秸秆还田耕作机械

将农作物秸秆还田可培肥地力、改善土壤理化性状、优化农业生态环境，同时也是实现有机农业和可持续发展农业的重要保证。因此，在国外秸秆还田技术已得到普遍应用，许多发达国家把机械化秸秆直接还田与化肥应用相结合，作为培肥地力的重要措施。欧美等发达国家从 20 世纪 30 年代就开始进行旱地秸秆还田机的研究，在实践中已经取得了很好的效果。据美国农业部统计，美国每年生产作物秸秆 4.5 亿 t，占整个美国有机残物生产量的 70.4%，秸秆还田量占秸秆生产量的 68%。英国秸秆直接还田量则占其秸秆生产总量的 73%。

国外在机械化秸秆还田技术的研制和生产方面起步较早，发展很快，尤其是意大利、美国、英国、德国、法国、丹麦、日本、西班牙等发达国家，在该领域处于领先地位。意大利的公司开发的品种很多，各类机具能满足不同作物残留秸秆的粉碎还田，同类机具换装不同的工作部件可以对牧草、玉米秸秆、水稻秸秆、小麦秸秆、甜菜、灌木丛残留物进行切碎，配套动力 26～132kW，工作幅宽 1.2～6m，高速回转锤片刀轴转速为 1 950r/min，机具制造质量好，可靠耐用。英国在 80 年代初在收获机上对秸秆进行粉碎，并采用犁或耙进行深埋；日本采用的是在半喂入联合收割机后面加装切草装置，切碎后的茎秆一般为 10cm 左右，一次就能完成收获和秸秆粉碎。

我国机械化秸秆还田技术开始于20世纪80年代，是以机械粉碎、破茬、深耕和耙压等机械化作业为主，将玉米、小麦、水稻、油菜等农作物秸秆在田间就地粉碎后翻耕入土，使其腐烂分解，达到大面积培肥地力的一项农机化适用技术。一般采用的技术是：联合收割机收割作物的同时将秸秆切碎后均匀撒布田间，半喂入联合收割机启动秸秆切碎装置，无切碎装置的全喂入联合收割机须在出草口加装秸秆切碎装置；而后采用秸秆还田机、灭茬机、复式作业机等进行埋草等后续作业，为下茬作物整好田地。

2.4.3.1　配全喂入联合收割机的秸秆切碎装置（秸秆切碎机）

无秸秆切碎装置的全喂入联合收割机收割后的秸秆呈条状紊乱堆在田间，十分不利于后续的秸秆还田等机械作业，因此，必须在其出草口加装秸秆切碎装置，将秸秆切碎后均匀撒布于田间。

图2-86　配联合收割机的秸秆切碎装置

秸秆切碎装置安装在收割机逐稿器的后下方，一般由滑草板、切碎刀轴和动刀、定刀、扩散板、机架等组成（图2-86）。动刀片为甩刀式，铰接在刀轴上，呈螺旋线排列；动刀片两边都有刀口，磨钝后可换边使用。定刀片固定在定刀座上；定刀座的固定位置有长槽可进行调整，以改变与动刀的重叠量。扩散板为左右对称的曲面导流片，其导向角度可进行小量调整。动力取自收割机发动机，用皮带传入驱动刀轴高速旋转，其转动方向与联合收割机的行走方向一致。动刀片分为直刀型和弯刀型，直刀型可切碎所有农作物秸秆、主要用于切碎水稻等柔性秸秆；而弯刀型只可粉碎油菜、玉米、大豆等硬质秸秆，切碎水稻等其他软质秸秆效果比较差。

工作原理：被逐稿器抛出的秸秆经滑草板落在高速旋转的刀轴上。动刀片把秸秆带至定刀片间隙处进行切割，将秸秆切成碎段。切碎后的秸秆在离心力的作用下沿扩散板抛出，均匀铺撒在地面上。调整扩散板的角度可以改变铺撒幅宽。调节动、定刀片的重叠量可调节切碎长度。

主要技术参数：刀片数量 20～30 把，刀轴转速 2 400～3 000r/min，切碎长度≤10cm。

这种秸秆切碎装置工作时为有支承切割，而且秸秆喂入均匀，因此在秸秆含水量合适的条件下，切碎质量好，动力消耗也较小。切碎装置的切碎质量和所需功率与作物的产量、成熟程度以及秸秆中含杂草的多少等有关。如当小麦的成熟度高、秸秆含水量低又无杂草的情况下，功率消耗约为 5kW，而且切得碎，撒得匀。当杂草多、小麦成熟度差时，功率可达 10kW 以上，甚至更高，而且切碎质量大大恶化。因此，为了保证秸秆切碎和铺撒的质量，提高联合收割机的收获效率，应尽量在小麦成熟度适宜时进行收割。使用中还应特别注意保持动、定刀片刃口的锋利，否则也会降低切碎质量和增加动力消耗。

2.4.3.2 秸秆还田机

秸秆还田机就是利用拖拉机动力输出轴取得动力，通过传动系统驱动高速旋转的粉碎刀具部件，对田间农作物秸秆进行直接粉碎并还田的作业机具。机具结构按部件作用可分为传动部件、工作部件和辅助部件三大部分。目前，我国的秸秆还田机主要是通过对广泛使用的系列旋耕机进行结构改进而来，改变内容主要是：①在刀片的结构、大小和排列上的改变。②在机具结构及传动路线、方式上发生部分或根本性的改变。由此衍变得到的机具再整合其他各种机具的作业功能，形成复式或多功能作业特点，由此形成各种各样的、各具特色的、具备各种功能和作业特点的多型号多品种秸秆还田机具（复式作业机具）。

秸秆还田机大致可分类如下：①按田块特性分类：分为水田、旱田和水旱两用秸秆还田机。②按机具结构特点分类：分为双轴型和单轴型秸秆还田机。③按刀轴旋转方向分类：分为反转机型和正转机型。④按适于农作物秸秆分类：分为稻麦秸秆还田机、玉米秸秆还田机、其他作物秸秆还田机。稻麦秸秆还田机又细分为：a. 旱田埋茬（草）耕整机，又称反转灭茬机；b. 水田埋茬（草）耕整机；c. 多功能复式作业秸秆还田机；d. 双轴水田埋茬耕整机；⑤按机具功能多样性分类：分为单一功能秸秆还田机、多功能复式作业秸秆还田机。

目前，我国秸秆还田机的机型多种多样，常用作稻油（麦）轮作的还田机具如下。

1. 旱田秸秆还田机　旱田秸秆还田机主要用于水稻、小麦、玉米收获后的旋耕、灭茬、整地作业，以满足小麦、油菜等作物播种、移栽等种植要求。

1）旱田埋茬（草）耕整机（反转机型）　反转机型即刀轴旋转方向与普通旋耕机刀轴旋向相反。主要由中间齿轮箱、侧边齿轮箱（或链条箱）、刀辊、挡草栅、机架及悬挂架、万向节传动轴、机罩等组成（图 2－87）。挡草栅条由弹性钢条弯曲成型，间距一般为60～80mm。

工作原理：反转埋茬。拖拉机输出动力经万向节传动轴传至中间齿轮箱，经一对锥齿轮减速换向后，由传动轴传至侧边传动箱，再传至刀辊，刀辊反向旋转，其上的旋耕刀向上掘起秸秆残茬和土块，沿机罩内面滑动，向后输送抛掷，由于附加了挡草栅，使尺寸较大的秸秆残茬和土块不能通过栅栏，顺栅条滑落刀滚后方，先铺于耕底层，而碎土被抛掷通过栅隙，稍后落下盖于表层，实现秸秆残茬的埋覆，使耕后土壤形成下粗上细的层次分布，透气性好，有利于作物着床生长。

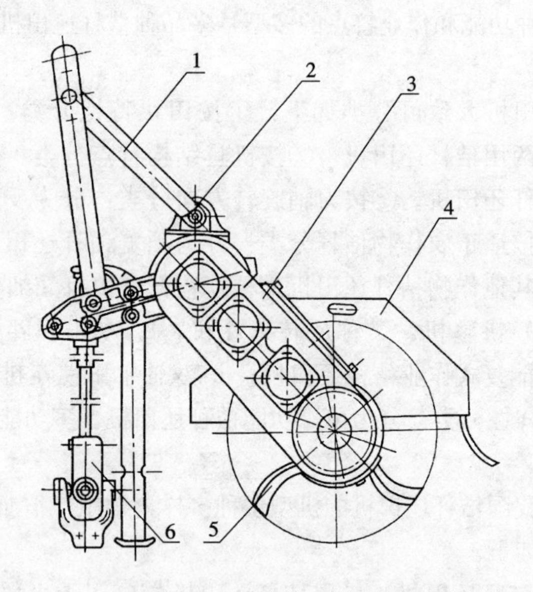

图 2-87　反转机型结构简图

1. 悬挂架　2. 中间齿轮箱　3. 侧边齿轮箱

4. 机罩及挡草栅　5. 刀辊　6. 万向节总成

此类机具适于小麦、水稻收获后秸秆已被切碎撒布田间，以及有高留茬地块的旱地秸秆还田作业，可一次完成高留茬和秸秆掩埋、旋耕碎土及平整土地等作业工序。该机具有结构紧凑、埋茬效果好等优点，但功耗比旋耕机大，因此在选择配套动力的时候，要适当加大配套动力，有利于提高作业效果。目前现有机型参数：配套动力22.06～58.83kW，工作幅宽160～200cm，耕深8～16cm，埋茬深度2～12cm，埋茬率≥85%，生产率5～8亩/h。

2）卧式秸秆粉碎还田机　秸秆粉碎还田机是利用拖拉机动力输出驱动刀轴粉碎部件高速旋转，对铺放田间的小麦、水稻、玉米、高粱、油菜等农作物秸秆进行直接粉碎还田的作业机具。主要由万向节传动轴、悬挂架、传动变速箱（齿轮箱等）、刀辊部件（切碎部件）、机架及罩壳、张紧轮、地轮等组成（图2-88，图2-89）。其动力传动方式有单边传动和双边传动两种，以单边传动为佳；传动箱有齿轮、胶带和链条传动方式，从防止冲击损坏、过载保护安全角度来看，胶带传动最可取。刀辊上铰接有主要工作部件——秸秆粉碎刀数把，刀辊转速在 2 000r/min 左右，旋转方向分正转和反转，通常采用反转方式，这样能够充分将地面上的秸秆进行捡拾并粉碎。目前，国内使用较为普遍的机型是与拖拉机配套采用单边胶带传动的卧式秸秆粉碎还田机。

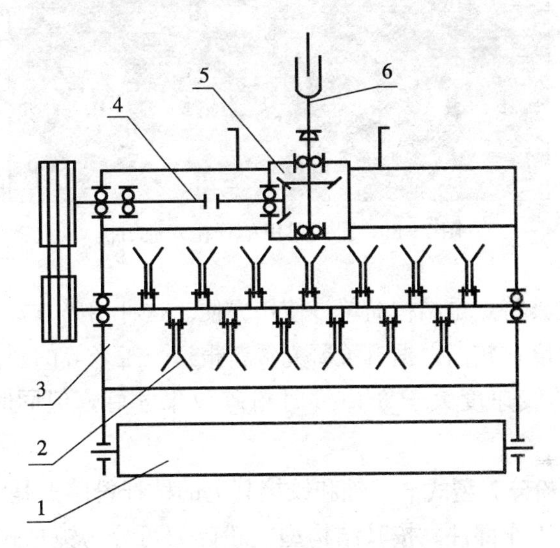

图 2-88　卧式秸秆粉碎还田机结构示意图

1. 地轮　2. 刀辊　3. 机架及粉碎壳体
4. 传动轴　5. 中间齿轮箱　6. 万向节传动轴

(1) 工作原理　目前该类机型很多，技术也比较成熟。拖拉机输出动力经万向节传动轴传至中间齿轮箱，经一对锥齿轮减速换向后，由传动轴传至侧边传动箱，再传至刀轴，刀轴带动铰接其上的秸秆粉碎刀高速旋转，粉碎刀对地上的秸秆进行砍切，并在喂入口处负压的作用下将其吸入机壳内（粉碎室），通过粉碎刀与机壳上定刀的相互作用，使秸秆在多次砍切、打击、撕裂、揉搓作用下成碎段和纤维状，最后被气流抛送出去，均匀地抛撒到后面的地表上。

图 2-89　卧式旱田秸秆粉碎还田机

该类机具特点是结构简单，使用方便。这种切碎方式要求动刀片末端切割速度比较高；据有关研究资料报道，玉米等的硬秸秆直接切碎还田时的线速度大于 34m/s 时粉碎效果才好，但同时功耗也比较大。

（2）粉碎刀型式　刀轴和铰接其上的秸秆粉碎刀是秸秆粉碎还田机的主要工作部件。按其结构型式粉碎刀可分为锤爪式、直刀式、甩刀式和混合式几种（图 2-90）。

直刀式粉碎刀片：适用于小麦、水稻等细软、质轻的秸秆。采用 65Mn 钢制造，具有较高的强韧性和相当好的耐磨性。刀片两侧开刃；有的刀片的表面焊合耐磨合金，大大提高了刀片的使用寿命。工作以砍切为主、滑切为辅的切割方式。一般 3 片直刀为一组，间隔较小、排列较密。优点是作业时有多个刀片同时参与切断、剪切方式粉碎秸秆，故动力消耗小，工作效率高，秸秆切碎质量好，方便土地耕整和播种作业。缺点是要采用多支承切割，且刀刃要求锋利。刀片磨损后更换成本高；刀片丢失或损坏后补充更换，同一刀轴上的刀片要求重量差小，一般不大于 10g。由于直刃刀制造简单，从而得到广泛

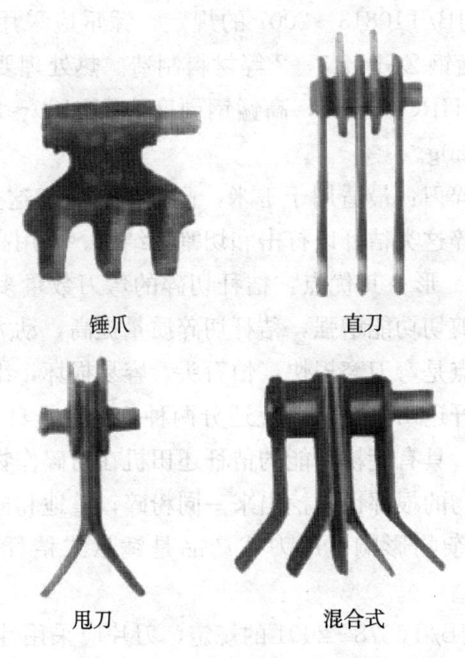

图 2-90 秸秆粉碎还田机用粉碎刀

的应用。

根据标准 JB/T6678-2001 的规定，刀片应采用性能不低于 GB/T699 规定的 65Mn 钢材制造，热处理表面硬度 HRC48～56，芯部硬度为 HRC33～40。粉碎刀装配前应按重量分级，同一重量级的刀片重量差不大于 10g。

锤爪式粉碎刀：适用玉米、高粱和棉花等强度比较大的秸秆的粉碎，采用铸钢或高锰钢制造。另外，对一些比较软的秸秆粉碎也比较适合，如麦秸。其优点：锤爪数量少，锤爪磨损后可以焊接，使用维修费用低；刀片质量大，且重心靠近刀端，所以转动惯量大，打击性能较好；高速旋转的锤爪，在机壳内形成负压腔，可将拖拉机压倒的秸秆捡起、粉碎。缺点是消耗动力比较大，主要用于大中型机具上；且秸秆韧性大时，粉碎质量差，给耕整地和小麦播种带来困难。

根据标准JB/T10813-2007的规定，锤爪应采用铸钢ZG270～500或铸造高锰钢ZGMn13－2等材料制造。热处理要求：铸钢锤爪表面淬火硬度HRC40～45，高锰钢硬度为HB180～230；同批刀片重量差不大于20g。

甩刀式粉碎刀：最适用于玉米，高粱等秸秆，这类秸秆粗而脆，刚度较好，粉碎这类秸秆以打击和切割相结合。采用高锰钢制造，两片弯刀一组呈Y形。其优点：秸秆切碎的弯刀数量多，且弯曲部有刃口，对秸秆剪切功能增强，秸秆切碎质量提高，动力消耗略少，作业效率高。缺点是弯刀磨损快，怕石头，容易损坏，维修使用成本略高。甩刀式秸秆还田机在功能上还分两种，一种是具备旋耕功能的，一种是普通型。具有旋耕功能的秸秆还田机在粉碎作物秸秆时更精细些，而且连作物的根部也能挖出来一同粉碎，整地和播种时方便，不会有残留下的杂物影响。甩刀式产品是锤爪式秸秆还田机的替代产品。

根据标准JB/T6678-2001的规定，刀片应采用性能不低于GB/T699规定的65Mn钢材制造，热处理表面硬度HRC48～56，芯部硬度为HRC33～40。粉碎刀装配前应按重量分级，同一重量级的刀片重量差不大于10g。

混合式粉碎刀：兼具直刀与甩刀的特点。

秸秆粉碎刀尚有L形刀片和T形刀片等。L形刀片适用于牧草，甜菜叶等软而脆的作物；T形刀片适用于小灌木粉碎。

2）立轴式秸秆粉碎还田机　立轴式秸秆粉碎还田机的特点是其工作部件绕与地面垂直的轴旋转。主要由万向节传动轴、悬挂架、中间齿轮箱、刀辊部件（切碎部件）、机架及罩壳、地轮等组成（图2-91）。与拖拉机的挂接方式采用后置三点悬挂，也可配置在拖拉机的前方。工作时，由机具前方喂入端的导向装置将两侧的秸秆向中间聚集，甩刀对秸秆多次、数层切割后通过机罩壳后方排出端导向排出，将碎秸秆均匀地铺撒田间。此类机具使用较少，多用于棉花等硬秸秆的粉碎还田作业。

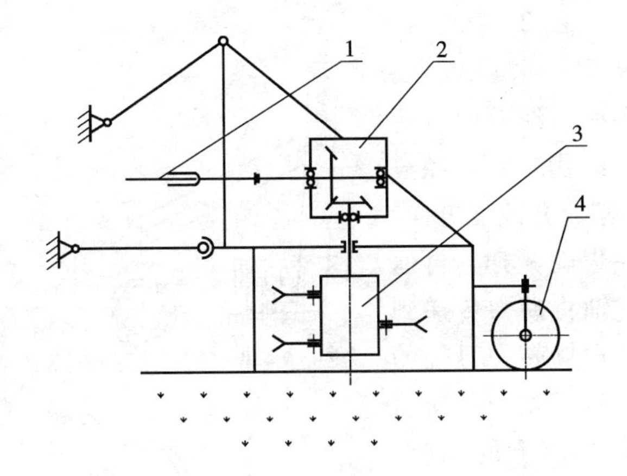

图 2-91　立轴式秸秆粉碎还田机结构示意图

1. 万向节传动轴　2. 中间齿轮箱　3. 刀辊　4. 地轮

多功能复式作业旱田秸秆还田机将在后面继续介绍。

2. 水田秸秆还田机　水田秸秆还田机主要用于将小麦、油菜、水稻作物经粉碎还田的秸秆及留茬在放水泡田后，带水进行耕整作业，可一次完成水旋、埋茬、起浆、平整等 4 项作业，以满足后续插秧作业要求。实现了秸秆还田与水田耕整地的同步进行。

水田秸秆还田机是旋耕机的衍生产品，在旋耕机的结构上通过增加转速、改变刀轴排列或增加辅助装置以及使用专用刀具等方式，实现水田秸秆还田功能。该类机具结构类型较多，主要有普通旋耕机直接改装型和专用机型。直接改装型是通过在挡土板后加装一刮土平板、将旋耕刀更换为异形专用刀，或在旋耕机刀座上加装辅助埋草、起浆装置，实现秸秆还田功能。异形专用刀主要有“燕尾”刀或“起浆”刀等。专用机型采用原旋耕机机架，改变刀轴排列、增加刀片数量、使用标准旋耕刀或专用刀，及配置辅助起浆、横向压草板，同时适当增加刀轴转速。该类机具技术都比较成熟。主要由万向节传动轴、悬挂架、机架及罩壳、传动箱、刀辊、挡土板、平地板等部件组成（图2-92，图2-93）。

工作原理：水耕埋茬。拖拉机输出动力经万向节传动轴传至中间齿轮箱，经过一对锥齿轮减速并改变方向，由一对圆柱齿轮减速，再通过输出花键轴将动力传递到刀辊，使刀辊旋转。刀辊的旋转带动旋耕刀切土、向后上方抛土，在切土的同时，将秸秆埋入土中，并将土块抛向挡土板，使土块进一步击碎细化、泥水搅拌起浆后，由平土板刮平，完成平整土地作业。

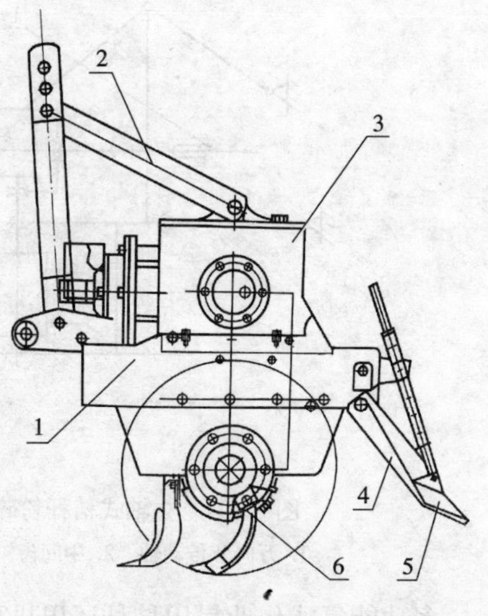

图2-92　水田秸秆还田机结构简图

1. 机架及罩壳　2. 悬挂架　3. 中间齿轮箱
4. 挡土板　5. 平地板　6. 刀辊

此类水田秸秆还田机的特点是正旋埋草、带水旋耕，提高了机械效率和埋草效果，同时，由旱旋耕改为带水旋耕，减轻了机械负荷和动力消耗，特别是提高了旋耕埋草田面平整度，降低了机械作业成本，一次两遍作业，实现埋草和平整地，能满足后续水稻种植机械化作业要求。放水泡田时要严格控制水层，水深3cm左右为宜，水层过深，容易出现秸秆漂浮，秸秆覆盖率偏低、平整度差；水层过浅，土壤耕作层泡不透，秸秆泡不软，刀滚易缠草、作业后田面不平整、不易起浆。

图2-93　水田秸秆还田机

总的作业要求是还田秸秆在土层中应混合均匀，不能成堆、成团，一般耕深9～13cm，植被覆盖率≥70%，起浆溶度≥80%，耕后地表平整度≤3cm。

3. 水旱两用秸秆还田机 水旱两用秸秆还田机，亦称水旱两用埋茬耕整机，是近年来在旋耕机结构的基础上，为适用于水耕灭茬而发展起来的。其功能集旋耕碎土、埋茬、秸秆还田、起浆耕整地于一体。主要采用专业刀具及较密的排列方式，或采用标准刀具，增加辅助埋草、碎土、起浆装置，来实现水旱两用。水耕时原旱耕一节挡泥板改进成两节弹性平土板，以增加平田功能。目前，有些新机型将中间变速箱设计为正反旋转（利用拨叉换挡、最终改变刀轴的旋向）、高低挡变速，分别实现水田埋草耕整、旱地旋耕灭茬作业，即正转实现水田秸秆埋茬、耕整、平地，反转实现旱地灭茬作业。刀辊采用对称的法兰结构，维修互换方便；反转时换刀，并拆卸原有的拖板部件，更换为挡草栅部件。水旱两用秸秆还田机机具结构与单一水、旱秸秆还田机相似（图2-94）。

图2-94 水旱两用秸秆还田机

4. 多功能复式作业秸秆还田机 此类机具在单一功能秸秆还田机的基础上增加土壤耕整、施肥、深松、起垄等作业功能，将多项作业集中于一次完成，省时省工，并减少拖拉机对土壤的压实次数。

（1）双轴型旱田灭茬旋耕整地机 双轴型旱田灭茬旋耕整地机是近年来为秸秆还田作业而设计的新机型。其技术特点是在原旋耕机结构的前部增加一灭茬刀轴（图2-95），以解决留茬过高而普通旋耕机不宜破茬的难题。前轴（即灭茬刀轴）转速300～550r/min、旋耕刀轴转速200～280r/min。工作时灭茬刀辊先将玉米等作物残茬切碎或破碎（长度≤5cm），然后后轴旋耕刀切土、抛土并将已被破碎的根茬均匀混合在耕作层土壤中，灭茬与旋耕整地一次完成。这种前轴破茬后轴旋耕复合作业，解决了普通单轴旋耕对高大、硬秸秆破根茬作业效果很差的问题。机器的灭茬深度达5～8cm，耕深可达18cm。该类机型可一次完成对玉米、高粱、棉花、油菜等作物的破根茬和旋耕复合作业，缺点是功耗较高。

图2-95　双轴型旱田灭茬旋耕机

（2）双轴灭茬旋耕深松施肥起垄联合整地机　此多功能复式作业机在双轴型旱田灭茬旋耕机整地机的基础上增加深松、施肥、起垄等部件而来（图2-96）。作业时，前轴灭茬，后轴旋耕，深松铲深松土壤，开沟起垄部件开沟起垄；后轴旋耕刀分区段人字形对称排列，

图 2-96　双轴灭茬旋耕深松施肥起垄联合整地机

使土壤往堆垄方向抛移，能一次完成灭茬、旋耕、深松、深施肥、起垄、镇压5个作业项目，彻底克服了过去“翻耙压”模式单向作业重复耕作对农田造成的危害，对增加土壤有机质含量、抗旱保墒十分有利，可促进农作物增产。该类机型作业效率高，作业成本低，结构较简单，保养维修方便。与拖拉机后悬挂配置，配套动力 60～85kW，耕宽 1.8～2.5m，起垄数量 3～4 垄。

（3）双轴型水田埋茬（草）耕整机　该机型是对水稻栽插前田块内高、低秸秆留茬及麦秸秆水耕全量直接还田耕整地的专用机械，适用于经稻麦全喂入和半喂入联合收割机收割的田块。主要用于水田作业，一遍耕作即可完成耕翻、碎土、埋茬（秸秆）、起浆、平地等作业工序。该机也可用于旱地旋耕和免耕盖籽作业，一遍作业就能达到耕翻、碎土、覆埋秸秆的目的，即一遍作业相当于单轴水田秸秆还田耕整机两遍作业的效果。现有机型有 1ZSMS-200，配套动力为 50～75kW，耕宽 2m。

主要结构：与拖拉机三点悬挂连接，采用侧边传动方式，主要由悬挂架、中间齿轮箱、侧边齿轮箱、旋耕刀辊、埋茬刀辊、机架及罩壳、平地板等组成。作业特点是前轴旋耕，后轴埋茬。拖拉机动力经万向节传至中间齿轮箱，中间齿轮箱再将动力通过两个传动轴，分别传递到两侧齿轮箱，最终实现双轴同时正转。即前轴用于旋耕、碎土；后轴用于水田埋茬（草）、起浆或旱田覆埋秸秆还田作业。后部的平地板底部焊有压草刀，作用是在水田作业时利用平地板进行平整地表的同时，将残留的少量秸秆压入泥土中。

（4）秸秆条切条耕条播深施肥复合作业机 该机型（图 2-97）适于水稻秸秆还田，采用有支撑切碎、条耕、条播方法，形成秸秆切碎、条耕、深施肥、条播、镇压 5 项作业一次性完成，亦是一种新型保护性耕作机具。条耕宽度为种植行距的 1/4，故可节省耕作能量 3/4，大幅降低耕作成本。对于干旱地区则有减少土壤水分蒸发，增加土壤保水蓄水能力；减少灌溉用水量，减缓地下水下降速度；减轻土壤侵蚀，减少土壤扬沙量等作用。

现有 1GBF-12A 机型其技术参数：配套动力 37kW，条切宽度 5cm，条耕宽度 5cm，条耕深度 12～15cm，播种深度 1～3cm，施肥量 450kg/hm^2，肥料施在种子的正下方或侧下方，肥种间距 4～10cm，行距 20cm，工作幅度 220cm。

图 2-97 1GBF-12A 型秸秆条切条耕条播深施肥复合作业机

2.4.4 作物秸秆还田作业质量判定指标

1. 秸秆还田作业条件

（1）水田麦秸秆还田 ①作业地块浸泡 24～48h，水层深度平均 1～3cm。②作业地块地势平坦，坡度不大于 5°。③麦秸秆还田前应切碎，长度≤10cm，田间麦秸秆应铺放均匀，秸秆还田量符合农艺要求。

（2）旱田稻麦秸秆还田　①土壤含水率应为 10%～25%。②作业地块地势平坦，坡度不大于 5°。③秸秆还田前应切碎，长度≤10cm，田间铺放均匀，秸秆还田量符合农艺要求。

（3）玉米秸秆粉碎还田　①土壤含水率不大于 25%，秸秆含水率为 20%～30%。②秸秆还田量符合农艺要求。

2. 还田后的秸秆状态

（1）水田状态　秸秆应均匀混合在土表下的土层中，土壤被机具搅拌成泥浆状态，精细平整，软硬适度。还田结束初始，田间水面浅的能看见部分块状泥土，泥浆沉淀后，允许水面漂浮少量秸秆。泥脚深度 10～25cm。

（2）旱田状态　稻或麦秸秆应均匀混合在土层中；玉米秸秆经机具刀具打碎，长度不大于 10cm，且均匀铺放在地表上。根茬粉碎长度不大于 5cm，且均匀混合在土层中。

3. 作物秸秆还田作业质量判定指标　作物秸秆还田作业质量判定指标如表 2-4，表 2-5，表 2-6 所示。

表 2-4　水田麦秸秆还田作业质量要求指标

序号	项　　目	指标值
1	耕深（cm）	9～13
2	耕深稳定性	≥90%
3	植被埋覆率（地表以下）	≥80%
4	耕后地表平整度（cm）	≤3
5	起浆溶度（g/cm^3）	≥1.1

表 2-5　旱田稻、麦秸秆还田作业质量要求指标

序号	项　　目	指标值
1	耕深（cm）	≥8
2	耕深稳定性	≥80%
3	植被埋覆率（地表以下）	≥80%
4	耕后地表平整度（cm）	≤5
5	碎土率	≥75%

表 2-6　玉米秸秆还田作业质量要求指标

序号	项目	指标值
1	玉米秸秆粉碎合格长度（cm）	≤10
2	秸秆粉碎长度合格率	≥85%
3	秸秆抛撒不均匀度	≤30%
4	留茬平均高度（cm）	≤8
5	作业后地表状况	无明显遗漏未粉碎秸秆，地头不可反复碾压

2.4.5　秸秆还田耕作机械的使用与维护

机械化秸秆还田技术是一项省时、高效、环保的先进耕作技术，选择机具时要根据不同作物、不同地块、不同产量、不同地区和现有主机的情况，因地制宜地选择质优价廉的机型。秸秆还田机的安全使用维护与其他农机具大致相当，但亦有其特殊性，使用维护时应注意以下内容。

2.4.5.1　机具的操作及安全注意事项

（1）操作人员必须经培训合格后持证上岗操作，且严禁酒后上岗操作。

（2）认真阅读机具随机使用说明书，全面了解秸秆还田机的特点；掌握安全注意事项和操作要领，操作时严格按使用说明书的要求进行操作。

（3）作业前要检查作业地块，清除砖瓦、石块、铁丝等硬质物质，以免机器损坏和造成人身伤害。

（4）作业前认真检查机具各传动箱、各润滑点的润滑情况；各连接件、刀具是否连接牢固，确保机具处于良好的技术状态；机具应定期进行检查调整，重点是工作部件和紧固件，发生故障或出现松动，要及时排除。

（5）悬挂调整，使机组在工作状态时保持水平。横向水平调整：调节右提升杆，使机具呈横向水平，同时将下端联接轴调到长孔内，使其作业时能浮动。纵向水平调整：调节上拉杆，使机具纵向呈水平。根据作业质量要求和地面状态状况，确定液压手柄的位置，控制留茬高度和地头转弯时的提升高度。

（6）选择合理的作业路线：应根据田块情况选择合适的作业行车路线，做到不漏耕，尽量不重耕。在水田中作业要求纵横作业两遍，第一遍耕深略浅，第二遍达到规定的耕深。

（7）秸秆粉碎作业时禁止锤爪等粉碎刀具打土，不要当旋耕机使用。若发现锤爪或甩刀打土时，应调整地轮离地高度或拖拉机上悬挂拉杆长度。

（8）作业前，应先将秸秆还田机刀具提升至离地面20～25cm高度，接合动力输出轴运转1～2min，再挂作业挡，缓慢松放离合器踏板，同时操作液压升降调节手柄，使秸秆还田机逐步降至所需要的留茬高度，随之加大油门进入正常作业。

（9）地头转弯时严禁机具作业。田间地头转弯时，应将机具略微提升，以减少转弯阻力，避免损坏工作部件；机具转移地块时，秸秆还田机具的工作部件要停止转动。

（10）万向节传动轴工作时两端应接近水平。万向节在工作状态提升时，要减慢旋转速度，且应限制提升高度，使万向节传动轴两端夹角不超过 30°。

(11) 要根据作物秸秆、土壤含水率和坚实度，选择不同的作业速度，严禁用高档或倒档作业。

(12) 作业时若听到有异常响声，应立即停车检查，排除故障后方可继续作业，检修必须停机熄火进行。

(13) 机具运转时，严禁站在机具上或靠近旋转部位，以确保人身安全；机具左右及尾部的一定距离内不得有人员逗留和围观。

(14) 作业中应随时检查皮带的松紧程度，以免降低刀轴转速而影响粉碎质量和加剧皮带磨损。一般以用 10kg 的力压皮带，带体下沉 5mm 为宜。

(15) 刀片磨损后应及时更换，更换刀片时，要选择重量基本相同的一组刀片把旧刀片同时换下，以保持刀轴的平衡运转，降低机具震动。

(16) 作业中，若发现刀轴缠草较多时，应及时清除，以免影响作业质量和损坏机具，且必须停机熄火进行。

(17) 停车时，应将机具降落着地，不得悬挂停放。

2.4.5.2 秸秆还田耕作机械的维护保养

秸秆还田机的维护保养与其他农机具的维护保养差不多，有日常保养和定期保养等，重点是刀辊、传动系统和连接紧固件的维护保养。主要内容如下：

(1) 作业后及时清除刀片护罩内壁和侧板内壁上的泥土层，以防增大负荷和加剧刀片或锤爪的磨损。

(2) 全面检查机具各零部件技术状态，如发现零部件有损坏、变形，应及时更换；如发现联接件有松动、开焊，要及时拧紧、焊牢，及时修理，严禁带病作业。特别注意刀具紧固螺栓、传动箱、各连接部位连接螺栓等，如有松动应予拧紧。

(3) 检查万向节传动轴有无损坏、变形，特别注意万向节十字头的润滑，必须按时注足黄油。

(4) 检查刀片磨损情况，必须更换刀片时，要注意保持刀辊的平衡。一般方法是，个别更换时要尽量对称更换；大量更换时要将刀片按重量分级，同一重量等级的刀片才可装在同一根轴上（单位质量差小于 10g 的作为一级），以保持机具刀轴的动平衡。

(5) 每个班次（作业 10h）要对所有注油点处加注润滑油一次。

(6) 作业前要检查齿轮箱油面高度，缺油时要补加，添加量不允许超过油尺刻线。一般油面高度以齿轮浸入油面 1/3 为宜。

(7) 一季作业结束后，机具要入库保养。入库存放前要将机具清理干净，放出沉淀在齿轮箱底部的脏物，清洗齿轮箱、更换齿轮油，并在各注油点注满润滑油，且各部件做好防锈处理；检查刀具及各部件，更换损坏刀具及机件；然后将机具放入通风干燥的库房内或用塑料布盖好，机具不要悬挂放置，应将其放在事先垫好的木块上，并放松皮带，使刀片离开地面，以防变形，且不得以地轮为支撑点。

第三章
稻油(麦)种植机械化技术

3.1 水稻机械化直播技术

3.1.1 概述

水稻直播有旱田直播和水田直播，直播方式有条播、穴播（点播）和撒播。机械直播具有效率高、用工量少、成本低、产量高，经济效益好的特点。水稻直播比较容易实现机械化，在欧美一些地区采用飞机撒播，效率很高。目前我国和日本多采用条播和穴播的方式。直播稻的种子经处理后有干谷、湿谷（只浸种不催芽）、破胸露白、芽谷、包衣谷（丸粒）等。

3.1.1.1 水稻直播机的类型

水稻直播机是把水稻种子直接播入土中、无须移栽的作业机具。按作业条件、动力、方式、排种器结构等可作如下分类：

我国水稻直播机的类型主要以水直播机为主，其次是稻麦通用的旱直播条播机。

3.1.1.2 人力水稻直播机的基本结构

人力水稻直播机有手推式和手拉式，有旱直播和水直播两种。2BX—1型人力陆稻（旱地）覆膜穴播机为手推式旱直播机（图3-1），适应于旱地播种作业。该机主要由排种滚筒、播种鸭嘴、落种门、排种器、加种观察窗、弹簧、推杆等组成。人力通过推杆带动排种滚筒旋转前进，在旋转过程中，种子流入排种器内，转至下方的种子流入鸭嘴内，通过地面压力压缩弹簧，打开落种门，种子播入穴中，播后由弹簧复位关闭落种门。

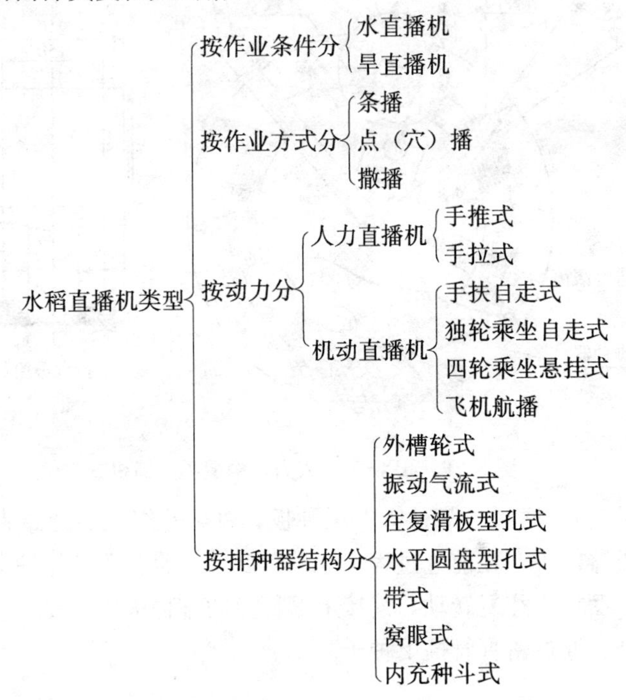

金穗牌 2BD－5 型水稻人力点播机为手拉式水直播机（图 3－2），适应于水田作业。该机主要由机架、牵引杆、提机把手、播种器、防滑轮、压种器、平整板、主动轴、播种轴、弧形弹簧片、多级从动链轮、传动链、单向主动链轮等组成。通过人拉牵引杆使播种机向前行走，由防滑轮轴（主动轴）上的单向主动链轮通过链条带动播种轴上的链轮使播种器旋转，由内部的分配斗取种，当播种口转至下方时即排出种子播入田中。

玉丰牌 2BD－5 型人力水稻点播机为手拉式的水直播机（图 3－3），适应于水田作业。该机主要由提机手柄、牵引手把、种箱、驱动

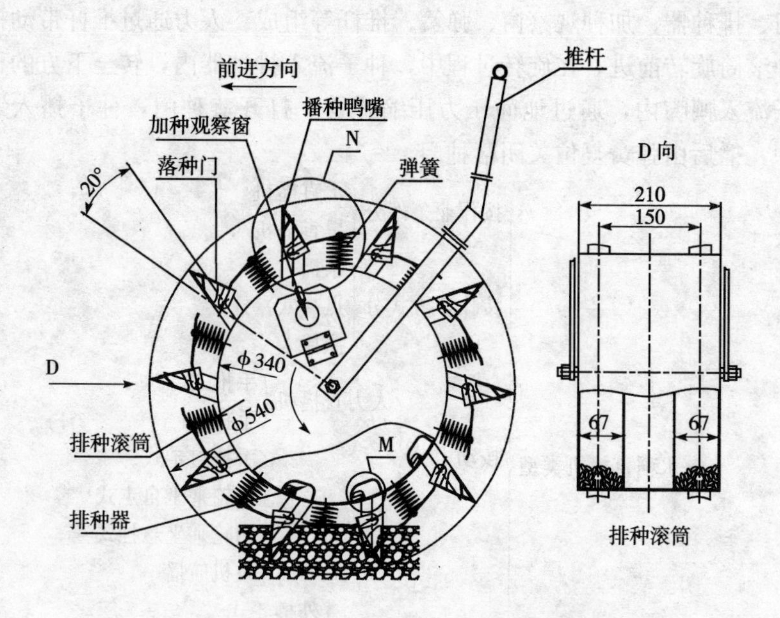

图 3-1　2BX-1 型人力陆稻覆膜穴播机

轮（防滑轮）、底板、落种管、压种板、机架等组成。通过人拉牵引手把使机器前进，在前进过程中驱动轮旋转，装在驱动轮轴上的棘轮使上、下摆杆作往复转动，连接上摆杆上的排种板作往复运动，达到充种排种，通过落种管播下种子。

3.1.1.3　机动水稻直播机的基本结构

机动水稻直播机有水直播和旱直播方式，有独轮驱动行走和四轮驱动行走，多为乘坐型。

2BD—6D 带式精量直播机（图 3-4）适应水稻水直播。该机主要由发动机、过埂器、牵引架、种箱、播种器、涡轮箱、输种管、播种开槽器、尾轮、排水开沟器、回种盒、万向传动轴、船板、水田轮、行走传动箱等组成。该机为独轮行走乘坐型水直播机，行走底盘采用 2ZT 系列插秧机的底盘。通过万向节轴传动至变速箱，再由变速箱通过链条传至主动辊筒，带动分种胶带在种箱中取种，将种子输

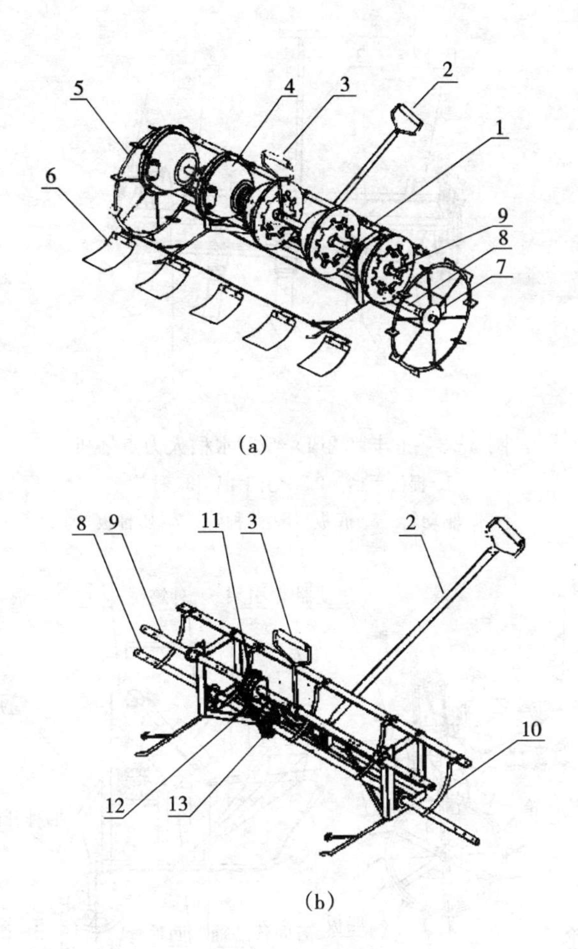

图 3-2　金穗牌 2BD-5 型水稻人力点播机

1. 机架　2. 牵引杆　3. 提机把手　4. 播种器
5. 防滑轮　6. 压种器　7. 平整板　8. 主动轴　9. 播种轴
10. 弧形护种弹簧片　11. 多级从动链轮　12. 传动链　13. 单向主动链轮

送至接种漏斗，由排种管播下种子。

2BQZ-6 型水稻芽种直播机［图 3-5（a、b、c)］适应于水直播。该机主要由四轮驱动行走底盘和播种工作部分组成，为乘坐

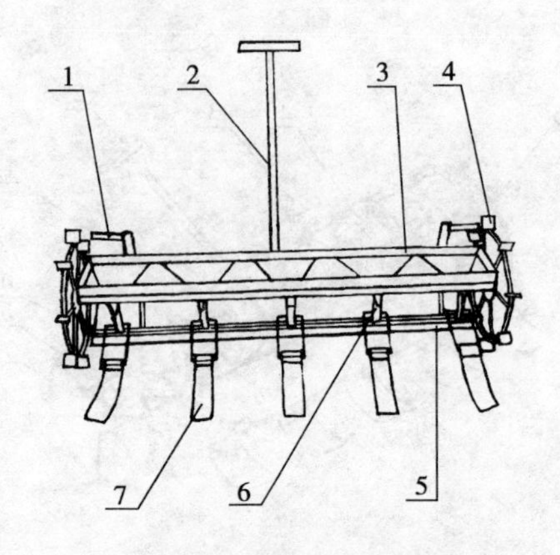

图 3-3　玉丰牌 2BD-5 型水稻人力点播机

1. 提机手柄　2. 牵引手把　3. 种箱

4. 驱动轮　5. 底板　6. 落种管　7. 压种板

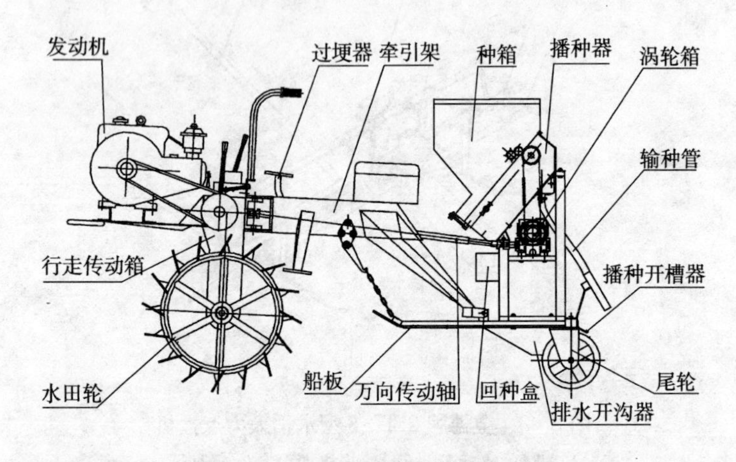

图 3-4　2BD-6D 带式精量直播机

型。播种工作部分由中心浮板、侧浮板、储气筒、导向杆及弹簧、振盒、加种手柄、种箱、振动杆、排种量调节板、输种管、风机、连杆、偏心轮轴、开闭闸门、排种管、悬挂轴、机架、变速箱、落种管等组成。该机播种工作部分与 P600 高速插秧机的四轮驱动行走底盘配套，播种机的动力由万向节输出轴传至变速箱，再传至偏心轴、连杆、振动杆，使振盒内的种子在高频振动作用下呈流态化，均衡地流向排种孔，流入输种管，在气流的作用下种子播入田中。

2BDQ-8型振动气流水稻直播机（图3-6）适应水直播。该机主要由尾轮、船板、落种管、储气筒、变速箱、风机、输种管、气管、振台基准、机架、振盒、种箱、加种手柄、连杆、偏心轴、万向节、驾驶座、牵引架、操向盘、柴油机、发动机架、行走传动箱、行走轮等组成。该机的行走底盘采用2ZT系列插秧机的独轮驱动底盘，为乘坐型。播种部分的动力由万向节输出轴传至变速箱，通过偏心轴、连杆、振动杆，使振台振盒振动，在高频振动下，振盒内的种子呈流态化，均匀地流向排种管口，流入排种管，输种管内的种子在气流的作用下从落种管播入泥中。

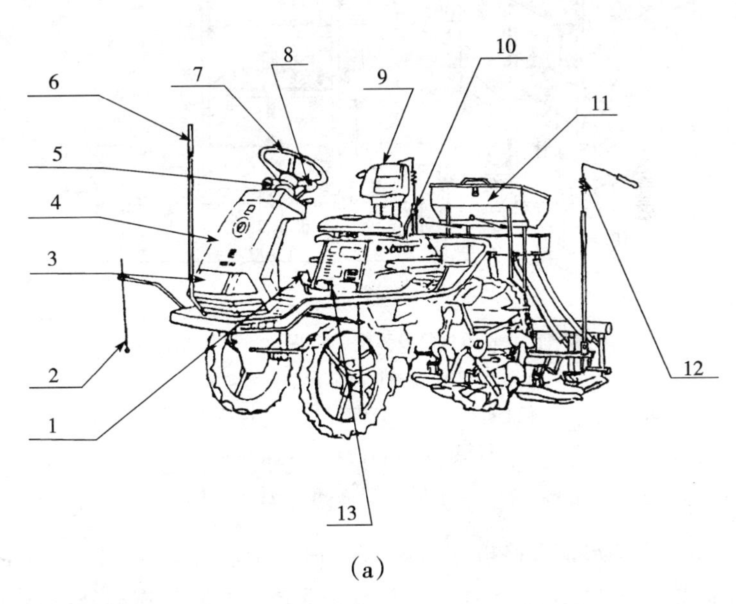

(a)

1. 离合器踏板（主离合器）　2. 靠行侧杆　3. 前车灯　4. 外壳　5. 副变速杆　6. 中心杆　7. 方向盘　8. 主变速杆　9. 驾驶座　10. 液压感度调节杆　11. 播种工作部分　12. 划线指示器　13. 转向踏板

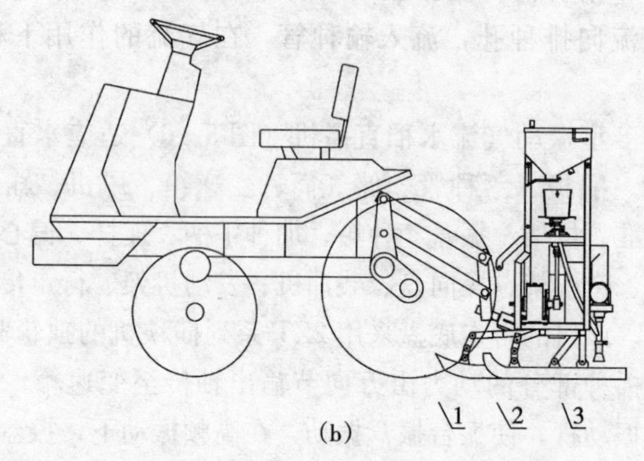

(b)

1.四轮驱动行走底盘 2.中心浮板 3.侧浮板

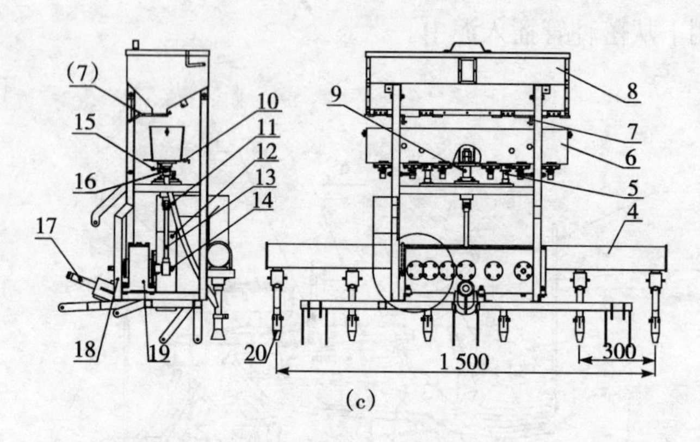

(c)

4. 储气筒 5. 导向杆及弹簧 6. 振盒 7. 加种手柄
8. 种箱 9. 振动杆 10. 排种量调节板 11. 输种管 12. 风机
13. 连杆 14. 偏心轮轴 15. 开闭闸门 16. 排种管 17. 悬挂轴
18. 机架 19. 变速箱 20. 落种管

图 3－5 2BQZ－6 型水稻芽种直播机

2BD－6 型水稻穴播机（图 3－7）适应于水直播。该机为独轮驱动乘坐式，采用插秧机的独轮驱动行走底盘，播种工作部分主要由整地板、开沟器、联接架、传动机架、动力输入轴、座位、防护罩、空间四连杆、单向传动装置、种子箱、播种器、机架等组成。播种工作

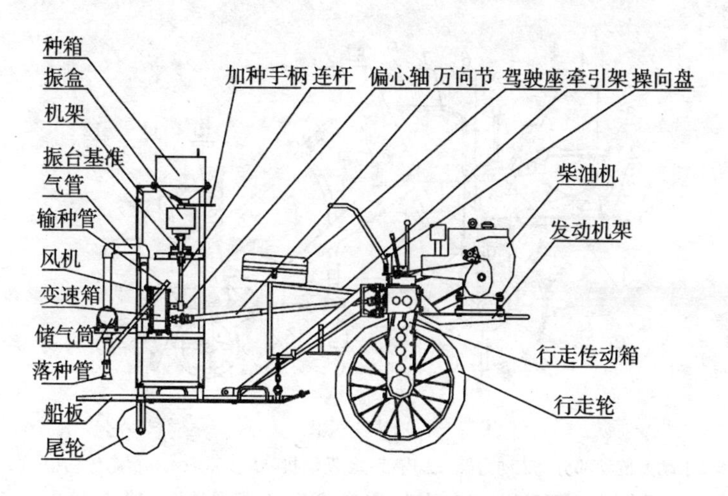

图 3-6　2BDQ-8 型振动气流水稻直播机

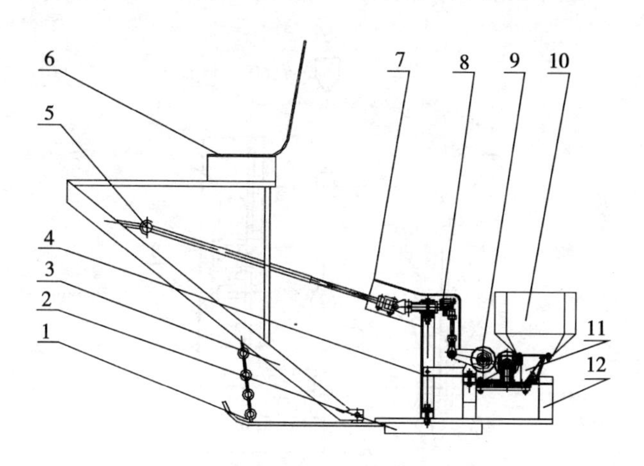

图 3-7　2BD-6 型水稻穴播机

1. 整地板　2. 开沟器　3. 联接架　4. 传动机架　5. 动力输入轴　6. 座位　7. 防护罩　8. 空间四连杆　9. 单向传动装置　10. 种子箱　11. 播种器　12. 机架

部件的动力由行走部分的输出轴动力传至输入轴，经空间四连杆机构形成摆动，经单向间歇传动机构通过 2 组齿轮传动驱动排种盘成单向间歇旋转，实现排种。

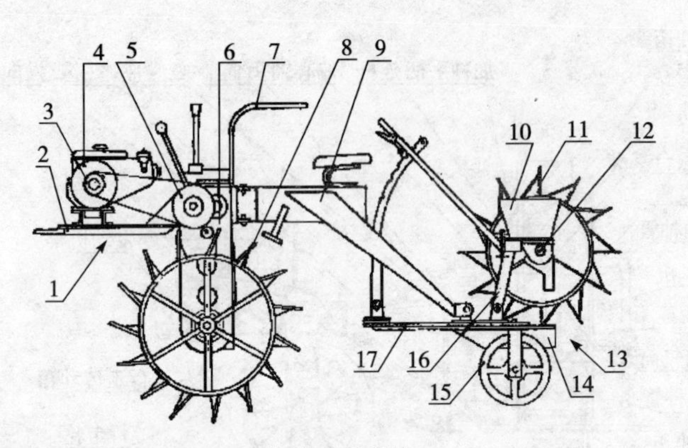

(a)结构示意图

1.动力传动部分 2.动力架 3.皮带 4.发动机 5.皮带轮 6.行走传动箱 7.操向柄 8.驱动轮 9.牵引架 10.种子箱 11.播种地轮 12.排种轴 13.播种工作部分 14.开沟器 15.尾轮 16.托架 17.船板

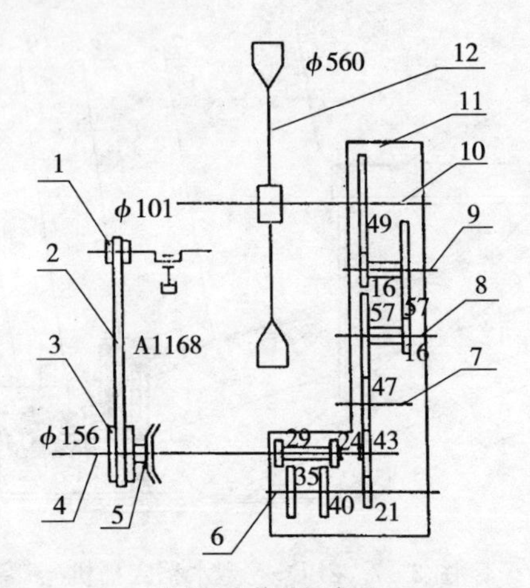

(b)行走传动示意图

1.发动机皮带轮 2.三角皮带 3.变速箱皮带轮 4.传动Ⅰ轴 5.锥形摩擦离合器 6.传动Ⅱ轴 7.传动Ⅲ轴 8.传动Ⅳ轴 9.传动Ⅴ轴 10.传动Ⅵ轴 11.变速箱体 12.行走轮

图 3-8 沪嘉 J-2BD-10 型水稻直播机

沪嘉J-2BD-10型水稻直播机（图3-8）适应于水直播。该机为独轮驱动乘坐式，主要由动力架、发动机、皮带轮、行走传动箱、操向柄、驱动轮、牵引架、种子箱、播种地轮、排种轴、开沟器、尾轮、托架、船板等组成。动力传动部分只限于驱动行走地轮前进，无动力输出轴。播种部分的排种动力来自于机器在前进过程中，带动播种地轮旋转，排种轴随之转动，使外槽轮排种器排种而播下种子。

苏昆2BD-8型与上述机不同之处在于由万向节输出轴传递动力完成排种。

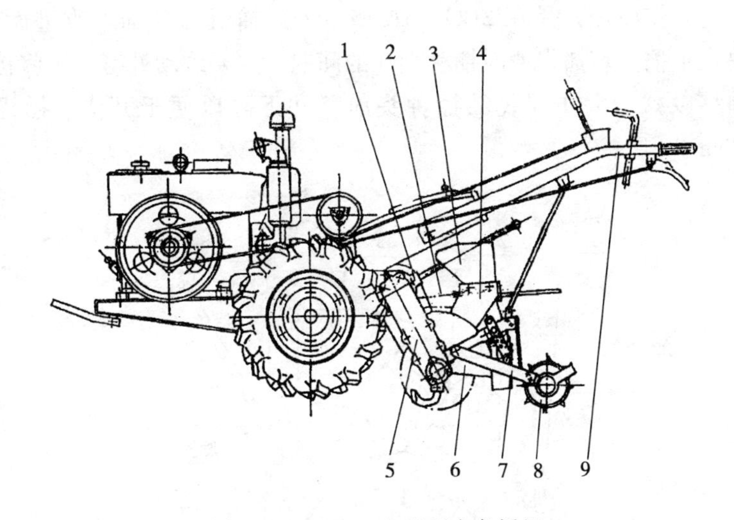

图3-9 2BG-6A型稻麦条播机

1. 条播机齿轮箱部分 2. 排种传动部分 3. 种箱 4. 排种部分 5. 旋切刀传动部分 6. 罩壳播种头部分 7. 框架部分 8. 镇压轮部分 9. 手扶拖拉机

2BG-6A型稻麦条播机（图3-9）适应于水稻与小麦两用旱直播。该机的行走底盘为12型手扶拖拉机，主要由条播机齿轮箱部分、排种传动部分、种箱、排种部分、旋切刀传动部分、罩壳播种头部分、框架部分、镇压轮部分、手扶拖拉机等组成。播种部分的动力由拖拉机左驱动半轴上的传动链轮通过链条带动排种轴的链轮使排种轴及槽轮转动进行排种，种子经由输种管送到播种头，由播种头内的撒种板将种子均匀地弹入由播种头伸入土层划出的浅沟内，再由旋耕抛来的土覆盖，经镇压轮镇压后即完成作业。该机为旋耕播种联合作业，旋耕的旋切动力通过拖拉机底盘的倒Ⅰ档齿轮和条播机的犁刀传动齿轮传递到犁刀传动轴，使旋切刀旋转，进行旋耕灭茬。

2BD（H）-120型水稻旱直播机（图3-10）的播种工作部分，与东风-12型手扶拖拉机底盘配套，主要由动力传动、碎土装置、排种装置、播种头及升降机构等组成。该机采用旋切碎土与滑移覆盖相结合的工作原理，是在2BG-6A型稻麦条播机的基础上改进而成。解决在水稻旱直播作业时播种太深的问题。主要改动处有：①将挡土板前移以减少抛土量；②播种头前移并下降以便于开沟，播深为1～2cm。

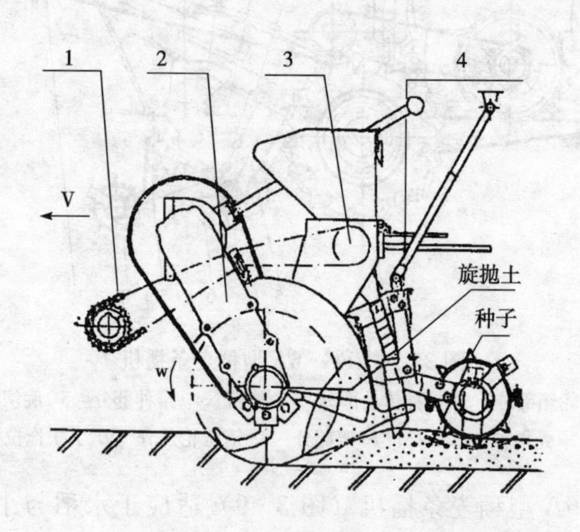

图3-10　2BD（H）-120型水稻旱直播机播种部分

1. 动力传动　2. 碎土装置　3. 排种装置　4. 播种头及升降机构

江南2BG-10型精（少）量稻麦条播机（图3-11）与50型拖拉机悬挂联接，其结构原理与2BG-6A型稻麦条播机基本相同。

图 3-11　江南 2BG-10 型精（少）量稻麦条播机

3.1.2　排种器的类型与结构原理

3.1.2.1　排种器的类型

水稻直播机排种器的形式有外槽轮式、窝眼式、带式、气吸式、气流式、内充式、振动式、型孔式、往复式、斗式等。

3.1.2.2　外槽轮式排种器

1. 外槽轮排种器的排种过程　外槽轮排种器排种时，种子靠重力充满槽轮凹槽，并被槽轮带着一起旋转进行强制排种；处在槽轮外面的一层种子在槽轮外圆的带动和种粒间的摩擦力作用下也被带动起来，其运动速度从槽轮圆周的线速度 Vc 逐渐向外递减直至静止层（图 3-12）。由槽轮强制带出和带动层带出的种子从排种舌上掉入输种管，然后经开沟器而落入种沟内。

2. 外槽轮排种器的结构型式　外槽轮式排种器在水稻直播机上应用，大多与谷物播种机上的排种器相同，采用下排式排种。

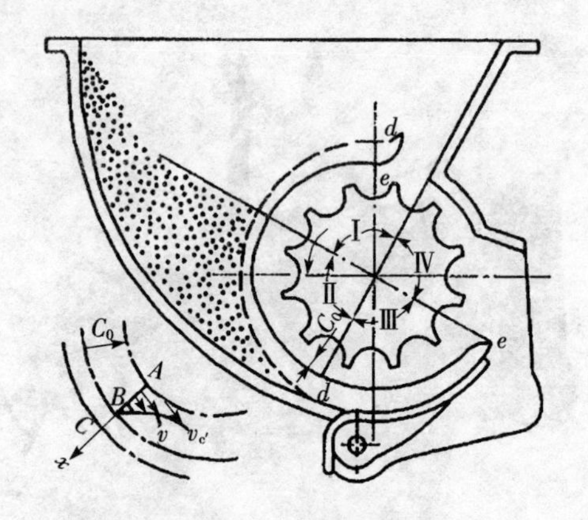

图 3-12　带动层曲线

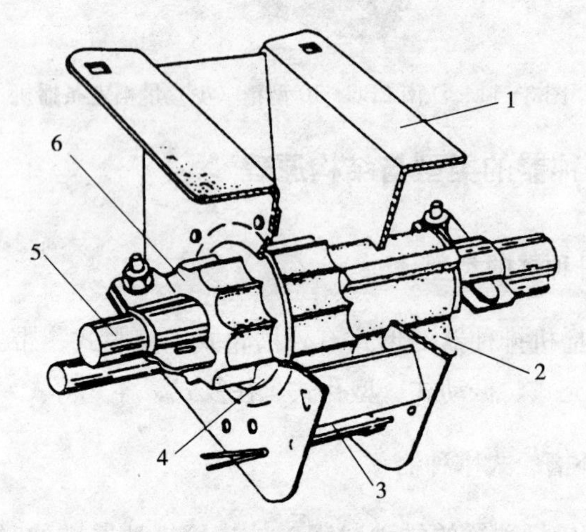

图 3-13　外槽轮式排种器

1. 排种盒　2. 阻塞套　3. 排种舌
4. 花形挡圈　5. 排种器轴　6. 外槽轮

外槽轮的排种槽有弧形槽和齿形槽，弧形槽有直槽和斜槽。多采用外槽轮在种盒内随排种轴左右移动改变槽轮的排种长度调节播种量。

图 3-13 为外机槽轮式排种器的结构图，主要由排种盒、阻塞套、排种舌、花形挡圈、排种器轴、外槽轮等组成。目前应用在水稻

直播机上的外槽轮型式有齿形直槽式、半圆形斜槽式、半圆形直槽式。一般齿槽数多为16槽，也有10槽的。外槽轮式排种器在稻麦条播机上普遍应用，但不能播种芽谷，只能播浸种或破胸的水稻种子，如播种芽谷，伤种率过高。

3.1.2.3　窝眼式排种器

窝眼式排种器主要由壳体、窝眼轮、护种板、刮种器等组成（图3-14、图3-15），在水稻直播机上应用的多为单排窝眼，适应于点（穴）播。

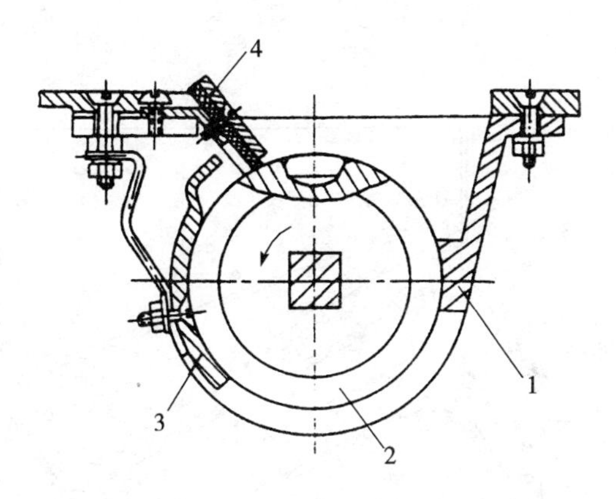

图3-14　窝眼轮式排种器

1. 壳体　2. 窝眼轮　3. 护种板　4. 刮种器

3.1.2.4　带式排种器

带式排种器（图3-16）由于采用柔性带上排分种，在排种、落种过程中种子与柔性带没有相对机械运动，避免了伤种、伤芽，因此可播发芽的种子。由于上排式排种，排种带上的种穴在初次充种后上行过程中，有多次重复充种，种穴充种稳定，防止漏播。

1. 排种带　排种带是带式排种器中的主要零件，采用柔性材料制成，如橡胶、聚氨脂。其表面有适宜稻种形状的种穴。

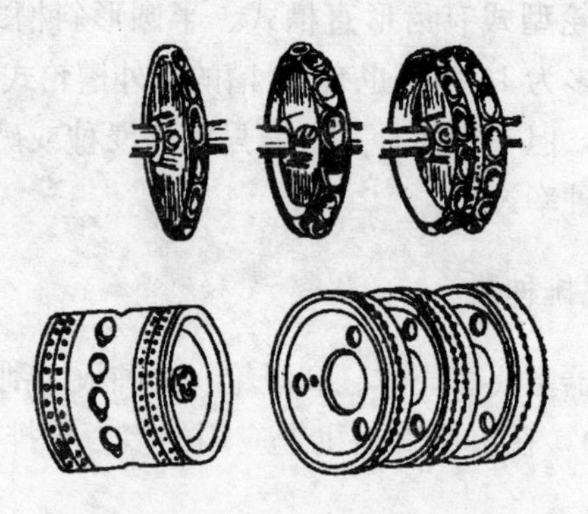

图 3-15　窝眼轮

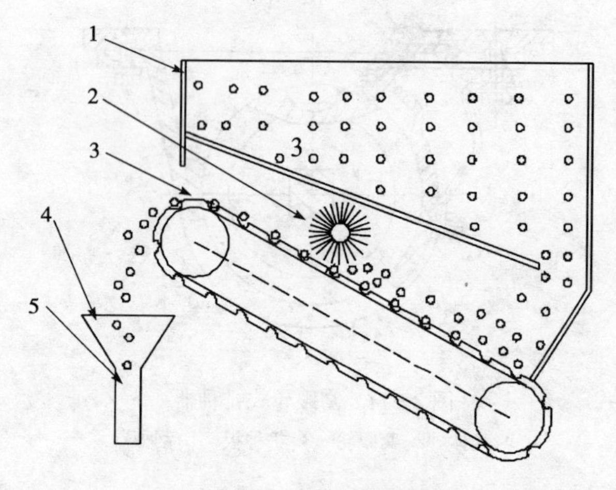

图 3-16　带式排种器

1. 谷箱　2. 滚动毛刷　3. 分种胶带

4. 接种漏斗　5. 排种管

2. 刷种轮　刷种轮用于清除排种带上多余的种子，刷种轮的刷毛既柔软又有弹性，不易伤及芽种。刷种轮的旋转线速度应大于排种带的线速度，刷种轮的切线速度等于排种带线速度的 2～4 倍，刷种效果好。

3. 充种口的调节　充种口的大小与排种带的速度及种子的形态

有关。排种带的速度快、排量大，则充种口大，反之则小；对种子的形态如发芽的种子流畅性差，充种口要调大。通过充种口调节板调节充种口大小。

4. 接种漏斗　每组排种器可播 3～4 行，因此排种带排下的种子落入接种漏斗，每组接种漏斗有 3～4 个排种管漏斗，漏斗底部呈锥形，落下种子分流到各输种管。

5. 播量　根据不同的农艺要求，需要调整播种量。通过调节排种带的线速度来调节播量，线速度越快，播种量越大，反之则小。调节排种带的线速度，通过改变主动辊轮轴上的链轮与变速箱的输出链轮之间的传动比来实现。

3.1.2.5　振动气流式排种器

振动气流式排种器有侧排式和型孔直排式，这两种排种器都有气流播种装置，其主要作用是通过气流把种子吹入泥中。代替了覆土装置，并通过气流作用在输种管内产生负压，使种子在管内较流畅地运动，消除堵种现象，因此适应播种芽谷。

1. 振动气流侧排式排种器　振动气流侧排式排种器主要由振盒、支架、振台基准、振动杆滑套、振动杆、振台弹簧、导向杆、导向杆滑套、压板、排种量调节管、排种管、泄种板等组成（图 3－17，示

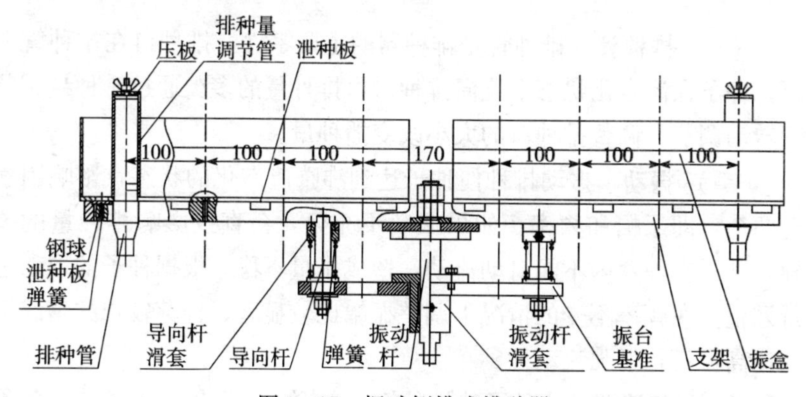

图 3－17　振动侧排式排种器

振动侧排式排种器）。

（1）排种过程 种盒内种子在高频振动下呈沸腾流态化，种子不断地流向排种口，落入输种管，经落种管在气力作用下播入土中，如图3－18（示排种流程）。

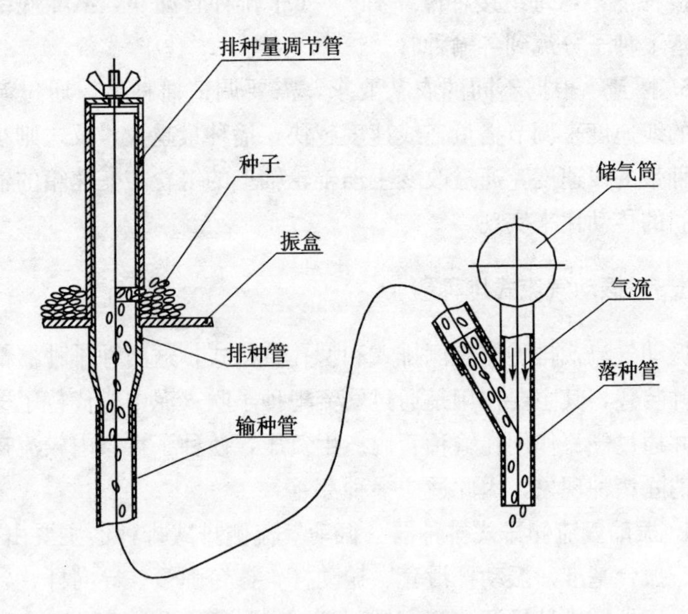

图3－18 排种流程图

（2）排种管 排种管是排种器的主要零件，排种口在排种管下部，种子在流态化状态下流向排种口，排种量的多少通过排种量调节管转动调节，调整排种口的大小改变播种量。

（3）振动 振动排种使种子达到沸腾流态化的状态，影响因素有两个，即振幅和频率。如果振动不充分，会直接影响排种量的差异，种子在种盒内不能自动流动，造成排量不稳。根据种子的形态进行调整。在频率不变的情况下调整振幅比较显著，种芽较长的情况下须调高振幅，增强流动性。

（4）气流播种 种子从排种管流入输种管后进入落种管，落种管与储气筒连接，压力气流进入落种管，把种子吹入泥中。如遇土壤较硬，种子难以入土，土壤较软的情况下效果好。

2. 振动气流型孔式排种器　型孔直排式与侧排式不同的地方在于调节方便（图3-19，示型孔式排种器）。该排种器由开闭闸门、排种管、导针、排种量调节板、振盒等组成。经振动流态化的种子从排种量调节板的型孔中排出，进入排种管，再由输种管连接落种管，在气流的作用下播入土中。

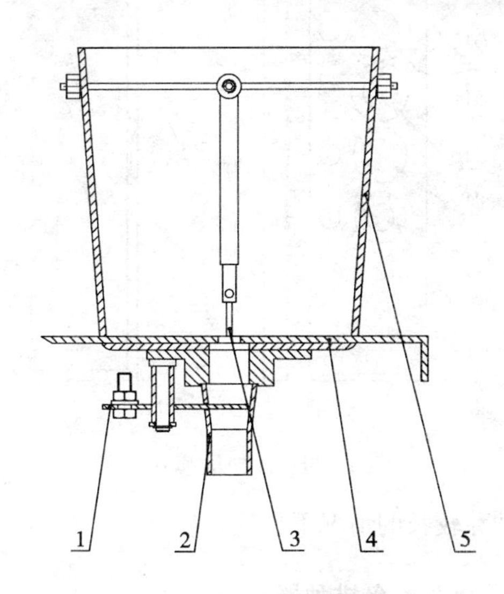

图3-19　型孔式排种器

1. 开闭闸门　2. 排种管　3. 导针　4. 排种量调节板　5. 振盒

（1）播量　播种量由排种量调节板调节（图3-20，示排种量调节板）。该板上设有不同孔径的型孔，达到不同播量的要求，只要前后移动调节板，型孔对正排种管的中心位置即可。

（2）导针　导针的作用是当种子流到排种口时，起到疏导的作用，防止种子堵塞，因导针在振动的状态下，不停地晃动，使种子在孔口松动流畅。

（3）排种量调节板　排种量调节板上不同孔径的型孔是根据种

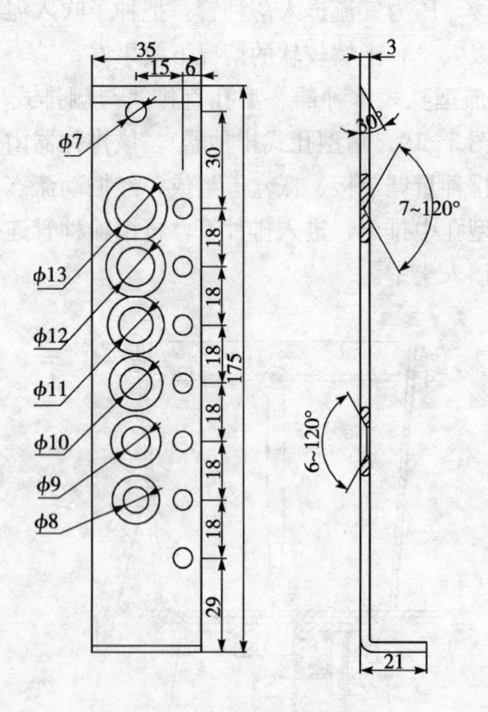

图 3-20　排种量调节板

子大小设计，种芽较长的情况下也能适应。

3.1.2.6　间歇式水平圆盘排种器

间歇式水平圆盘排种器的特点在于水平盘上的型孔转至排种位置时作瞬间停留，播下种子，成一定间距穴播。

1. 间歇传动　图 3-21 为间歇式水平盘排种器。

2. 特性

(1) 间歇传动水平圆盘式排种器可实现高速穴播。其作业时排种盘有一半时间处于静止状态，即使瞬间线速度≥1m/s、排种盘直径≤100mm 时，其型孔的充填性能仍然完好，能保持正常作业。

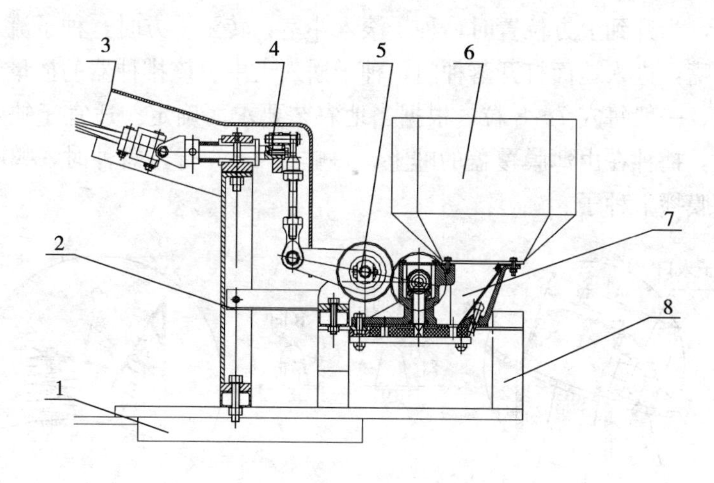

图 3-21　间歇式水平盘排种器

1. 开沟器　2. 传动机架　3. 防护罩　4. 空间四连杆
5. 单向传动装置　6. 种子箱　7. 播种器　8. 机架

（2）间歇传动水平圆盘式排种器的成穴性能同四连杆机构的参数、排种瞬间位置、机具前进速度和排种盘离地高度等密切相关。影响最大的为瞬间位置，一般可通过齿轮传动控制在一定范围；其次为离地高度，位置越低成穴性越好。

（3）间歇传动排种盘瞬间线速度较高，刮种器去除多余种子时，虽然能保证刮种的可靠性，但作业线速度太高，一般刮种器难以避免机械伤种。

（4）穴播水稻时，排种盘型孔尺寸对播量因素影响较大，难以适应芒梗或过度催芽处理的种子，种子不宜催芽并需脱芒处理。圆形型孔一般不宜小于ϕ9mm，否则会引起下落不畅。

3.1.2.7　内充式排种器

1. 鸭嘴式播种器　2BX-1 型播种机（图 3-22）的内充式排种器主要由种子侧挡板、挡板、种子入口、排种口等组成，其排种器在种子层中，当排种滚筒旋转时，种子从排种器两侧的种子入口处进入种子，当升到上方位置时，种子滚入斗室，转至下方时，种子流入播种鸭嘴，进入地面打开落种门，种子播入土中。该排种器的播量固定不调，一般每穴 7～8 粒，根据当地农艺要求而确定。适宜于缺水的山区，播种在由薄膜覆盖的畦上，每畦播 4～6 行，播种时，鸭嘴顶破薄膜播下种子。

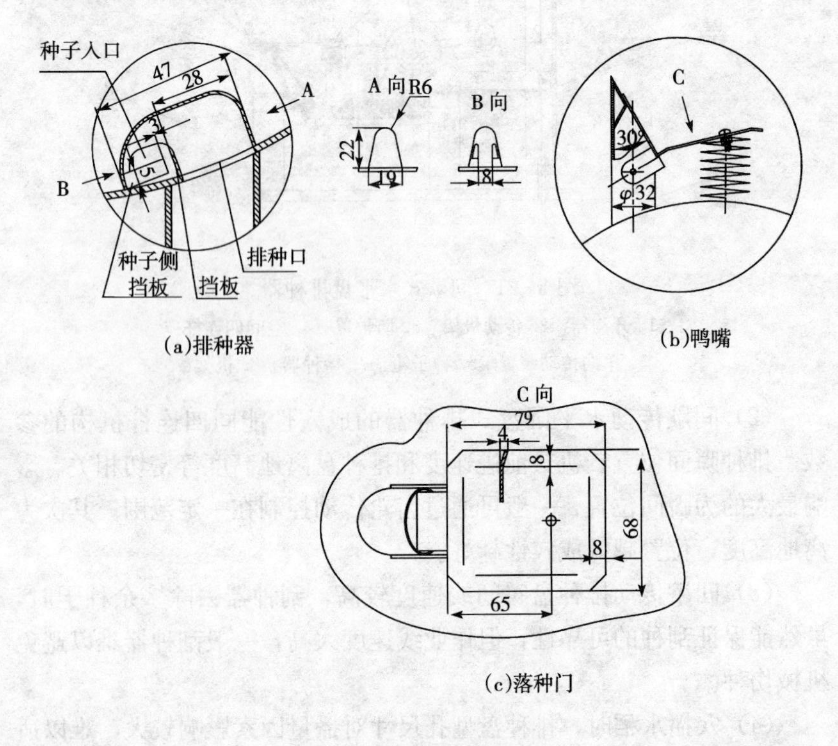

图 3－22　内充式排种器

2. 碗形播种器　碗形播种器（图 3－23）排种机构是在碗形的种箱内，周边置有若干个充种斗。主要由分配盘、播种口、分配斗、碗形盖、调整片等组成。

(1) 排种过程　该播种器为内充斗式排种器，种子在碗形储种罐内，随储种罐旋转带动种子层，由图 3－24 分配盘下方分配斗的阻尼片把种子导流至入种口，种子进入分配斗，转至上方时，种子倒流至U形通道（图3-25）。在向下方旋转过程中，种子流入排种口位置，但由于弧形护种弹簧片控制，种子不能排出，继续旋转至下方，分配斗的排种口脱离弧形护种弹簧片控制后排出种子，进行播种。

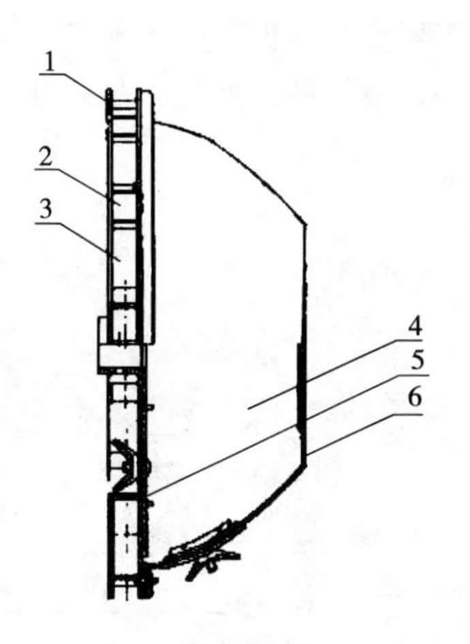

图3-23　碗形播种器

1. 分配盘　2. 播种口　3. 分配斗　4. 储种罐　5. 调整片　6. 碗形盖

（2）排种量调整　排种量的调整主要调节入种口的大小，图3-26示圆形排种量调整片。其边缘有锯齿，形状与入种口形状相吻合，旋转调整片，改变入种口的大小，调节排种量。

（3）穴距的调整　穴播时根据农艺要求改变穴距，主要改变碗形播种器的转速，达到调整穴距的目的。其

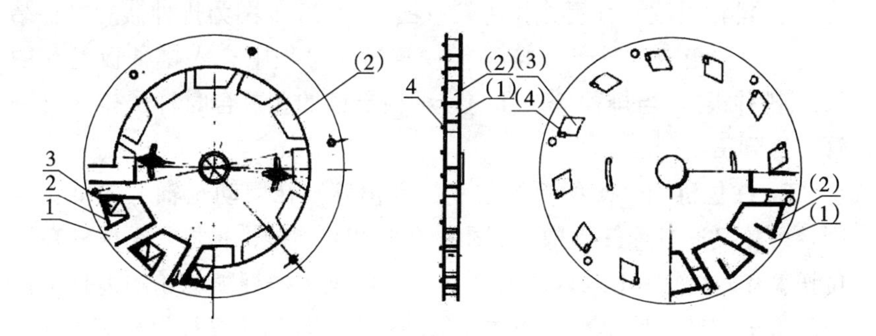

图3-24　分配盘

1. 排种口　2. 分配斗　3. 入种口　4. 阻尼片

方法通过防滑轮（地轮）轴与排种器轴之间的速比调节，达到调节穴距的目的。

3.1.2.8　往复式排种器

玉丰牌2BD-5型人力水稻点播机的排种器采用了往复式机构。

主要由排种板导槽、种箱、排种板、挡种板、连接板、上摆杆、摆杆轴、下摆杆、棘轮、驱动轴、回位扭簧等组成。

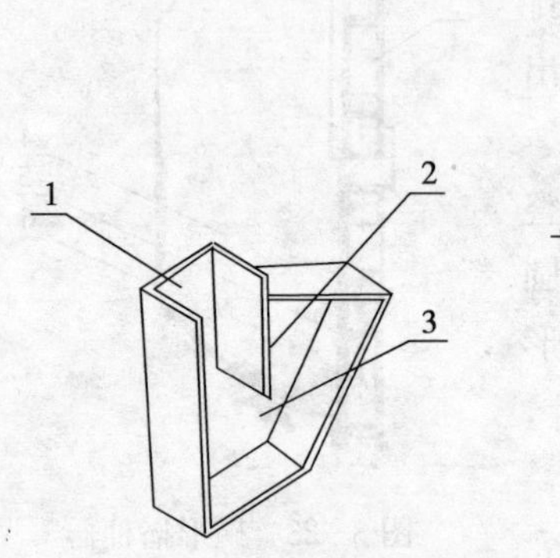

图 3-25　分配斗立体图

1. 排种口　2. 隔片　3. U 形通道

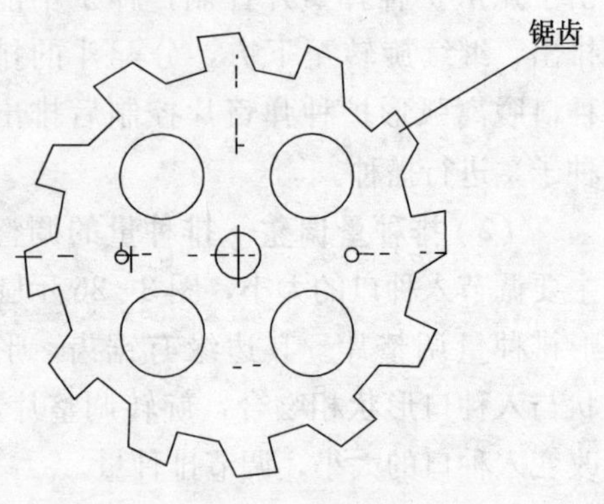

图 3-26　圆形排种量调整片

1. 排种过程　往复式排种器（图 3-27），a 图为排种器的主要结构简图，种箱内的种子在排种板往复运动过程中充入排种板型孔中（e 图排种板），当排种板型孔与排种板导槽的孔重合时种子排入落种管，播到田中。

2. 往复机构　排种板的往复运动由安装在驱动轮轴上的棘轮实现，棘轮又通过连杆机构（a 图中的 6、8）连接排种板，下摆杆在回位扭簧 11 的作用下与棘轮常接触，因此上下摆杆随棘轮的齿顶与齿根间上下摆动，使排种板作往复运动。排种板的往复行程与棘轮的齿高有关（f 图示往复运动）。

3. 排种量　往复滑板型孔式排种机构适于穴播（点播），每穴播量由排种板的型孔大小决定，因此需要调整每穴的种粒，须改变型孔的大小，所以要更换排种板，根据种粒大小，制有不同型孔尺寸的排种板，满足不同的农艺要求。

4. 穴距　穴距是通过不同齿数的棘轮来调整，可更换棘轮，达到调整穴距。

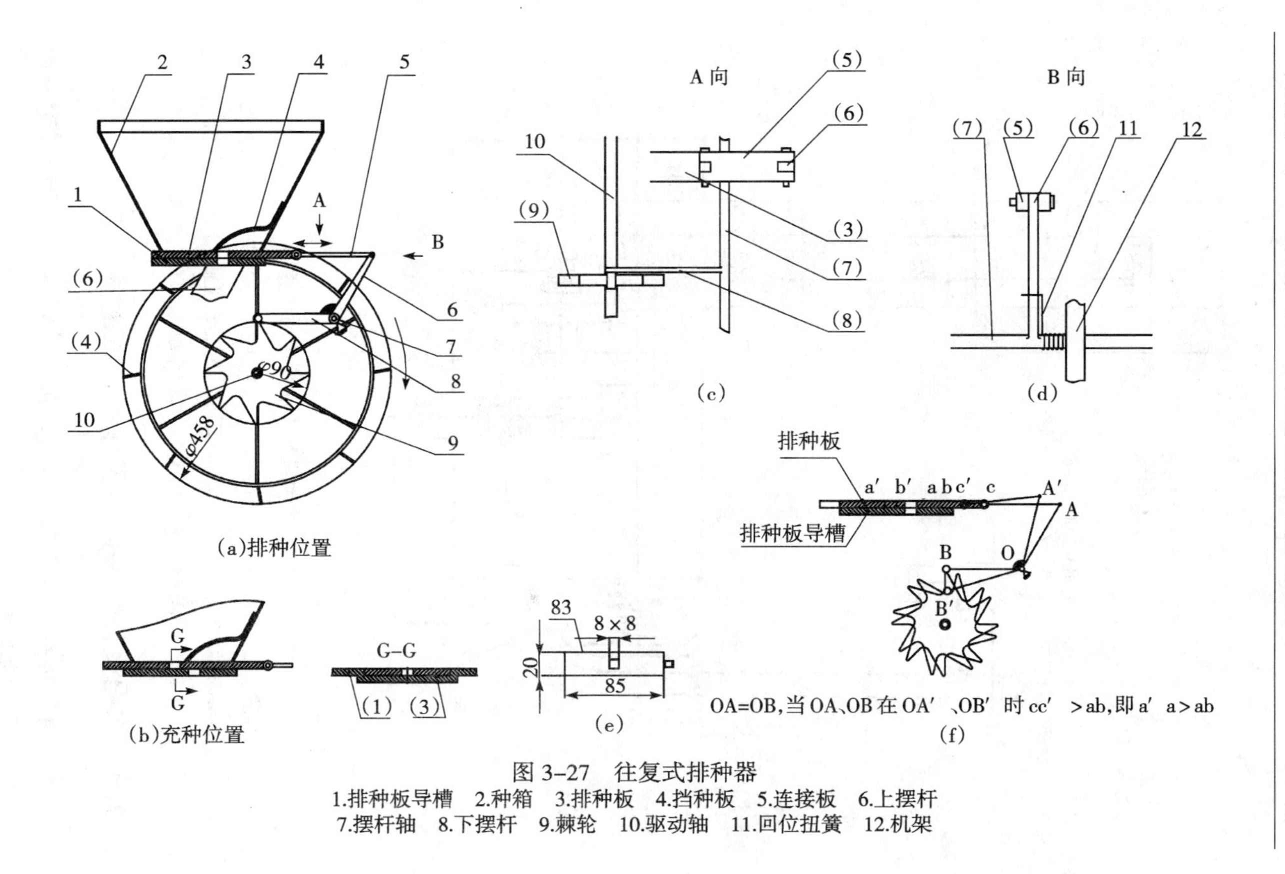

图 3-27　往复式排种器

1.排种板导槽　2.种箱　3.排种板　4.挡种板　5.连接板　6.上摆杆　7.摆杆轴　8.下摆杆　9.棘轮　10.驱动轴　11.回位扭簧　12.机架

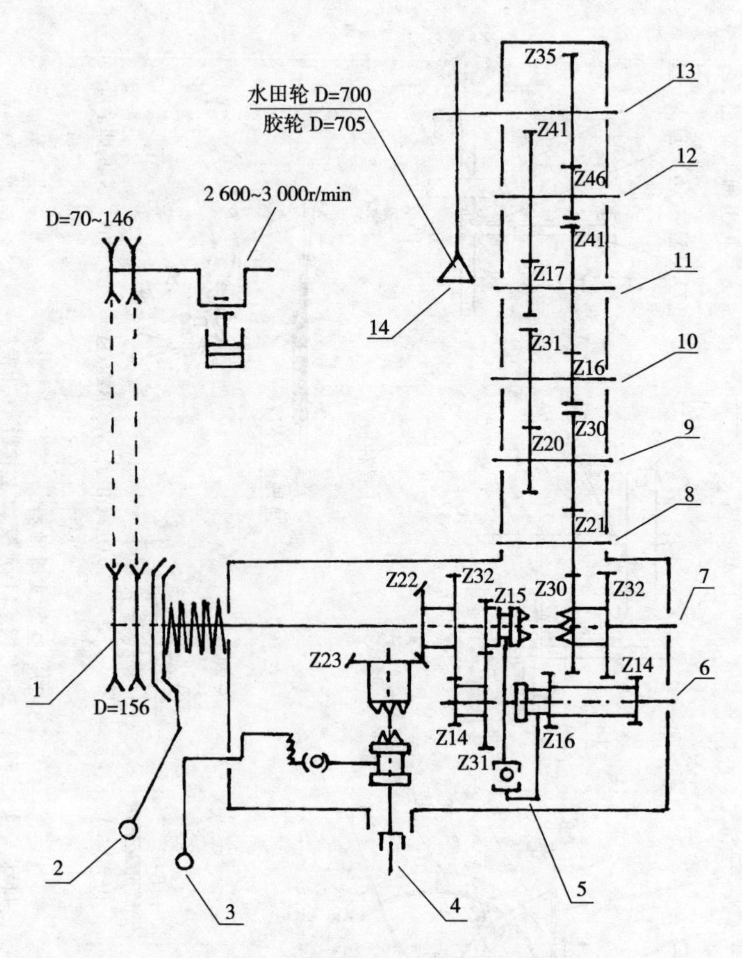

图 3-28 插秧机行走底盘传动示意图

1. 皮带轮 2. 总离合器 3. 插秧离合器 4. 万向节输出轴 5. 变速手柄 6. 传动Ⅱ轴 7. 传动Ⅰ轴 8. 传动Ⅲ轴 9. 传动Ⅳ轴 10. 传动Ⅴ轴 11. 传动Ⅵ轴 12. 传动Ⅶ轴 13. 驱动轴 14. 行走轮

3.1.3 水稻直播机底盘与工作部件的配置

水稻直播机有人力和机动两种，机动的有独轮驱动和多轮驱动，有步行和乘坐的型式。

3.1.3.1　机动水稻直播机的行走底盘

1. 独轮行走底盘

（1）有万向节输出轴的底盘　独轮行走底盘都是乘坐型，一般工作部件需要动力驱动，多采用目前的插秧机行走底盘，后有万向节输出轴，连接安装播种工作部件，结构简单，使用方便。

图 3－28 为插秧机行走底盘的传动图，行走底盘主要由皮带轮、总离合器、插秧离合器、万向节输出轴，变速手柄、传动Ⅰ轴、传动Ⅱ轴、传动Ⅲ轴、传动Ⅳ轴、传动Ⅴ轴、传动Ⅵ轴、传动Ⅶ、驱动轴、行走轮等，其他还有发动机架及发动机等。如 2BD－6D 带式精量直播机、2BDQ－8 型振动气流直播机、2BD－6 型水稻穴播机、苏昆 2BD－8 型水直播机等都采用该种底盘。

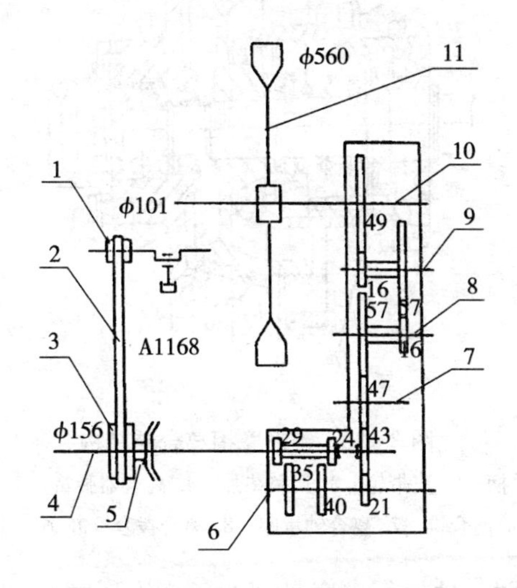

图 3－29　无动力输出轴底盘传动

1. 发动机皮带轮　2. 三角皮带　3. Ⅰ轴皮带轮　4. 传动Ⅰ轴
5. 锥形摩擦离合器　6. 传动Ⅱ轴　7. 传动Ⅲ轴　8. 传动Ⅳ轴
9. 传动Ⅴ轴　10. 传动Ⅵ轴　11. 行走轮

（2）没有动力输出轴的底盘　这种行走底盘更简单，图 3－29

为无动力输出轴底盘的传动示意图。主要由发动机皮带轮、三角皮带、Ⅰ轴皮带轮、传动Ⅰ轴、锥形摩擦离合器、传动Ⅱ轴、传动Ⅲ轴、传动Ⅳ轴、传动Ⅴ轴、传动Ⅵ轴、行走轮等。沪嘉J-2BD10型水稻直播机采用该底盘。

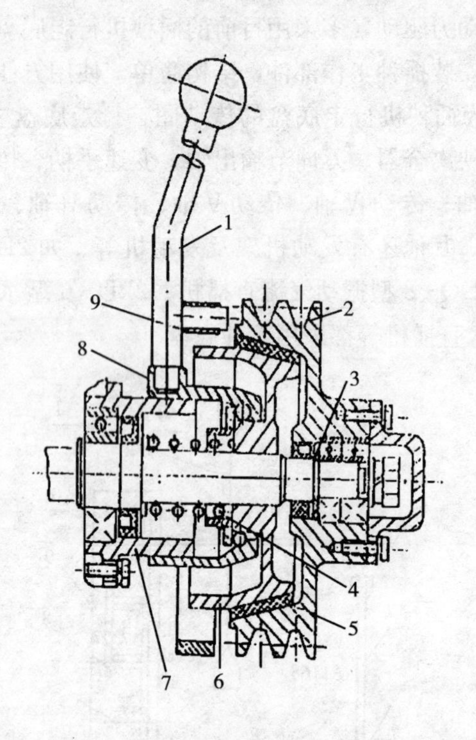

图3-30　锥形摩擦离合器结构

1. 总离合器手柄　2. 皮带轮　3. 调整垫片　4. 离合器弹簧　5. 离合器摩擦片
6. 离合锥　7. 离合轴承座　8. 离合拨套　9. 刹车带

（3）离合器　独轮行走底盘都有一个锥形摩擦离合器，图3-30为锥形摩擦离合器的剖面图。主要由总离合器手柄、皮带轮、调整垫片、离合器弹簧、离合器摩擦片、离合锥、离合轴承座、离合拨套、刹车带等组成。该离合器集接合、分离、刹车于一体，操作可一次完成。

离合器的间隙可通过调整垫片的厚度来调节。调整垫片由几种不同厚度的垫片组成，当磨损后，间隙过大时，可抽掉部分垫片，达到正常要求。

（4）变速箱　传动箱上部为变速箱，变速挡位有作业挡2个，陆地行走挡1个，空挡1个。在图3-29中，Z16-14双联齿轮是田间作业的变速齿轮，Z15牙嵌齿轮是陆地行走挡啮合齿轮。

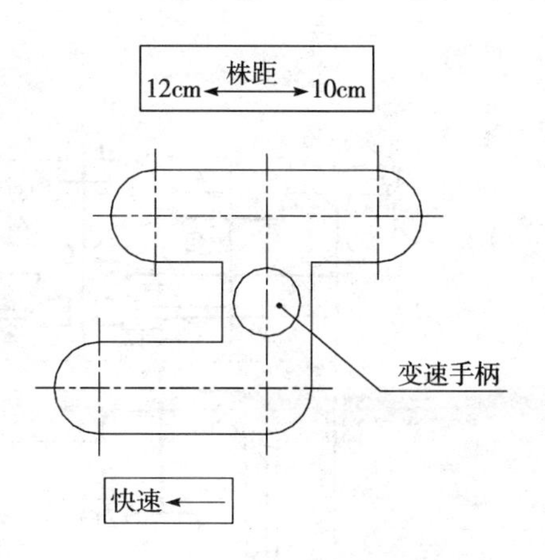

图3-31　变速手柄位置图

变换挡位通过拨叉实现，图3-31为插秧机行走底盘的变速手柄位置图，中间位置为空挡。

（5）动力配置　独轮行走底盘发动机功率2.2～3.676kW，一般以风冷柴油机为主，也有的配置汽油机。

2. 四轮驱动底盘　2BQZ-6型水稻芽种直播机（图3-32，示传动机构）配置了P600型高速插秧机的四轮驱动行走底盘，主要由变速箱、离合器、前桥、转向装置、后桥、前轮、后轮、株距齿轮箱、液压泵、油缸、万向节输出轴等组成。动力配置5.15kW（最大5.93kW）的汽油机，电机起动。

（1）变速箱（主变速）　变速箱内配置有前进挡3个、后退挡1个，前进挡中有2个田间作业挡，一个为陆地行驶快速挡及PTO，空挡。

（2）副变速　副变速与主变速一起使用时可改变车速。副变速采用皮带轮无级变速机构实现，图中的皮带轮组合D=164.7和D=70、D=127.5，通过改变D=70～127.5的不同直径，可实现5挡调速。

（3）穴（株）距变挡　穴距挡位有3个，即14.5、12.8、11.3

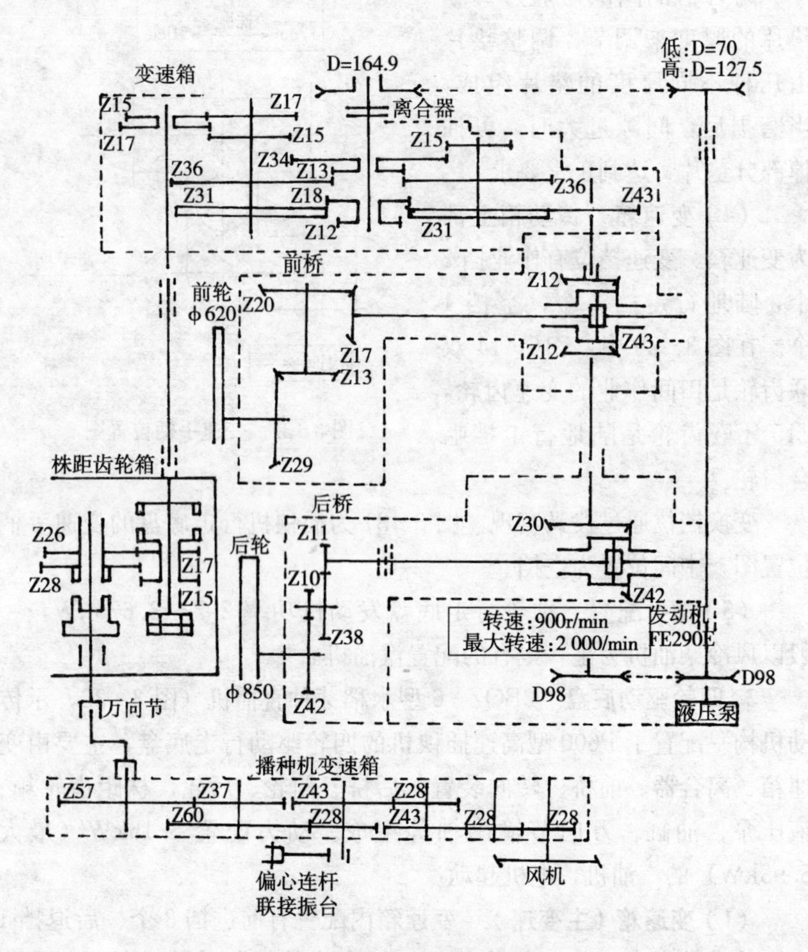

图 3-32　2BQZ-6 型水稻直播机四轮驱动传动示意图

(cm)，通过株距变速手柄实现换挡，即 75、85、95（穴/3.3m²）。

（4）液压系统　液压系统的主要功能：①与工作部分挂接起到升降的作用。②液压控制阀与工作部件联动：浮板在地面行走过程中，由于泥底层深浅不一，浮板与地面的压力也随之变化，为保持一定的压力，中浮板与液压控制阀联动，使油缸不断地微调升降，让工作部分也随之升降，达到接地压力稳定在一定的范围内，减少壅泥水的问题（图 3－33，示液压系统）。③根据土壤的软硬程度调节浮板与地面接触压力。

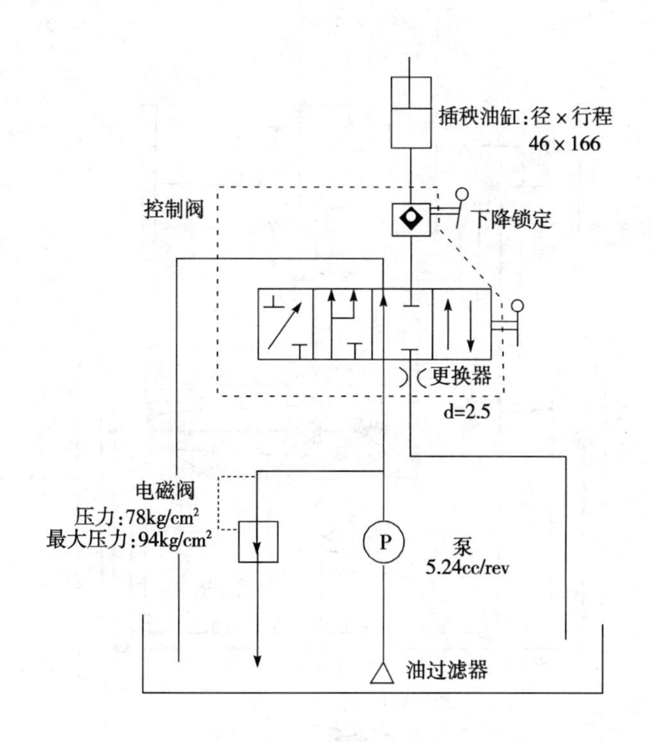

图 3－33　液压系统简图

3. 手扶拖拉机底盘　旱直播机——稻麦条播机多采用 12 型手扶拖拉机作为行走驱动底盘。2BG－6A 型稻麦条播机（图 3－34，示动力传动机构）动力联接作业部分有旋耕刀轴及排种轴，旋耕刀轴与传动箱联接，排种轴的动力由手扶拖拉机左驱动半轴上的链轮一（图 3－35）与排种轴 9 上传动链轮链条传动，并由张紧轮压紧松边，排种轴动力的离合由一牙嵌式离合器来实现。

3.1.3.2　底盘与播种工作部分的配置

1. 独轮行走底盘与播种工作部分的配置　独轮乘坐式水稻直播

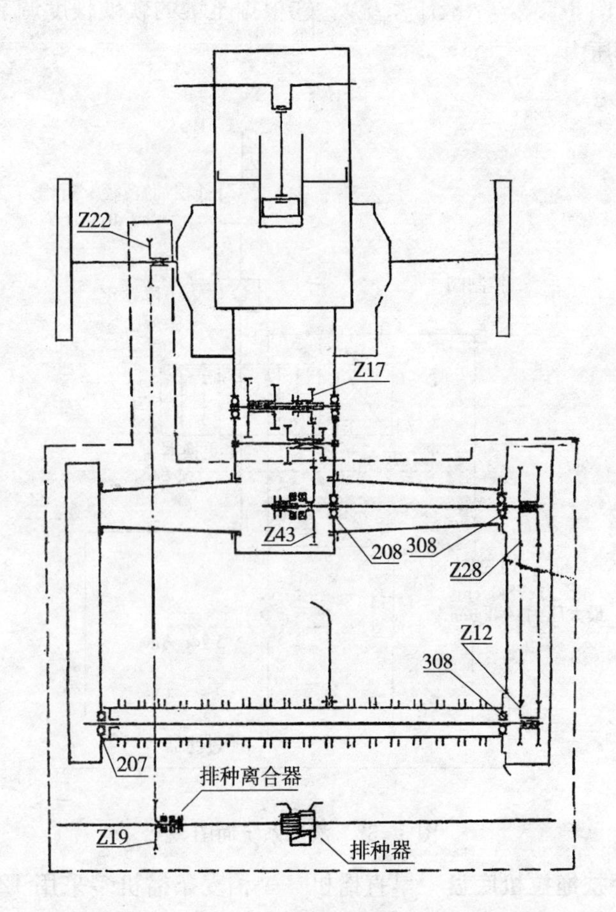

图 3-34　2BG-6A 型稻麦条播机动力传动示意图

机作业条件是水直播，播种工作部分与地面接触的船板支承工作部分的重量，在行走过程中与泥水面滑行，底盘与播种部分联接都由一牵引架，前与底盘固定，后与船板铰链式联接，在行走中，船板头能自由上下浮动，船头与牵引架由挂链联接。牵引架上配置驾驶座位，行走轮配有水田轮和胶轮，胶轮用于陆地行走，播种工作部分在陆地时，在船板尾部两侧装有尾轮。

播种动力传动部分是由底盘部分传递的动力。2BDQ-8 型振动

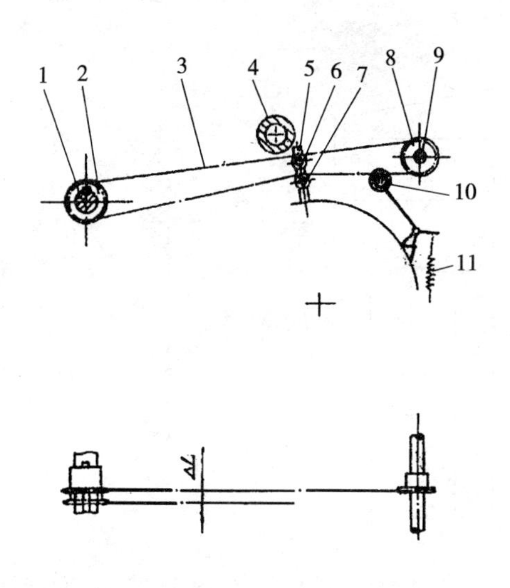

图 3－35　排种动力传动机构安装图

1. 左驱动半轴　2. 传动链轮一　3. 链条　4. 左支臂壳体
5. 张紧轮支架　6. 上张紧轮　7. 下张紧轮　8. 传动链轮二
9. 排种轴　10. 弹性张紧轮　11. 张紧轮弹簧

气流水稻直播机播种传动（图 3－36）由万向节、振动偏心连杆、变速箱、风机等组成。动力通过万向节传递至齿轮箱，使振台振动工作。风机产生风压气流落种。

2BD－6D 带式精量直播机播种动力传动（图 3－37）由底盘部分的万向节输出轴联接涡轮减速箱，通过涡轮轴上链轮由链条传至胶带主传动轴旋转排种。通过链轮的不同传动比调节播种量，由链轮组、胶带主传动轴、涡轮减速箱、万向节等组成。

2BD－6 型水稻穴播机工作传动（图 3－38）由万向节、偏心轮、连杆、棘轮、圆柱齿轮、锥齿轮、排种盘等组成。动力由万向节输入，通过偏心轮旋转，使连杆作上下往复运动，拉动棘轮作单向间歇旋转，由圆柱齿轮传递给锥齿轮，使水平圆盘作间歇停顿性的排种，达到穴播的要求。

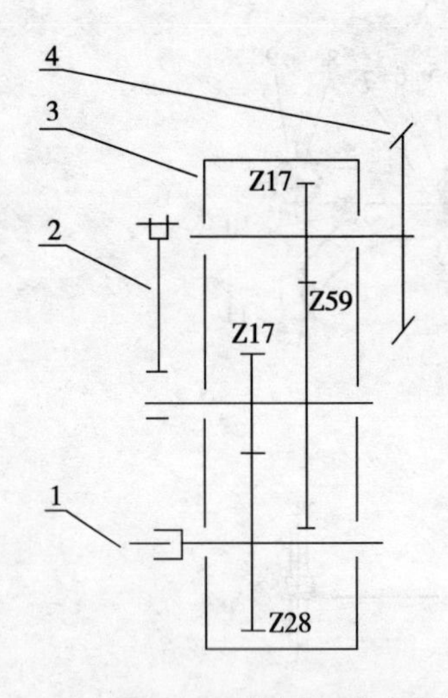

图 3-36　2BDQ-8型振动气流水稻直播机播种传动齿轮箱简图

1. 万向节　2. 振动偏心连杆
3. 变速箱　4. 风机

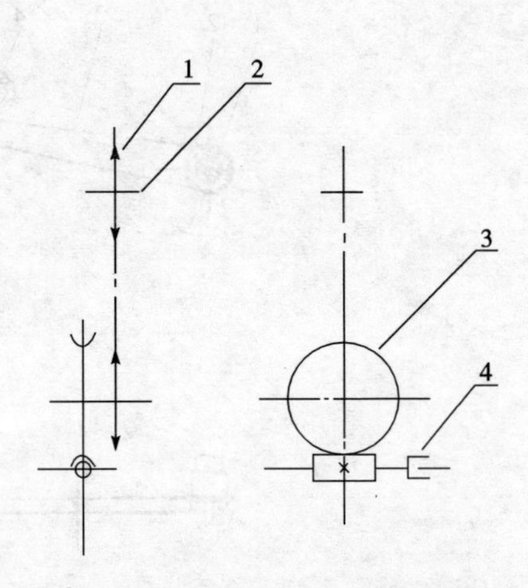

图 3-37　2BD-6D带式精量直播机播种工作传动示意图

1. 链轮组　2. 胶带主传动轴
3. 涡轮减速箱　4. 万向节

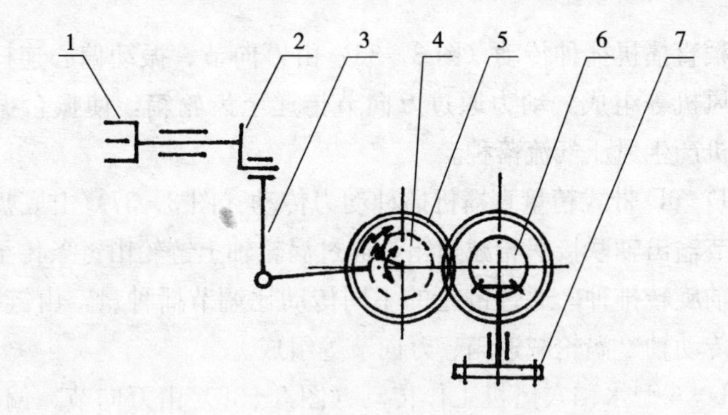

图 3-38　2BD-6型水稻穴播机工作传动示意图

1. 万向节　2. 偏心轮　3. 连杆　4. 棘轮　5. 圆柱齿轮　6. 锥齿轮　7. 排种盘

沪嘉 J-BD-10型水稻直播机播种部件（图 3-39），排种器的动力由播种地轮驱动排种轴，使外槽轮排种器排种，播量通过播量调节装置改变槽轮排种长度，实现调节播量。

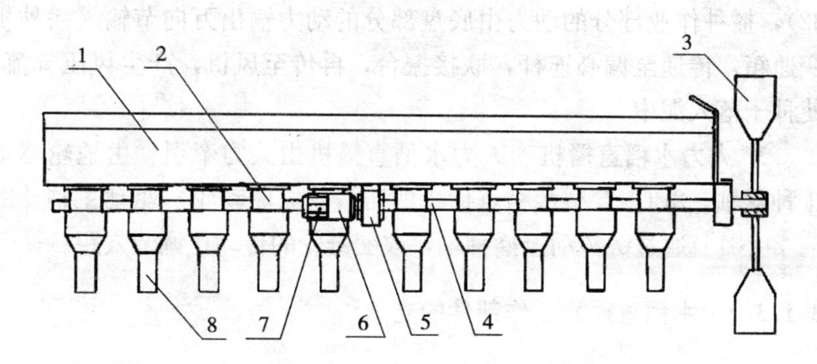

图 3-39　沪嘉 J-2BD-10 型水稻直播机播种部件

1. 种子箱　2. 排种器　3. 播种地轮　4. 排种轴　5. 播量调节装置
6. 堵塞轮　7. 槽轮　8. 排种管

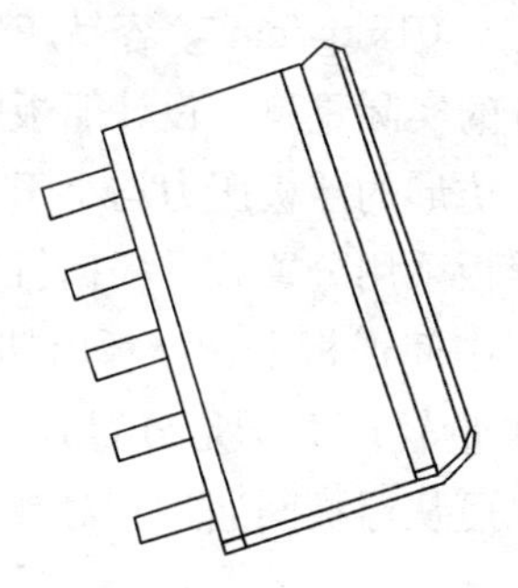

图 3-40　船　板

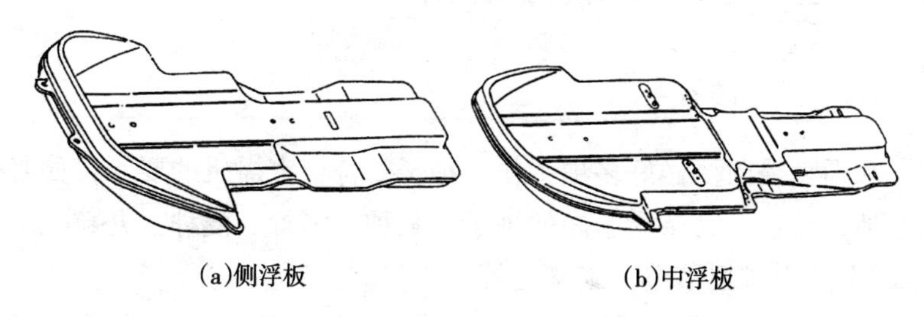

(a)侧浮板　　(b)中浮板

图 3-41　浮　板

2. 四轮驱动播种机 2BD-6型水稻直播机四轮驱动传动（图3-32），播种作业部分的动力由底盘部分的动力输出万向节输入播种机变速箱，传递至偏心连杆，联接振台，再传至风机，产生风压气流，使种子落入泥中。

3. 人力水稻直播机 人力水稻直播机由人力牵引，由地轮驱动排种器轴。2BD-5型水稻点播机的防滑轮（驱动轮）驱动主轴[图3-2（b）]通过链传动至播种轴，改变链轮的传动比调节穴距。

3.1.3.3 水稻直播机工作部件的支承

水稻直播机工作部件（水直播）的支承很重要，起到直播机的承重作用，因此需要一定面积大小的板来支承，习惯称之为船板（图3-40），在液压仿形机中称为浮板（图3-41）。目前国产独轮机动插秧机船板承压力均大于0.015kg/cm^2，容易产生壅泥现象，影响了作业质量。根据播种部分的实际重量，设计船板的面积大小，尽量减轻重量，减少壅泥。液压仿形的浮板压力均小于0.006kg/cm^2，显著地减少了壅泥水问题。浮板采用分置式，根据行数确定浮板的数量。液压控制机构一般设置在中间浮板上，浮板由塑料制成，中间为空腔，因此有一定的浮力，重量轻。由于是分置式，浮板之间有一定的间距，在工作过程中泥水可从浮板间通过，对减少壅泥水浪起到了较好作用。

3.1.4 直播水稻的田间管理技术

3.1.4.1 播前准备

水稻直播前要做好多项工作，种子要符合直播机的要求，如必须经选种、脱芒，无杂质干净的种子，晒种、消毒、浸种（丸粒化或包衣）、直播田耕耙平整、施基肥等。

1. 晒种 种子在浸种前须晒种1～2d，提高种子的发芽势及发芽率。

2. 发芽试验　种子在浸种前先做发芽试验，2～3次重复，要求发芽率在95%以上，发芽势在85%以上。以此根据发芽率及播量的要求，确定浸种的数量。

3. 水选种　如种子不符合农艺要求，存在有杂质和籽粒不饱满，可用泥水或盐水选种。密度1.2左右，用密度计测量，也可用新鲜鸡蛋估测溶液浓度，以蛋露出水面一元硬币大小即可。选种时要搅动，去除瘪粒种及带枝梗的谷秸杂物，且要捞尽。当密度不足时，要补充盐或泥，保持浓度，选后种子用清水漂洗干净。

4. 消毒浸种　水稻直播用的种子进行消毒浸种，其要求与水稻插秧机育苗用的种子消毒及浸种相同。为了预防水稻干尖线虫病、恶苗病等病害发生，在播前，每4～6kg种子用线菌清杀菌剂1包（15g）或施宝克杀菌剂1支（2ml），兑水7～8kg浸种60h。一般不提倡用未经包衣和防病处理的干谷播种，否则病害较重，并产生漂谷现象，影响播种质量。

5. 催芽　根据不同播种机的技术要求，对种子催芽也有不同的要求。有的只浸种不催芽，有的只要求破胸露白。催芽的目的是促进早出苗、出齐苗。催芽的方法：将浸好的种子捞起沥干后用塑料编织袋或其他适合催芽的容器将种子装好，再用塑料薄膜或麻袋、稻草等保温材料盖好进行催芽。一般以露白后适当晾干（种子不粘手）即可上机播种。催芽过长不仅会使种子粘连，堵塞播种槽轮，还会伤根损芽。如遇阴雨天不能及时播种时，应将种子摊开散温，防止谷芽长得过长。

机械旱直播水稻一般只浸种不催芽，以防遇旱回芽，但对土壤墒情较好或采用窨灌增墒后播种的地区，可破胸或露白后播种。

6. 施基肥　肥料是获得作物高产的基础。直播稻基肥施用量应占一生总施肥量40%～50%。在旋耕前根据土壤肥力状况，施足有机肥，每公顷施复合肥300～375kg，碳铵300～375kg，做到有机肥与无机肥、长效肥与速效肥搭配，氮、磷、钾齐全，保证稻苗在前期与中期能吸收到足够的养分。用化肥作面肥，应在平田前施用，施用后整平，混水沉实一天后播种，以防化肥（特别是尿素）与种子直接接触引起烧芽现象。

7. 精细整地

（1）整地要求 水直播与旱直播，均要求整地后田面要平，田面高低不超过 3cm，土壤要求下松上细，土软而不糊。旱直播的土壤则要细平。整地是直播稻提高成苗率的关键因素之一，田面高低相差过大，上水浸谷时高处稻谷不易浸水，排水出芽时，高处易旱稻谷回芽，低处易烂种烂芽。并且影响化学除草剂的除草效果、够苗期烤田对无效分蘖及群体质量控制的效果。由于水稻发芽出苗时顶土能力较弱，土壤过烂、过糊，播下的种子入土过深，易引起淤种、淤芽，也会严重影响成苗率。

（2）整地方法 水直播稻田的前茬作物收获后，可以采取耕翻晒垡或旋耕晒垡后整田，也可以灌水后用中型拖拉机带旋耕机旋耕。不论耕翻或旋耕，尽量保持作业深浅一致，防止整田后假平整，播种后经几天沉实又因犁底层深浅不一出现田面不平。对耕翻晒垡的田块因土垡高度失水，上水后很容易糊浆。为了抢时间播种，水直播稻田麦收后可以不进行耕翻晒垡，直接用中型拖拉机带浅水旋耕（或用手扶拖拉机旋耕碎垡）后，用水田驱动耙初次整平，再用一根长 2.5～3m、宽 20cm、厚 5cm 表面光滑的木板挂在手扶拖拉机（或挂在水田驱耙）后，带瓜皮水进行边整田边压平田面即可，经沉实一夜，第二天进行播种。

旱直播稻田前茬收后，采取少免耕作法，利用原有的畦、沟，清理或移走前茬留下的秸秆等杂物，用 2BG－6A 型旱直播机直接进行浅旋、播种，一次完成作业。旱直播田播种后要及时清理畦沟、围沟和串心沟，做到遇旱能抗、遇涝能排。土壤黏性较重的田块更应以少（免）耕作播种为主，因为这类田块耕翻和中拖旋耕灭茬后，不易整地，土块过粗，不利保墒出苗，化除效果很差；整地过细，遇水易板结不利出苗，且整地时间过长，延误播种时间，遇阴雨天气不能作业，只能改为水直播。

8. 播种量的确定　直播稻具有较强的分蘖优势，如何适度利用这一优势，又控制因为分蘖优势而衍生的高位、高次分蘖过多，导致群体过大的劣势，是直播稻高产的关键。确定适当的播种量，构建适宜的起点群体十分重要。播量过大，容易造成苗数偏多、群体过大；播量过少，播后遇到雀、鼠危害及其他影响立苗、全苗的不确定因素，不能确保安全基本苗数。播量的确定应根据土地肥力情况、千粒重的高低、出芽率、成苗率多少、品种特点等因素综合考虑。水直播常规稻每公顷基本苗120万～150万，千粒重28g左右，发芽率95%以上，成苗率达70%左右，每公顷播量52.5～67.5kg。

旱直播稻播种量与水直播相近，土壤肥力较差的田块可适当提高至75kg/hm² 左右。

3.1.4.2　播后田间管理

1. 水浆管理

（1）机播后应及时开好畦沟、围沟，做到沟系配套，确保排灌畅通，防止闷芽和烂芽；保持沟中有水、土表呈湿润状态，不发白，不开裂。如因田不平、低洼处积水时可开小引水槽流入水沟。

（2）稻苗3.1叶以前，水层管理以湿润灌溉为主，即晴天满沟水，阴天半沟水。稻苗3.1叶以后，应建立薄水层。

（3）3叶期前，田面严禁淹水；3叶期后，进入常规管理。

（4）3～4叶期做好移密补稀工作。

2. 防除杂草　水直播主要发草高峰期有两次，第一次是水稻出苗前土壤湿润阶段；第二次是三叶期后建立水层阶段。在防治上狠治一次高峰，采取芽前封杀减少发草基数；控制二次高峰，进行茎叶处理，消灭杂草危害。

化学除草可针对直播稻两次发草高峰进行立苗前封杀和立苗后茎叶处理两次用药。具体方法如下：

1）立苗前封杀化除

（1）播前化除　直播田前茬是休闲、绿肥或腾茬早的茬口，直播稻播期接近常规移栽田，季节充裕，可在播前3～5d，田面上浅水，每亩用60%丁草胺乳油75～100ml，兑水50kg，均匀喷洒田面；也可用25%恶草灵乳油200ml，兑水30kg均匀喷洒田面，保水3～5d后排水播种．用60%丁草胺乳油100ml，加10%苄口密磺隆可湿性粉剂15g拌毒土均匀撒施，保水3～5d后排干水播种。

（2）播后用药 在播后苗前，对没有进行播前化除的直播田，用丁草胺乳油或恶草灵、丁恶合剂（按前面提到的剂量）均匀喷洒。特别要注意的是使用时田面不能建立水层，以免对芽、苗产生药害，二叶一心后即可灌水。也可用丙草胺乳油（即扫茀特）防除，水直播催芽播种后2～4d稻种扎根现青时，每亩用30%丙草胺乳油100～115ml，兑水30kg进行田面均匀喷雾，喷药后保持田间湿润，2d后复一次浅水；或者丙－苄合剂（主要除草剂配方及使用方法列于表3-1内），根据实际情况择宜使用。

2）立苗后茎叶处理 直播稻在稻苗3叶期以后直至5叶期是第二次发草高峰，可以进行第二次用药，此时的稗草已4～5叶，阔叶杂草也已3～4叶，只能进行茎叶处理。用药的种类、用量与方法：

（1）农美利 该药属芽后茎叶处理剂，适用于防治禾本科杂草、莎草及阔叶草，包括稗草、车前臂形草、芒稷、异型莎草、碎米莎草、萤蔺、紫水苋、扁秆藨草、假马齿苋、鸭舌草、粟米草、大马蓼、瓜皮草、大果田菁、类瓣花等，尤其对高龄稗草和抗性稗草效果极佳，但对千金子和水莎效果较差。使用方法及用量：稻苗在三叶以后，每亩用10%悬浮剂水直播稻田10～26ml，兑水30kg喷雾，喷雾前排干田水，喷药后1～3天灌浅水以保证其稳定的效果。

（2）苄嘧磺隆 即苄磺隆、农得时、稻无草等。该药是内吸性除草剂，对水稻安全，适用于不同土质和各种类型稻田除草，药效期40～50d。对一年生及多数多年生阔叶杂草和莎草科草、陌上菜、节节菜、假蕹芽、萤蔺、泽泻、异型莎草、碎米莎草、水莎草、牛毛毡、日照飘浮草、扁秆藨草、花蔺等杂草有较好的防除效果，对稗草有一定的抑制作用。该药可作第二次用药，也可作播前用药。水直播

表 3-1　水直播稻田除草剂施用参考表

除草剂名称	亩用量	施药时间及方法	主要防治对象	注意事项
30%丙草胺（扫茀特）乳油或 30%丙草胺乳油＋苄磺隆可湿性粉剂	100～125ml 或 100ml＋10g	催芽谷播种2～4d 稻芽立针，田面水分饱和时喷药，喷药后 2d 灌浅水层，保水 5d 后正常管理	稗草、鸭舌草等多种一年生杂草，药效期长，对扁秆藨草、水东草差。混用比单用杀草谱宽	秧根具有吸收能力时施药
60%优克稗乳油	150～200ml	播种后 2～4d 施药，保水层3～5cm，5～7d	稗草	防除 1.5 叶期前稗草
60%优克稗乳油＋10%苄磺隆可湿性粉剂	150ml＋10～15g	播种后 2～4d 施药，保水层3～5cm，5～7d	稗草等多种阔叶杂草及莎草	严格水管理
60%优克稗乳油＋10%苄磺隆可湿性粉剂	150ml＋10g	播种后 2～4d 施药，保水层3～5cm，5～7d	稗草等多种阔叶杂草及莎草	严格水管理
10%苄磺隆可湿性粉剂＋60%丁草胺乳油	10～15g＋100ml	播后 10d，秧苗 1.5 叶期，稗草 1.5～2.5 叶期，田面水饱和状态施药	稗草等多种一年生杂草及草科杂草	忌淹水
10%农得时可湿性粉＋60%丁草胺乳油	15g＋225～267ml	播种后 2～4d 施药，保水层3～5cm，5～7d	稗草等多种一年生杂草及草科杂草	忌淹水
96%禾大壮乳油或 96%禾大壮浮油＋10%苄磺隆可湿性粉剂或 10%草克星可湿性粉剂	150～200ml 或 100～150ml＋15g 或 10g	稗草 1.5～3.5 叶期，田间保水层药土撒施，保水 5～7d	稗草（立针到 5 叶）	严格水层管理
60%快杀稗可湿性粉剂	30g	稗草 3～5 叶期排田水喷雾	稗草（立针到 5 叶）	勿在秧苗 2.5 叶前施用
48%苯达松水剂＋60%快杀稗可湿性粉剂＋20%二甲四氯水剂	150～200ml＋20～30g＋199ml	播种后 20～25d，稗草 3～5 叶期，秧苗分蘖期，排田水喷药，2d 后复水	稗草、扁秆藨草、三棱藨草、异型莎草、鸭舌草、慈姑、水莎草等，一次施药	在排灌难的田块勿用，并注意对邻近双子叶作物的影响

注：所有除草剂使用均需兑水均匀喷雾。

稻从播后到20d内施用都可以，在杂草萌发初期施药效果最佳。为了提高防除稗草的效果，苄嘧磺隆应与丁草胺、二氯喹啉酸等除草剂混合使用。此外，禾大壮等均可作为茎叶处理的良好除草剂。

3.1.4.3　防治病虫害

（1）苗期稻蓟马、稻象甲和潜叶蝇的防治　在秧苗放青后做到常检查、勤观察，一旦发现虫情，立即用药防治。

（2）防治稻蓟马与潜叶蝇　可用40%氧化乐果乳油每亩50～75m，兑水30～50kg喷雾。

（3）防治稻象甲　整田后稻象甲大量栖息在田埂旁、路边、水塘、渠道边的杂草和表茎秆中，是围歼的有利时期。可用40%水氨硫磷乳油100ml或菊乐合剂50ml，兑水50kg，在傍晚（阴天也可在白天）用喷雾机喷雾杀灭。也可在秧苗现青后观察。一旦发现田间有断秧时立即用上述药防治。用药时田间要有浅水，以提高防治效果。

采用杀菌、杀虫、“二合一”药进行种子处理，既起到防病作用，又起到防治苗期稻蓟马、潜叶蝇和稻象甲的作用。具体做法是：用25%施宝克乳剂2ml加10%吡虫啉可湿性粉剂10～20g，兑水7～8kg，浸4～6kg种子48～60h，捞起晾干后播种，苗期可起到防治作用。

3.1.4.4　三叶期后大田管理

1. 分蘖期管理　这阶段主攻目标是壮苗适合群体，为足穗大穗奠定基础。直播稻由于分蘖时间长，分蘖部位多，易产生高次高位分蘖，导致总苗数过多、群体过大，而形成“笑苗哭苗”。因而在栽培策略上应控制低位分蘖，主攻中位分蘖，抑制高次高位分蘖，大力提高分蘖成穗率。具体措施应掌握以下几点：

（1）及时适量施好“断奶肥”　对基肥少、底施速效肥数量不多的田块，在稻苗二叶一心时每亩施肥（折硫酸铵）5kg左右，也可施碳铵10kg左右，主要目标是促进秧苗从异养向自养转化。若大田基肥施得足，又有速效肥、底肥，秧苗生长好的田块断奶肥可不施。

（2）施好分蘖肥 为了控制低位分蘖，直播稻分蘖肥可在稻苗叶龄4～6叶时施用，每亩施尿素5kg左右，对已施过断奶肥的田块，分蘖肥可迟施、少施或不施，具体根据苗情而定。分蘖肥也可结合第二次化学除草，把除草剂和化肥拌和一起撒施，施后保水3～5d。

（3）做好移苗补缺工作 对机播后出现的缺苗断行现象，在稻苗4～5叶时移密补稀，确保整个田块秧苗生长均衡。

（4）加强水浆管理 直播稻3叶期后及时建立浅水层促进壮苗。

2. 生长中期管理 这阶段主攻目标是建立高质量群体，实现壮秆大穗。这一时期是直播稻栽培中扬长避短、适度利用分蘖优势、促进根系深扎、形成壮秆大穗、构建高质量群体的关键时期。具体应抓好以下几个方面的措施。

（1）适时烤田 控制直播稻低位分蘖可采取适当推迟分蘖肥的施用时间和控制施用量来实现，但高次分蘖与高位分蘖如何才能使其休止，并克服其扎根浅的弊端，只有适时早烤田，以水控肥，以水控蘖，控上促下的途径。当直播稻总苗数已达到预定穗数量时即开始烤田，直到田面硬板、田边裂小缝、分蘖明显受到抑制时再复水。如仍未得到抑制，而田面已开大裂缝，则可灌跑马水后继续烤，直到分蘖受抑制再复水。使最高分蘖数为预定穗数量的1.2～1.5倍，预计成穗率70％～80％。只要总苗数合理，就能构成高质量群体，进而协调个体与群体的矛盾，实现直播稻高产稳产。

（2）施好穗肥 由于直播稻够苗期出现早，至穗分化始期之间的滞缓生长期长，此期间中稻即无效分蘖期、晚稻即有无效分蘖期又有长粗期，如稻苗出现落黄现象可施用接力长粗肥；如有有机肥可适量施用，也可施用适量复合肥。此肥也不宜施用过量，过量易引起基部节间及中层叶片抽长，导致群体恶化，封行过早，茎秆细长，加剧倒伏的可能。掌握的原则是不黄不施，施后穗分化。功能叶色褪淡，应施穗肥。穗肥应据叶色苗情适量施用。在不施长粗肥，叶色褪淡基础上，叶龄余数3.5～2.5叶可施促花肥，以促进颖花总量的分化；

促花肥用量少，叶色褪淡的前提下，叶龄余数在1.5～1叶时可施保花肥，以减少颖花退化。这两次肥的目的均为促进大穗。使用量为每亩尿素5～15kg。

(3) 及时防治病虫害 这阶段主要防治纵卷叶螟、稻飞虱、螟虫、纹枯病、稻曲病等。防治方法可按照常规移栽稻打总体防治战役。用复配农药一次多药，一次多治。

3. 抽穗后管理 这阶段主攻目标是青秆活熟，提高结实率和粒重。直播稻前期根深，后期表层根多、分布浅。若是免耕直播则易出现早衰，若群体过大、病虫害严重，早衰更会加剧，导致结实率、粒重下降。具体应采取以下措施：

(1) 看天、看苗施好粒肥 穗肥用量不足、叶色褪淡的田块可适当补施一些粒肥，一般每亩施标肥2～5kg，也可采取根外追肥的办法补施粒肥。

(2) 抓好水浆管理 由于水稻穗下两节间缺乏通气组织，保持下位叶的寿命有利根系不早衰，确保后期对穗部养分的输送，以提高结实、增进粒重。措施上做到以水调肥，以水调气，以气促根。实施湿润灌溉。在水稻灌浆期增加土壤供氧量，延长根系活力。后期断水不能过早，防止脱水过早而青枯、早衰，影响粒重。

(3) 防治后期病虫害 主要是稻飞虱、纹枯病、稻瘟病等。直播稻由于后期群体大，稻株基部病虫害（如稻飞虱、纹枯病等）易于发生，防治难度大；麦茬直播稻或其他前作的直播稻由于播期比移栽稻迟，抽穗期也较迟，易遭稻瘟病危害，加强这二病一虫的防治，能确保稳健生长、成熟高产。

(4) 适时收割 直播稻完熟后及时收获，以免影响产量，出现烂稻场，并影响后作及时种植。

图3-42是机直播水稻栽培技术工艺流程图。

3.1.5 水稻机械化直播技术的发展

国外直播机向复式作业方向发展，它除了精密播种、施用基肥以

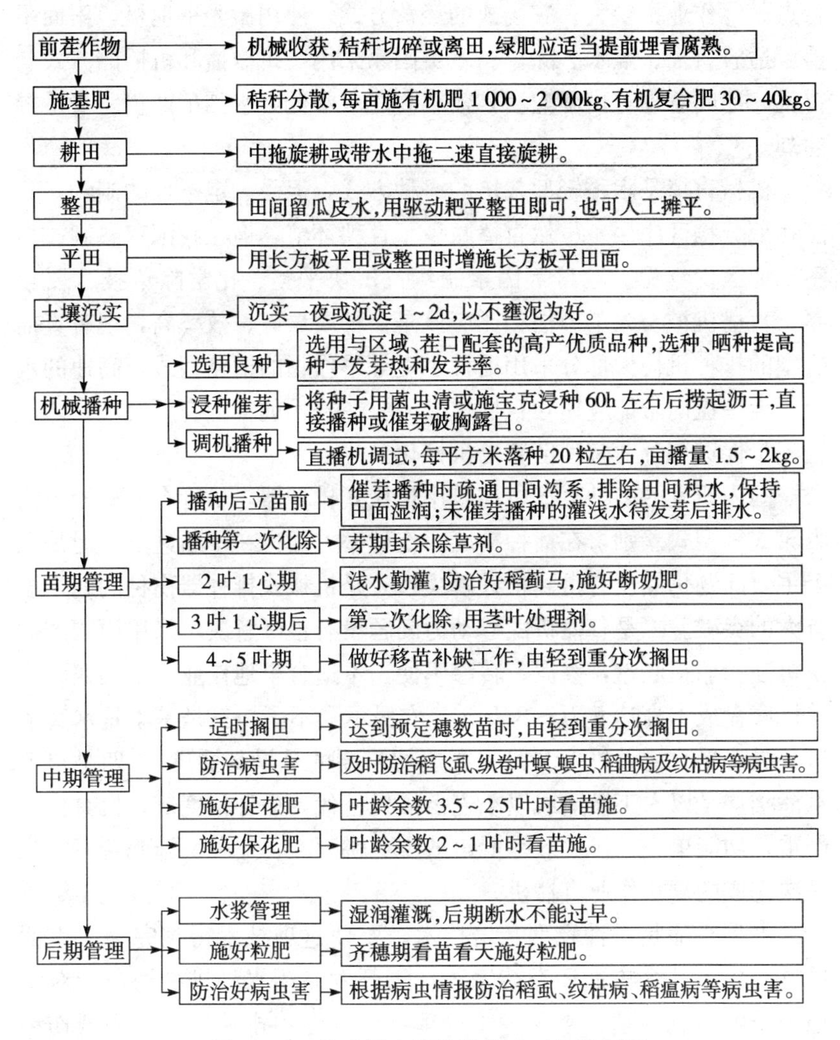

图3-42 机直播水稻栽培技术工艺流程图

外，要具有在种子表面施播覆肥的功能，确保水稻出苗率，改善土壤结构。以美国、意大利、澳大利亚为代表的直播模式，以使用大型机械为主，其主要特征：①使用配套动力73.55～147.1kW耕整、播种、收获机械；②无论大型耕整地机械或飞机撒播作业均突出高效的特点；③作业田块大，农场式的经营方式，使用激光平地机，田面平整，适宜直播、灌水、除草。欧美国家采用飞机撒播和机播的方式与耕整、田间管理等措施配套，效率高、成本低，水稻单产仍跻身世界前列。

机械直播是水稻轻型栽培的一种方式，但受一定条件的制约，只能在部分稻区应用。虽然直播减少了育秧环节，但在我国双熟制、多熟制地区受气温、茬口等因素制约，田块平整、化学除草技术要求高。直播机械与人工撒播相比应该是播种质量好、效率高，现有直播机型的排种机构大部分采用播种小麦等旱作物的槽轮型式，高速的水田行走底盘尚未能应用，直播机械需要在技术创新上有所突破，才能进一步促进部分适宜稻区直播机械化。

国内研发的多种直播机均采用机械式排种器，尽管有外槽轮或窝眼轮式等型式差别，在播种精度、伤种率方面也在不断进步，但是几个主要问题仍然没有得到很好解决：一是机械式排种器伤种问题，没有大的突破。二是直播机配套动力问题没有很好解决，采用原国产插秧机独轮船板底盘，壅泥、转移不便，不适合旱地作业；采用四轮插秧机底盘成本高达 5 万～8 万元，农民承受不了。三是基本是水直播机，没有旱直播种机（农民现在迫切需要的是旱直播机）。四是目前直播稻均是以人工撒播或以小麦条播机替代，播种精度低，机具伤种严重，功能单一，作业效率低，缺少免耕灭茬、播种、施肥、开畦沟一次完成的复式作业直播机。

水稻直播是一种轻型栽培技术，要使这项技术得到完善，直播机械在以下几个方面还有待完善：①开发专用水稻排种器。针对水稻种子特点开发适合水稻种子物理特性的专用排种器，要降低伤种率，提高播种均匀性。②复式联合作业。根据我国国情，在整机方面应开发与中马力拖拉机配套的中小型、多功能复式作业机，通过复式作业提高机具作业效率。③根据国内外播种机械的发展历程和我国当前对水稻旱直播机的技术需求，显著的发展趋势是以拖拉机为动力，复式高效作业，一机多能；免少耕处理秸秆与残茬，秸秆还田，免烧秸秆；精（少）量播种，不间苗；气力式播种，降低伤种率。

3.2　水稻盘育秧播种机械化技术

3.2.1　水稻盘育秧的主要形式

水稻盘育秧是水稻机械化高产栽培技术体系中的关键环节，与常规育秧方式相比，水稻盘育秧的显著特点是播种密度大、标准化要求高。盘育秧方式按秧盘的软硬分硬盘育秧和软盘育秧；按育成秧苗的性状分钵体苗盘育秧和毯状苗盘育秧；按育秧播种地点分田间育秧和工厂化育秧。

育苗全程机械化就是在水稻育苗过程中，各个主要环节都由机械进行操作完成，如播种、装土、碎土等，一些辅助环节由人工完成，如搬运等。育苗全程机械化由于投入大、成本高，主要是在高标准、大规模工厂化育秧中应用。

3.2.2　水稻盘育秧播种的技术要点

3.2.2.1　壮秧的标准

日本在20世纪70年代就绘制出一幅机插稻小苗的理想壮苗形态图，用以指导育苗，至今也未有多大变化。我国机插中小苗壮秧的形态，由于我国水稻品种类型多样，大的类别有常规籼、粳稻和杂交稻三类，每一类型中品种间株高、叶形亦有较大差异，大面积生产应用的品种由株高90cm到130cm的都有，所以在我国很难得出一个各地通用的中小苗壮秧形态指标。但是从适应机插的要求出发，中小苗壮秧也有一些共同的要素，即：株高适中12～17cm，苗基粗度较粗，根系健康有力，盘结好，叶色鲜绿无病斑，不带害虫。

以下绘制出江苏机插稻（直立或半直立穗型中、晚粳）中小苗壮秧形态模式图（图3-43），以供参考。

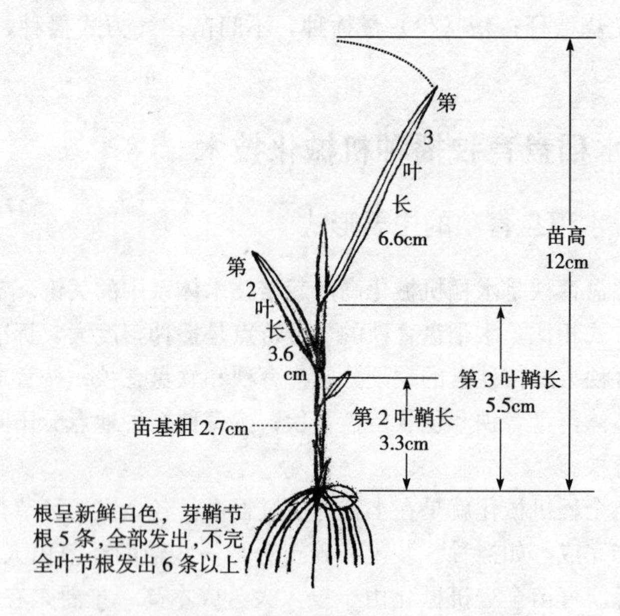

图3-43　江苏中粳机插中小苗壮秧形态模式

根据水稻机械移栽作业的技术特点，结合水稻高产栽培的农艺要求，秧苗须具备两方面的基本要求：一是秧块标准。秧苗分布均匀，根系盘结，适合机械栽植。二是秧苗个体健壮。无病虫害，能满足高产要求。

机械移栽秧苗采用中小苗带土移栽，单季稻及中稻一般秧龄为15～20d，早稻育秧由于积温偏低，秧龄适当延长。但无论秧龄如何变化，一般都在3.5～4.0叶龄内移栽。秧苗素质的好坏可以秧苗的形态指标和生理指标两方面来衡量，在实际生产中，可通过观察秧苗的形态特征来判断。壮秧的主要形态特征是：茎基粗扁，叶挺、色绿，根多色白，植株矮壮，无病株和虫害。其中茎基粗扁是评价壮秧的重要指标，俗称“扁蒲秧”。适合机械化移植的秧苗，要求个体健壮，根系发达，单株白根量多，根系盘结牢固，盘根带土厚度2.0～2.5cm，厚薄一致，提起不散。

1. 作业流程　见图3-44。

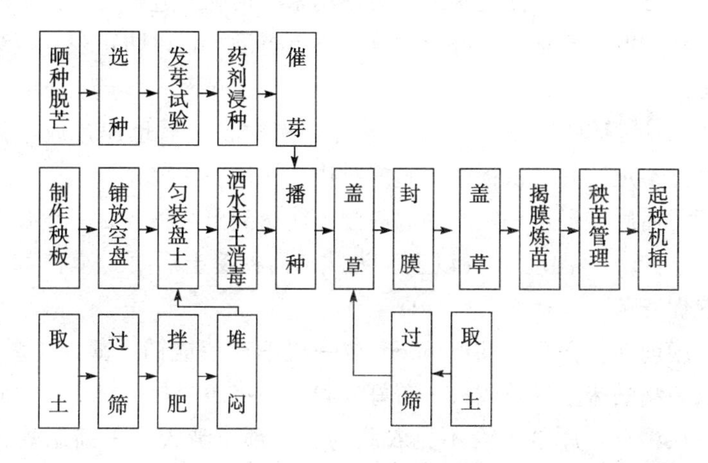

图3-44　软盘育秧作业流程图

2. 操作方法　在软盘育秧过程中，各操作环节的标准化是确保育秧质量的基本要求。其中播种质量直接关系到秧苗素质和机插质量，为此实际操作中要根据具体的品种准确计算播量，力争播种均匀。

（1）顺次铺盘　秧板上平铺软盘，为充分利用秧板和便于起秧，每块秧板横排2行，依次平铺，紧密整齐，盘与盘的飞边要重叠排放，盘底与床面紧密贴合。

（2）匀铺床土　铺撒准备好的床土，土层厚度为2～2.5cm，厚薄均匀，土面平整。

（3）补水保墒　播种前一天灌平沟水，待床土充分吸湿后迅速排水，亦可在播种前直接用喷壶洒水，要求播种时土壤饱和含水率达85%～90%。可结合播种前浇底水，用65%敌克松与水配制成1∶1 000～1 500的药液，对床土进行喷浇消毒。

（4）精量播种　播种时按盘称种。一般常规粳稻每盘均匀播破胸露白芽谷120～150g，杂交稻播80～100g。为确保播种均匀，可以4～6盘为一组进行播种，播种时要做到分次细播，力求均匀。

（5）匀撒覆土　播种后均匀撒盖籽土，覆土厚度0.3～0.5cm，以盖没芽谷为宜，不能过厚。注意使用未经培肥的过筛细土，不能用拌有壮秧剂的营养土。盖籽土撒好后不可再洒水，以防止表土板结影响出苗。

（6）封膜保墒　覆土后灌平沟水，湿润秧板后迅速排放，弥补秧板水分不足，并沿秧板四周整好盘边，保证秧块尺寸。

芽谷播后需经过一定的高温高湿才能达到出苗整齐，一般要求温度在28～35℃，湿度90%以上。为此，播种覆土后要封膜盖草，控温保湿促齐苗。

封膜前在板面每隔50～60cm放一根细芦苇或铺一薄层麦秸草，以防农膜粘贴床土导致闷种。盖好农膜，须将四周封严封实，农膜上铺盖一层稻草，厚度以看不见农膜为宜，预防晴天中午高温灼伤幼芽。对气温较低的早春育秧或倒春寒多发地区，要在封膜的基础上搭建拱棚增温育秧。拱棚高约0.45m，拱架间距0.5m，覆膜后四周要封压严实。在鼠害发生地区，要在苗床膜外四周撒上鼠药，禁止将鼠药撒入棚膜内。

3.2.2.2　机械化育秧播种

盘式育秧也可采用机械播种。水稻育秧播种机可分别进行铺土、播种、覆土等作业，而播种流水线则可一次性完成铺土、洒水、播种、覆土等四道工序的作业（图3-45）。机械播种的效率高，质量好，目前生产中使用较多的育秧播种机械主要包括手推式播种机、手摇式播种机、水稻育秧播种流水线等。

采用机械播种时，要准备适宜数量的硬塑盘作为托盘周转。播前要调试好播种机，使盘内底土厚度稳定在2～2.5cm；精确调整好播种量，使每盘播芽谷稳定在预先确定的适宜范围；覆土厚度0.3～0.5cm，以看不见芽谷为宜；洒水量控制在底土水分达饱和状态，覆土后10min内盘面干土应自然吸湿无白面。

播种结束后可在田间脱去硬盘，置软盘于秧板上；也可在室内叠盘增温出芽后，移至秧田进行脱盘。此时软盘仍需在秧板上横排两

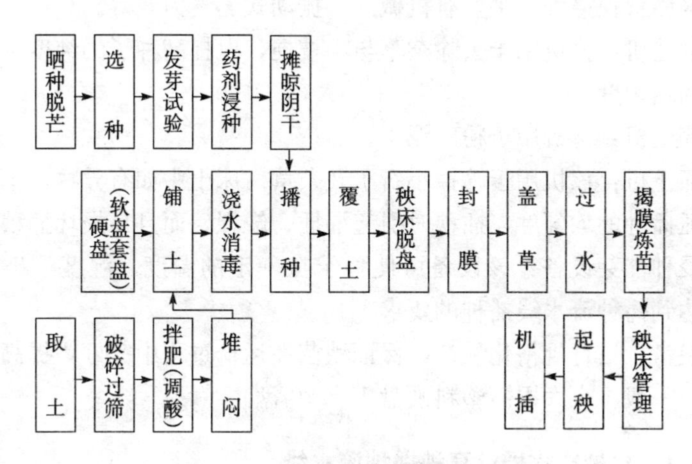

图 3-45　机械播种育秧操作流程

行、依次平铺，做到紧密整齐，盘底与床面密合。

3.2.3　水稻盘育秧播种设备

在水稻育秧移栽种植技术中，秧盘育秧是关键环节之一，为实现水稻抛、插秧栽植机械化，需研制用于钵体苗和毯状苗两种类型的秧盘育秧播种流水线，这是实现水稻种植机械化的重要保障。随着工厂化秧盘育苗技术的推广，以及在蔬菜、花卉秧盘育苗方面研制出较成熟的设备基础上，亚洲的日本、韩国等从 20 世纪 70 年代开始研发适用于水稻秧盘育秧的播种设备。国内也在消化吸收国外育秧播种设备基础上，从 20 世纪 80 年代起开始研制水稻育秧流水线，随着水稻新品种的出现，水稻育秧工艺不断改进与完善，近年来国内外水稻秧盘育秧播种流水线的机械化及自动化水平也在逐步提高。

育苗全程机械化技术所用机械如下：

播种流水线：播种流水线是培育规格化秧苗的关键设备，装土、浇水、播种、覆土等作业环节均在流水线上一次完成。有的流水线还有秧盘供送、秧盘叠放的工序。按播种装置的结构形式和工作原理分类，水稻育秧播种器主要有机械式、振动式、气力式等。

脱芒机：该机用于去除杂草与小枝梗，以提高种子的纯度，确保插种的均匀度。

碎土机：该机用于粉碎泥土。

筛土机：该机用于筛掉小石子及杂草。床土中如有异物，不仅不能保证播种的均匀度，插秧时引起漏插、缺棵，而且易损坏插秧机。

浸种催芽设备：该设备可使种子在一定的温度、湿度下破胸露白，达到播种流水线播种的要求。

秧盘：培育规格化秧苗，保证秧苗在运输过程中完好，提高机插质量。一般 1 亩大田需塑料硬盘 17～20 盘。

3.2.3.1　机械式水稻盘育秧播种流水线

1. 技术参数　见表 3 - 2。

表 3 - 2　水稻盘育秧播种流水线技术参数

<table>
<tr><td colspan="2">型　号</td><td colspan="2">2BL - 280B</td></tr>
<tr><td rowspan="3">机器
尺寸
(mm)</td><td>长</td><td colspan="2">4 650</td></tr>
<tr><td>宽</td><td colspan="2">530</td></tr>
<tr><td>高</td><td colspan="2">1 100</td></tr>
<tr><td colspan="2">重量（kg）</td><td colspan="2">120</td></tr>
<tr><td colspan="2">动　力</td><td colspan="2">50Hz　220V　300W</td></tr>
<tr><td rowspan="3">容
积
(L)</td><td>铺土箱</td><td colspan="2">45</td></tr>
<tr><td>播种箱</td><td colspan="2">30</td></tr>
<tr><td>覆土箱</td><td colspan="2">45</td></tr>
<tr><td colspan="2">播种量的调节</td><td colspan="2">由调速电机的旋钮控制</td></tr>
<tr><td colspan="2" rowspan="2">播种量范围
干种 g/盘</td><td>杂交稻</td><td>常规稻</td></tr>
<tr><td>50～90g/盘</td><td>50～130g/盘</td></tr>
<tr><td colspan="2">铺土厚度（mm）</td><td colspan="2">20～25</td></tr>
<tr><td colspan="2">覆土厚度（mm）</td><td colspan="2">3～5</td></tr>
</table>

2. 工作原理　2BL - 280B 型水稻盘育秧播种流水线由自动送盘

装置、铺土总成、洒水总成、播种总成、覆土总成和传动系统以及机架等组成。它的动力分别由 3 台电机提供：一台电机带动铺土总成及传动系统，一台调速电机带动播种总成，另一台电机带动覆土总成及传动系统。作业时，秧盘先通过铺土总成铺底土、再通过洒水装置将底土洇足水分、播种总成完成均匀播种、表面覆土后，再经过毛刷和刮平装置，一次完成铺土、洒水、播种、覆土等多道工序的流水作业（图 3-46）。

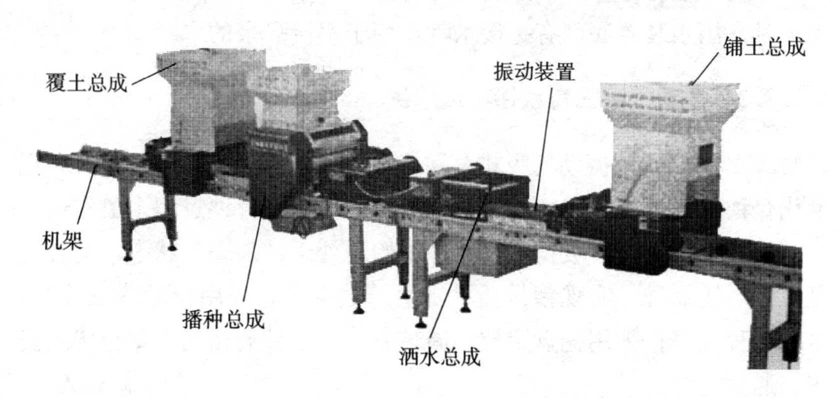

图 3-46　2BL-280B 型水稻盘育秧播种流水线

3. 基本结构

（1）播种装置　多槽式大排种轮（图 3-47）排种槽多次、反复充种，引导种子以长轴方向落入种槽，长粒种均匀充种。高速刷轮清种，把余种抛起重新进入充种段，并调整种子长轴的充种方向，实行多次连续充种；独特的设计柔性护种板，采用

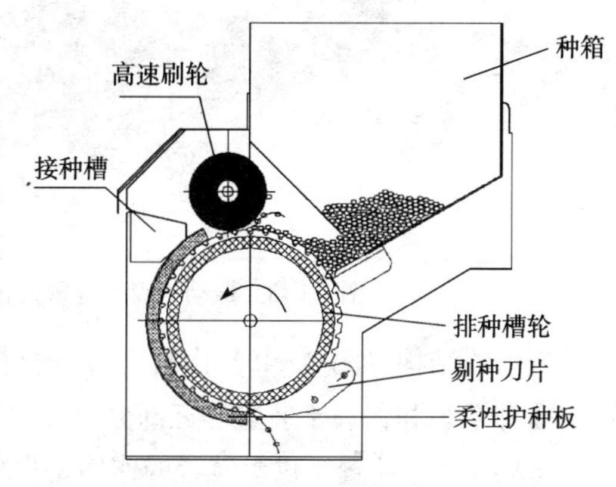

图 3-47　多槽式播种装置

刚、柔结合的结构，槽内种子经过180°护种段，既不伤种又保持均匀的充种状态。

（2）毛刷及刮土装置 铺土、覆土作业时，毛刷用来清除秧盘上层的多余土壤；毛刷分4挡，可调节，铺土厚度为20～25mm。刮土装置用来去除多余土壤，可根据各地农艺要求调到最佳状态。

（3）洒水装置 水管一端接入水源，通过手柄控制阀调节水压和水量。洒水装置底部有一接水盘，用于盛接多余的水。

3.2.3.2 振动气吸式育秧播种流水线

2QB-280Z型振动气吸式育秧播种流水线（图3-48）是针对规模化育秧而设计的，连续、自动、高效、精密，育秧过程多道作业一次完成；采用振动气吸技术，使种子始终处于“沸腾”状态，配合整盘气吸对靶播种，实现精量播种，生产效率高；采用自动落盘装置，自动化程度好；采用托盘定位、周转方式，各种规格的软塑盘均能使用，通用性好。

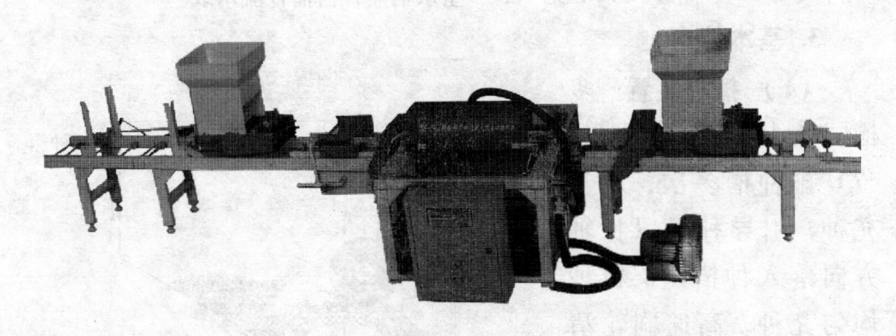

图3-48 振动气吸式育秧播种流水线

流水线结构（图3-49）由自动放盘机构、铺底土装置、洒水装置、播种系统和覆表土装置等五部分组成。

（1）供盘装置 供盘装置的作用是将秧盘按设定的节拍有序地供给后续工序，保证落盘与精量播种合拍，实现对靶播种。工作时，

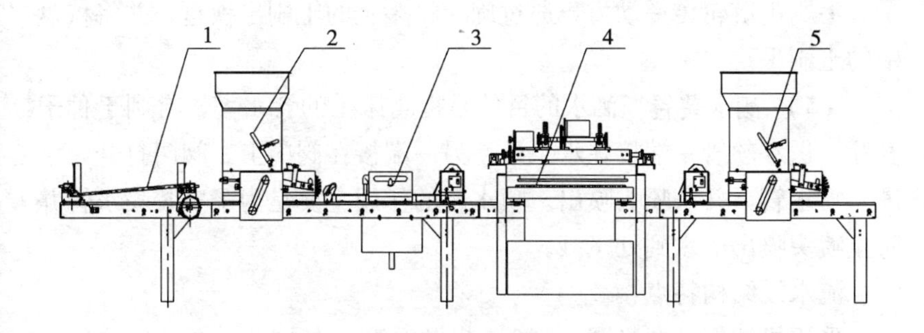

图 3-49　振动气吸式育秧播种流水线结构

1. 自动放盘机构　2. 铺底土装置　3. 洒水装置　4. 播种系统　5. 覆表土装置

将一叠盘放于由限位角钢组成的框架内，由插销挡住。通过机件配合运动，每次只有一张盘落下，同时插销伸出，挡住上面的其他盘，完成一次供盘。

（2）铺土装置　铺土机的作用是在播种之前在秧盘里均匀地铺上底土。当电机启动，通过链条传动，带动铺土机中的主动辊转动，铺土皮带在主动辊的带动下转动，铺土箱中的土被铺土皮带送出，铺到盘中，完成铺土。铺土量可通过土量调节手柄带动土量调节板控制，铺土量应以填充孔穴高 1/3～2/3 为宜。

（3）播种装置　播种装置是秧盘精量播种机的关键部件，通过吸盘的前后、上下运动，将振动种盘上“沸腾”的种子吸拾，然后对靶播入秧盘中，实现精量播种。

工作时电机带动秧盘运动，到达吸种部位上方，吸盘降至振台上的种盘中吸种；吸种后，在电机带动下吸盘提升，并向播种方向平移，当吸盘到达播种部位后，打开气阀，吸起的种子落入秧盘中，完成一次对靶播种。

（4）覆土刷平装置　覆土刷平装置的作用是在已播种子盖上一层床土，并用转动毛刷保证不露种、不窜土。工作时链轮带动覆土辊转动，装在覆土箱中的床土被转动的覆土辊送出，覆盖在播种完毕的秧盘上。覆土量由调节手柄带动覆土量调节板来控制，要求盖住种子。毛刷由链轮传递动力，通过旋转将多余的土刷出秧盘，并将秧盘中的土刷平。

（5）洒水装置 洒水的目的是提高床土的含水率，有利于种子发芽。送水软管一端接在水泵处，另一端接在阀门上。阀门打开，水进入喷水管，并从喷头喷出。喷水箱的作用主要是为了安装喷水管并防止喷头喷出的水到处飞溅。

流水线结构特点：

采用机械振动台（图 3－50）获得垂直方向的单一振动，迫使种盘中种子均衡、均匀振动，达到悬浮状态。

图 3－50 振 台

通过吸种头内腔气道的合理分布，使得近 2 000 个吸孔的负压均匀；通过采用表面容种大孔与底部气流吸种小孔的组合孔结构以及合理的孔径配置，保证了吸种盘上每个取秧面积空穴率低于 2%（图 3－51）。

导向定位栅格（图 3－52）引导种子的流线，有效防止种子下落过程碰撞发散和触土弹跳移位，实现定位对靶播种，确保种子落点精准。

图 3-51　吸种实况

图 3-52　导种栅格

3.2.3.3　振动气吸式育秧多工位组合装备

2QB-4G 型精密播种组合装备（图 3-53）是针对小规模分散育秧而设计的，转移安装方便、工位组合灵活，规模可大可小，适应作物多种多样，播种精度高，机器造价低。

为精确定量定位吸住种子，独创了窝眼式吸种孔（图 3-54）。该窝眼式吸种孔的结构是在吸种孔的上方制有圆柱形窝眼，该窝眼的直径、深度与种子的外形尺寸相匹配，当种子在播种板上流动时，受窝眼的引导只有单粒种子进入到窝眼内被吸种孔吸住，解决了盘育秧单

图 3-53　育秧精密播种多工位组合装备

孔单粒精准播种的技术难题。

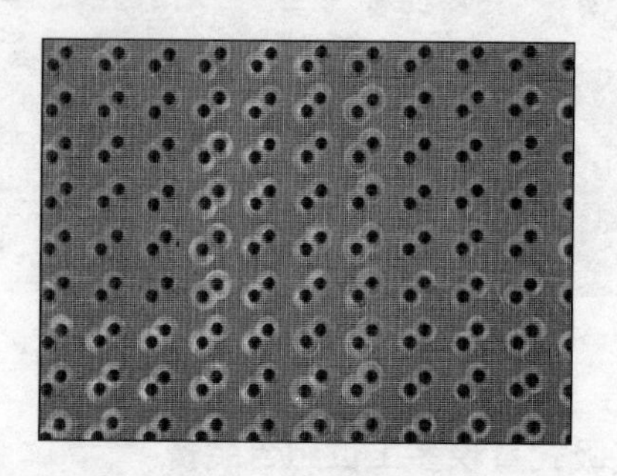

图 3-54　窝眼式吸种孔

从经济性和实用性的角度出发，设计轻便、灵活摇架机构（图 3-55），实现非振动式种子平面流态化，为引导种子充分地充入窝眼创造了前提条件，简洁、实用的结构降低了成本，提高了工效。

以上两种样机都具备多品种的适应性，仅需通过替换不同吸种孔的吸种模板，就可满足不同品种（杂交稻、超级稻、常规稻）；不同尺寸（短粒、中粒和长粒种子）；不同播量水稻精密播种要求，可实

图 3-55　摆动式充种机构

现钵体苗和毯状苗播种。

3.2.3.4　V 形槽振动育秧播种流水线

振动种室与勺式外槽轮定量供种，气动 V 形振动排种盘有序排种，播量根据需要调整方便，播种精度好，成本低（图 3-56）。

采用多层滑板、侧壁振动、底部橡胶弹性板均匀振动等结构，使供种均匀。调节 V 形气动振动排种盘的气流压力大小，可促使种子有序排列，实现不同播量要求的精准播种。

采用气动 V 形振动排种盘（图 3-57）投种位置低，设计种子排出方向与秧盘前进方向一致，实现零速投种，种子触土后产生的弹跳滚动小，投种精确度高。更换排种盘可满足不同秧盘播

图 3-56　2CYL-450 型水稻秧盘育秧精密播种机

图 3 - 57　V形气动振动排种盘

种育秧要求。

3.2.3.5　简易育苗机械化技术特点及相关机械

简易育苗机械化技术是在全程机械化、工厂化育秧基础上，结合当地实际情况逐步发展起来的育苗技术，在育秧关键环节上使用机械，其他环节上配合当地农艺要求，进行人工操作，培育出符合机插的壮苗。其特点是：结构简单，操作方便，可在田头作业，价格便易，一次性投入小，成本大幅降低；且它们的秧田在大田附近，省去了长距离运输的费用。软盘育秧、双膜育秧都是简易育秧的方式。

简易育秧的关键环节主要是播种，播种的均匀性是影响机械插秧质量的关键因素。软盘育秧可以用播种流水线脱盘播种，也可用田间简易播种机播种；而双膜育秧只能使用田间育秧播种设备进行播种。

1. 简易育秧播种设备　根据水稻田间育秧工艺流程及规格，以价值工程原理为指导，在满足播种性能要求的前提下，以最低成本实施，从而达到轻便、价廉物美，群众乐意采用的目的。机插育秧以田间软盘和双膜（切块）为主，已基本形成畦宽 1.4m，播面 1.2m 的田间播种规格。小型播种机由 2 人站立畦沟作业，一次播 4 盘。其整机结构示意图见图 3－58 所示，该机由轨道架和播种机两部分组成，依靠人力推动播种机使排种轮在轨道上滚动实现播种作业，其播量调节靠与排种轮的张开度来实现。

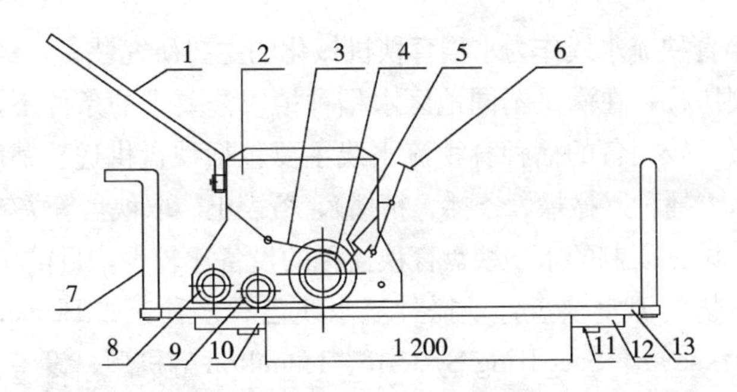

图 3－58　2BTP－56 型手推播种机结构示意简图

1. 把手　2. 种子箱　3. 抖动板　4. 排种轮　5. 限位毛刷　6. 调节手柄　7. 扶手　8. 前尾轮　9. 后尾轮　10. 前集种盘　11. 定位片　12. 后集种盘　13. 导轨

2. 机具技术参数　见表 3－3。

表 3－3　手推播种机技术参数

型号	2BTP－56 型
操作方式	手动
操作人数	2
外形尺寸（mm）	1 900×600×900
重量（kg）	20
箱体容积（L）	28
播幅（cm）	56
排种方式	窝眼轮滚播
生产率（盘/h）	500～70

3.2.4 水稻盘育秧播种技术的发展

3.2.4.1 国内外育秧播种流水线的现状

水稻育秧流水线作为水稻育秧机械化的主要研究装备，经过30多年的发展历程，在满足不同地区水稻种植农艺要求的条件下，已有了较大发展。较完备的播种育秧流水线主要包括秧盘供送、铺底土、压实、洒水、播种（撒播、条播、精播）、覆表土、取秧盘等关键工序。

欧美国家研制的水稻秧盘育秧播种的设备比较少，目前用于蔬菜、花卉等植物的温室秧盘育秧播种流水线已有多种，如Blackmore System、Marksman、Speedling Systerm、Hamilton等机型，设备普遍采用吸针式，每穴1～5粒不等，作业质量较好，功能全，自动化程度较高，如美国Marksman公司的蔬菜育秧流水线。亚洲的水稻秧盘育秧流水线比较多，像日本的井关、久保田、日清、三菱等株式会社都有自己的育秧播种设备，其工艺精湛、自动化程度高，但价格昂贵，且这些流水线多数是针对常规稻3～5粒/穴的盘育秧，采用的播种部件主要有机械式（槽轮、窝眼和型孔）和气力式（吸针、吸盘和滚筒）。

20世纪80年代初，国内主要采用机械式播种方式，如2ZBZ-600型水稻穴（平）盘育秧流水线，采用的播种部件为外槽轮式播种器；90年代起研制振动式原理的播种流水线，对播种质量有较大的提高；90年代后期，随着钵体苗移栽技术的发展，如2QB-330型气吸振动式秧盘精量播种机，是国内播种部件采用吸盘式的代表；为解决气力式吸孔堵塞问题，1999年研制的2ZBQ-300型双层滚筒气吸式水稻播种机。

按播种装置的结构形式和工作原理分类，水稻育秧播种器主要有机械式、振动式、气力式等。

1. 机械式播种装置 水稻秧盘育秧机械式播种器主要以槽轮式、窝眼轮式或型孔式为核心工作部件，槽轮式多用于撒播或条播，窝眼轮式或型孔式多用于穴播。从结构形式可以看出，机械式播种器具有机构简单、造价低、生产率高等特点，但为保证充分充种，种槽的结构尺寸相对都比较大，播种量可达2～7粒/穴，对播种量控制不算严格，而且伤种现象也比较严重，针对常规水稻的大排量育秧播种效果较为理想，也是国内外应用较广的一类播种器。

2. 振动式播种装置　振动式水稻育秧播种机具有机械结构比较简单、不伤种、效率高、对种子适应性强等特点。影响排种精度的因素不仅有水稻种子千粒重及形状，还包括振幅、频率、振动倾角、排种盘幅宽及弹簧刚度等，都会直接影响到排种盘里种子流的均匀性，造成漏播或空穴。

3. 气力式播种装置　目前用于水稻育秧的气力式播种装置主要采用气吸方式，气吸式播种器主要有吸针式、吸盘式和滚筒式。水稻吸针式播种器一般采用往复摆动式机构带动吸嘴，主要用于单粒播种，精度比较高。但目前的工作频率提高范围不大，单排吸针生产效率仅能达到100盘/h左右。另外，对于吸孔堵塞也是吸针式播种器不容忽视的问题，对于水稻种子，所需的吸嘴孔径一般在1～2mm，吸嘴易堵塞，目前除风力外，因吸针细长，还没有强制通孔措施。水稻吸盘式播种器国内外研究的学者比较多，气吸振动式秧盘精量播种机属于单工位吸盘式播种器等。从工作过程看，气力吸种盘工作行程长，往返运动及定位排种使速度不平稳，易使吸附不牢的种子中途掉下，造成空穴，而且由于长期吸种，吸孔容易出现堵塞，这些缺陷对吸种效果均有很大影响。

3.2.4.2　水稻育秧播种流水线的发展趋势

随着水稻新品种的研发和种植技术的不断发展，原有的杂交稻即将被单产10.5～12.0t/hm^2的超级水稻品种所替代，种植要求以精量播种、培育壮苗、宽行稀植、定量控苗、好气灌溉、精确施肥、综合防治等技术为核心的超高产集成技术相配套。这就标志着水稻秧盘育秧播种技术与装备也需进一步提高，要求由原来杂交稻2±1粒/穴的精（少）量播种提升为精准（播种数量精量和投种位置准确）播种，并且要求超级杂交稻秧盘育秧精密播种设备应具有适应高速、投种位置准确、排土均匀及带芽播种的性能，即1～2株/穴（或取秧面积），合格率达到80%～90%，芽长小于3mm，达到设计制造简单、降低农户成本的目的。

以传统机械式播种器为核心技术的水稻育秧流水线，虽然具有结构简单、造价低、能连续生产、效率高的特点，但由于其用种量大和落种随机性大、播种均匀性差、机械磨擦和挤压作用易伤种等缺陷，不易满足超级杂交稻机播作业的精播、不伤种的农艺要求，只能适用于常规稻和杂交稻的播种育秧作业。对于经济欠发达和适宜普通水稻种植作业区，机械式育秧播种流水线仍然是较理想的选择机型。采用振动方式播种时，因定量供种、保持排种盘里各V形槽中种子流的连续性和统一性等方面都是传统设计过程中的难点所在，如解决了播种稳定性等问题，保持高速生产的同步播种，则对于水稻秧盘育秧播种是一种极有前途的生产方式。

气吸式原理的水稻育秧播种器具有吸种数量可控、对种子外形尺寸要求不严、不伤种、播种均匀度好、整机通用性好和便于控制等优点，特别是对芽长1～3mm的水稻种具有更好的保护作用，已成为秧盘育秧精密播种设备的主要研究方向。研制出来的机型从实用性和经济角度看各有优缺点，总体趋势是由复杂向简单、实用的方向发展。如果能进一步改进供种措施，设计筛分除杂和强制通孔装置，并采取简单实用的高速同步播种控制技术，则气吸滚筒式秧盘育秧播种流水线将是今后适应超级杂交稻低成本高速精准育秧播种设备的主要研制机型。

3.2.4.3 盘育秧机电一体化技术发展趋势

水稻盘育秧播种中机电一体化技术主要集中在水稻盘育秧同步播种控制系统。另外，采用机器视觉等先进技术，用来识别种子的形态，并实现种子的精量提取和在秧盘上有规律的摆放，也将是今后高科技育秧播种器的研究热点。

1. 自动控制技术在盘育秧同步播种中的应用 盘育秧播种不仅要求播种器能精量取种，而且还要使播种器投出的种子能准确地落入秧盘对应穴坑中，通过这样的同步控制才能满足精密播种的育秧要求。

国外育秧主要应用于花卉、蔬菜等产出高的经济作物，美国Marksman公司采用光电传感器和多个步进电机相结合来实现蔬菜、花卉的同步控制，技术先进。

哈尔滨市农业机械化研究所采用接近传感器作为监控机构，电磁离合器作为执行机构，设计了开环自动控制系统，对生产线进行实时监控。可实现铺土、播种、覆土一次完成，完全消除无效土壤和种子的播落，大大减少了操作人数和种土分离的作业量。其电路原理如图3-59所示。

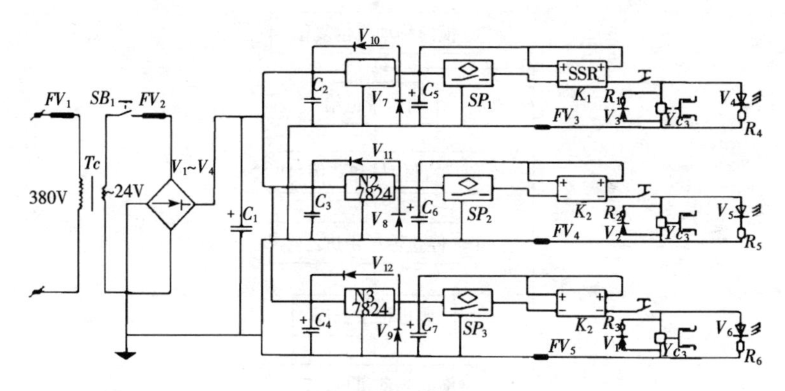

图3-59 2BDY-500型水稻育秧盘播种机电气控制系统原理图

电气控制系统及相关电路部分主要由变压、整流、滤波、稳压、指示、保护电路及传感器、电磁离合器和固态继电器（SSR）等组成。

西南农业大学研制出了以PIC16C57为核心，采用光电一体化技术来控制电磁振动排种器，使其每次只排出一粒种子，提高了播种精度，降低了漏播率。单片微机控制器电路由PIC16C57单片机和外围电路组成（图3-60，图3-61）。

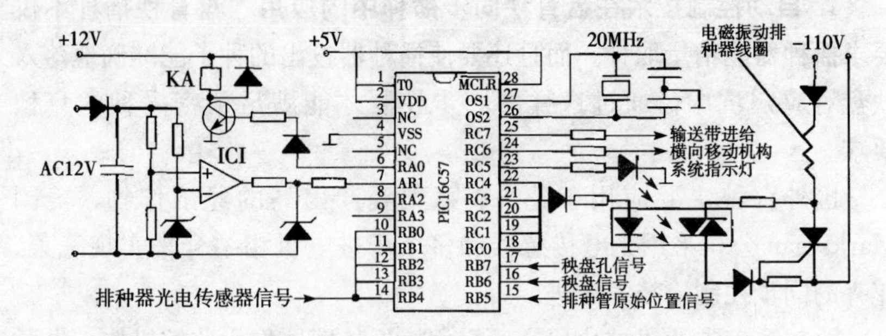

图 3－60 单片微机控制器电路图

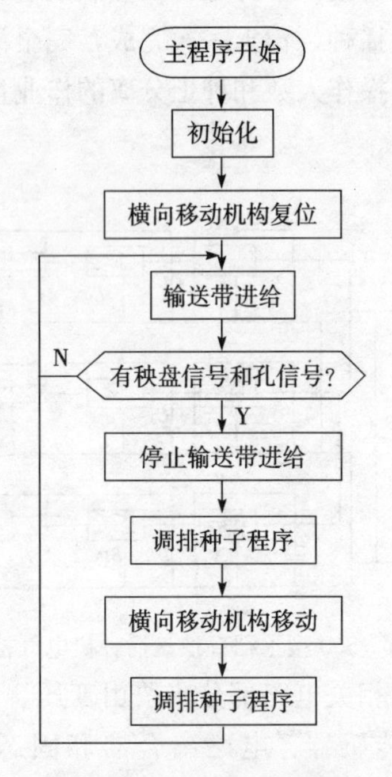

图 3－61 主程序流程图

硬件电路主要由光电传感器、红外发射接收电路、光电位置传感器及其放大电路和单片微机控制器电路组成。光电传感器及红外发射接收电路用于检测种子是否存在；光电位置传感器用于检测秧盘及其孔穴的位置；单片微机控制器用于采集各传感器的输出信号，并根据要求给出相应的控制信号，使精密播种装置的各个工作部件相互协调动作，完成精密播种过程。

吉林大学以AT89C51为核心，采用机电一体化技术来控制秧盘连续输送与穴孔同步精准播种对中控制系统，有效地实现了秧盘穴孔中心与气吸滚筒的投种中心精准对中。该系统（图3-62）结构简单，效率高，成本低，工作性能好。

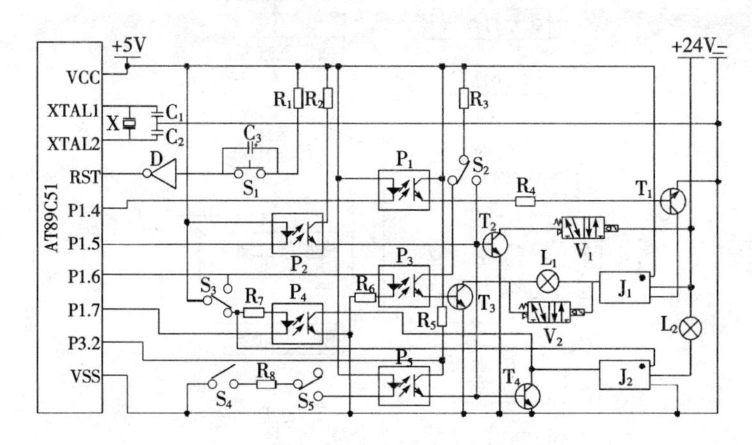

图3-62　同步对中控制系统原理图

图3-63是秧盘与气吸滚筒的穴孔同步对中装置及控制系统工作流程。驱动电机启动，链式输送机构运行正常，空气压缩机达正常工作压力，按下S1按钮，电气系统复位。

当放盘指示灯（L2）点亮时，人工将秧盘放入秧盘框架的上层，秧盘前侧挤压放盘行程开关（S3）切断电路，放盘指示灯（L2）熄灭。当下层有盘时，侧面的送盘行程开关（S2）触发，并始终处于高电平，活塞杆托板支撑秧盘等待落盘；当下层无盘时，侧面的送盘行程开关（S2）复位，控制电磁阀b切换气路，驱动支撑气缸的活塞杆托板收缩，秧盘依靠重力落入下层的输送链托板上，随输送链托板行进。

前行的秧盘受限位板及其上的限位行程开关（S5）限位，受阻挡的秧盘在输送链托板上滑移等待（少于一个穴位），直到对中接近

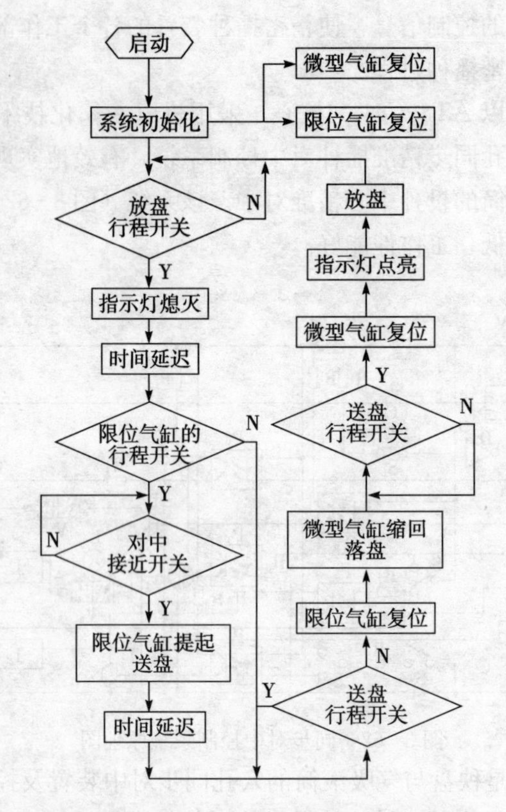

图 3-63　同步对中控制系统的工作流程图

开关（S4）检测到气吸滚筒的对准盘上到来的对中衔铁信号时，触发电磁换向阀 a，驱动限位气缸的活塞杆收缩，并带动限位板沿滑道升起，释放的秧盘随输送链托板继续行进，进入铺底土、播种、覆表土、淋水等后续工序；秧盘行进时其侧面始终压靠在送盘行程开关（S2）上，使其处于高电平，支撑气缸的活塞杆托板复位，放盘行程开关（S3）使电路导通，放盘指示灯（L2）重新点亮，上层等待人工续盘；当整盘通过后，送盘行程开关（S2）信号转变，触发电磁阀 a 切换气路，驱动限位气缸的活塞杆带动限位板复位，双层秧盘供送机构启动落盘，继续下一秧盘的输送与同步对中。

河南农业大学综合利用 PLC 技术、光电传感技术和气动技术研制了针吸式穴盘播种控制系统，使针吸式穴盘播种机结构简单、紧凑，系统工作安全、可靠，效率高，且对故障的判断也较容易和直观。

农业部南京农业机械化研究所针对振动整盘气吸式精量播种器需协调、同步控制三轴运动，采用PLC技术、步进电机加减速驱动脉冲控制技术、光电传感技术以及传感器等技术为一体的自动控制系统（图3-64），并可接入PC机实现播种作业在线监控。试验和检测结果表明，播量精确到每穴1～2粒（格），均匀度合格率达到93.8%，空穴率5.6%，盘播种量一致性变异系数为2.5%，作业效率达每小时490盘，能满足超级稻及常规稻盘育秧精量播种要求。

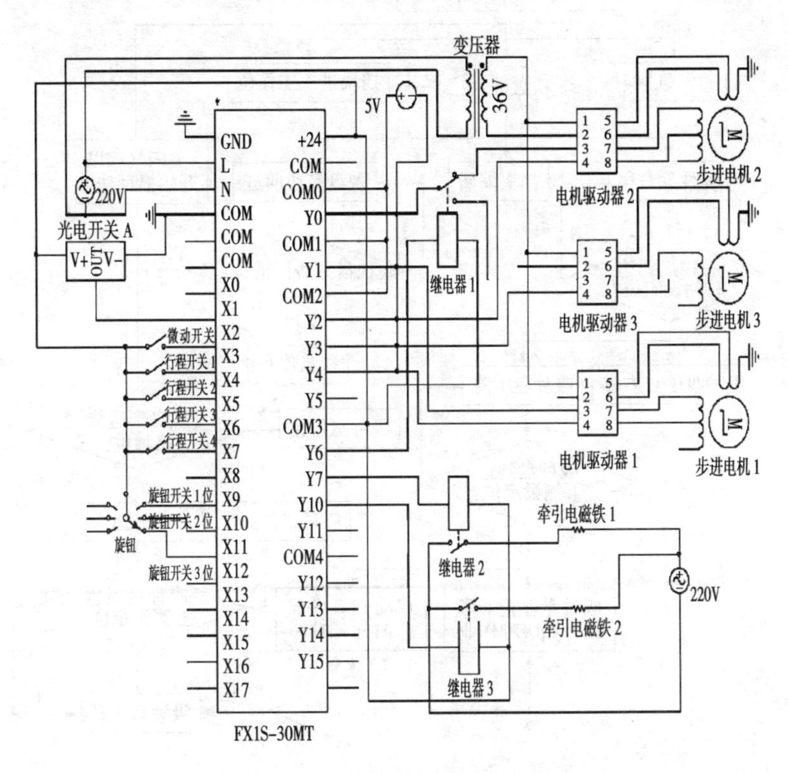

图3-64　自动控制系统原理图

如图 3－65 所示，开机后先用手动旋钮使吸种盘回到原位。然后将手动/自动转换开关处于自动位置使得 PLC 进入自动控制程序。当秧盘被输送至播种段，此时秧盘触发光电开关，PLC 得到光电开关触发信号后控制步进电机带动秧盘高速到达待播种工位等待播种作业，与此同时，PLC 控制吸种盘右移；当吸种盘到达振动台种盒上方时吸种盘将触发右侧到位行程开关，吸种盘停止右移并在 PLC 控

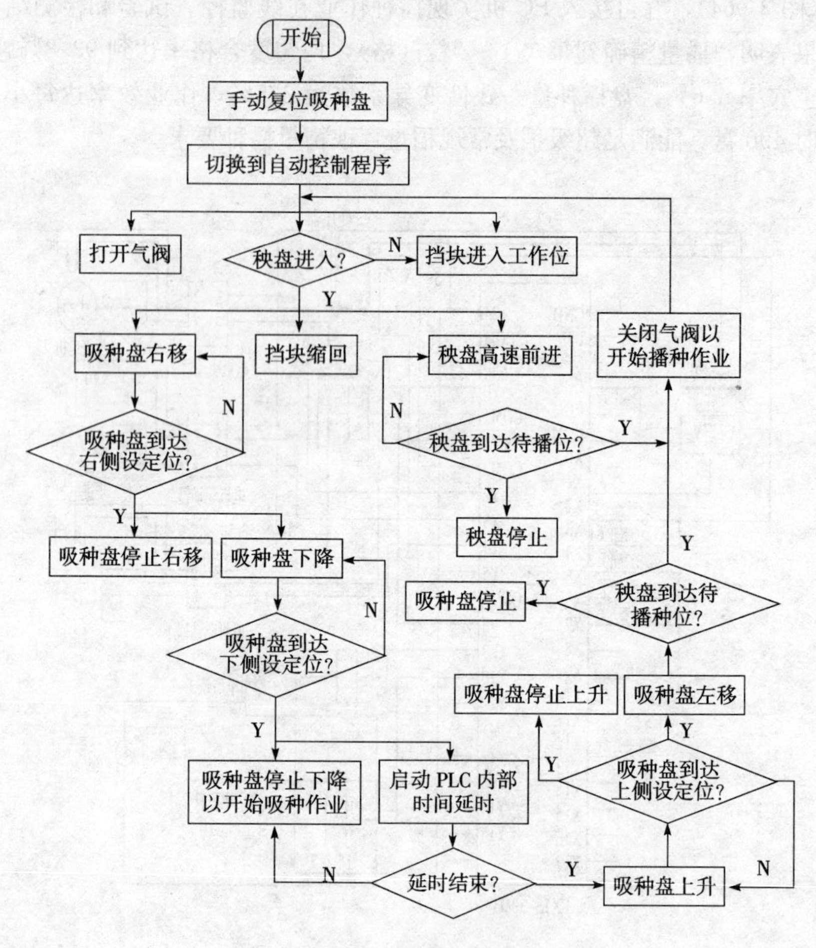

图 3－65　播种作业过程控制流程图

制开始下降到悬浮状态种面上方 10mm 处；当吸种盘下降到种子悬浮面的上方 10mm 处时，将触发下部到位行程开关，此时吸种盘停止下降开始吸种作业，并且触发信号将使得 PLC 产生 1S 的延时，使得吸种作业能够持续足够的时间；当达到 1s 的延时后，PLC 将控制吸种盘上升；当吸种盘到位时，起触发上部行程开关的信号使得 PLC 控制吸种盘停止上升并开始左移；当吸种盘到达播种位时将触发左侧到位行程开关，吸种盘停止左移并等待秧盘被输送到播种位下方；当秧盘到达播种位下方时将触发微动开关，此时 PLC 控制秧盘停止并关闭气阀，使得吸种盘上吸附的种子全部落入秧盘中，完成一次播种作业；当下一个秧盘进入播种段时，PLC 将控制挡块缩回，使得上一个秧盘能够高速离开播种段进入覆表土，如此循环往复实现连续作业。

水稻盘育秧播种流水线的发展方向是轻型化、高速化、高精度、高自动化、低成本。

2. 机器视觉技术在播种器质量检测中的应用 超级稻种植用种量小，秧苗密度低，秧盘育秧精密，播种不仅要求芽种应具有高的成秧能力，而且空穴率也必须降低，因此应用钵体盘检测技术对播后秧盘进行空穴检测，进一步减少空穴，保持高成秧率，是研究必要的关键技术。

近年来，一些用于检测播种性能的方法不断出现，尤其在监控排种器播种性能方面应用较多，如韩国 Kim D E 等人采用机器视觉技术，对葫芦科易于区分的大粒种子穴盘播种时种子的胚胎方向进行了检测；URENA 等用机器视觉技术和模糊数学分类的方法检测了育秧盘中种芽的育秧质量；胡建平等运用计算机图像处理技术，针对磁吸式蔬菜穴盘精密播种器的磁吸头部位进行吸种性能监控；王红永等对种盘种穴内的漏播情况进行判断，同时检测了黄瓜及莴苣等丸粒化种子的漏播。

吉林大学针对超级稻育秧播种量少，易出现空穴而影响产量的问题，对超级稻高速连续秧盘育秧播种的空穴进行了在线检测。在盘育秧流水线播种和覆表土工序之间加入检测系统，CCD摄像机不断地拍摄穴盘图像，并建立与穴孔相对应的掩膜图像，利用定时读取程序，读取缓存中的图像信息。通过图像处理和分析，有效地识别了穴盘空穴，将检测结果以电子表格的形式存储在穴盘空穴数据库中，以供人工补种，进一步降低了盘育秧空穴率，提高了超级稻精准育秧的成秧率。其硬件组成及工作原理如图3-66、图3-67。

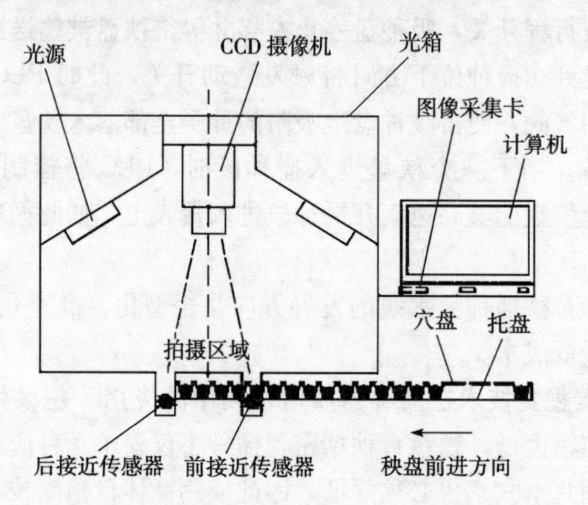

图3-66　空穴视觉检测系统的硬件组成图

采用的空穴视觉检测系统主要由CCD摄像机，图像采集卡，前、后接近传感器，光箱和计算机组成。CCD摄像机使用先特克相机(STC-CL202A，Sentech，Japan)，分辨率为1 630×1 236像素，帧频率为每秒30帧；图像采集卡的型号为NI-1428；计算机的配置为1.7GHz CPU、512MB内存。

CCD摄像机拍摄穴盘图像，通过CameraLink数据线传送到图像采集卡中，经过模数A/D转换，图像经PCI总线传送到计算机缓存中，前、后接近传感器通过AT89C51单片机经串口线RS232与计算机相连，实现电信号数据通讯，控制定时读取缓存中的图像信息，进行图像处理及分析。为了获取高对比度的清晰图像，系统采用高亮度卤钨灯环形照明。前后两个接近传感器分别安装在CCD摄像机拍摄区域的前后，二者间距（CCD摄像机拍摄区域的宽度）的整数Z倍等于穴盘长度，Z用于记载读取缓存图像的次数。

工作原理：系统工作前，根据试验所采用的穴盘规格，调整摄像机的安装高度，使每次拍摄的视窗宽度为两个接近传感器之间的距离，同时设置读取缓存图像次数Z；下载图像采集卡的配置文件，对图像采集卡进行初始化（IMAQ init）配置，图像采集卡默认的接口名称为Img0。设置图像采集卡的属性节点（Property Node），返回图像类型属性，用于创建图像任务。

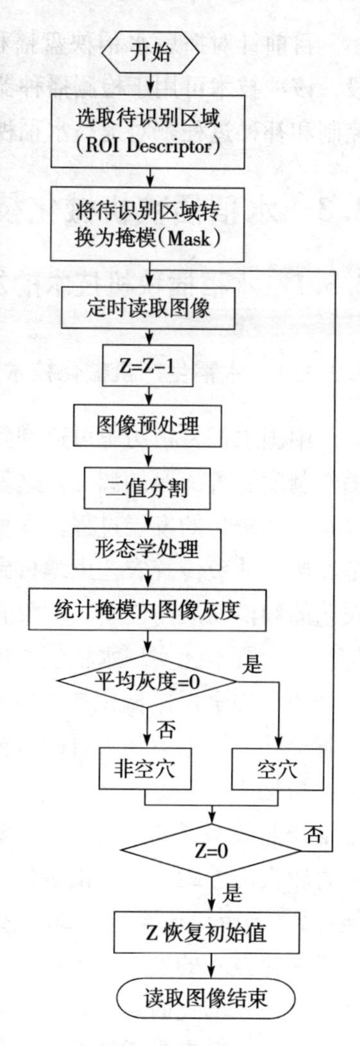

图3-67 穴盘图像的处理及分析流程图

系统稳定工作时，CCD摄像机所拍摄的图像经数据采集卡接连不断送到计算机缓存。前进穴盘一次触发前后接近传感器，当后接近传感器被触发时，电信号经数据通讯启动定时读取缓存中的图像信息程序，读取CCD摄像机拍摄穴盘的第一幅图像（Z=Z−1），并进行图像处理与分析，同时记录下在触发两接近传感器之间所用的时间t，设定t为读取的时间间隔，随后读取程序按照该时间间隔继续读取和处理下幅图像，直至完成当前一个穴盘的检测（Z=0），此时前接近传感器复位到初始状态，电信号经数据通讯停止读取程序（Z恢复初始值）。当下一个穴盘到来时，重复上述过程，继续进行检测。

目前针对播后水稻秧盘播种情况的检测技术研究还处于初步阶段，该项技术可用于检测播种器性能和空穴情况，若能够实现播种量控制和补种过程，对提高水稻秧盘育秧的成秧率具有重要作用。

3.3　水稻插秧机械化技术

3.3.1　水稻插秧机技术的发展历程

3.3.1.1　水稻生产机械化技术路线的确立

中国水稻种植历史可追溯到七千余年前的河姆渡时期，与传统的稻作制度有着深厚的渊源。这就决定了机械化与传统农艺的磨合与适应有一个较长的发展过程。水稻生产机械化之所以能发展到今天，就是经历了冲破传统农艺束缚再到技术创新与突破的过程，没有农机与农艺的和谐发展与创新，就没有水稻生产机械化整体技术路线的完善与确立，既不能实现水稻生产中各个环节的机械化，更不能建立流畅整合的水稻全程机械化技术体系。新中国成立初期，以改变耕、种、收各个环节繁重劳动为目的机械化、模仿人工操作的机械装备的研制虽也初见成效，也初步解决了“弯腰曲背”的劳作辛苦，但这些装备常常作业效率提高不明显，作业质量尚不尽人意，与农民的接受程度有着较大的差距。例如沿袭传统水稻移栽农艺的插秧机，一天作业只能达到 15 亩，还要配备 20 人拔秧，其工作效率与人工相差无几。随着机械化技术的发展与突破，培育适合机械插秧的规格化秧苗成为实现机械插秧的突破点。首先，其摒弃了传统的拔秧工序，然后是规格化的秧苗，两者是插秧机研制与应用发展的必要条件。水稻生产机械化的发展经历了逐步建立与完善从耕、种到收获整体流畅可行的工艺流程的过程，为各个环节机械装备的研制打下了坚实的基础，前道工序为后道工序作好准备，前后工序有效衔接，大大提高了机械作业效率、作业质量以及机械使用的可靠性。耕整地机械化满足了机插的要求；机插各种量化作业指标为水稻高产打下了基础；机插的规格为田间管理及收获机械化创造了良好的条件。水稻生产机械化通过艰苦的技术创新与国际技术交流，建立了具有鲜明中国特色的水稻精确高产栽培技术与机械化体系相互交叉融合的现代化稻作体系，它既摆脱了传统农艺又继承了精耕细作科学种稻的内涵，具备了水稻生产机械化可持续发展的条件。历史的经验值得研究与总结。

3.3.1.2　水稻生产机械化技术中水田作业技术的创新

水稻生产机械化的发展除了受制于传统农艺外，就是水田生产条件较为恶劣，传统的水田泥脚较深，不仅是田块小，高差大，而有的“望天田”泥脚深度达30cm以上。因此，解决水稻作业机械中耕整、种植、收获等机械水田行走问题，成为技术的突破点。除了拖拉机外，各个作业环节的机械均有了中国特色的行走底盘。在耕整地作业中，浮式作业原理的机耕船、不下水田动力牵引的绳索牵引机、独轮行走的水田耕整机等都较好地解决了动力消耗低、牵引力大的作业性能问题；种植机械中的独轮船板式水稻插秧机具备了水田通过性能好、转弯半径小、走直性能稳定、消耗动力小、载重量大、机构简单等特色；水稻收获机械以履带形式解决了收获期烂田通过性的问题。

水稻种植机械化以插秧及直播为主线，一直持续地发展，直至20世纪90年代才有抛秧等浅栽机械开发与应用。

插秧机械化技术经历了原始创新、集成创新、引进消化吸收再创新较长的历程，积累了丰富的经验，取得了突破，得到了长足的发展。

1. 原始创新阶段（1954—1970）　新中国成立之初，百废待兴，在有限的财力下，政府支持开展插秧机的研究工作，开国后的第七个年头即在武汉召开了全国第一次插秧机座谈会，人力、畜力插秧机的雏形已经问世，世界上第一台南100型插秧机已能投入生产试验，此后虽然经过“大跃进”、三年困难时期直至“文化大革命”，始终没有打断插秧机研究的进程，在政府的推动下，60年代广西65型人力插秧机及东风—2S机动插秧机相继鉴定定型，进入生产推广阶段。东风2S机动插秧机（图3-68）特点为：纵向梳拉、滚动直插；纵向叉式送秧；横向间歇式往复运动送秧；毛刷与缺口组合式阻秧；滚轮滑道控制秧爪运动。

图3-68　东风-2S机动水稻插秧机

这个阶段插秧机具有世界影响的研究成果为：

（1）分秧　梳式纵拉与夹式横分的分秧原理，从秧群中分取一定数量的秧苗插入土中。夹式横分的取秧仿似人工双手分取秧苗的动作；梳式纵拉是利用秧苗根基部粗大的特征而设计的分秧原理，由分秧机构直接从秧箱中分取秧苗插入土中。与一些预分机构相比，结构简练，对秧苗损伤机会减少。

（2）插秧　由插秧的轨迹而分为往复直插及滚动直播两类：在人力插秧机上插秧时机器静止不动，往复上下轨迹重复；机动式在运动中插秧，上下轨迹不重复。采用滚动直插机构的插秧机，为了保证在不同株距情况下秧苗的直立度，采用了秧爪入土段失控直插原理，这是我国机动插秧机分插机构设计理论上的重要创新点。

（3）送秧　秧箱内秧苗群体不断为分插机构定点、定时、定量补充秧苗，建立了横向送秧与纵向送秧的设计理念，是实现插秧机不断运作的重要保证。

（4）动力 经历了人力、畜力、动力的研究，在排除了畜力后确认了人力与动力两种类型，机动插秧机所研究的独轮、船板行走底盘，在水田中有较好的通过性能，承载重量可达500kg，消耗动力小（2.21kW），行走直线性及转弯半径均能达到较理想的要求，机器结构简单，造价低廉。

插秧机原始创新的研究成果在世界插秧机研究史上具有划时代的意义，而堪称具有世界先进水平的日本插秧机，其许多原理便是应用了中国插秧机的研究成果，现在的水平，应该是日本消化吸收中国技术后的发展。插秧机的发明，荣获1978年全国科技大会奖及1982年科技发明奖。

2. 洗根苗插秧机集成创新与推广（1970—1979） 此期处于“1980年基本实现农业机械化”的年代，当插秧机定型后，政府即大力推动，掀起了插秧机推广高潮，全国相继出现了几十家插秧机制造厂。1978年邓小平在接见外宾时提出，要纠正插秧机型号杂乱，零件不通用、质量差而损农的问题，第八机械工业部（农业部）立即组织插秧机统一型号的工作（统型插秧机）。

在此期间又相继开发了插秧机系列产品：单排往复直插式大小苗两用插秧机、山区小型机动插秧机、机耕船或手扶拖拉机牵引的插秧机，由转臂摆动偏心四杆机构代替易损的开式滑道插秧机的开发，是洗根苗插秧机设计理论上的创新。直到70年代，洗根苗插秧机的设计理论才趋于完善，被列入农业机械相关的教材中。

这个阶段插秧机械化的表现是前期、中期飞跃式发展，后期特别是1980年则大幅回落，曾为我国农机化发展历程中大起大落的范例之一。大起的因素既有政治口号式的推动，又有人们不切实际盲目的推捧；大落的原因有70年代末农村体制的变化。就技术而言，沿袭传统的拔秧插大苗的工艺，使得插秧机工效不高，机插质量低下，机器的制造水平及使用可靠性达不到要求。

3. 引进消化吸收再创新阶段（1980—2000） 20世纪70年代末、

80 年代初，处于改革开放初期，在农业技术的引进中，工厂化育秧与机插技术是我国成套引进农业技术中消化吸收、洋为中用取得较为成功项目之一。

这个阶段在机械化发展思想上确认前后工序相衔接的机插技术路线，培育规格化标准化秧苗是保证机插秧的前提。经试验，带土、密播的盘育苗机插基本适应我国大部分稻区。在引进技术及装备的同时，根据我国的经济条件、耕作制度进行消化吸收。所引进的步行及乘坐式插秧机价格昂贵，而中国统型插秧机独轮船板行走底盘与引进的连杆式插秧机构相结合的插秧机，既适应于当时的经济条件，又适合于带土规格化秧苗栽插。这种形式的插秧机在无锡东亭首轮试验后即被确认，成为 80 年代后推广的首选机型。对于与机插配套的工厂化育秧技术，离应用尚有距离，需通过试验进行筛选、简化、创新。创新后的育秧技术称为规格化、标准化、低成本育秧技术，包括田间盘育秧、框格育秧、衬套育秧、双膜育秧等。秧苗的规格化使插秧机的设计制造更趋简洁、合理，可降低制造成本，提高使用可靠性（图 3-69）。带土盘育秧插秧机械化与农村经济体制改革后的农村联产承包责任制相适应，既能规模化应用，又能实现一家一户的服务。（图 3-69，图 3-70，图 3-71）

图 3-69　规格化育秧

图 3-70 独轮插秧机

图 3-71 乘坐式插秧机

4. 蓄势待发及快速发展阶段（2000 年至今） 世纪之交，水稻生产机械化变得更加迫切，种植机械化成为发展瓶颈。江苏省率先进行攻关突破：①插秧机经过 80 年代引进技术后，实现了“中头日尾”，但没有根本解决原行走底盘壅泥排水问题，即使价位较低，其适应性仍存在问题。②与机播配套的育秧技术虽然简化，尚需进一步进行技术创新。

插秧机的机型定为具有液压仿形，采用高强度合金材料、现代制造工艺的高性能插秧机；对低成本育秧技术通过试验，进行创新与规范，使之进入实用化。在插秧机型与育秧技术突破后，在更新投入机制、多种经营模式的促进下，机插秧即逐步进入快速发展期。

3.3.2　水稻插秧机的主要形式与特点

3.3.2.1　水稻插秧机的主要形式

目前，国内外较为成熟并普遍使用的插秧机，其工作原理大体相同。发动机分别将动力传递给插秧机构和送秧机构，在两大机构的相互配合下，插秧机构的秧针插入秧块抓取秧苗，并将其取出下移，当移到设定的插秧深度时，由插秧机构中的插植叉将秧苗从秧针上压下，完成一个插秧过程。同时，通过浮板和液压系统，控制行走轮与机体的相对位置和浮板与秧针的相对位置，使得插秧深度基本一致。

插秧机通常按操作方式和插秧速度进行分类。按操作方式可分为步行式插秧机和乘坐式插秧机。按插秧速度可分为普通插秧机和高速插秧机。目前，步行式插秧机均为普通插秧机；乘坐式插秧机有普通插秧机，也有高速插秧机。

1. 按操作方式分为步行式与乘坐式两大类　在乘坐式插秧机中，根据栽插机构的不同形式，按照插秧作业效率可将插秧机分为普通型与高速型，高速插秧机包含了更多的高新技术内涵，液、电、信息技术更加完善，操作更向汽车化驾乘方便、舒适化方向发展。

- 机动插秧机
  - 步行式
  - 乘坐式
    - 普通
      - 常规
      - 轻便
    - 高速
    - 复合
      - 施肥
      - 铺纸
      - 施药
      - 免耕

乘坐式插秧机可增加施肥、铺纸、施药、免耕部件，实现复合作业。施肥可实现边插秧边侧深施肥作业；铺纸是边铺再生纸边插秧作业，追求减少农药的绿色栽培；施药是在边插秧边施药，以减少施药下田次数；免耕是在插秧部件前方安装浅旋耕对行部件，在插秧的行内实行浅旋耕，并非全幅旋耕，边旋边插。

2. 按栽插机构分曲柄连杆式与双排回转式两类 曲柄连杆式栽插机构的转速受惯性力的约束，一般最高插秧频率限制在300次/min左右，如果平衡块设计得完善，插秧频率可稍高。双排回转式运动，运动较平稳，插秧频率可以提高到600次/min，但在实际生产中，由于其他因素的影响，生产率只比普通乘坐式高出0.5倍左右。曲柄连杆式被用于手扶式及普通乘坐式上，高速插秧机均采用双排回转式插秧机构。

曲柄连杆式插秧机按插秧机前进方向分为正向与反向两类。正向机的插植臂运动方向与机器前进方向相同，反向机则相反。普通乘坐式插秧机均为正向机构，步行机一般为反向机构（图3-72）。在所设计的株距状况下作业，秧苗的直立度较好，当株距进一步加大时，反向机由于插孔的加大，直立度及稳定性会受到影响，正向机的影响较小。对于栽插过高的秧苗，反向机的秧爪完成插秧动作后离开已插的秧苗，正向机的秧爪则涉及秧苗的顶尖部，以致影响直立度。

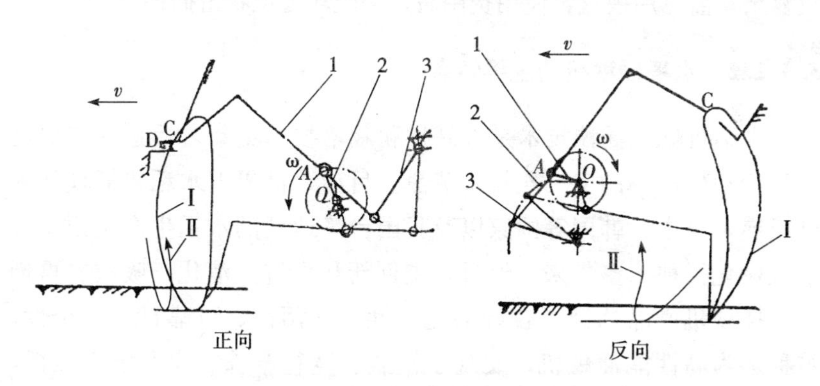

图3-72 曲柄连杆机构示意图

插秧机所插秧苗高度的限制，决定于秧门与秧爪尖运动轨迹最低点的距离，一般情况下均小于25cm，对于正向运动轨迹而言，由于插后这个距离拉长，稍高些秧苗也能栽插，而反向轨迹对苗高的适应范围相对较小。

双排回转式插秧机构的轨迹与正向曲柄连杆机构相似（图 3－73）。

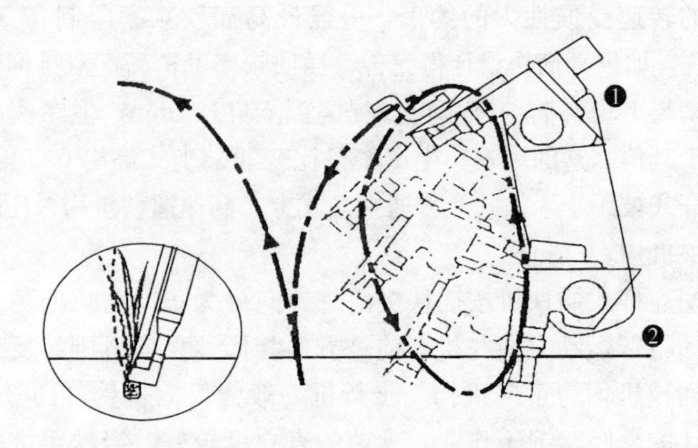

图 3－73　双排回转式机构示意图

3. 按插秧机栽插行数分　步行式的有 2、4、6 行，乘坐式有 4、5、6、8、10 行等。

4. 按栽植秧苗区分为毯状苗及钵体苗　由于钵体苗插秧机结构较复杂，需专用秧盘，使用费用高，一般均为毯状苗插秧机。

3.3.2.2　水稻插秧机的主要特点

水稻机械化插秧技术是继品种和栽培技术更新之后进一步提高水稻劳动生产率的又一次技术革命。目前，世界上水稻机插秧技术已成熟，日本、韩国等国家以及我国台湾地区的水稻生产全面实现了机械化插秧。多年来，经过自主创新和引进、消化、吸收、再创新，插秧机产品达到了较好的先进性、适用性、可靠性、安全性，被称之为高性能插秧机，实现了浅栽、宽行窄株、定苗定穴栽插，并在全国范围内得到了大面积应用。与此同时，这与水稻群体质量栽培技术相得益彰，并融合形成一整套行之有效的水稻机械化高产栽培技术体系。

机械化插秧技术就是采用高性能插秧机代替人工栽插秧苗的水稻移栽方式，主要包括高性能插秧机的操作使用、适宜机械栽插要求的秧苗培育、大田农艺管理措施的配套等。我国是世界上研究使用机动插秧机最早的国家之一，20 世纪 60～70 年代在政府的推动下，掀起了发展机械化插秧的高潮。但是，由于当时经济、技术及社会发展水平等诸多因素限制，水稻种植机械化始终没有取得突破。新一轮水稻机械化插秧技术在解决了机械技术的基础上，突出机械与农艺的协调配合，以机械化作业为核心，实现育秧、栽插、田间管理等农艺配套技术的标准化。这与我国历史上前几轮推而不广的机插秧技术相比，有了质的飞跃：

一是秧苗规格化。采取软、硬盘或双膜育秧，中小苗带土移栽，其显著特点是播种密度高，床土土层薄，秧块尺寸标准，秧龄短，易于集约化管理，秧池及肥水利用率高，秧大田比为 1∶80～100，可大量节约秧田（图 3-74）。

图 3-74 软盘育秧

二是基本苗、栽插深度、株距等指标可以量化调节。插秧机所插基本苗由每亩所插的穴数（密度）及每穴株数所决定。采用规格化标准秧苗，通过纵横向定量移送，秧爪按取秧面积切块、栽植臂按理想轨迹回转，秧苗入泥定深定植，其各个环节紧密相扣，实现了带土带肥下田的精量栽插。通过调节横向移动手柄（多挡或无级）与纵向送秧调节手柄（多挡）来调整所取小秧块面积（每穴苗数），达到适宜基本苗，同时插深也可以通过手柄方便地精确调节，能充分满足农艺技术要求（图 3－75）。

图 3－75　精量栽插

三是具有液压仿形系统（图 3－76），可提高水田作业稳定性和机动性。它可以随着大田表面及硬底层的起伏，采用液压升降，不断调整机器状态，保证机器平衡和插深一致。同时，随着土壤表面因整田方式而造成的土质硬软不同的差异，保持船板一定的接地压力，避免产生强烈壅泥排水而影响已插秧苗。

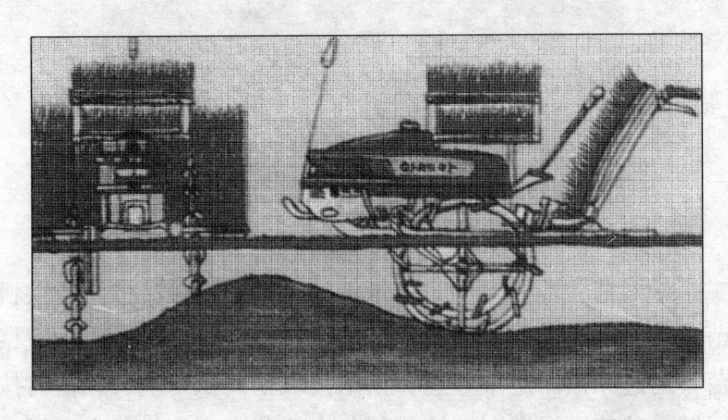

图 3－76　液压仿形

四是多轮驱动底盘（图 3－77，图 3－78）。具有良好的水田通过性能和较快速度的转移地块；窄胎体胶轮和橡胶叶轮，附着力强、滚动阻力小，防壅泥、壅水；水旱两用，越埂能力强。

图 3-77　双轮驱动步行机

图 3-78　四轮驱动乘坐机

五是机电一体化程度高，操作灵活自如（图 3-79）。高性能插秧机具有世界先进机械技术水平，自动化控制和机电一体化程度高，采用 HST 无级变速、液压助力转向、自动挡、仪表显示监测等技术，充分保证了机具的可靠性、适应性和操作灵活性。

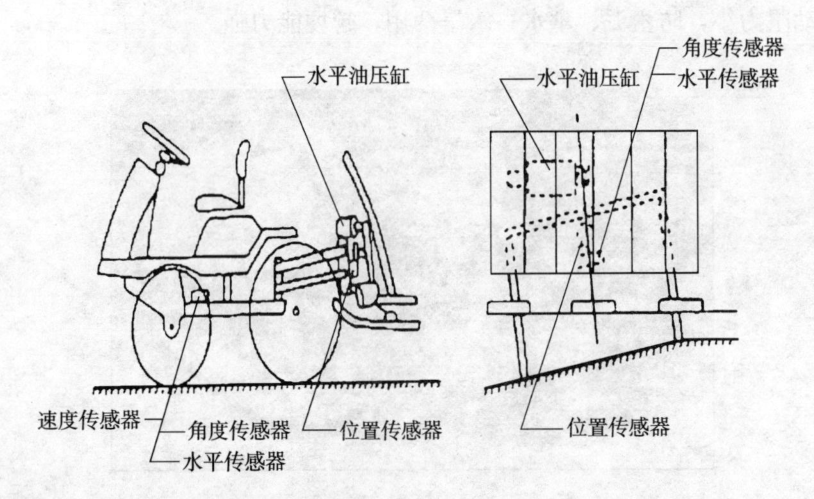

图 3-79 机电一体化

六是作业效率高，省工节本增效。步行式插秧机的作业效率最高可达 4 亩/h，乘坐式高速插秧机 7 亩/h。在正常作业条件下，步行式插秧机的作业效率一般为 2.5 亩/h，乘坐式高速插秧机为 5 亩/h，远远高于人工栽插的效率。

七是安全舒适，保养简单。踏板宽敞、空间充裕，实现了更舒适的作业。移动、收藏、维修保养简单迅速，更发挥出其值得信赖的耐久性。

3.3.2.3 水稻插秧机对作业条件的要求

机插秧过程中，在正常机械作业状态下，影响栽插作业质量的主要有两大因素，即秧苗质量和大田耕整质量。

一是秧苗质量。插秧机所使用的是以营养土为载体的标准化秧苗，简称秧块。秧块的标准（长×宽×厚）尺寸为 58cm×28cm×2cm。长宽度在 58cm×28cm 范围内，秧块整体放入秧箱内，才不会卡滞或脱空造成漏插。秧块（长×宽）规格，在硬塑盘及软塑盘育秧技术中用盘来控制，在双膜育秧技术中，在起秧时通过切块来保证。在适宜播量下，使用软盘或双膜，促使秧苗盘根，保证秧块标准成形。土块的厚度 2～2.5cm，铺土时通过机械或人工来控制。床土过薄或过厚会造成秧爪伤秧过多或取秧不匀。

机插秧所用的秧苗为中小苗，一般要求秧龄 15～20d、苗高 12～17cm。由于插秧机是通过切土取苗的方式插植秧苗，这就要求播种均匀。标准土块上的播种量，俗称每盘播种量，一般杂交稻每盘芽谷的播量为 80～100g，常规粳稻的芽谷播量为 120～150g。插秧机每穴栽插的株数，也就是每个小秧块上的成苗数，一般要求杂交稻每平方厘米成苗 1～1.5 株，常规粳稻成苗 1.5～3 株，播种不均会造成漏插或每穴株数差距过大。

为了保证秧块能整体提起，要求秧苗根系发达，盘根力强，土壤不散裂，能整体装入苗箱。同时，根系发达也有利于秧苗地上、地下部的协调生长，因此在育秧阶段要十分注重根系的培育。

二是对大田整地的要求。高性能插秧机由于采用中小苗移栽，对大田耕整质量要求较高。一般要求田面平整，全田高度差不大于 3cm，表土硬软适中，田面无杂草、杂物，麦草必须压旋至土中。大田耕整后需视土质情况沉实，沙质土的沉实时间为 1d 左右，壤土一般要沉实 2～3d，黏土沉实 4d 左右后插秧。若整地沉淀达不到要求，栽插后泥浆沉积将造成秧苗过深，影响分蘖，甚至减产。

3.3.2.4 机插水稻的栽培管理特点

机插秧采用中小苗移栽，与常规手插秧比，其秧龄短，抗逆性较弱。但机插水稻的宽行浅栽，为低节位分蘖发生创造了有利环境，其分蘖具有爆发性，分蘖期也较长，够苗期提前，高峰苗容易偏多，使成穗率下降，穗型偏小。针对上述特点可采取前稳、中控、后促的肥水管理措施，前期要稳定，保证早返青、早分蘖，分蘖期注意提早控制高峰苗，中后期严格水层管理，促进大穗形成。实践表明，针对机插水稻的生长发育特点，采用科学合理的管理措施，机插水稻的产量完全能达到甚至超过人工栽插的产量。

3.3.3 水稻插秧机的结构与原理

无论是步行式、乘坐式或高速插秧机，主要由动力系统、传动系统、液压升降及仿形系统、控制系统、送秧机构、栽植机构和行走装置等几个部分组成。

3.3.3.1 动力系统

动力系统有汽油发动机和柴油发动机两种。各种型式插秧机较多采用汽油发动机，其优点为重量轻（同样功率是柴油机重量的 1/3），启动方便；缺点是油料价格高（相同功率消耗下）。由于插秧机所用的小功率汽油发动机，制造工艺要求较高，国内产品使用可靠性差（近几年通过引进技术生产的汽油发动机质量有大幅度提高），国产 2ZT 系列插秧机采用了柴油发动机。

3.3.3.2 传动系统

将发动机动力传递到各工作部件，主要有两个方向：传向驱动地轮和由万向节传送到传动箱。传动箱又将动力传递到送秧机构和分插机构。分插机构前级传动配有安全离合器，防止秧针取秧卡住时损坏工作部件。传动箱是传动系统中间环节，又是送秧机构的主要工作部件。

3.3.3.3 送秧机构

在每次分插机构取秧后，送秧机构带动秧苗移动，填补已取秧位置，为下一次取秧做准备。送秧分横向和纵向两种，每横向取完一排秧苗，纵向送秧一次，将秧苗推向下方，为取下一排秧做准备。横向送秧分为连续式和间歇式。间歇式从理论上讲，切下秧块比较平整，但是间歇式横向送秧振动较大，目前大多已被连续式送秧机构替代。连续式送秧机一般与分插机构同步联动，对于曲柄摇杆式分插机构，曲柄旋转一周，移动一个取秧宽度距离；对于偏心齿轮行星系分插机构，则旋转一周，移动两个取秧宽度距离。

3.3.3.4　栽植机构

插秧机的型号众多，插植基本原理是以土块为秧苗的载体，通过从秧箱内分取土块、下移、插植三个阶段完成插植动作。

切块插植原理：把传统的插秧工艺引入工业生产理念——前后工序联接，插植的对象不再是秧苗而是以土块为载体的秧块，采取左右顺序、前后推进的切块方式，把小秧块插入土中（图 3-80）。

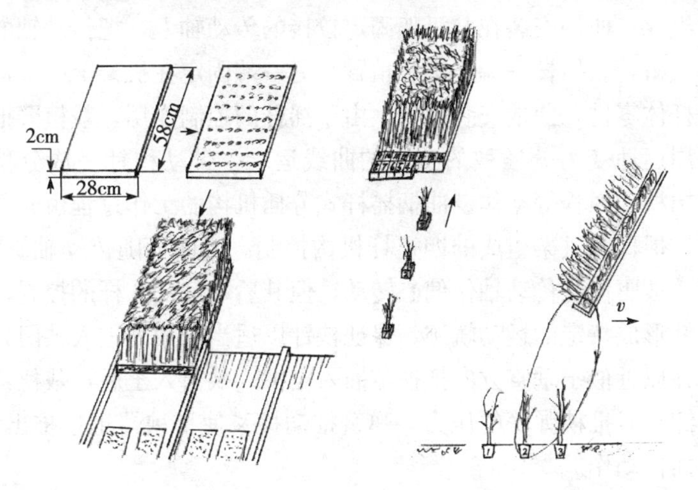

图 3-80　切块插植原理

切块原理的优点：分插执行器不针对秧苗而是秧块，减少秧苗损伤机率；采用机械定量分切，只要播种均匀，小秧块面积均等，秧苗均匀度高；切块面积的大小有足够的范围提供调整，提高插秧机适应性（图 3-81）。

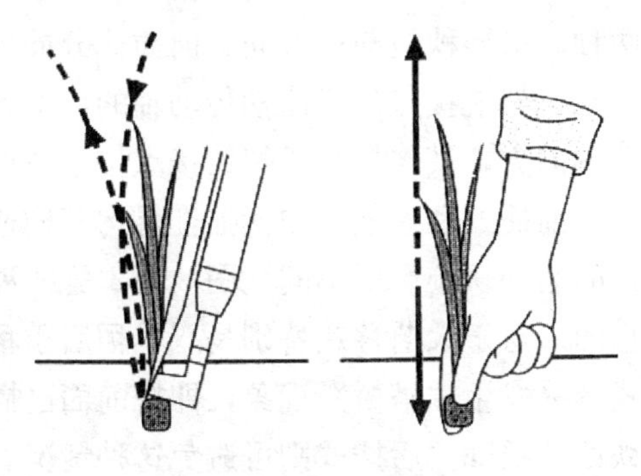

图 3-81　切块优点

栽植机构（或称移栽机构）在插秧机上统称分插机构，是插秧机的主要工作部件之一。目前市场上最常见的分插机构是曲柄摇杆式分插机构和偏心齿轮行星系分插机构（配置高速插秧机上），其栽植臂的结构、功能和原理大致相同。取秧前，凸轮使推秧杆回收，秧针（秧爪）前部腾出位置取秧，当秧针随同秧苗插入土壤中时，凸轮转到缺口处，拨叉在弹簧作用下，推动推秧杆将秧苗推离秧针，直立于土壤中。

1. 曲柄摇杆式分插机构 曲柄摇杆机构主要由曲柄、摇杆和栽植臂组成。曲柄安装在与机架固定铰接的传动轴上，把传动轴的动力传给栽植臂。摇杆一端连接栽植臂，另一端固定在机架上。栽植臂是一连杆体零件，前端安装秧针。由于摇杆的控制作用，栽植臂把曲柄的圆周运动变为分插秧的特定的曲线运动，带动秧针完成分秧、运秧、插秧和回程等动作。曲柄摇杆式分插机构的工作过程由曲柄、栽植臂、摇杆和机架组成的四连杆机构控制。当曲柄随传动轴旋转时，栽植臂被驱使绕传动轴作偏心转动，但其后端又受摇杆的控制，从而使秧针形成特定的运动轨迹，保证秧针以适当的角度进入秧门分取秧苗，并以近似于垂直方向把秧苗插入土中。秧苗入土后，栽植臂中的凸轮卸去对推秧弹簧的压力，弹簧推动拨叉使推秧器迅速推出秧苗，完成插秧动作。

曲柄摇杆式分插机构根据配置方式的不同可分为前插式和后插式两种。沿插秧机前进方向，前插式分插机构配置在秧箱的后方，其摇杆与机架铰接点位于曲柄传动轴的后上方。后插式分插机构配置在秧箱的前方，其摇杆与机架铰接点位于曲柄传动轴的下方。

前插式和后插式曲柄摇杆机构其构造和工作原理基本相同，但秧针的运动轨迹有所不同。图 3-82 是这两种分插机构秧针运动轨迹示意图。对于大苗移栽特别是双季稻后季稻插秧，由于秧苗较长，前插式容易发生“搭桥”现象，即把前面已插秧苗的秧尖，又插到下一株秧苗的根部，后插式则可避免这种情况。

曲柄摇杆机构插秧频率一般为 200～220r/min，加平衡块后，插秧频率可达 250～270r/min。这种分插机构结构简单、密封耐用。其各铰接点均为滚动轴承，以保证转动层灵活和运动轨迹准确。传动轴上安装有牙嵌式安全离合器，在分秧和插秧阻力过大时（如秧针碰到石块、树根等），可通过牙嵌斜面压缩弹簧自动切断动力，使栽植臂停止工作，起到保护分插机构的安全作用。

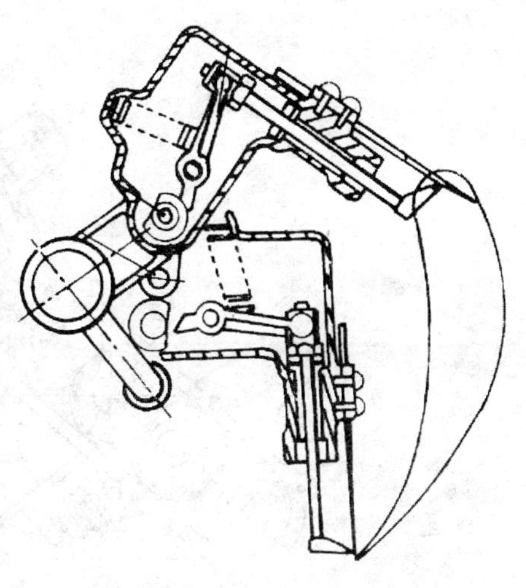

图 3-82　曲柄摇杆机构

2. 偏心齿轮行星系分插机构　行星系齿轮机构对称设置作为插秧机分插机构，每旋转一周可以插秧两次，与曲柄摇杆式分插机构比较，振动小，在提高单位时间插次方面，具有较大潜力。该机构可以有 3 种齿轮传动形式供选择——圆齿轮传动、非圆（椭圆）齿轮传动和偏心齿轮传动。

圆齿轮传动的优点是加工工艺简单，但有以下缺点：相对运动工作轨迹为圆，只有在机器前进速度较高的情况下其工作轨迹（绝对运动轨迹）沿余摆线的摆环，才能满足插秧要求，因而栽植株距变大；其半径为中心齿轮（太阳轮）与第三齿轮中心距离。增加封闭环（在此是圆）高度，势必增大齿轮和机构尺寸；秧针不能同时满足取秧和插秧。

非圆齿轮行星系分插机构相对运动轨迹为腰果形，其工作轨迹（相对地面）符合插秧要求，秧针的取秧和插秧角度以及封闭环高度也较易满足设计要求，工作平稳，但加工工艺复杂。

偏心齿轮行星系分插机构（图 3-83）与非圆齿轮行星系分插机构比较，具有相类似的相对运动轨迹和绝对运动轨迹（图3-84），但在偏心距较大情况下，工作过程齿隙变化大，会引起振动，不过加工工艺简单。

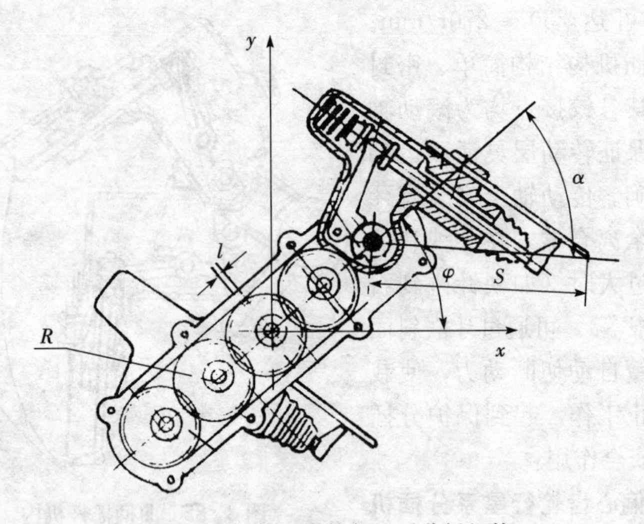

图 3-83　偏心齿轮行星系分插机构

以分插机构轴的转速170～180r/min为例，由于旋转一周可以插秧两次，实际插秧次数为340～360次/min，较曲柄摇杆式分插机构每分钟提高约100次插秧次数。在偏心距较小的情况下，齿隙变化也较小。目前市场出售的日本高速插秧机采用了偏心齿轮行星系机构作为分插机构，在机构上附加了消除齿轮间隙的防振装置。

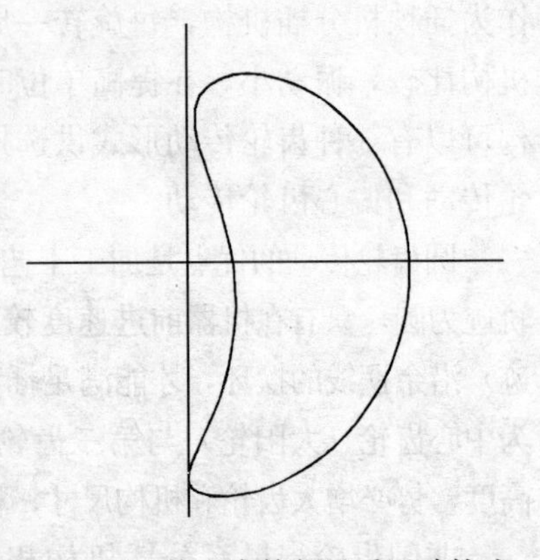

图 3-84　偏心齿轮行星系运动轨迹

偏心齿轮行星系分插机构栽植臂结构形式与曲柄摇杆式分插机构相近。栽植臂固定在末端齿轮。共5个齿轮，半径相同，齿轮Ⅰ为太阳轮，固定不动，对称两边分置两对齿轮。靠近太阳轮的为齿轮Ⅱ，两端齿轮为齿轮Ⅲ，推秧凸轮固定在齿轮Ⅰ的轴上，行星系架在转动时，齿轮Ⅰ相对行星系架转动，由于栽植臂随齿轮Ⅲ相对凸轮的转动，带动推秧杆运动而压缩推秧弹簧。在凸轮缺口处，推秧弹簧释放能量，驱动推秧杆将秧苗从秧针上推入土中。由于机构旋转一周插秧两次，在中心轴转速降低（比较曲柄摇杆式）的情况下，单位时间插次反而多，而且取秧速度也有所降低，伤秧率随之减少。

3. 行走装置　插秧机的行走装置由行走轮和船体两部分组成。常用的行走装置（除船体外）一般分为四轮、二轮和独轮 3 种。所用的行走轮都具备 3 个性质：泥水中有较好的驱动性，轮圈上附加加力板；轮圈和加力板不易挂泥；具有良好的转向性能。

4. 液压仿形　液压仿形自动插深控制系统是通过利用浮板与机体之间的相对位置变化来控制液压油缸的动作，改变行走轮与机体的位置，使机体与浮板保持一个稳定的相对位置关系，从而达到稳定插

a.机体下降

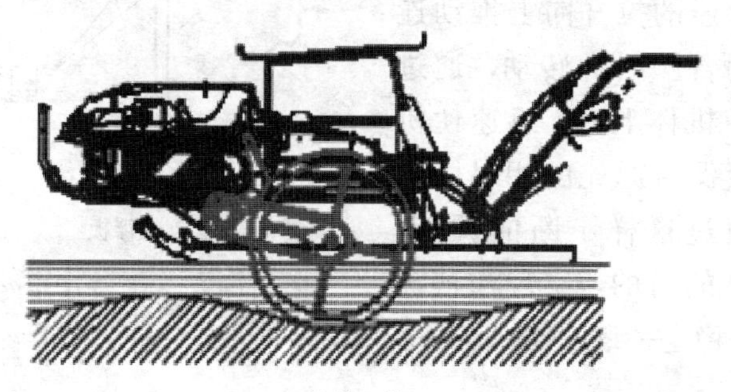

b.机体上抬

图 3－85　液压仿形示意图

秧深度的目的。

作业中行走轮随犁底层高低起伏向前运动，在没有液压仿形系统时，插秧机机体也随着犁底层的起伏而出现上下波动，这样，所插的秧苗就会有深有浅，有的插得很深，有的甚至插不到土壤中。步行式插秧机插秧作业时，液压手柄应处于“下降”位置，让浮板紧贴地面。遇犁底层不平时，沿大田表面（水平面）运动的浮板就会相对于机体作上下浮动。浮板用一拉杆与油压连动臂连接。当浮板上下浮动时，带动油压连动臂及油压阀臂转动，控制阀动作（基本原理与手柄控制相同），完成机体的自动升降。如犁底层上凸时（图3-85），行走轮上抬，而此时浮板仍贴于大田水平面，这样浮板与机体的距离就拉大，在浮板与机体的距离拉大的同时，浮板与液压连动臂相连的拉杆向下拉动连动臂（连动臂与液压阀臂之间是一个四杆机构），阀臂逆时针转动，通过油缸等使机体下降，迅速与浮板（或者说是田间水平面）保持原先的相对固定位置。反之，犁底层下凹时，行走轮下沉，而此时浮板仍贴于大田水平面，这样浮板与机体的距离缩小，在浮板与机体的距离缩小的同时，浮板与液压连动臂相连的拉杆向上推动连动臂，阀臂顺时针转动，通过油缸等使机体上升，迅速使机体与浮板保持原先的相对固定位置。通过这样不断的调节，达到仿形的目的，实现插秧深度的基本稳定一致。（图3-86）

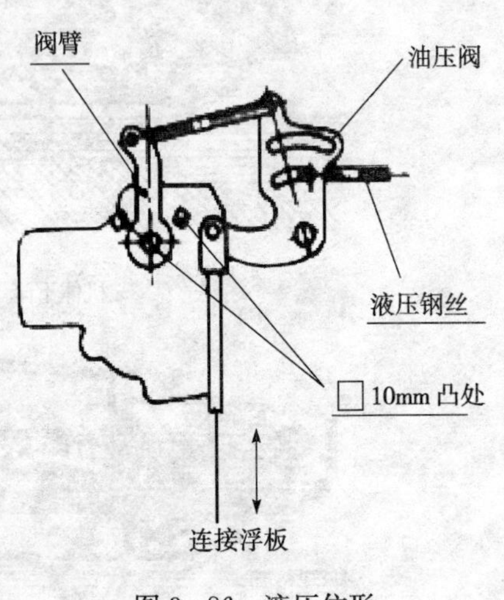

图3-86　液压仿形

3.3.3.5　步行式插秧机的特点

步行式插秧机（图3-87）是一种适合我国农村自然及经济条件、

为水稻产区广泛使用的水稻插秧机械，其中以东洋 PF455S 插秧机为代表。

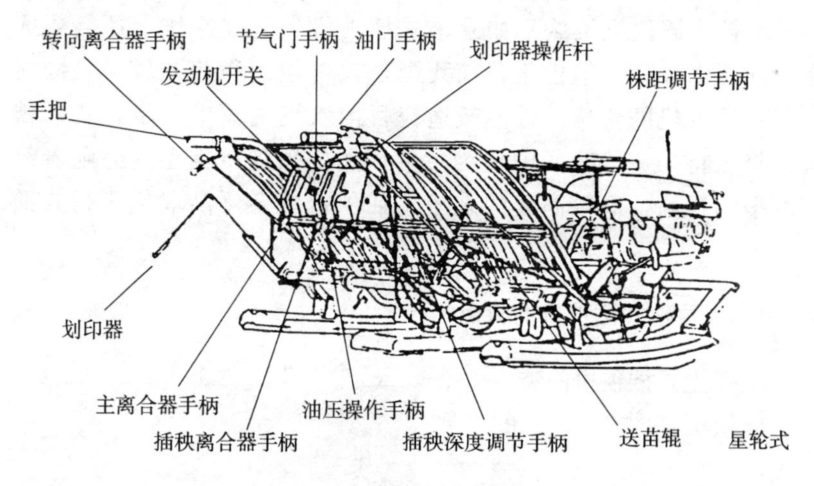

图 3-87　步行式插秧机各部位名称

PF455S 插秧机动力部分采用 1.69kW 汽油发动机，是插秧机的唯一动力来源，该发动机采用手拉反弹式起动器，启动方便、轻巧。插植部分位于机器的后部，主要由送秧机构和插植机构两部分组成。送秧机构又可分为纵向送秧和横向送秧系统两部分。同时配有纵向和横向取秧量调节手柄，纵向取苗量调节从 8mm 到 17mm，共 10 挡；横向取苗调节有 20、24、26 三挡，能提供 0.9～2.4cm^2 内 30 个不同的量化的面积和形状，由机手根据农艺要求进行调节。液压升降及仿形部分主要作用是通过液压元件使机器在工作时将机体下降成浮动状态，在行走时将机体抬起并固定，同时采用反应灵敏的液压仿形装置，当机器在高低不平的地块插秧时，尽管行走轮上下波动，该液压仿形装置可保持机体始终处在一个基本的水平面上，从而保证了秧苗插深的一致性。在行走部分采用两轮行走机构，轮子为钢质叶片式包胶（橡胶）驱动轮，在水田行走时附着效果好，打滑率低，同时由于轮子很窄，所留轮辙轻微。作业时，采用三条船形浮板，可以有效防止或减少水田行走时产生的壅泥壅水而冲倒或冲起已插秧苗。中间浮板又是液压仿形的主要传感构件。

步行式插秧机虽然不如乘坐式插秧机先进，操作上还需要人在田间跟随操作，但由于目前我国每户耕地面积普遍较小，同时步行式插秧机的价格、性能较适应目前农民的需求，步行式插秧机仍将在将来一段时间内作为主要使用的插秧机类型。但随着经济水平的提高，高效高速的乘坐式插秧机将会逐渐取代步行式插秧机。

3.3.3.6 乘坐式插秧机的特点

1. 乘坐式插秧机的特点 乘坐式插秧机（图 3－88）的主要技术特点如下：

图 3－88 乘坐式插秧机

（1）基本苗、栽插深度、株距等各项指标可以量化调节 通过调节横向移动手柄（多挡或无级）与纵向送秧调节手柄（多挡）来调整所取小秧块面积（每穴苗数），达到适宜的基本苗要求，同时插深也可以通过手柄方便地精确调节，充分满足农艺技术要求。

（2）具有液压仿形系统，提高水田作业稳定性 它可以随着大田表面及硬底层的起伏不断调整机器状态，保证机器平衡和插深一致。同时随着土壤表面因整田方式而造成的土质硬软不同的差异，保持船板一定的接地压力，避免产生强烈地壅泥排水而影响已插秧苗。

（3）机电一体化程度高，操作灵活自如 高性能插秧机具有世界先进机械技术水平，自动化控制和机电一体化程度高，充分保证了机具的可靠性、适应性和操作灵活性。

（4）作业效率高，省工节本增效 乘坐式高速插秧机动力强劲，插秧速度快，每小时可以插 7 亩秧田，远远高于人工栽插的效率。

（5）安全舒适，保养简单。 踏板宽敞，空间充裕，实现更舒适的作业。移动、收藏、维修保养简单迅速，更发挥出其值得信赖的耐久性。

2. 乘坐式插秧机的基本结构 见图 3－89。

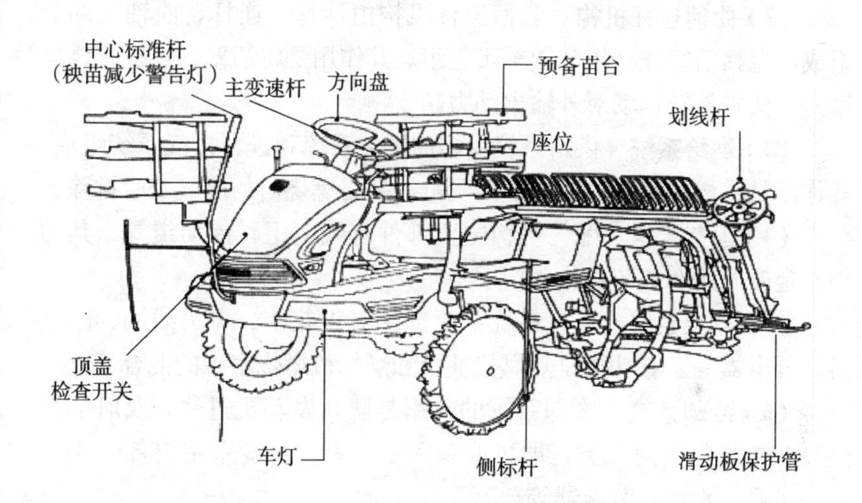

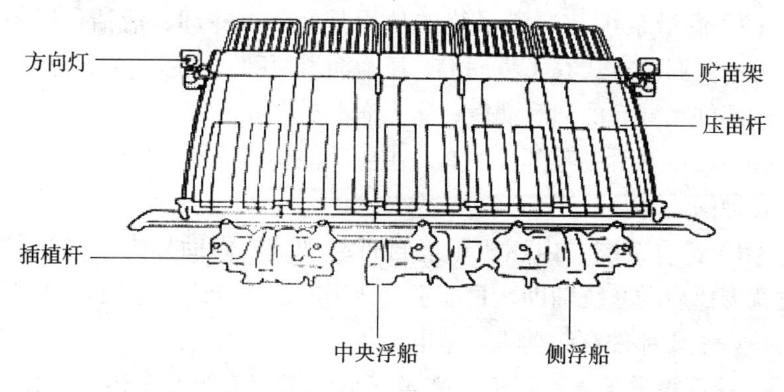

图 3－89 各部位名称

3. 发动机的构造 乘坐式插秧机多采用先进的高性能汽油发动机，功率大、效率高。在底盘的配置中，将发动机置于中部，使机器的前方视野开阔，便于操纵。同时，也考虑插秧机在田间地头装秧的方便，缩短机身的长度。发动机的构造主要有以下几个部分：

（1）机体与气缸盖 机体起骨架作用，安装各个机构和系统，包括气缸体、油底壳、曲轴箱。气缸盖与机体组成燃烧室，布置各零件。

（2）曲柄连杆机构 曲柄连杆机构由活塞、连杆、曲轴三部分组成，包括活塞连杆组和曲轴飞轮组。其作用是将活塞的往复直线运动——曲轴旋转运动对外输出动力。

（3）供给系统 供给系统由燃油供给系统和进、排气系统组成。其作用是将燃油和空气及时供给气缸，并将燃烧后的废气及时排除。

（4）配气机构 配气机构主要部件有气门组、传动组等。其功用是定时开启和关闭进排气门。

（5）点火系统 点火系统主要部件有火花塞、点火线圈、断电器、分电器等。其功用是点燃汽油机和煤气机燃烧室中的混合气。

（6）冷却系统 冷却系统的功用是防止发动机过热，及时散发热量。主要分成两大类，即风冷系和水冷系。水冷系主要部件是水泵、风扇、水箱、节温器等。

（7）润滑系统 润滑系统的功用是润滑、冷却、清洁、密封、防腐。主要润滑方式有飞溅润滑、压力润滑两种。飞溅润滑是靠曲轴等旋转部件飞溅起的油滴润滑；压力润滑是靠润滑系统建立起的油压经过各个油道润滑各零部件油雾。主要部件有集滤器、机油泵、滤清器、各种阀体等。

（8）起动系统 内燃机不能自行起动，要借助外力使之运转，这时就需要启动系统辅助。目前主要使用的启动方式有手拉式和电启动两种，主要部件有起动机、蓄电池等。

4. 变速箱及车体的构造 乘坐式插秧机变速箱及车体主要由主变速箱、株距变速箱、前桥、后桥、车体等组成。

（1）主变速箱 主变速箱（图 3-90）由各种传动轴和齿轮组成。动力通过主变速箱变速后输出给前、后桥驱动前后轮。主变速箱还把动力传给株距齿轮箱，再通过动力输出轴传给插植部分。

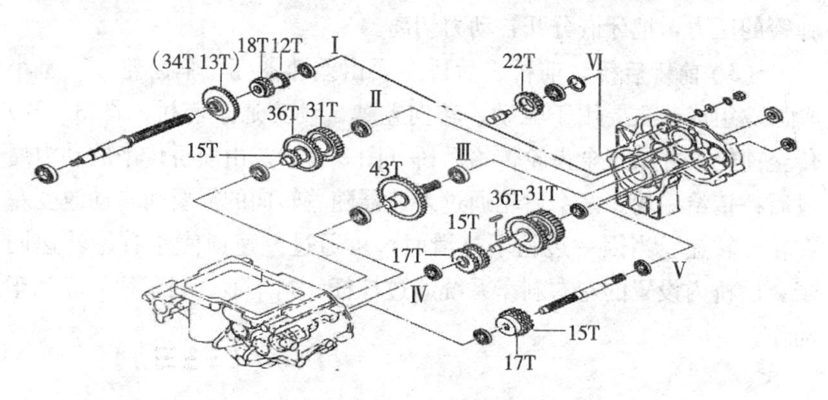

图 3-90 主变速箱构造

（2）株距变速箱 株距变速箱（图 3-91）是将主变速箱的动力通过齿轮转换后，把动力通过动力输出轴传至插植部分，需要时，可用工具转动株距变速插销，拨动滑移齿轮进行变速。箱内还设有安全离合器及插植离合器。

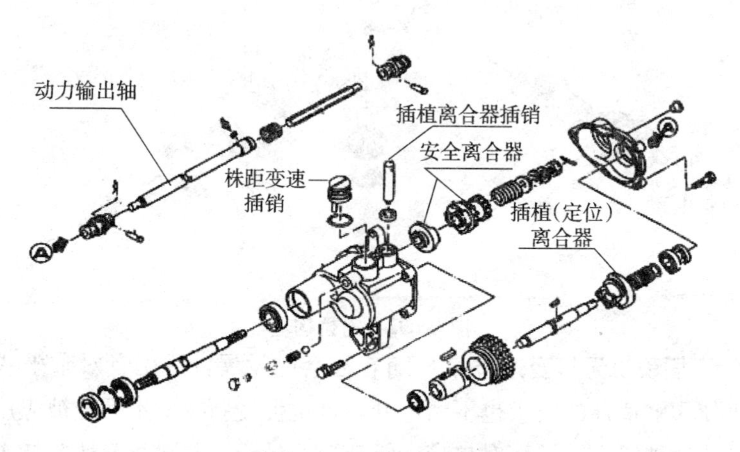

图 3-91 株距变速箱构造

安全离合器由左右牙嵌及弹簧等组成，一旦超载，牙嵌副便会压缩弹簧，使动力分离。在弹簧的作用下，两片牙嵌不断结合与分离，产生“喀喀”的金属碰撞声，提示驾驶员及时分离动力，排除障碍。

定位离合器是在插销的作用下，沿定位离合器凸轮的斜面，克服弹簧的压力，把牙嵌分开，动力切离。

(3) 前桥后桥 前桥、后桥主要由差速器壳、伞齿轮、行星小伞齿轮组成，主要用于驱动、转向差速。动力通过前桥（图 3 - 92）传至前轮，并通过伞齿轮传给后桥（图 3 - 93）。由前桥传来的动力通过后桥传给后轮，两个后轮通过差速器随着转向的需要而自动改变左右轮的转速。当因一边轮子打滑时，可通过差速锁使左右轮转速同步。后桥内设置的左右刹车系统通过杠杆、刹车箍、刹车片完成刹车动作。

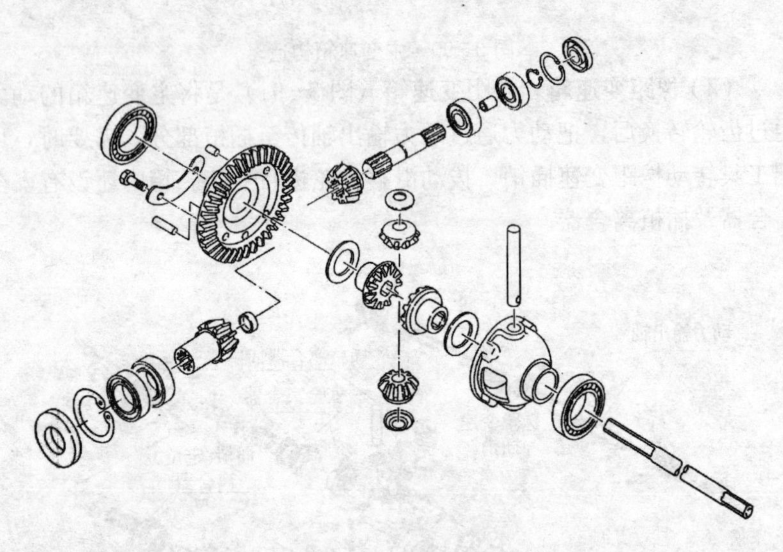

图 3 - 92　前桥构造

5. 插秧机无级变速技术 随着社会的发展，使用者对乘坐式插秧机使用舒适性的要求也不断上升，这也促使新技术不断地被应用到乘坐式插秧机上。下面对皮带无级变速、HST、HMT 三种新技术做个简要的介绍。

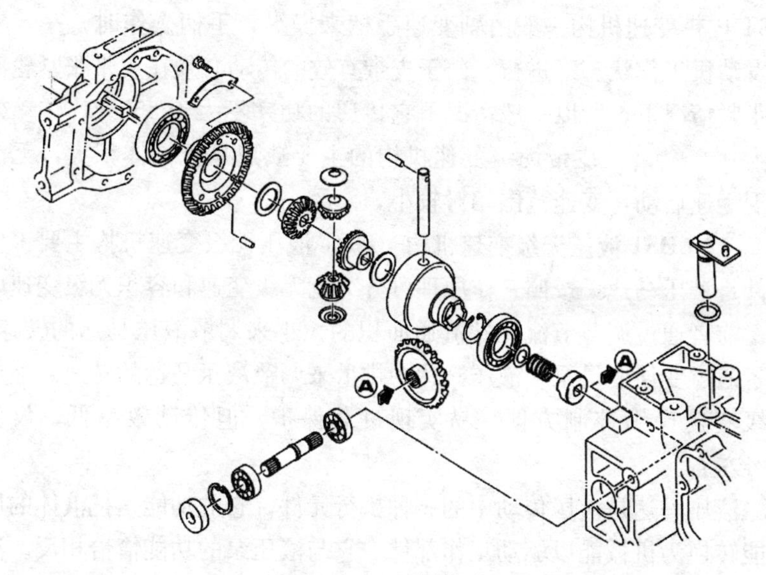

图 3-93　后桥构造

（1）皮带无级变速　皮带无级变速机通过改变主动皮带盘一侧盘体的位置来改变主动皮带轮的直径实现无级变速（图 3-94）。直径变小，减速比增大，转速变小；直径变大，减速比变小，转速变大。

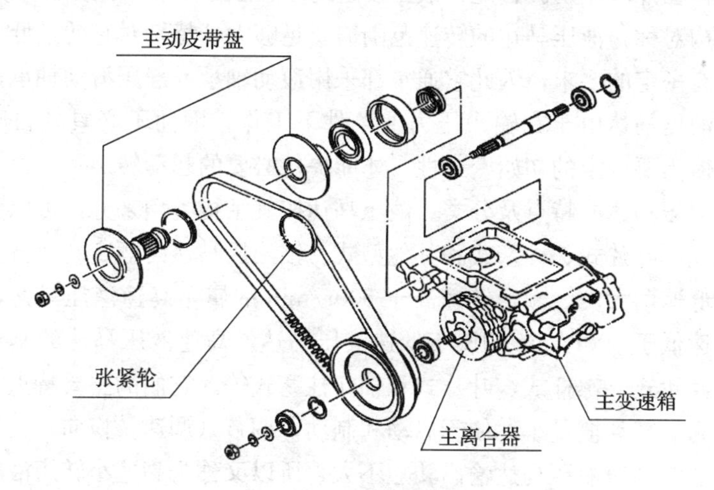

图 3-94　皮带无级变速构造

HST 皮带变速机构一般由副变速手柄来操纵，手柄操作时，一定要在发动机工作状态下进行。由于皮带有效的传动必须在皮带张紧轮有效张紧情况下，所以一般情况下它传递的功率不大于 55kW，传动效率为 0.8～0.9。皮带无级变速机构的主要缺点是机构体积大，无法实现零速启动，变速范围相对较小。

（2）HST 液压无级变速机构 HST 液压无级变速机构主要工作原件是液压马达，按照工作原理可分节流无级变速和容积无级变速两类。前者通过调节节流元件流通面积的大小来调节液压马达的转速，后者通过变换变量泵或液压马达的排量来调节液压马达的转速。液压无级变速操纵控制方便，易实现过载保护，但传动效率低，仅为 70%左右。

液压马达是液压传动中的一种执行元件，它的功能是把液体的压力能转换为机械能以驱动工作部件。它与液压泵的功能恰恰相反。液压马达在结构、分类和工作原理上与液压泵大致相同。有些液压泵也可直接用作为液压马达。但是，由于液压马达和液压泵的工作条件不同，对它们的性能要求也不一样，所以同类型的液压马达和液压泵之间仍存在许多差别。首先，液压马达应能够正、反转，因而要求其内部结构对称；液压马达的转速范围需要足够大，特别对它的最低稳定转速有一定的要求，因此它通常都采用滚动轴承或静压滑动轴承；其次，液压马达由于在输入压力油条件下工作，因而不必具备自吸能力，但需要一定的初始密封性，才能提供必要的起动转矩。

液压马达的特点及分类：液压马达按其结构类型来分，可以分为齿轮式、叶片式、柱塞式和其他型式。按液压马达的额定转速分为高速和低速两大类。额定转速高于 500r/min 的属于高速液压马达，额定转速低于 500r/min 的属于低速液压马达。高速液压马达的基本型式有齿轮式、螺杆式、叶片式和轴向柱塞式等。它们的主要特点是转速较高、转动惯量小，便于启动和制动，调节（调速及换向）灵敏度高。通常高速液压马达输出转矩不大，所以又称为高速小转矩液压马达。低速液压马达的基本型式是径向柱塞式，此外在轴向柱塞式、叶片式和齿轮式中也有低速的结构型式。低速液压马达的主要特点是排量大、体积大、转速低（有时可达每分钟几转甚至零点几转），因此可直接与工作机构连接，不需要减速装置，使传动机构大为简化。通常低速液压马达输出转矩较大，所以又称为低速大转矩液压马达。目前乘坐式插秧机上常用的是轴向柱塞式液压马达。

轴向柱塞式液压马达的工作原理：轴向柱塞式液压马达（图 3-95）工作时斜盘和配油盘固定不动，柱塞可在缸体的孔内移动。斜盘中心线和缸体中心线相交一个倾角 δ。高压油经配油盘的窗口进入缸体的柱塞孔时，高压腔的柱塞被顶出，压在斜盘上。斜盘对柱塞的反作用力 F 分解为轴向分力 Fx 和垂直分力 Fy。Fx 与作用在柱塞上的液压力平衡，Fy 则产生使缸体发生旋转的转矩，带动输出轴转动。液压马达产生的转矩应为所有处于高压腔的柱塞产生的转矩之和，随着柱塞与斜盘之间夹角的变化，每个柱塞产生的转矩是变化的，液压马达对外输出的总的转矩也是脉动的。若改变马达压力油输入方向，则可改变输出轴旋转方向。同时，斜盘倾角 δ 的改变，即排量的变化，不仅影响马达的转矩，而且影响它的转速和转向。斜盘倾角越大，产生转矩越大，转速越低。

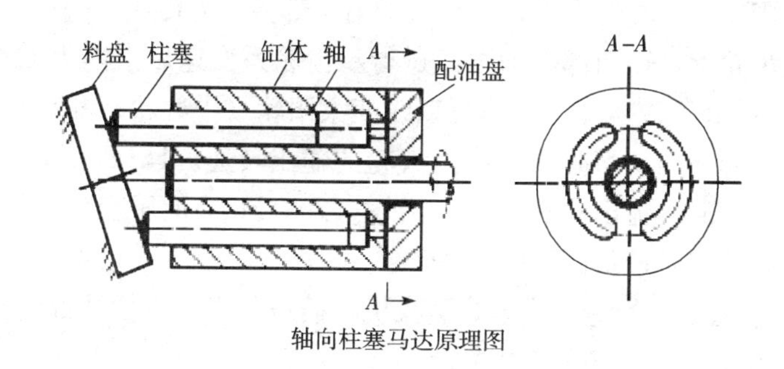

轴向柱塞马达原理图

图 3-95　HST 液压无级变速机构示意图

（3）HMT 液压齿轮混合变速机构　虽然 HST 液压变速机构能够实现无级变速，但传动效率偏低，而皮带无级变速机构虽然传动效率较高，但无法实现零速启动。针对 HST 液压变速机构和皮带无级变速机构的缺点，将 HST 液压变速机构和行星齿轮变速机构组合起来，形成了 HMT 液压齿轮混合变速机构（图 3-96）。HMT 液压齿轮混合变速机构不仅可以实现无级变速、零速启动，而且传动效率可以达到85%左右，基本接近齿轮传动的效率，相比 HST 液压变速机构有了很大提高。

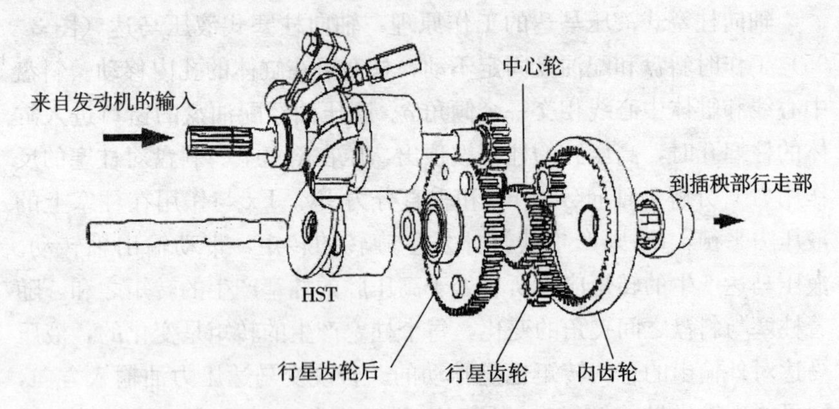

图 3-96　HMT 液压齿轮混合变速机构构造

HMT 液压齿轮混合变速机构由 HST 液压变速机构和行星齿轮系组成，发动机的一部分动力经 HST 液压变速机构传送到行星齿轮系的太阳轮（中心轮）上，发动机的另一部分动力传送到行星齿轮系的行星齿轮上，这两部分动力经过行星齿轮系变速后由内齿轮输出。这样通过 HST 液压变速机构可以改变太阳轮（中心轮）和行星齿轮之间的转速比，从而改变最终内齿轮的输出转速。HST 液压变速机构转速最高时，输出转速最低（图 3-97）；HST 液压变速机构转速最低时，输出转速最高（图 3-98）。

6. 插植部的构造　乘坐式插秧机的插植部主要由插植部齿轮箱、插植臂组合、液压部分等组成。

（1）插植部齿轮箱　插植部齿轮箱（图 3-99）是插植部动力驱动中心，它由各种驱动轴、齿轮、凸轮轴、分组离合器等组成。当分组离合器手柄动作时，可以进行动力的接合与分离。凸轮轴组合可以实现横向送秧与纵向送秧，通过横移送齿轮组合可以形成不同转速，

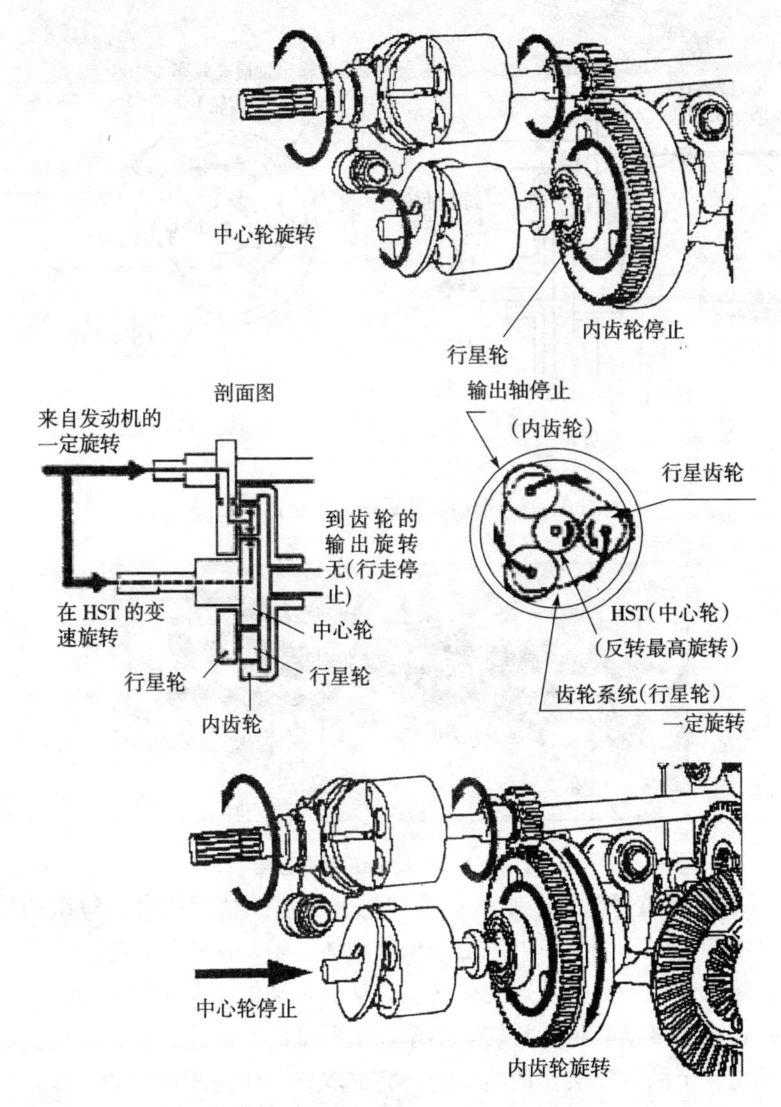

图 3-97 输出转速最低时转速比示意图

使得栽植臂每插一次秧，横向移动距离不同就有了不同的横向取秧量。凸轮轴的两端有一直线段，秧箱停滞不动，在此位置上取秧两次，同时也完成了左右换向的动作。

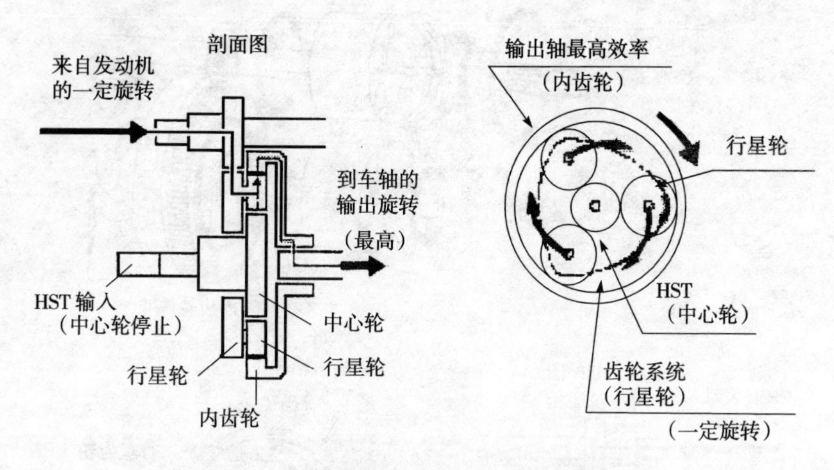

图 3－98　输出转速最高时转速比示意图

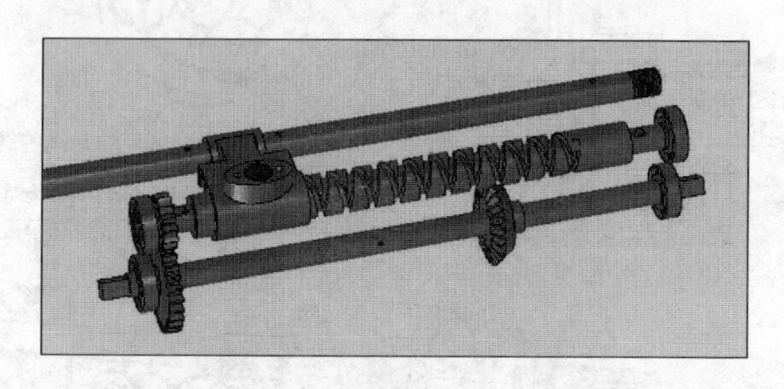

图 3－99　凸轮轴组合示意图

（2）插植臂组合　乘坐式插秧机有多组插植臂组合，每组插植臂（图 3－100，图 3－101）由插植臂壳体、轴、偏心齿轮等主要件组成。输入动力带动插植臂壳体转动，从而带动偏心齿轮围绕中心齿轮旋转，进而带动栽植臂旋转，由于插植臂轴的不等速运动，而使固定在插植臂上的秧针尖作曲线运动，完成取秧、插秧所规定的动作。插植臂除固定有秧针外，臂壳内有推秧机构，由推秧凸轮把推秧叉提起，由弹簧把推秧叉压出，完成把秧针所取的秧块在达到插深位置时把秧块顶出，完成插秧动作。

（3）液压部分　液压部分（图 3－102）由液压泵及控制阀、油缸、

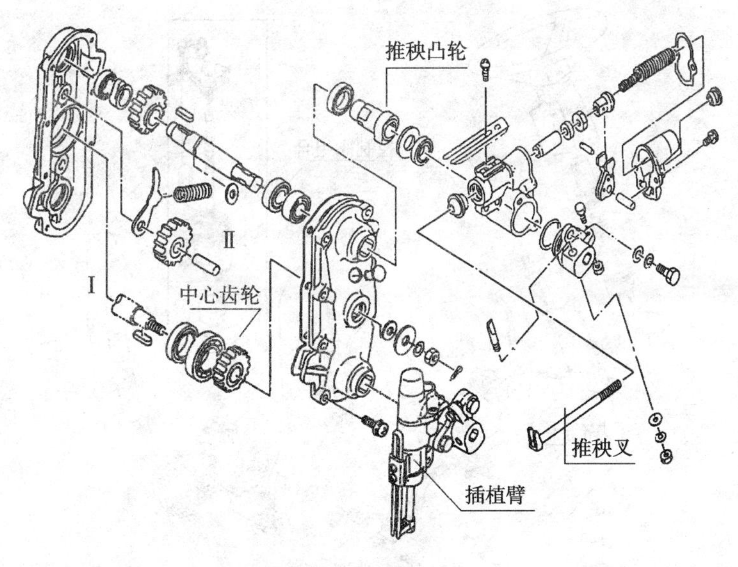

图 3-100　插植臂构造

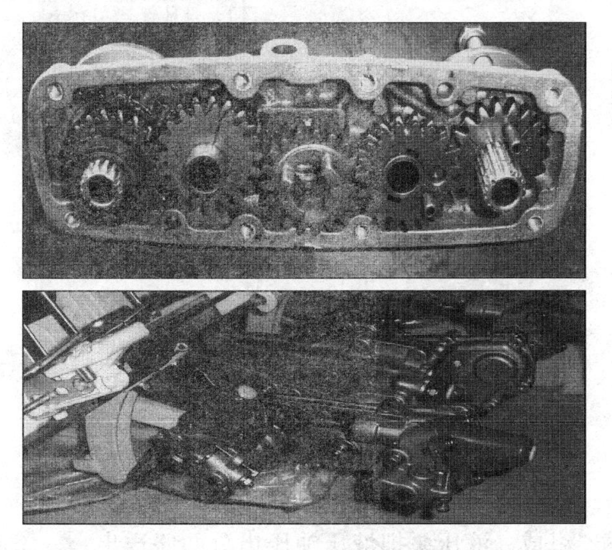

图 3-101　插植臂内部构造

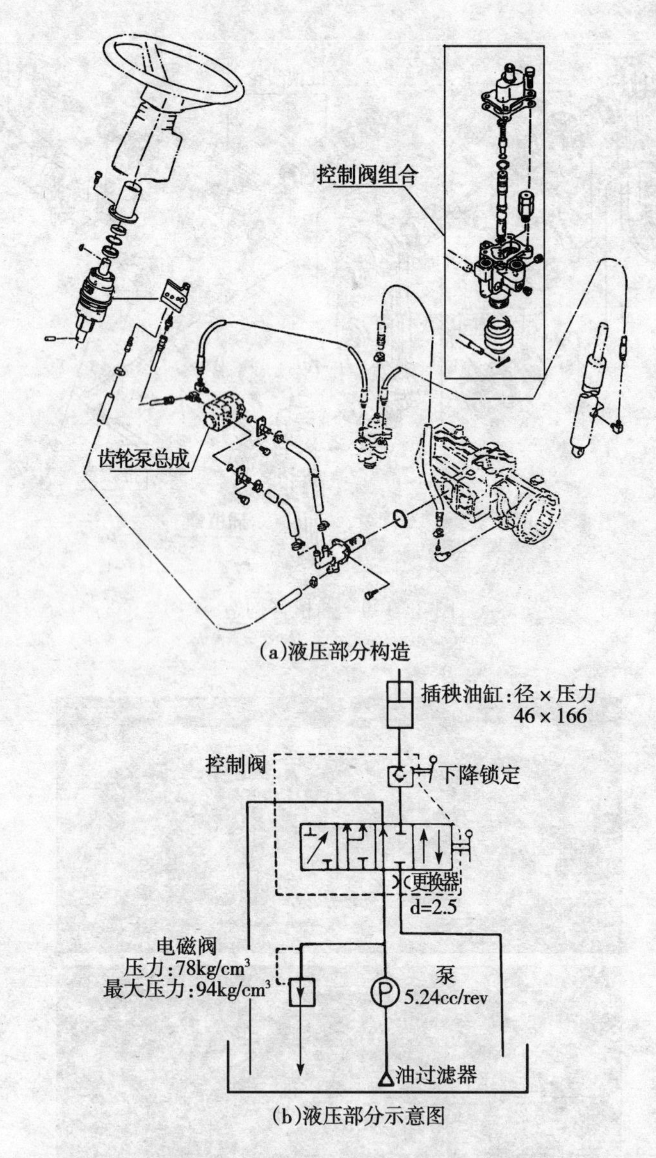

(a)液压部分构造

(b)液压部分示意图

图 3-102　液压部分构造和示意图

助力传感器组成。液压泵把液压油压出分两路送出：一路向油缸送出，完成插植部分的提升功能，这部分的功能由控制阀完成，它由手柄控制和液压反馈系统操纵；另一路向助力传感器送出，在方向盘的操纵下完成助力功能。

3.3.4　高速插秧机机电一体化新技术

变量作业、自动转向控制以及自动导航控制是插秧机机电一体化技术的研究方向。

3.3.4.1　变量作业

传统的插秧机工作时，插秧深度位于同一水平面，当遇到田地低陷时，秧苗的入土深度就会减少，反之，当田土抬高时，秧苗的入土深度就会增加，在一定程度上会影响秧苗的存活率，因此需要一个控制系统，使插秧机的机身相对支撑的高度随田地的起伏做相应调整，控制插秧臂的工作高度，使秧苗的根部进入泥土的深度基本保持一致。

中国农业机械化科学研究院以超低功耗微处理器MSP430F149为核心，设计了一种水稻插秧机的水平智能控制系统。该控制系统实现了对插植部位置的实时、有效控制，保证插植部的倾角范围控制在±4°以内。实验证明该控制系统可靠性高、移植能力强，可控制的角度范围在±45°以内，可方便应用于各种智能控制插秧机。其系统整体设计框图以及硬件原理图如图3-103、图3-104所示。

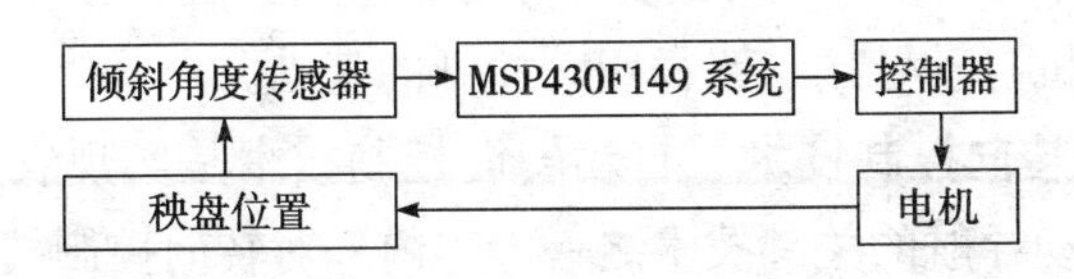

图3-103　系统整体设计框图

该系统设计的主要目的是保证水稻插秧机在工作过程中的插秧质量。在插秧机行走过程中，当插植部偏离水平位置，倾斜角传感器感应后，信息以模拟信号形式发送给单片机，单片机会根据偏离程度向

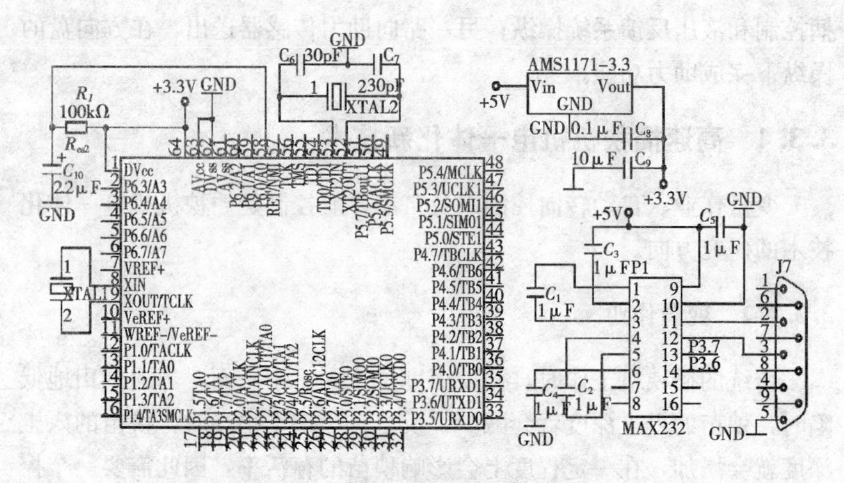

图 3-104　MSP430F149 主要外围电路

电机控制器发送命令控制水平调整电机实现复位调整，使插植部保持水平，保证插秧质量。该控制系统主要由倾斜角度传感器、单片机 MSP430F149 系统、控制器、执行电机等 4 部分构成。

3.3.4.2　自动转向控制技术及自动导航控制

插秧机自动导航的研究对于实现精准快速插秧、降低人力物力，具有重要的实际意义。自动导航技术是计算机技术、电子通信、控制技术等多种学科的综合，在现代农业生产中的应用越来越广，逐渐成为农业工程技术的重要组成部分。目前，在农业工程中应用最广泛的自动导航技术是 GPS、机器视觉以及多传感器融合技术。转向控制系统是插秧机自动导航与路径跟踪控制的基础。

1. 自动转向控制技术　自动转向控制技术是实现农用智能移动作业平台自动导航的关键技术之一。国内外对转向控制技术进行了大量的研究。美国伊利诺斯州立大学农业工程系张勤等在农用拖拉机上开发出自动导航控制系统，实现了农用拖拉机沿作物行间隙行走的无人驾驶，研制出用于实现转向动作电液操纵系统。该电液操纵系统由液压泵、液压缸、比例控制阀和 PWM 驱动控制器组成，采用 FPID

控制方法使得该系统可以对小角度转向要求做出快速准确的反应。Yoshisada Nagasaka 等利用载波相位差分 GPS 技术和陀螺仪对 PH－6 型插秧机进行导航控制，车载计算机通过 RS232 总线输出转向角度给 PLC 控制器，由 PLC 控制器控制直流电机带动方向盘转动执行转向动作。南京农业大学周俊等在小四轮拖拉机上开发自动转向控制系统，以步进电机和齿轮减速器来驱动转向节臂，实现拖拉机的自动转向。华南农业大学工程学院在久保田插秧机上研制转向控制系统，该系统由车载计算机、转向操纵控制器和转向驱动机构组成。其转向控制原理图如图 3－105 所示。

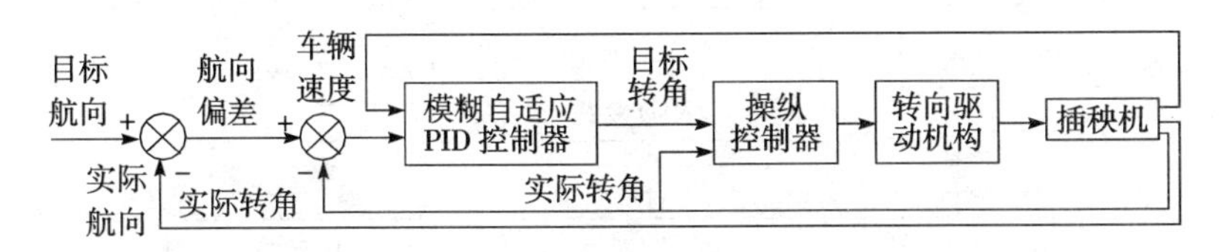

图 3－105　转向控制原理图

采用 PID 控制方法、前轮转向角反馈控制方法，得到了一种新的控制算法——基于速度的自适应 PD 和前轮偏角反馈控制方法。首先计算目标航向与实际的航向的偏差，作为自适应 PD 控制器的输入偏差，自适应 PD 控制器输出车轮的目标转角和实际转角的偏差作为操纵控制器的输入偏差，操纵控制器控制转向机构执行动作，从而达到航向跟踪的目的。

2. GPS 在插秧机自动导航中的应用　GPS 导航控制系统是在转向控制系统的基础上加入了 GPS 导航传感器和必要的路径跟踪控制算法而得到的。其基本原理是：利用二维数组描述预定跟踪路径并存储在车载工控机中。由车载 GPS 接收机实时接收卫星定位信号和基站差分定位信号，采集插秧机当前 DGPS 定位信息。工控机将当前定位信息与跟踪路径数组信息进行对比，通过快速查找算法获得距离当前定位点最近的跟踪路径点，进而附加一个特定的索引步长，确定出插秧机的当前跟踪目标点，在此基础上获得插秧机当前的目标航向。将该信息与电子罗盘采集到的当前实际航向信息以及单片机采集电路采集到的插秧机行进速度信息一并输入转向控制系统的模糊自适应 PID 控制器，进行转向角 δ 的决策，然后由操纵控制器完成该转向操作，从而实现插秧机的路径跟踪。系统整体设计框图如图3-106。

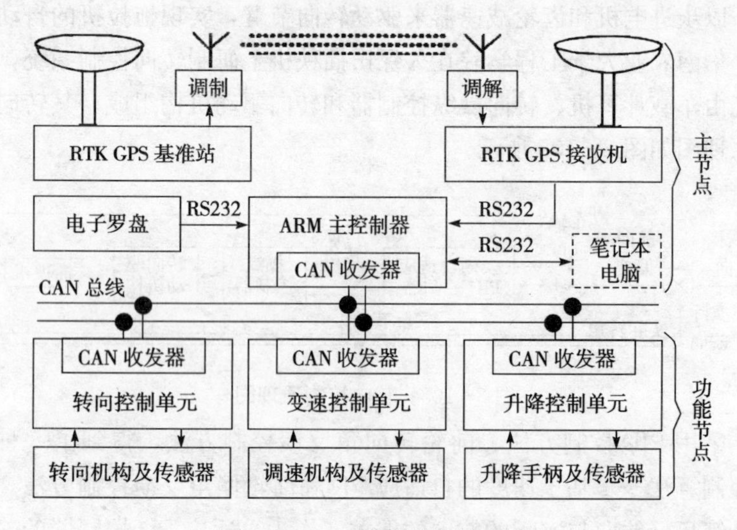

图 3-106　系统整体设计框图

3. 机器视觉技术在插秧机自动导航中的应用　随着计算机技术、数码技术、图像传感器和图像算法的不断改进，机器视觉在农业工程中的应用变得更加广泛。与 GPS 导航相比，机器视觉导航灵活性更大，实时性和精度也提高了许多，特别是机器视觉图像收集的信息比较丰富、范围宽、目标信息完整，能够为精准农业和其他农业应用提供许多有用资源。机器视觉导航的研究很大程度上是对图像算法的探索。Yutaka Kaizu 等针对水田中水面的强反射性使得作物行检测十分困难的情况利用双谱照相机实现了水田环境中秧苗行分割线的识别和导航参数的提取。系统整体设计框图以及图像分割流程图如图 3-107、图 3-108 所示。

此系统由一个计算机，两个 WAT-535EX 黑白 CCD 照相机以及

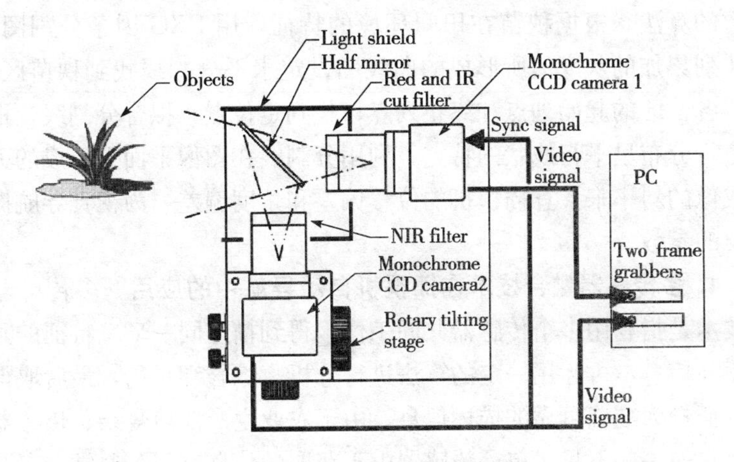

图 3-107 双谱照相机系统原理图

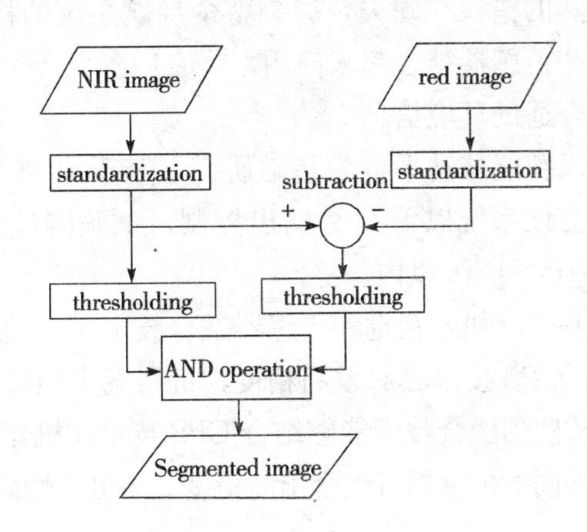

图 3-108 图像分割流程图

两块图像帧采集板卡组成，图像处理软件采用 NI 的 LabVIEW 8.0 以及 Visual C++6.0。利用复合视频信号来同步两个照相机以同时获取两个照片机的图片，其图像分辨率以及位深度分别为 640480 和 8bits。两个照相机被放置于右角。照相机 1 带有一个低截止滤光片以及一个红外截止滤光片用于只通过红色光，照相机 2 带有一个 IR76 锐截止滤光片以便获取 NIR 图像。镜头的聚焦长度为 8mm。

浙江理工大学提出了一种利用秧苗行分割线作为基准线提取导航

参数的算法。根据秧苗在田间环境的特征，用 EXG 因子分割图像，将按列累加的灰度值所形成的曲线图设定水平分割线找到秧苗区域，确定各苗区的起始列点和终止列点，找到定位点，拟合分割线。根据秧苗行分布呈平行线状的特点，利用分割线在图像平面上形成的灭点和成像的斜率来计算插秧机的位移偏差和角度偏差，为视觉导航提供必要的参数。

4. 多传感器融合技术在插秧机自动导航中的应用 多传感器融合技术是指利用多个传感器共同工作，得到描述同一环境特征的冗余或互补信息，再运用一定的算法进行分析、综合和平衡，最后取得环境特征较为准确可靠的描述信息。由于农业生产环境复杂、传感器本身存在的一些不足，单一传感器由于获取的信息有限，通常会存在不确定性以及偶然的错误或缺失，影响整个导航系统的稳定性和精度，这就需要将一些传感器结合起来使用，将它们各自产生的信息进行综合，以便获得合适的环境信息。

罗锡文等以智能移动平台为基础研究了基于 GPS 和电子罗盘的导航控制系统。该系统以 PID 为输出控制，试验测试直线偏差和弯道偏差分别在 1m 和 2m 以内。

5. 小结 GPS、机器视觉和传感器融合技术在自动导航中有各自的特色与优势，GPS 技术具有较高精度，机器视觉能够采集丰富的环境信息，而多传感器融合技术能够结合 GPS 技术和机器视觉等导航模式的优点，用不同的传感器可组合出高精度、高可靠性的导航策略。

3.3.5 水稻机械插秧技术发展

以日本、韩国为代表的育苗移栽模式，所采用的机械化工艺为：旋耕（或犁、耙）＋工厂化育苗＋机械插秧（施肥）＋中小型半喂入联合收割机。这些地区人多田少，田块小，以发展中小型机械为主，在机械装备上，从简易步行、手扶机型开始向乘用型发展，就插秧机而言，乘坐式插秧机已占 85％以上。机具研制的发展方向是：进一步提高作业效率、作业质量，提升动力档次，机具进一步提高操作轻便性、向智能型方向发展。施肥、免耕、铺膜等复式作业插秧机也有了产品，研究了多种形式直播机，但并未进入实用阶段。

水稻机械化种植模式，不论是在以直播为主的欧美还是以移栽为主的日韩均已在20世纪中期后基本实现了全程机械化，其发展的历程及经验均值得我们借鉴，结合我国国情发展具有中国特色的水稻生产机械化。

3.3.5.1　水稻插秧机

在全面普及4行手扶式插秧机的基础上，在经济较发达地区，有将手扶机向高速乘坐式更新换代的发展趋势。新型独轮驱动2行步行式插秧机在山区丘陵小田块地区以其轻便灵活、价格较低的优势受到机手的青睐。

我国杂交水稻种植区域广阔，特别是近几年来超级水稻品种的培育成功。要求1～2株/穴，株距20cm以上。这就要求育秧播种设备播种量减少，播种均匀度提高；毯状苗插秧机切块精准，插植臂运动姿态正确。这些新的需求的出现，为水稻种植机械的发展提供了新的发展动力。

3.3.5.2　钵苗移栽机

钵苗移栽具有根部无植伤、浅栽低位分蘖势强、产量高的优势，近年来在我国部分地区如黑龙江垦区得到了大面积应用。如能进一步降低钵苗移栽机和配套育秧设备的制造成本、提高工作可靠性，是一种具有发展前景的栽植机械。

3.3.5.3　具有复式作业功能的水稻种植机械

在水稻种植机械上加装某些装置，可实现本田耕整、秧苗自动添加、化肥深施、喷洒农药等复式作业；联合收割机上加装秸秆切碎、抛撒、秸秆打捆装置，也扩大了一次作业的功能。

3.3.5.4 高新技术在水稻生产机械上得到应用

汽车的 HMT 变速系统移植于水稻生产机械，使行走实现了无级变速；光电传感报警和计算机监测系统可控制作业质量；卫星遥感技术对气候、地理、环境进行精确预报和定位，确保水稻适时种植和收获；激光平地自动控制系统用于保证田块的平整度。可以预测，随着科学技术的发展，必将有更多的高新技术应用于水稻机械化生产领域。

3.4 油菜直播机械化技术

我国油菜素以精耕细作而闻名于世，这种种植方式以传统手工作业为主，即主要依靠人工溜种、人工撒播和人工育苗来完成。传统种植方式工序繁琐、内容复杂、劳动强度大、生产效率低、劳动时间长，导致种植油菜的比较效益低。

目前常用的油菜直播（撒播和条播）技术路线：①撒播。耕田—开沟筑厢—播种（撒播）—覆土盖种。其特点是用种量大，一般亩用种600～750g，种植密度高，亩株数 5 万～6 万株，通风透光性能差，产量低，适宜联合收获和分段收获。②条播。耕田—开沟筑厢—播种（条播）—覆土盖种。其特点是播种有利于机械化作业；用种量小，一般亩田种为 150～250g；种植密度较小，一般亩株数为12 000～16 500株，通风透光性能较好，产量较高；较适宜于联合收获和分段收获。

3.4.1 油菜直播的农艺要求

油菜直播方式有点播、条播和撒播，在稻油、玉油两熟制地区普遍采用，我国北方的春油菜产区基本采用直播的方式。直播油菜根系发育良好，主根入土深，能深入土壤下层吸收肥水，无植株移栽断根停滞影响，生长迅速繁茂，抗旱、抗瘠、抗寒、抗倒伏能力较强。如能加强苗期管理，克服出苗不齐、幼苗生长不一致的弱点，同样可以获得高产。

3.4.1.1　油菜播期与茬口的选择

冬油菜直播，应选择前茬作物茬口较早的地块，不宜与十字花科其他作物轮作。占我国油菜种植面积85%以上的长江流域冬油菜区，9月15日至10月30日为直播油菜的可播期，推荐在9月20日至10月15日之间适期雨前早播，以10月底至11月初前齐苗，冬前有50d以上的生长期为宜。

3.4.1.2　田块准备

1. 田块选择　田块地表要平整，表面无过量杂草等影响机械直播正常作业；前茬为水田作物的土壤要经适当日晒，若遇多雨天气，则应先人工开几条竖沟排除积水。

2. 留茬高度　目前较常用的油菜精量联合直播技术是一种少耕作业技术，在耕作地块表面允许有少量作物秸秆残茬，但作物秸秆残茬过高，会使机组动力消耗增加、地表平整度下降、作业部件堵塞而影响作业功效或作业质量，因此留茬高度应不大于30cm。

3. 土壤湿度　待播田块土壤湿度要适中，水分太大的稻田可以整地后晾晒一至两天。适宜播种的土壤湿度可通过以下两种方法简单判断：①一个体重70kg的正常人，从待播地表走过，留下鞋印深度不大于1cm。②用手抓取地表土壤，用力握紧，形成土团，但从指间不渗出水；同时将土团放置离地表1m左右位置，松开后使其自由落下。土团能摔碎而不形成大的团粒。

3.4.1.3　品种与肥料选用

1. 品种选用　根据当地生态条件、气候和生产特点选择适宜当地环境种植的高产、高抗（抗寒、抗倒、抗菌核病）高产优质“双低”油菜品种。机播油菜宜选用千粒重大、出苗快、花期集中、主花序长的品种。进行机械收获的田块注意选用株型紧凑、个体小、分枝少、斜型分枝、结角相对集中、成熟期基本一致、相对不易炸裂、生育期较短的品种。

一般要求长江中下游及北部地区应以耐寒性较强的中熟偏迟的半冬性或冬性品种；冬季气温偏暖的南部地区对品种的选择性较广，除晚熟的品种外，还可选用半冬性中熟或早中熟品种。选用正规种子供应商提供、包装好的油菜种子。根据种子发芽率、农艺要求和播种期确定种子用量。

2. 肥料的选用 根据本地高产油菜的农艺要求，合理计算基肥的施用量。宜选用吸水性差的颗粒肥料，以防止化肥在箱内结块。

3.4.1.4 播种要求

1. 播种方式 可采取条播、穴播和撒播等方式。采用穴播的，每亩密度 7 000～8 000 穴（穴距 20cm40cm）；采用条播的，行距 35～40cm；油菜种子下种需均匀，无明显断条，行距相同，行向尽量笔直，播种深度 2～3cm。

2. 播种量 播量视种子发芽率、土壤墒情而定，由于直播油菜植株较小，一次有效分枝一般 5～6 个，集中在植株距地 40～90cm 高度内，二次分枝较少。产量主要取决于主花序和一次分枝，高产田种植密度每亩须保持 1.5 万～2.0 万株。免耕直播油菜每亩播种量以 200～250g 为宜，密度约为每亩 2 万株。随着播期的推迟，每亩播种量可增加到 300g，密度每亩达到 2.5 万株以上为宜。

3.4.2 油菜直播的机具类型与特点

油菜直播机械化技术包括机械化耕整地、机械播种、机械开沟等，其中机械耕整地、机械开沟等环节采用的机具和技术与其他作物的相应环节基本相同。

3.4.2.1 机械耕整地与开沟

油菜大田耕深 20cm 左右，深浅一致，翻垡良好，无漏耕，重耕。整地要求平整松碎，地表无杂草，墒情好，上虚下实，底肥覆盖严密。

开沟做到厢沟、腰沟、围沟配套。地势高、排水良好的一般厢宽300cm左右，沟深20～25cm；地势低、地下水位高、排水差的，一般厢宽200～300cm，沟深33cm，沟宽20～30cm。要求沟形笔直，厢沟沟底长度方向稍带坡度（两头偏低），腰沟、围沟比厢沟深3～5cm，便于排水（图3-109）。

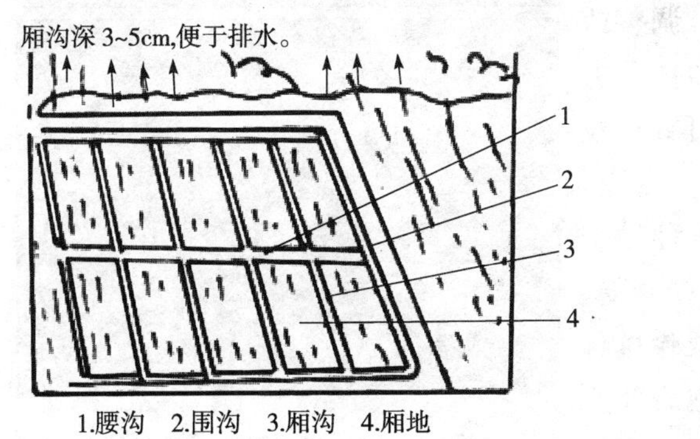

2
1
20cm
1.犁体 2.土壤

图3-109 耕整地示意图

耕整地可以采用拖拉机配置悬挂铧犁、牵引耙或驱动耙进行机械化耕整作业。机械化开沟作业可选择与36.77～51.08kW轮式拖拉机配套的旋耕开沟一体机或与8.83～11.03kW手扶拖拉机配套的开沟机。

3.4.2.2 机械播种

目前我国油菜直播按排种器分类可分为机械式排种器和气力式排种器两个大类，其中机械式排种器又包括异型窝眼轮、镶嵌式窝眼轮、偏心强制剔种式窝眼等形式排种器。

1. 偏心强制剔种式窝眼 宝鸡市农业科学研究所张宇文发明了多功能精量排种器（图3-110），在国内影响较大。其原理为外槽轮与窝眼孔式排种器组合在一起，适合多种作物种子的播种，对于油菜等小粒种子用其窝眼孔排种。

该排种器采用在排种孔内设置推种齿的原理，解决了窝孔堵塞的问题，实现了油菜等小粒种子精密播种。但是，该排种器清种毛刷磨损后与排种轮间隙变大，降低清种效果，需及时调整或更换；播量调节板抽拉不方便，其固定装置不可靠；投种位置不是集中在一点上，影响落种均匀性；排种轴与外壳体直接接触，磨损严重。

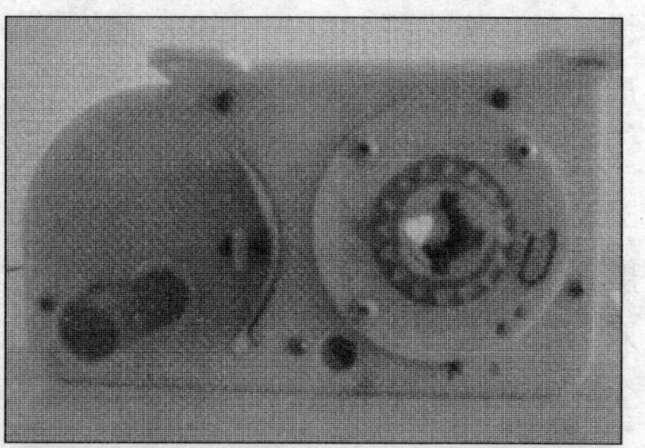

图 3-110　多功能精量排种器

2. 嵌镶块式窝眼轮排种器　上海市农业机械研究所等单位在"十五"攻关项目中研制了嵌镶块式窝眼轮排种器（图 3-111）。排种器工作时，传动轴通过排种变速箱链轮传动，带动主、副排种轮一起转动，种子充填

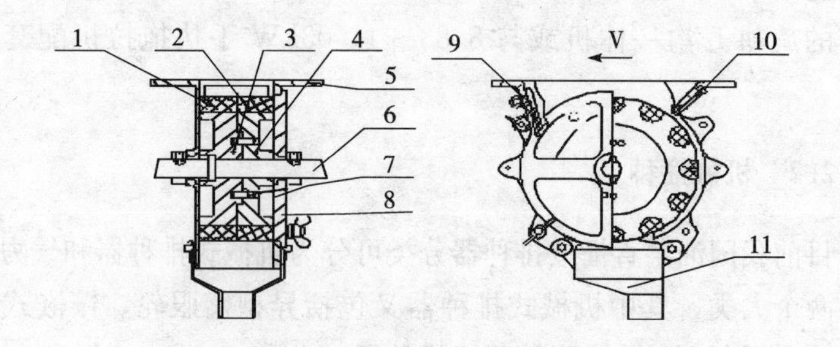

图 3-111　镶嵌组合式排种器

1. 孔型镶嵌块　2. 无孔型镶嵌块　3. 主排种槽盘　4. 副排种槽盘　5. 壳体　6. 传动轴　7. 定位销　8. 侧端盖　9. 清种刷　10. 卸种板　11. 护种罩

进入正、副排种槽盘上的孔型镶嵌块内，由清种刷将多余种子刷去，当主、副排种槽盘旋转至排种器壳体底部开孔处经由护种罩和输种管排出，通过更换嵌镶块以适合不同的种子和播量要求。窝眼孔接近圆柱形，窝眼堵塞在所难免，种子破碎率高的问题依然没有解决，且调节播量不便。

3. 异形孔窝眼轮式排种器 农业部南京农业机械化研究所在江苏省科技攻关和农业部公益性行业（农业）科研专项等项目中研制了异形孔窝眼轮式排种器（图 3-112）。作业过程中，油菜种子由排种箱进入排种器，在排种轴的带动下，排种轮旋转，油菜籽在重力作用下进入异形窝眼孔 9，完成充种。油菜籽随着排种轮一起旋转，在毛刷 7、挡板 5 的共同作用下，将异形窝眼孔中多余的种子剔除，完成清种。经过充种、清种过程后，在异形窝眼孔中留下 1～2 粒油菜种子随排种轮一起旋转靠重力作用离开窝眼孔，完成投种。毛刷 7、挡板 5 共同组成清种部件，采用毛刷清种，不伤种。在挡板 5 的作用下，增加了毛刷的强度，提高了清种效果与毛刷的使用寿命。该种排种器存在的问题是毛刷与排种轮之间的间隙对播量影响较大，排种一致性不高。

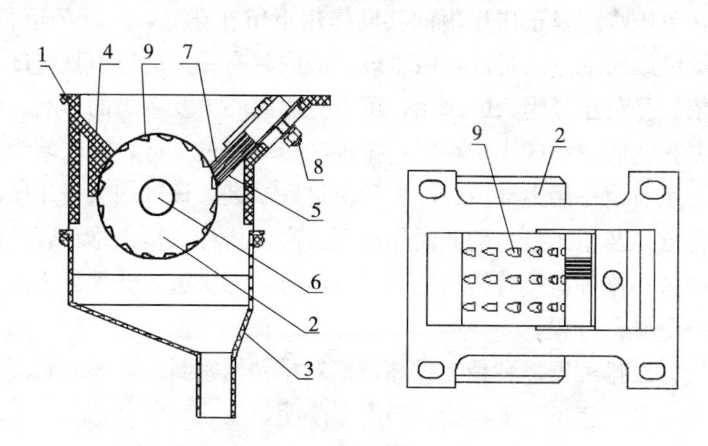

图 3-112 异形孔窝眼轮式排种器

1. 壳体 2. 排种轮 3. 排种漏斗 4. 种室 5. 挡板
6. 驱动轴 7. 毛刷 8. 锁紧螺栓 9. 异型窝眼

4. 联合气力式油菜籽精量排种器 华中农业大学研制的联合气力式油菜籽精量排种器（图3-113），当排种器开始工作时，排种盘顺时针旋转，携带型孔进入Ⅰ区，种箱内的油菜籽在重力以及负压吸附力的共同作用下落入型孔，落入型孔内的种子数约为3～6颗，此区为充种区；排种盘继续转动，进入Ⅱ区，由于正压喷嘴内通入一定强度的正压，在正压压力的作用下，型孔内多余的种子被吹出型孔，回落入种箱内，仅余一颗油菜籽在负压吸附及正压压附的共同作用下留在孔底，此区为清种区；排种盘继续转动进入Ⅲ区，由于该区域内具有一定的负压真空度，油菜籽依然受负压吸附力的作用，可以克服离心力及重力的影响，继续留在型孔孔底，此区为护种区；排种盘转动经过Ⅳ区，该区域为过渡区，负压吸附作用逐渐消失；排种盘进入Ⅴ区，该区域为正压区，油菜籽在重力及正压推力的共同作用下，离开排种盘落入排种管，该区为投种区；排种盘接着转动经过过渡区Ⅵ，再次进入充种区Ⅰ区，开始下一个排种过程。

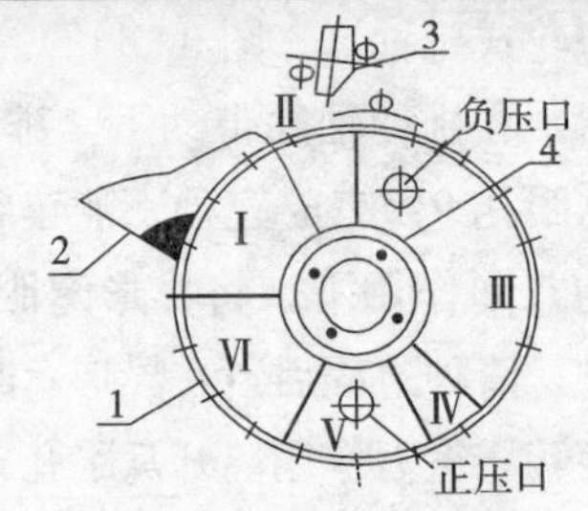

图3-113　联合气力式油菜籽精量排种器
1. 排种盒　2. 掺种盒　3. 精种装置　4. 气室隔板

气力式排种器播种精度较高，但对排种器密封性能要求较高，在大播量、高转速条件下，播种精度下降明显。

3.4.3　油菜直播机的结构与原理

从20世纪70年代开始，江苏、浙江、安徽等地就开始采用稻麦条播机改装小槽轮式排种器调整行距后播种油菜，目前市场上较常见的几种型号的油菜直播机主要是在旋耕机产品的基础上进行结构改进实现油菜播种作业。

下面按配套动力分类进行介绍。

3.4.3.1　手扶配套油菜直播机

目前国内较典型的几种直播机（表3-4）一般与8.83～11.03kW手扶拖拉机配套，适合于土壤含水率在30%左右的田块使用，作业工效3～5亩/h。可一次完成碎土、灭茬、施肥播种、覆土和镇压等多道工序。

表3-4　国内几种典型手扶配套油菜直播机

型号	产品名称	生产企业或研究院所
2BY-3/4	油菜播种机	农业部南京农业机械化研究所
2BFQ-4B	油菜精量联合直播机	华中农业大学和武汉黄鹤拖拉机制造有限公司
2BF-4Y	油菜直播机	江苏盐城恒昌集团
2BGY-4	油菜直播机	江苏沃野机械制造有限公司
2BYF-6B	油菜免耕直播联合播种机	湖南农业大学和现代农装株洲联合收割机有限公司
2BGF-6B	油菜施肥播种机	江苏欣田机械制造有限公司

1. 主要结构　与手扶拖拉机配套的油菜直播机（图3-114，图3-115，图3-116，图3-117）主要由旋切碎土装置、播种装置、镇

图3-114　2BF-4Y油菜直播机

图3-115　2BYF-6B油菜免耕直播联合播种机

图 3 - 116　2BY - 4 油菜播种机

图 3 - 117　2BFQ - 4B 油菜精量联合直播机

压轮与框架和排种动力传动等部分组成。旋切碎土装置一般是采用我国常用的系列旋耕机，主要完成旋切碎土和灭茬；播种装置采用机械轮式排种器或气力式排种器，一般动力通过手扶拖拉机驱动轴经链传动带动排种器转动；部分机型在排种驱动轴上装有排肥器完成播种施肥作业。

2. 工作原理　田间作业时，旋切动力通过手扶拖拉机底盘的倒Ⅰ挡齿轮和油菜直播机内的传动机构带动旋切刀辊旋转，油菜播种机与手扶拖拉机挂接如图 3 - 118 所示。旋切刀旋切土壤并将土块破碎后，以后抛角抛向后方，在挡土板的作用下，大部分后抛土被挡下与残留土层形成种床，紧随其后的播种开沟器在种床

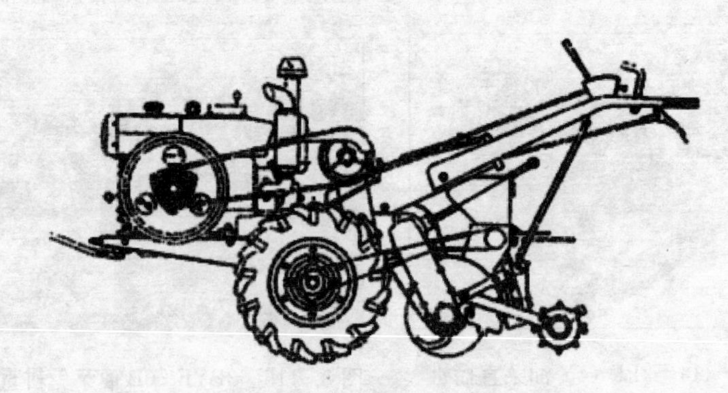

图 3 - 118　油菜播种机配挂图

上划切出一条浅沟；同时，固定在拖拉机驱动半轴上的传动链轮通过链传动带动排种轴旋转，油菜种子经排种管落入各行沟内，由镇压轮的作用将沟壁土壤推动滑移而覆盖及镇压，完成播种作业。油菜直播机工作原理如图3-119所示。

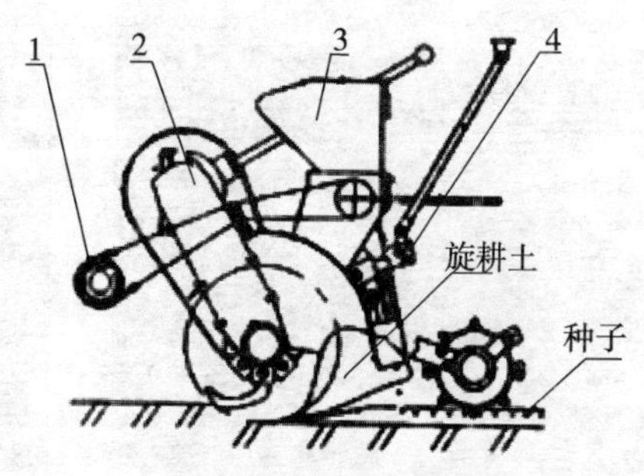

图 3-119　油菜播种机工作原理示意图
1. 排种动力传动　2. 旋切净土装置
3. 播种装置　4. 镇压轮与框架

3.4.3.2　中马力配套油菜播种机

目前国内较典型的几种直播机（表 3-5）一般与 36.77～55.16kW 轮式拖拉机配套，适合于土壤含水率在 30%左右的田块使用。该种类型的油菜直播机一般可一次性进行浅耕、灭茬、开沟、作畦、播种、施肥等复式作业。

表 3-5　国内几种典型与中马力轮式拖拉机配套的油菜直播机

型号	产品名称	生产企业或研究院所
2BKF-6	复式作业油菜直播机	农业部南京农业机械化研究所
2BFQ-6	油菜精量联合直播机	华中农业大学和武汉黄鹤拖拉机制造有限公司
2BGKF-6	油菜施肥播种机	上海农业机械化研究所

目前，国内常见的几种类型与中型轮式拖拉机配套的油菜播种机，按排种排肥驱动类型，又可分为由拖拉机动力输出轴强制驱动型和由地轮驱动型两种形式。

1. 由拖拉机动力输出轴强制驱动型　代表机型有上海农业机械化研究所研制的 2BGKF-6 油菜施肥播种机（图 3-120）和农业部南京农业机械化研究所研制的 2BKF-6 复式作业油菜直播机（图 3-121）。

图 3-120　2BGKF-6 油菜施肥播种机

图 3-121　2BKF-6 复式作业油菜直播机

(1)结构　主要由万向节总成、悬挂架总成、变速箱总成、施肥播种传动系统总成、开沟刀盘总成、排种施肥装置总成等构成。2BGKF-6 油菜施肥播种机结构简图如图 3-122 所示。其中万向节总成、变速箱总成、侧边齿轮箱总成、小齿箱离合器总成为传动装置；开沟刀盘总成、排种施肥装置总成、播种头总成、清泥犁总成、施肥开沟器总成为工作部件；悬挂架总成、横梁总成为辅助装置。

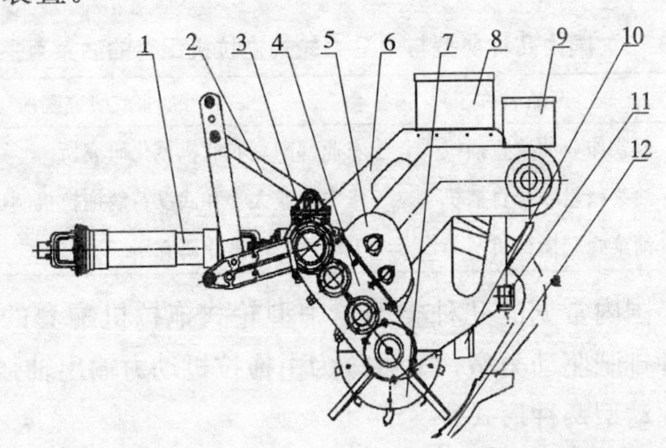

图 3-122　2BGKF-6 油菜施肥播种机结构简图

1. 万向节总成　2. 悬挂架总成　3. 变速箱总成　4. 侧边齿轮箱总成
5. 小齿箱离合器总成　6. 左右侧板　7. 开沟刀盘总成　8. 施肥装置总成
9. 排种装置总成　10. 播种头总成　11. 横梁总成　12. 清泥犁总成

（2）工作原理　田间作业时，动力由拖拉机动力输出轴输出，通过万向节总成、中间箱把动力传给刀辊和刀盘轴。旋切刀辊上装有左右向弯刀，旋耕刀切削土壤形成种床；开沟刀盘高速旋转，带动切土刀不断铣切土壤，削壁刀沿沟两侧切成两面沟壁，引土铲清沟起泥，引起的泥土依靠切土刀旋转抛向两侧或挤向分土板，沿分土板弧面呈粉碎状向两侧抛出，覆盖在畦面上。实现浅旋、灭茬、开沟、作畦一次性作业。

排种排肥驱动轴由拖拉机动力输出轴经变速箱总成、侧边齿轮箱总成和小齿箱离合器总成，最后带动排肥排种驱动轴转动实现播种施肥。2BGKF-6 油菜施肥播种机动力传动示意图如图 3-123 所示。

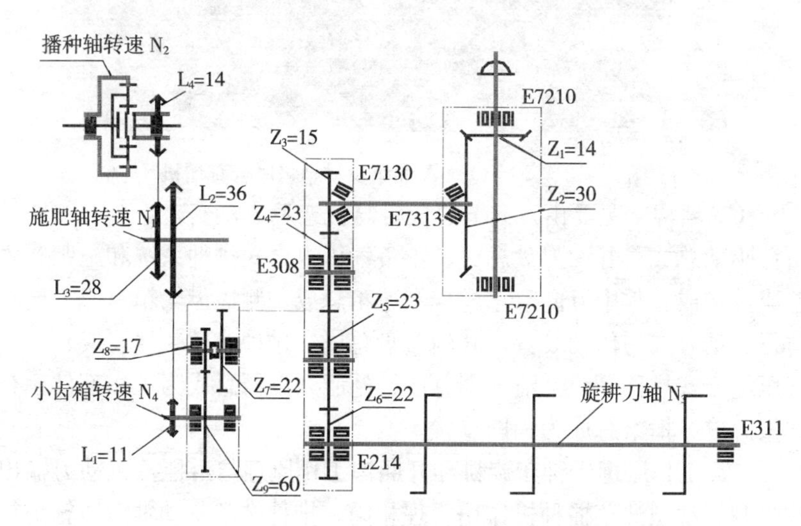

图 3-123　2BGKF-6 油菜施肥播种机传动示意图

（3）存在问题　拖拉机动力输出轴强制驱动型油菜播种机存在的问题是，播种施肥驱动轴由拖拉机动力输出轴强制驱动，拖拉机在田间作业时，拖拉机油门大小、机器前进速度、轮胎打滑等都对播种均匀性和稳定性存在较大影响。

2. 地轮驱动型　地轮驱动型油菜联合播种机的代表机型有华中农业大学研发的 2BFQ-6A 油菜少耕精量联合直播机（图 3-124）。

该机适用于未耕地或有作物秸秆残茬覆盖地，尤其适用于棉—油、稻—油轮作制度下留茬稻板田的油菜少耕精量联合播种，可一次性完成开厢沟、破茬、带状种床旋耕、精量播种、正位深施肥和覆土等多道工序。2BFQ-6B油菜少耕精量联合直播机采用全旋破茬工作方式。

图3-124　2BFQ-6A油菜少耕精量联合直播机

(1)结构　主要由万向节总成、悬挂架总成、变速箱总成、地轮仿行驱动总成、开沟刀盘总成、正负气压组合式排种系统和施肥装置总成等构成。其中万向节总成、变速箱总成、侧边齿轮箱总成、地轮仿行驱动总成为传动装置；开沟刀盘总成、排种施肥装置总成、正负气压组合式排种系统、清泥犁总成、施肥开沟器总成为工作部件；悬挂架总成、横梁总成为辅助装置。

(2)工作原理　种床旋耕和开厢沟工作原理与由拖拉机动力输出轴强制驱动型油菜播种机作用原理相同。排种排肥驱动轴由地轮仿行驱动总成驱动，地轮旋转通过链传动带动排肥和正负气压组合式排种系统转动实现播种排肥。

(3)主要技术经济指标　配套动力36kW以上轮式拖拉机，作业幅宽2 000mm，亩播种量100～150g。

3.4.4　油菜机械化直播技术的发展

加拿大、澳大利亚、德国、英国、法国等国油菜生产从种到收全程机械化，种植应用大型高效直播机，免耕、施肥、播种联合作业，亩用工量不到1个。

当前，我国油菜直播机的核心部件已基本上淘汰外槽轮式排种器，相继研发了具有精（少）量排种、播量可调、均匀度高等良好性能的异型窝眼轮、镶嵌式窝眼轮、偏心强制剔种式窝眼轮、正负气压组合式等多种形式的排种器。但我国油菜直播机和复式联合播种机具都存在着机具的适应性问题，也存在着传统种植方式、农艺栽培制度对机械化发展的制约，特别是油菜作物的机械化还刚刚起步，需要在品种的选育、栽培工艺、整地作业规范、机具的研制开发等环节建立一整套技术标准体系。

3.4.4.1　发展播种联合作业和直接播种

播种作业时同时完成耕整地、施肥施药等作业，提高作业效率。目前，我国油菜机械直播省工节本的潜力还很大，还需向大型宽幅、多功能组合、高速高效联合作业方向发展，实现秸秆残茬覆盖下的免（浅）耕灭茬、开沟、播种、施肥等多道工序的复式联合作业播种机。

3.4.4.2　采用新的播种原理，提高播种质量

当前我国的几种形式排种器还存在很多缺点，在播种质量和作业效率上还不能满足高速高效油菜直播的需要，应开发采用新型技术原理的排种器，提高播种质量和满足高速高效作业需求。

3.4.4.3　采用新的整机设计理念和新技术的应用

当前我国开发的油菜直播机只能满足油菜等小粒种子的播种作业，通用性不足。机具的结构要进行优化，需开发模块化的功能部件，实现机具灵活配置和功能部件的快速组合，以提高机具对多作物和土壤环境的适应性，同时提高机具利用率。液压和电子技术应用较少，还需加强集成最新机电一体化技术，全面提高整机的作业

性能和操作舒适性。

3.5 油菜移栽机械化技术

油菜育苗移栽种植方式能解决季节矛盾，促进粮油增产。油菜要求9月至10月播种，而晚稻则要在10月下旬至11月中旬才能成熟收获，季节矛盾很大。采用育苗移栽办法就能适时播种油菜，晚稻收获后随即移栽适龄健壮大苗，有利于克服季节矛盾，保证稻油双增产；采用育苗移栽方式种植油菜，能充分利用冬前有效生长期，在冬前形成较大的苗体，有利于壮苗越冬；同时，能弥补大田生长期不足，获得足够的营养，有利于提高油菜产量。但是，油菜移栽作业劳动强度较大，作业效率较低，不适合大面积种植作业的要求。采用机械化作业则可以大大改善劳动强度，提高生产效率。

3.5.1 油菜机械化移栽的农艺要求

油菜移栽技术要求油菜苗的根部要栽到一定深度的土壤中，并且不窝根，有利于扎稳根抗倒伏；根部周围土壤要适当压紧，有利于根部吸收水分和养分，缩短返青期；移栽过程中对秧苗的损伤要少，有利于提高成活率；移栽时要减少缺棵断垄，节省人工补栽用工。另外，对于常用的链夹式移栽机来说，秧苗的形态也要适当加以控制。在培育壮苗的同时要控制秧苗的长度在15～30cm范围内，杜绝高脚苗和旺长苗（图3-125）。

油菜要高产，培育壮苗是基础。但对于机械化移栽，育苗时也应该考虑到移栽机的作业要求。油菜育苗应在一定条件下集中进行，苗床或营养钵土壤肥沃，土质疏松，保证油菜苗有较多的须根，移栽后缓苗期短。对于采用链夹式移栽机进行移栽的，应确保移栽时秧苗高度15～25cm。为此，在育苗及耕整地过程中应注意以下几个方面。

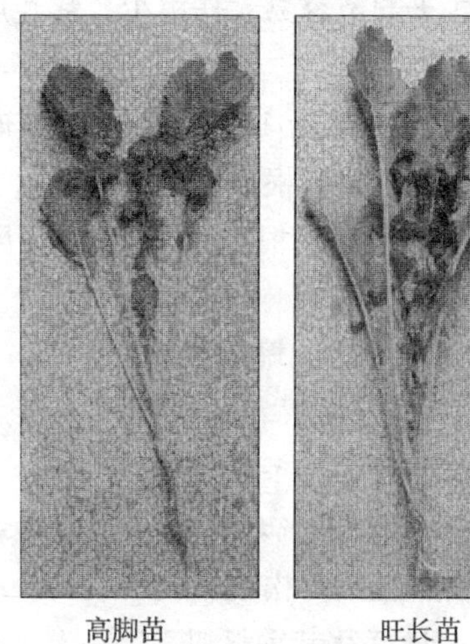
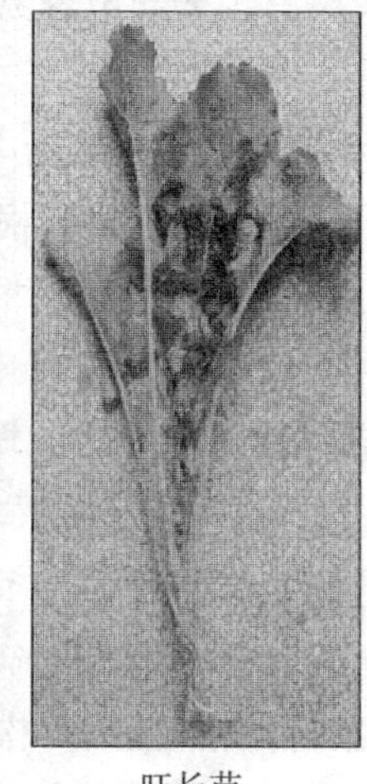
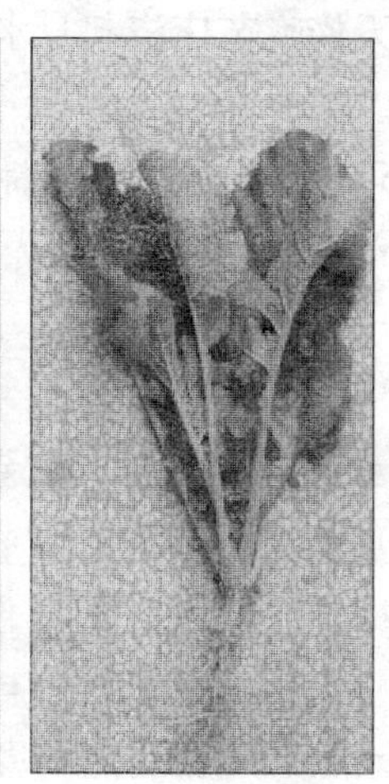

高脚苗　　旺长苗　　大壮苗

图 3-125　秧苗形态

1. 油菜育苗时加强管理和控制，使秧苗形态满足机械化移栽的要求

（1）苗床的选择　提前留足苗床面积，播种前及早施足底肥、耕翻晒垡、熟化土壤，播种时再将苗床按 1.5m 起厢，将厢面整平、土垡敲碎。

（2）育苗播种　各地区根据当地移栽时间适时提前育苗，一般来说长江流域大部分地区在移栽前 30～40d 开始育苗，即 9 月中下旬至 10 月上旬为宜。为保证机械移栽时分苗放苗的方便，在移栽时，秧苗的开盘应尽可能小一些，为此育苗播种时应适当密播。

（3）播后管理　出苗前应保持苗床湿润，苗期遇干旱时要经常浇水或采取沟灌的方式抗旱；及时追肥，适时喷施矮壮素，防止疯长，控制秧苗高度；育苗期间雨水多时，应清沟排渍；及时喷药，严防杂草与病虫害；对于旺长苗及时喷施矮壮素抑制其长高。

（4）移栽前准备　移栽前 7d 施送嫁肥，可增强发根力，缩短缓苗期；移栽前 1～2d 喷施杀虫杀菌药，消灭苗体上的病菌和害虫；移栽前一天傍晚苗床浇起身水，第二天起苗容易，伤根少，移栽后抗旱能力强。

(5) 起苗移栽 适宜移栽的秧苗高度为15～30cm，起苗时去除弱小苗；将苗轻轻拔起，尽量少伤根，抖掉根部大土块，可适当保留小土块；将秧苗按头尾一致的方向理好，根部朝向喂苗人员放入苗箱。

2. 土地耕整细碎，达到移栽机作业对土壤的要求

(1) 栽植前田块施足底肥，进行旋耕灭茬，耕深不小于15cm，应使土壤细碎松软，表面平整无长秸秆和过多根茬。

(2) 土壤含水率适中，一般不大于30%，对于稻田内移栽，应首先将土壤翻晒至适当湿度后再耕整至细碎松软。

(3) 根据行距计算畦面宽度，最好移栽前开畦沟，一般4～6行为一畦，畦沟宽30cm、深20cm，地块四周开排水沟。为方便作业，也可移栽后开畦沟。

(4) 移栽后浇适量定根水，缩短缓苗期。

3.5.2 油菜移栽机的主要形式

油菜移栽机是按照农艺要求的株距、行距和深度将油菜秧苗栽植到旱地的机械。目前国内的油菜移栽机均是由旱地蔬菜移栽机改进而成。旱地移栽机按栽植器类型主要分为钳夹式、挠性圆盘式、吊篮式、导苗管式等几种。由于油菜基本采用裸苗育苗方式，适合裸苗移栽的机型是钳夹式和挠性圆盘式，其中比较适合油菜移栽的是钳夹式移栽机，尤其是链条钳夹式移栽机。这也是目前国内研究和应用比较多的机型。吊篮式移栽机和导苗管式移栽机仅适合移栽钵体苗，也有人尝试将这些机型用于油菜移栽。

3.5.2.1 钳夹式油菜栽植机

根据钳夹的形式不同又可分为圆盘钳夹式栽植机和链夹式栽植机两种，其工作原理基本相同。圆盘钳夹式栽植机的苗夹安装在栽植圆盘上，秧苗在钳夹的夹持下随圆盘作圆周运动，当运动到与地面垂直时，苗夹打开将秧苗放入开沟器开出的沟内，完成放苗工作。这种形式的移栽株距取决于圆盘上钳夹的数量和圆盘转速。链夹式移栽机是把苗夹安装在链条上，苗夹运动到上方时自动打开，人工将秧苗放入苗夹，然后苗夹在导轨作用下将秧苗夹住向下运动。到达接近地表的位置时，秧苗恰好垂直于地面，苗夹张开将秧苗放入栽植沟内。这种形式的移栽株距取决于两个苗夹之间的链条长度和链条的运动速度。这两种形式的移栽机栽植机构均由地轮或镇压轮驱动。

对于钳夹式移栽机，要保证栽植的直立度，应使秧苗在放苗点的速度与移栽机的速度大小相等方向相反，即秧苗相对于地面的绝对速度为零。由于钳夹容易伤苗，栽植效率低，人工喂苗易造成漏栽等，钳夹式移栽机的推广受到限制。但是该机结构简单、价格低，目前在我国还有较广泛的应用。用于油菜移栽的机型主要有南通富来威农业装备有限公司与南京农业大学、江苏省农业机械化技术推广站等单位合作研发成功的 2ZQ－4 链夹式油菜移栽机、农业部南京农业机械化研究所和溧阳正昌干燥设备有限公司合作研发的 2ZY－2 型链夹式油菜移栽机等。链夹式移栽机的结构示意图如图 3－126 所示。

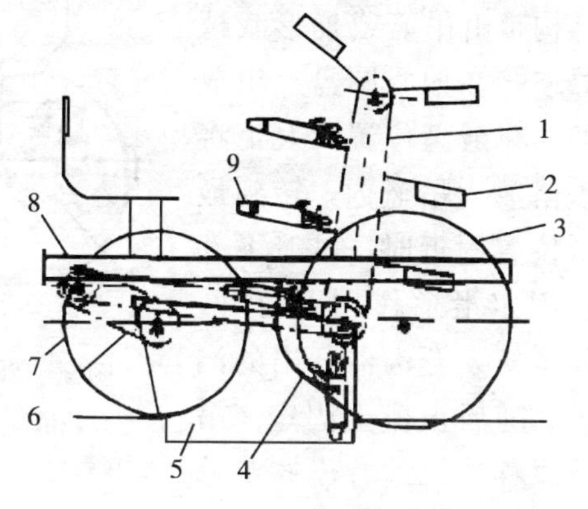

图 3－126　链夹式移栽机结构示意图

1. 链条　2. 秧夹　3. 压密覆土轮　4. 导轨　5. 开沟器　6. 传动链条　7. 传动仿形轮　8. 机架　9. 钵苗

3.5.2.2　挠性圆盘式栽植机

挠性圆盘式栽植机由两片挠性圆盘来夹持秧苗，圆盘由橡胶材料或挠性薄钢板制成，结构简单，成本低。由于没有钳夹数量的限制，移栽的株距容易控制。但人工直接喂苗时容易造成株距不均匀，目前一般应用有一定分苗功能的部件来实现自动喂苗，如通过输送带来实现自动喂苗等。挠性圆盘式移栽机的结构示意图如图 3－127 所示。

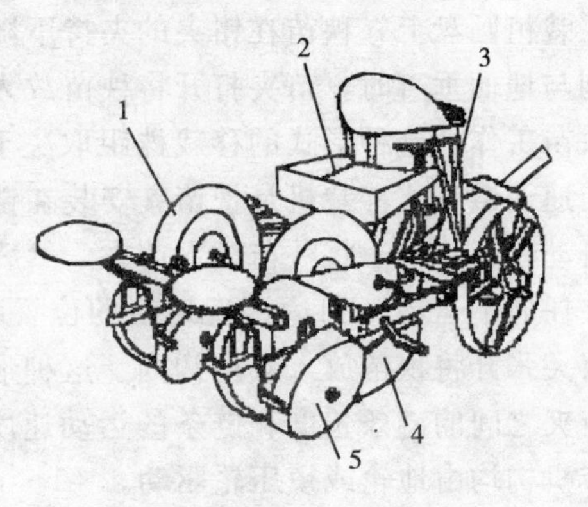

图 3－127　挠性圆盘式移栽机结构示意图

1. 挠性圆盘　2. 苗箱　3. 供秧输送带　4. 开沟器　5. 镇压轮

3.5.2.3　吊篮式栽植机

吊篮式移栽机的栽植结构是由吊篮或桶形栽植器连接在偏心圆盘上组成的。在最高位置，人工将秧苗放入吊篮内，转到最低位置附近时，吊篮下部在固定滑道作用下打开，秧苗落入开沟器开出的沟内，随后被覆土固定。吊篮式移栽机适合于钵苗移栽。吊篮式移栽机的结构示意图如图 3－128 所示。

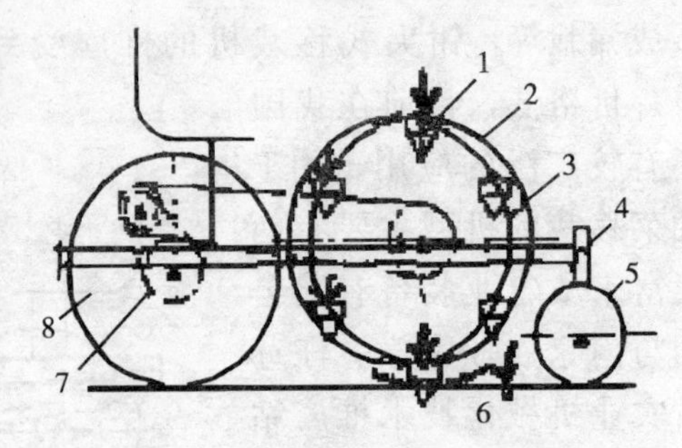

图 3－128　吊篮式移栽机结构示意图

1. 吊篮栽植器　2. 栽植圆盘　3. 偏心圆盘　4. 机架　5. 压密轮　6. 导轨　7. 传动装置　8. 仿形传动轮

3.5.2.4　导苗管式栽植机

在导苗管式移栽机（图 3－129）中，秧苗在导苗管中靠重力自由落到苗沟内，为了保证秧苗的直立度，需要使导苗管倾斜一个合适的角度，同时对秧苗增加扶持装置。为了保证稳定的株距，喂苗装置采用水平回转杯、水平回转格盘或水平喂入带等机构。导苗管式移栽机可以保证较好的秧苗直立度和株距均匀性。由于喂入杯数量较多，作业过程中喂苗人员可以随时向空杯中放入秧苗，与钳夹式相比，导苗管式移栽机漏苗率小，喂苗劳动强度小。移栽株距易于调整。主要有两种调整方法：一是通过变换传动链轮来实现，可以按株距要求事先设计好各种备用链轮，田间作业时按实际要求的株距选择链轮；二是可以通过改变喂入杯的间距来实现，在喂入器转速一定的条件下，改变喂入杯的间距就可以相应改变株距的大小。导苗管式移栽机主要适合移栽钵苗。

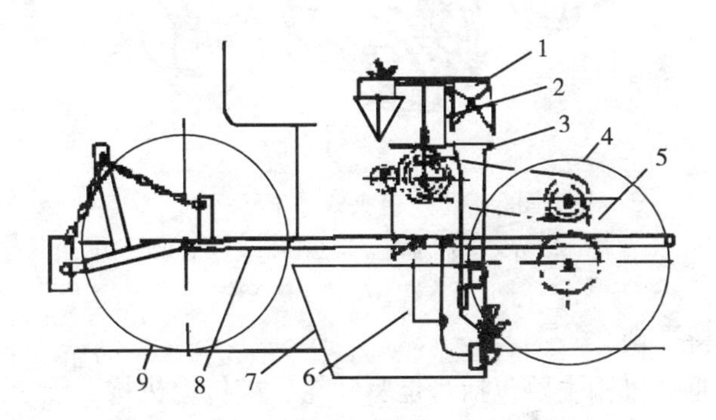

图 3-129　导苗管式移栽机结构示意图

1. 喂苗盘　2. 开启凸轮　3. 导苗管　4. 传动地轮　5. 传动装置
6. 推苗机构　7. 开沟器　8. 机架　9. 仿形轮

3.5.3　油菜移栽机的结构与原理

目前应用比较广泛的链夹式油菜移栽机主要由机架、行走驱动机构、栽插机构、开沟部件、覆土镇压部件、苗箱、座椅等部分组成（图 3-130）。

机架主要包括主梁、悬挂架、上下悬挂销和支撑脚等部件。主梁由一根圆管和一根方管焊接而成，行走驱动机构和两个移栽单元通过U形螺栓连接到主梁方管上。工作时，下面两个悬挂销分别连接到拖拉机的两个下拉杆，上悬挂销连接到拖拉机的上拉杆，移栽机与拖拉机挂接即完成。支撑脚的作用是在移栽机停放时支撑到地面上，使

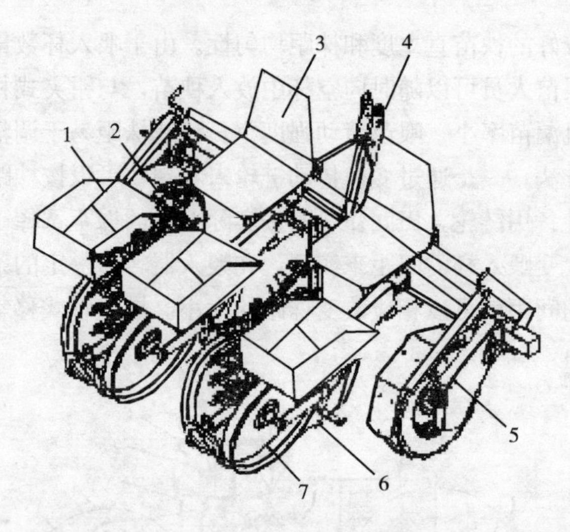

图 3-130　链夹式油菜移栽机

1. 苗箱　2. 苗夹　3. 座椅　4. 悬挂架　5. 行走驱动机构
6. 开沟器　7. 覆土镇压轮

移栽机保持平衡。

行走驱动机构主要包括行走驱动轮、链传动机构、传动方轴和行走驱动轮升降机构等。行走驱动轮在移栽机作业时与地面接触，移栽机在拖拉机牵引下前进时，行走驱动轮转动，通过链传动机构驱动传动方轴转动，进而驱动栽插机构工作。摇动行走驱动轮升降机构的手柄可以调节行走驱动轮的升降，进而调节栽插深度。

栽插机构主要包括栽插机架、链传动机构、秧苗夹持器上下链轮、链夹、滑道等。动力从传动方轴上通过链传动机构传到秧苗夹持器下链轮，下链轮带动链夹上下循环运动，链夹在未进入滑道时处于张开状态，进入滑道后闭合将秧苗夹紧。苗夹采用橡胶材料，由特制模具制造成型，既能稳稳地夹住秧苗，又不会损伤秧苗。

开沟部件主要包括靴式开沟器和开沟器固定板等。开沟器固定板上开有四组上下位置不同的孔，开沟器固定板上不同的空位与栽插机架连接时，开沟器开沟的深度不同。

覆土镇压部件主要包括覆土镇压轮和刮土铲等。两覆土镇压轮呈倒八字倾斜安装，将两边的土推向秧苗周围填平开沟器开出的沟，同时将土壤压实。刮土铲刮掉黏附在覆土镇压轮上的土。

苗箱安装在栽插机架上，用于盛放秧苗。

座椅也安装在栽插机架上，用于乘坐喂苗人员。

链夹式油菜移栽机工作时，拖拉机通过悬挂架牵引移栽机前行，地轮在地表滚动，进而通过链传动带动方轴转动，动力再通过链条传动到秧苗夹持器的下链轮轴，秧苗夹持器的苗夹固定在传输链条上，绕支撑在栽插机构机架上的上、下两链轮循环回转，在由上至下运动时苗夹在护导板的作用下闭合，夹住放置其中的秧苗。当回转到最下方时，苗夹脱离护导板的限制张开，将秧苗放到开沟器开好的沟中，完成投苗。秧苗在土壤回流下被直立固定，紧接着两侧倾斜的覆土镇压轮向前滚动时将土壤挤向秧苗周围并压实，完成固苗。之后，苗夹由下至上运动，当回转到最上方时，喂苗人员将秧苗喂入，苗夹在护导板作用下闭合向下运动，完成下一次投苗。

3.5.4　油菜移栽机的研究现状

国外油菜采用直播种植方式，我国南方地区由于季节矛盾以及产量等原因多采用育苗移栽的种植方式。国外适合蔬菜的半自动及全自动旱地移栽机技术已经比较成熟，移栽机类型也很丰富，但是尚未有专门针对适合油菜移栽而研发的移栽机。国内正在研发的油菜移栽机多是借鉴国外蔬菜移栽机，这些旱地移栽机存在各种不适合油菜移栽的因素。半自动裸苗移栽机作业效率低，不能满足油菜大面积种植的要求。全自动移栽机效率较高，但是对秧苗形态和育苗方式的要求比较高，价格也比较昂贵。另外，由于油菜属于直根系作物，侧根不发达，如采用营养钵育苗方式，在移栽作业过程中钵体易脱落，为机械作业带来困难，规格化育苗方式的成本也比较高，目前农民也不易接受。基于这些原因，许多科研单位和科研人员还是将研究重点放在了效率较低的半自动移栽机的研发上。

我国旱地移栽机械的研究始于20世纪50年代末至60年代初。通过仿造前苏联及东欧一些国家的机具，逐渐认识到移栽种植方式对于作物产量和品质的影响以及对于农业生产的巨大效益。在北京、辽宁、吉林、黑龙江、陕西、山西、江苏、四川、湖北、河北、河南及内蒙古等省、直辖、自治市区先后研制出玉米、棉花、甜菜、蔬菜等作物移栽机。从80年代到20世纪末，大量的科研单位加入到移栽机的研发行列，发展速度得到迅速提高，玉米、油菜、烟草、棉花、蔬菜等作物的移栽机械研发取得进展。进入21世纪，许多企业开始进入到旱地移栽机的研发、生产和推广领域，如南通富来威农业装备有限公司、溧阳正昌干燥设备有限公司、山东华龙机电公司等。这些企业和科研单位或大学进行产学研合作，研发了油菜、烟草、棉花、番茄等作物的移栽机械，并在全国各地进行试验示范、推广销售，正在逐步被农业生产企业和种植专业户所接受。

目前，被广泛推广的用于油菜移栽的机型主要有南通富来威农业装备有限公司与南京农业大学、江苏省农业机械化技术推广站等单位合作研发成功的2ZQ-4链夹式油菜移栽机、农业部南京农业机械化研究所和溧阳正昌干燥设备有限公司合作研发的2ZY-2型链夹式油菜移栽机等，这些移栽机均是在国外链夹式蔬菜移栽机的基础上进行改进研发而成。2009年，富来威2ZQ-4油菜移栽机入选10省区市《非通用类农业机械产品购置补贴目录》，油菜移栽机的研发正在政府引导下逐渐走向快速发展阶段。

3.5.5 油菜移栽机械化技术的发展

我国在油菜移栽机械的研究开发方面虽然取得了一定的进展，但仍存在许多迫切需要解决的问题。①现有链夹式移栽机的钳夹或覆土装置易伤苗，株距调节困难，且作业效率受到操作人员喂苗速度的限制，很难提高。②采用人工喂苗的半自动方式，喂入速度较低，一般小于1株/s，且较易发生缺株现象。原因是以操作者工作不够熟练以及长时间操作（连续作业2h以上）所致的疲劳为主。此种人为因素所造成的缺株，不仅造成比较差的移栽效果，若要进行补苗，更会增加人力需求，劳动强度大，生产率不高。

国外移栽机械化的丰富实践表明机械移栽不仅能保证移栽秧苗的株行距和移栽深度均匀一致，而且能按技术要求在一定范围内调整，基本上消除了移栽过程中的伤苗问题，秧苗移栽后的直立度、覆土压密程度等都可以得到良好的控制。纵观国内外自动移栽机械的发展和应用现状，总结出我国油菜移栽机械技术的主要发展方向，即半自动式移栽机的改良与全自动式移栽机的研发。研究重点有以下几个方面。

（1）针对半自动移栽机械，研究开发出更适宜大田培育油菜裸苗的栽植机构，解决目前机械的伤苗、株距调节困难等问题。机构设计要考查的是其工作质量问题，即能否满足农艺要求，有较好的栽植深度、直立度和较少的伤苗率等，还要考查对各种作业情况的适应性问题。

（2）全自动移栽机械的研发。全自动移栽机是在半自动移栽机械基础上添加一能替代人工取苗、喂苗动作的机械装置，使得移栽作业的人力需求大为降低，并且提高工作效率。机构设计要结构简单，动力传输方便，工作稳定、可靠。

（3）全自动移栽机较为适合带土的钵苗移栽，而与全自动移栽相配套的育苗机具和设施非常薄弱，适于盘育苗和营养钵育苗的高效精量播种机具更加缺乏。考虑油菜为大田作物，应研究开发成本低、管理方便、利于机械化移栽的育苗方式，完善育苗设施及相应的配套技术，实现工厂化。对于钵苗，钵体形状和尺寸的设计尤其应当与移栽机械相结合。

（4）功能更加完善。未来的移栽机械不应只具有单一的移栽功能，而应该具有多种功能。即在完成移栽作业的同时，应具有施肥、浇水、除草、化学杀虫、起垄、铺膜等多种功能，这对于实施保护性耕作具有重要意义。另外，未来的移栽机械也应具有良好的通用性而不只局限于某一种特定的作物栽植。

总之，认识各种移栽机没有投入大面积推广使用的原因，认真总结其中的经验教训，在技术上寻找到突破口，将是面临的主要课题。

第四章 田间管理机械化技术

4.1 水稻施肥中耕除草机械化技术

4.1.1 水稻施肥作业

4.1.1.1 基肥

水稻施肥包括施基肥和追肥。移栽水稻插秧前施入本田的肥料称为基肥。基肥的作用一是增加土壤有机质含量，改善物理性质；二是提高土壤养分的供应水平，满足水稻插秧后对各种营养元素的需要，促进早生快发；三是调节整个生长发育过程中的养分供应，保证土壤持续不断地供给水稻各生育时期所需的养分。高产水稻基本苗较少，要求分蘖成穗率高，这就要求土壤能为水稻前期生长提供足够的养分。北方稻区生育期短，春季气温低，施足基肥尤为重要。基肥多以肥效稳长而营养元素齐全的有机肥料为主，并配合一定数量的无机肥料。就肥料种类而言，除有机肥全部作基肥施用外，还包括化学肥料中磷肥的全部或大部、氮肥和钾肥的一部分。基肥施用方法有如下几种。

(1) 全层施肥 全层施肥有两种形式，一是泡田前全层施肥法，即在泡田前将肥料撒施田面，然后泡田耙地，最好结合旋耕，将肥料混入耕层 7～10cm，然后泡田、拉板整平；二是泡田后全层施肥法，即在泡田并经初平后撒施肥料，再进行水耙，使肥料混合于耕层中，然后拉板整平。全层施肥的特点是肥效长，肥劲稳。由于肥料均匀分布于耕层，可促进水稻根系深扎，扩大吸收面积，增加养分吸收量。全层施肥还可减少肥料损失，提高利用率，尤其是对碳酸氢铵等挥发性氮肥效果更为明显。当基肥施用量较高时，可以大部分全层施用，小部分作铺肥施用，效果更好。

（2）铺肥 铺肥又称面肥，在水耙地后将肥料均匀撒施田面，然后拉板整平使肥料混合于表层中，是目前北方稻区基肥的主要施用方法。铺肥的特点是肥效快，有利提早返青和分蘖，肥效亦较长，可达45d左右。基肥数量较少时以铺肥为宜，施肥后在土壤沉淀情况允许的条件下，应尽早插秧，以减少肥料损失。

（3）翻前深施 在秋翻或春翻前将肥料撒施田面，翻地时将肥料翻扣于深层。辽宁省农业科学院研究的结果，这种施肥方法氮肥利用率高达75%，肥效长。但是由于施肥部位较深，故初期肥效较差，在施用量较多时，不利中后期调控，甚至会导致贪青晚熟。因此，一方面应与铺肥相结合，另一方面应控制施用量。漏水田翻前深施肥料损失大。

4.1.1.2 追肥

移栽水稻插秧后施用的肥料统称追肥，包括分蘖肥、穗肥和粒肥。

（1）分蘖肥 插秧后不久（一般3～15d）施用的肥料称为分蘖肥。分蘖期是单位面积穗数的决定期，又是增加植株物质积累量、为壮秆大穗奠定基础的时期。分蘖肥的主要目的是促进分蘖早生快发，尽早达到预期穗数，这一点对北方寒冷稻区尤为重要。分蘖肥施用要适时适量，在保证足够穗数的同时，还应有助于控制无效分蘖，促进形成大穗，提高成穗率，并防止穗分化或拔节前氮素过剩。

（2）穗肥 穗分化期是决定每穗颖花数与颖壳容积的时期，对结实率及千粒重亦有较大影响，此期施肥的目标：一是形成足够的库容，即在已有穗数的基础上使每穗颖花数与颖壳容积达到预期要求；

二是形成理想株型与强健的根系，使抽穗时群体叶面积指数适宜，受光态势良好，为抽穗后灌浆物质的生产奠定基础；三是增加抽穗前光合产物贮藏量。

(3) 粒肥　粒肥是指抽穗至齐穗期的追肥。对叶色黄、植株含氮量偏低、土壤肥力后劲不足的稻田应酌情施用粒肥。粒肥的主要作用是可以保持叶片适宜的氮素水平和较高的光合速率，防止根、叶早衰，使籽粒充实饱满。如果植株没有明显的缺肥现象，盲目施用粒肥会造成氮素浓度过高，增加碳水化合物的消耗，导致贪青晚熟、空秕粒增加、千粒重降低，而且容易发生病虫害。有些地区抽穗后用飞机喷施肥料和植物生长调节剂等，实际上也是起到粒肥的作用。

4.1.1.3　我国水稻施肥方法

国内水稻施肥方法主要有以下几种：

(1) 前轻—中重—后补法　足（适）量施用基肥和分蘖肥，合理施用穗肥，酌施粒肥，达到早生稳长，前期不疯，中期促花，后期不早衰。该法在保证足够穗数基础上，兼攻大穗和粒重。南方单季晚稻和迟熟中稻多采用这种施肥方法。

(2) 前稳—攻中法　此法省肥、稳产高产。主要是提高有效分蘖率、攻大穗提高结实率、增加粒重争高产。特点：壮株，大蘖，小群体，前期控蘖；壮秆强根，中攻大穗，中后攻结实率和穗重。

(3) 前促—中控—后补法　此法与V字型施肥法类似，重施基肥（占总量80%以上）和分蘖肥，酌施粒肥，达到“前期轰得起，中期稳得住，后期健而壮”的要求。东北稻区、南方早稻大部分、华北地区麦茬稻等大都采用这种施肥法。其弊端是前期生长过旺，易造成田间郁蔽，病虫害较重。

(4) 前促施肥法　在施足底肥基础上，早施重施分蘖肥，特别是氮肥，以促进分蘖早生快发，确保增蘖多穗。底肥占总肥量的70%（氮肥占总氮量的60%～80%），其余30%在移栽返青后全部施下。此法适用于水稻生长期间降雨集中、肥料易流失、常出现低温少照的稻区。底肥以农家肥为主。

（5）底肥一道清施肥法 整田时将全部肥料一次施下，使土肥充分混合，适用于黏土、重壤土等保肥力较强的稻田，且肥源充足。采用此法，比底肥加蘖肥和底肥加穗肥的稻株吸氮率增加，分蘖快，成穗多，行间透光率高，增产3.6%～17.9%。

（6）测土配方施肥法 测土配方施肥是为了协调作物产量、农产品品质、土壤肥力与作物环境的相互关系，根据作物需肥规律、土壤供肥特性与肥料效应，使有机肥料与无机肥料相结合、必需营养元素与微量元素适当配比，以及采用相应肥料施用方法的一套施肥技术体系。本法可根据土壤养分测定结果及作物一生所需各种养分的多少，科学搭配各种养分比例及施用量，合理供应，满足作物一生所需养分，达到增产、增效的目的；减少不必要的施肥，降低成本，减少对环境的污染，减轻土壤板结及病虫害。

4.1.1.4 水稻施肥作业机械

水稻施肥作业对水稻的生长尤为重要，直接关系到最后的产量好坏，因此配套的施肥作业机械是实现水稻机械化作业的重要保障。

水稻深施肥技术是相对传统的化肥撒施方法而提出的一种新的农业技术，是水田施肥方式的一代革新。它将化肥按照农艺要求的相对作物植株的距离和覆盖深度，定量、均匀、连续地施到水田中，既可保证化肥被水稻充分吸收，又可显著减少化肥有效成分的挥发和淋失，实现了提高化肥利用率、节肥增产、防污染之目的。

2FR-4型水田人力深施肥机是在水稻插秧前，进入已经耙细、沉淀适宜的水田中，由人力牵引、双地轮驱动；可完成开沟、排肥、覆泥，实现深施肥作业；然后由人工按照施肥后形成的痕迹插秧。该机具有重量轻、排肥流畅、施肥均匀、深度一致、耐磨损、耐腐蚀、易于清理等优点。该机采用了半轴结构，使机具转弯灵活方便，避免了水田作业中出现轮辙深的现象；并且地轮传动可靠，牵引梁高低可调，适应性强，行走阻力小，牵引省力，解决了以往人力施肥机作业费力、地轮滑移等同题。该施肥机为外槽轮式排肥器，肥箱容量16kg，适用肥料为直径2～4mm的颗粒肥，施肥行数为4行，施肥行距为300mm，施肥深度为45mm，施肥宽度为20mm。

2ZTF-6型水稻深施肥机与2ZT-9356型机动水稻插秧机配套使用，不仅不影响原插秧机的性能还增加了深施肥功能。作业时能按农艺要求精确地把化肥施入距秧苗一定距离和深度的泥土中（距离和深度可调），使化肥在泥土中慢慢分解，延长肥效，达到省肥、省工、增产、减少污染的目的，而且排肥器总成拆卸方便，有利于清肥和更换工作部件。该机具采用外槽轮式排肥器条施，开沟器形式为滑刀式，开沟宽度为2cm。适应肥料为直径2～4mm的颗粒肥。

2BDF-8/10型机动水稻穴播深施肥机，由插秧机机头牵引。其特点是节省种子，节省化肥，节省插秧前期投入，节约水稻生产成本；由于点播株距合理，通风好，太阳光能的利用率相对较高，并且能更充分地利用土壤的肥力，水稻产量与机械插秧差距不大。该机排种器的结构简单，操作简便。主要技术参数：工作行数及行距：8行、300mm，10行、230mm；穴播株距：120～140mm；作业速度：1.3～1.6km/h；作业效率：0.2～0.6hm^2/h；每穴种子粒数：5～20粒/穴（可调）；施肥量：150～300kg/hm^2；施肥深度：50mm；配套动力：2.2～3.68kW柴油机。

以上大多为水稻插秧之前或插秧同时进行施肥的机具，近年来河南省郑州市勇丰农林工具有限公司生产出一种新型水稻施肥器，具有以下优点：①省时省力高效。该产品放弃传统手提桶手撒肥方式，通过摇动柄带动叶轮高速旋转产生离心力将肥料撒施地表，每小时可施肥6亩以上。②劳动强度低。采用手摇回转方式大幅度降低劳动强度。③施肥均匀，可随意调节施肥量。④工作范围广。由于采用离心式撒肥，直径可达11～13m。⑤使用方法简单。将提手用螺丝固定在背箱上；将摇柄按顺时针方向拧在传动杆上；将挡位杆设定至关状态，打开箱盖加入肥料；将背桶至胸前，将背带从颈部饶至背箱扣上拉扣；右手用力摇动摇柄，根据施肥状况调整前进速度和方向，以上几步即可完成施肥工作。⑥大田施肥播种器适用作物多。水稻、小麦、草坪、苗圃等密植型需要地表施肥的作物均能满足需要。⑦适用肥料为粉状、颗粒混合肥。

4.1.2 水稻中耕除草机械化技术

在水稻生长过程中除草剂的过量使用不仅降低稻米品质，而且污染土壤和水源，破坏生态环境。为保护环境和生产绿色稻米，需要用机械除草来替代化学除草。水田中耕除草是水稻生产过程中重要的作业环节，在锄去杂草的同时疏松土壤，增加土壤透气性，提高肥料利用率，释放土壤中有害气体，破坏稻苗部分老根，促进新根生长，提高水稻产量和品质。主要有两条途径：①不用化学除草剂。这是生产无公害有机大米的根本途径。目前为了铲除水田田里的杂草，大部分农民不得不使用化学除草剂。使用化学除草剂虽然能消灭杂草，但同时也抑制了幼苗的生长；喷洒化学除草剂的时期一般在插秧后的10～15d，这一时期正是幼苗根系和幼苗生长最旺盛的时期。这种措施会使水稻生长缓慢，带来粮食的减产，而且农民使用除草剂后基本上不铲地，所以土壤得不到疏松，遏制根系发育和幼苗健壮生长的土壤环境。使用化学除草剂生产的大米虽然毒性小，人们承受得了，但是由于大米是人们长期食用的主食，随着毒性在人体内的日积月累，会诱发各种慢性疾病，而且水田地里的化学除草剂连年使用，会带来水田地的化学污染和水质环境污染。②中耕的结果给幼苗根系生长发育提供了良好的生产条件，除草机能疏松土壤，促进幼苗根系的发育，为秧苗后期分蘖做好了准备。

水田中耕除草机械在我国发展很缓慢，目前随着水稻品种及栽培研究的深入，为适应水稻单产不断提高和机械化种植的需要，水稻种植行距逐渐加大，我国大部分地区采用宽行栽培，其插秧机、直播机行距一般为标准行距（30cm）。水稻宽行种植使杂草滋生机率加大，除草用工增加，生产成本加大，对中耕除草机的需求越来越大。机械除草符合保护性耕作的发展趋势，对于增加作物产量也有重要作用。

2BYS-6 型水田中耕除草机利用底盘动力驱动旋转式和摆动式两种除草工作部件。旋转工作部件不是靠刀片刃口切入土壤，而是依靠挤压、推移，将泥浆连同杂草拔出、拉断或埋压，除掉行间杂草。摆动工作部件在苗行两侧作小幅度往复摆动，依靠挤压、推移除草。旋转工作部件在与机器前进方向的铅垂面内作余摆线运动。虽然摆动除草部件是在与机器前进方向垂直的铅垂面内作等角速度摆动，但由于摆动幅度小，高度变化可忽略不计，因此可认为摆动工作部件在与机器前进方向水平面内运动，其运动轨迹为锯齿状。通过田间试验结果显示 2BYS-6 型水田中耕除草机的除草效果良好。

3ZS-5 型水田动力除草中耕机是新型除草机具，是除灭水田杂草、疏松幼苗根系土壤的新方法和举措。它从“用化学除草剂去水田杂草”的思维中解放出来，使节省生产化学除草剂所需要的能源和原料成为可能，节本增效，为农民排忧解难，攻破了代替人工除草的技术难关，每行工作效率比人工作业工效提高 5 倍。而且水田大范围内的水质污染和环境污染问题也得到了明显改善，可广泛应用于水田除草中耕作业。该机有以下优点：①限深滑板式起垄机，既起着限深的作用，以防止除草盘下陷过大，造成动力不足，也起着起垄的作用，以提高地温促进增产。②除草盘离心旋转时产生浑浊液，沉积后覆盖于株距间杂草，以达到消灭杂草的目的，所以既能消灭行间杂草，又能除灭株间杂草，是不使用化学除草剂而以机械方式除灭株间杂草的新举措与创举。③起垄的结果表明提高地温，促使水稻早熟，这是粮食增产的根本原因。该机结构简单，使用方便，除草效果好、速度快；提高地温，使水稻早熟，增产 10%以上，而且能有效防止低温冷害。大面积生产实践结果表明，该机不仅完全能代替人工完成中耕除草任务，还能使水稻增产增收。

袁平申请一项专利研究出一种轻便稻田中耕机，适用于水田松土、除草、施放农药和追肥等。在操作中，稻田中耕机不受水稻株行距的影响，可以灵活自如地在田里依次拖拉使用，既可松根除草，也可施药追肥。稻田中耕机属实用新型水稻中耕机具，是今后农村从事水稻中耕管理和有效利用农村厕所里清粪水和绿肥发酵后的清粪水作为水稻肥源的机具，它不但能为农民节支增收，而且更为重要的是能帮助农村有效利用污物（粪便）的处理。同时，又为水稻的生长提供大量的肥源，使农村空气得到净化，生活环境有了更大的改变。

4.1.3 水稻中耕除草机结构与原理

2BYS-6型水田中耕除草机（图4-1）由旋转除草部件、摆动除草部件、动力传递系统、液压仿形耕深调节机构、机架等组成。利用插秧机底盘动力分别驱动两个工作部件，即置于工作机后端的旋转除草工作部件正向旋转，除掉行间杂草；置于工作机前端的摆动工作部件往复摆动，除掉靠近苗行两侧杂草。采用整体驱动，一行一段分段刀辊，护苗器保护秧苗，减少伤苗。整体框架式结构与底盘悬挂装置挂接，改进插秧机四轮底盘的原液压仿形机构，作业时机具对地面具有良好的仿形，保证中耕和除草深度，不会产生壅土。

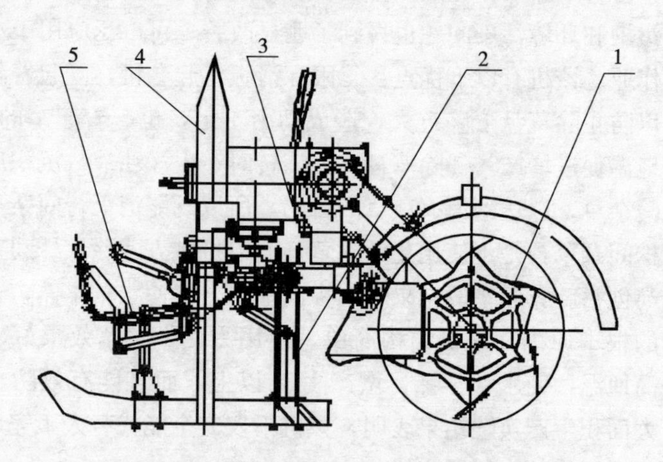

图4-1 2BYS-6型水田中耕除草机结构图

1. 旋转除草部件 2. 摆动除草部件 3. 动力传递系统
4. 机架 5. 液压仿行耕深调节系统

动力传动通过万向节传动轴将插秧机底盘动力传递到除草机传动箱，然后分成两条传动路线，其一通过一级圆柱齿轮减速传给曲柄偏心机构，驱动横向摆动除草部件，在与机组前进方向垂直的铅垂面内绕固定圆心作摆动；其二经一对圆锥齿轮变向和两级圆柱齿轮减速后传给旋转除草部件，使旋转除草部件在沿前进方向平行的铅垂面内作余摆线运动。

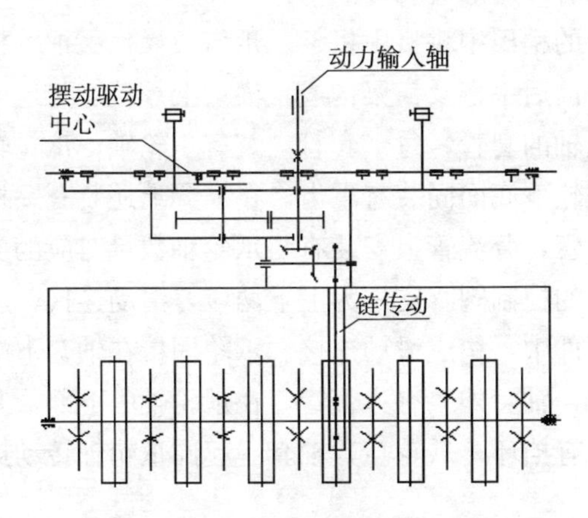

图 4-2　动力传递系统工作原理图

液压仿形机构（图 4-3）工作前按设计耕深通过手柄将浮板预先放置在一定的位置，工作时与浮板铰链座连接的浮板与水田田面接触，当田面松软浮板前端下陷较深时，主动杆在锁定杆的带动下拉动弹簧，弹簧拉动钢丝索，钢丝索作用于液压换向阀，此时液压机构将浮板前端上提，避免进一步下陷而产生壅土；当田面较板结时，浮板因受到较大向上托力而自动托起，此时液压阀不动作。

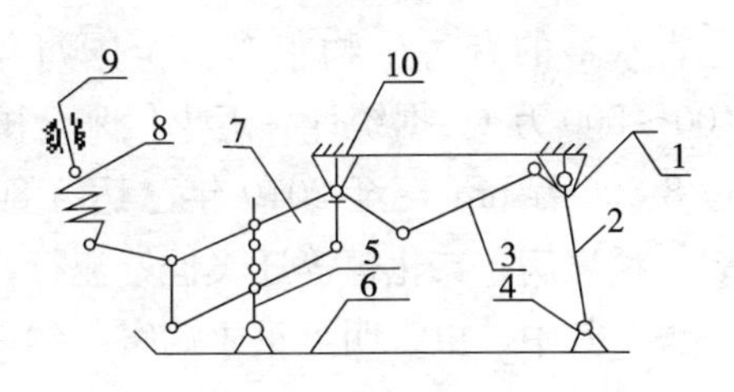

图 4-3　液压仿形机构工作原理图

除草刀片并不像旋耕刀那样有侧切刃和正切刃，而是一个近视于平面的钢板，前端带有多个缺口。刀片与土壤开始接触不是线接触，而是一个面接触，随着刀辊的旋转，刀片对田面产生向下向后的推移（刀辊正转），刀片不是依靠滑切入土，而是靠一个面撞击、推压，把具有一定流动性的泥土挤压、推开，从而将泥浆连同杂草拔出、拉断或埋压。由于刀片是依靠推压作用除草，尽管滑切角很小，但不会产生刀辊缠草现象。这样的刀片与田面的作用形式只适应于水、稀泥、杂草组成的具有一定的流动性的水田田面。

袁平设计的稻田中耕机由机架、爪齿及操作手把等构成，机架由主梁、底梁、前后手把及横梁构成，横梁上焊接有与地面垂直的多个用于套接爪轮轴的套管，每个套管内装有爪轮轴，爪轮轴下端转动安装有爪轮，爪轮下底面固装有爪齿。在横梁上还装有一根与农用喷雾器连通的分流管，分流管上安装有与爪轮轴数量对应的支管，支管上装有控制流量的控制阀。支柱为上下两段，滑动连接，后手把插入底梁后端翘起部件中，构成滑动连接。爪轮固接在轴套下端，轴套套装在爪轮轴下部，轴套外装有弹簧管，在爪轮轴的下部，其与弹簧管上端对应处焊接有挡环；爪轮与其轴套一起同爪轮轴转动连接。

4.2 水稻中后期病虫害防治机械化技术

生物灾害是影响我国水稻稳产、高产的重要因素之一。在我国，危害水稻的有害生物很多，全国每年因水稻病虫害造成经济损失400～500万t。据统计，近十年来全国主要水稻病虫害年发生面积超过8 500万hm^2，至2010年已达8 800万hm^2。稻飞虱、稻纵卷叶螟、稻瘟病、二化螟等迁飞性、流行性、钻蛀性病虫害均呈严重发生态势。其中，虫害明显重于病害，约占全国水稻病虫害总发生面积的70%～75%。

随着我国农业机械化水平的提高，水稻生产机械化得到了长足发展。水稻耕整地、灌溉、收获等环节的机械化问题已经基本解决，特别是近年来随着农机购置补贴政策的实施，水稻收获机械化正在快速推进，水稻种植机械化也已步入大面积推广阶段。相比之下，水稻大田管理环节的植保机械化技术发展较慢，水平还很低，一定程度上已经成为推进水稻生产机械化最突出、保障水稻高产稳产最薄弱的环节。

4.2.1　水稻中后期病虫害的发生特点及防治技术难点

目前已知水稻病害约61种，包括稻瘟病、白叶枯病、纹枯病和病毒病等，水稻害虫约78种，包括稻螟、稻飞虱、稻纵卷叶螟、叶蝉等，都是在中国普遍发生，并对产量有明显影响的主要病虫害。其中，稻飞虱、稻纵卷叶螟、水稻螟虫、稻瘟病、纹枯病对水稻生产危害最为严重。

4.2.1.1　水稻中后期病虫害主要特点

随着水稻单位面积产量的不断提高，我国大部分地区病虫害均呈偏重趋势发生，重大病虫暴发强度大。发生危害严重的病虫有水稻螟虫、稻纵卷叶螟、稻瘟病，发生程度中等以上的有稻飞虱、水稻纹枯病。水稻螟虫是危害中国水稻生产的重要害虫，20世纪70、80年代危害曾一度下降，90年代后期以来受水稻种植制度的变化、气象条件及农药使用不当等因素影响，成为对中国水稻生产威胁最大的害虫之一。稻纵卷叶螟在中国大部稻区严重发生。稻瘟病在中国西南、东北稻区及部分感病品种上呈偏重流行态势，具有点多面广、发病品种多、危害重的特点。稻飞虱（主要包括褐飞虱和白背飞虱）是目前影响中国水稻稳产、高产的主要虫害之一。其发生面积不断扩大，暴发频率不断增加。水稻纹枯病在中国以长江流域一带及其以南稻区发生普遍而严重，发病面积比例已超过50%以上。

4.2.1.2　水稻中后期病虫害防治技术难点

近年来，中国主要稻区水稻耕作制度发生了较大变化，双季稻面积缩小，单季稻面积扩大，单双季稻混栽及多种栽培方式共存，客观上给害虫尤其是水稻螟虫提供了大量的适生环境，害虫的取食、活动、栖息和越冬场所增多，导致螟虫数量回升以至暴发。此外，由于氮肥的过量使用，纹枯病的发生形势一直比较严重。诸多因素的变化，给水稻中后期病虫害防治造成了许多困难。

一是稻飞虱、稻纵卷叶螟具有迁飞性、突发性和暴发性等特点，传统的施药技术、施药器械、施药模式已经不能有效解决区域性集中防治的要求。

二是田间大面积连续使用单一农药产品，导致病虫害的耐药性和抗药性持续增强，进而导致农药剂量与耐药性的恶性循环。尽快扭转“一种药剂治百病、一种剂量防百虫、一种机型打百药”的局面，是实现科学防治重要前提。

三是应对病虫害发生的特点，需要针对性地改进施药技术模式。如褐飞虱群集在水稻基部危害，鉴于目前防治褐飞虱的大部分药剂不具有内吸性，以触杀和胃毒作用为主，因此提高防治效果的一个重要前提是施药时要有足够的水量，保证药液能到达水稻基部。实际生产中，农民为了省工，常是高浓度、低水量喷雾，药液难以流到稻丛基部。水稻生长后期植株向下传导药剂的能力降低，使向下传导的有效药量达不到控制褐飞虱的致死剂量而成为亚致死剂量，起到进一步抗性筛选的作用，增加了褐飞虱的抗药性水平。另外，水稻直播的植株密度较大，给水稻基部施药也带来了一定的难度。

四是水稻中后期行间封闭，田间作业难度大，特别是植株中下部药液有效沉积不足，防治效果不能满足要求。传统施药器械和施药方法早已不能满足要求。

4.2.2 水稻中后期病虫害防治的机具操作技术

目前，在水稻中后期生产中，常见的植保机械主要包括手动喷雾器、电动喷雾器、背负式机动喷雾喷粉机、担架式（手推）机动喷雾机、背负式液力机动喷雾机等类型。在部分大型农场，喷杆式机动喷雾机、农用飞机等大型植保机械也逐渐在水稻中后期病虫害防治中得到应用。随着植保作业专业化、社会化的发展，特别是水稻中后期病虫害发生加剧的趋势，正确操作使用植保机械，是提高水稻中后期病虫害防治水平的重要前提。

4.2.2.1　手动喷雾器

手动喷雾器是我国普及程度最广、保有量最大的传统型施药机具，它具有成本低、操作方便、适应性广等特点，可用于水稻不同生长阶段的病虫草害防治。通过更换喷头或改变喷片孔径大小，既可实现常量喷雾，也可进行低量喷雾，特别适用于小规模水稻中后期的植保作业。

1. 产品结构与工作原理　手动喷雾器由药液箱焊接件、唧筒、气室、出水管、手柄开关、喷杆、喷头、摇杆部件和背带部件组成。通过摇杆部件的摇动，使皮碗在唧筒和气室内轮回开启与关闭，从而使气室内的压力逐渐升高（最高 0.6Mpa），药液箱底部的药液经过出水管再经喷杆，最后由喷射部件喷雾实现防治作业。手动喷雾器结构如图 4-4 所示。

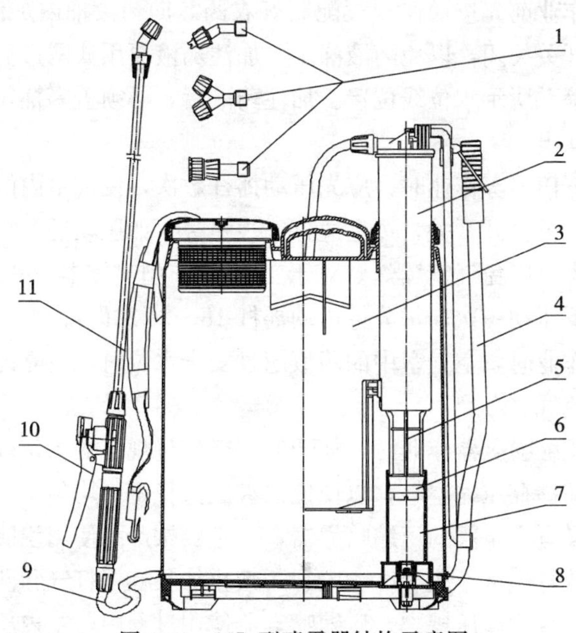

图 4-4　16L 型喷雾器结构示意图

1. 喷射部件　2. 空气室　3. 药液箱　4. 摇杆　5. 塞杆
6. 皮碗　7. 唧筒　8. 进水阀　9. 喷雾软管　10. 开关　11. 喷杆

2. 操作方法

1）施药前的准备工作　每季作业前，要提前做好机具的维护保养工作，按照说明书要求对有关工作部件涂抹润滑油，检查并保证安全阀的阀芯运动灵活，排气畅通，检查各密封处有无渗漏现象，喷雾是否正常。确保机具保持正常的工作状态。

根据水稻中后期病虫害的种类以及不同药剂的施用要求，选择合适的喷头，并确定适宜的喷雾量。水稻中后期的病虫害防治一般需要对植株中下部或顶部进行定向喷雾，可选用单喷头或双喷头进行定向喷雾。一般空心圆锥雾喷头的1.3～1.6mm孔径喷片适合常量喷雾，亩施药量在40L以上；0.7mm孔径喷片适宜低容量喷雾，亩施药量可降至10L左右。

2）田间施药的技术要领

（1）作业前先按操作规程配制好农药。向药液桶内加注药液前，一定要将开关关闭，以免药液漏出，加注药液要用滤网过滤。药液不要超过桶壁上所示水位线位置。加注药液后，必须盖紧桶盖，以免作业时药液漏出。

（2）下田喷雾作业时，应先压动摇杆数次，使气室内的气压达到工作压力后再打开开关，边走边打气边喷雾。如压动摇杆沉重，就不能过分用力，以免气室爆炸。对于工农－16型喷雾器，一般走2～3步摇杆上下压动一次；每分钟压动摇杆18～25次即可。

（3）作业时，空气室中的药液超过安全水位时，应立即停止压动摇杆，以免气室爆裂。

（4）压缩喷雾器作业时，加药液不能超过规定的水位线，保证有足够的空间储存压缩空气，以便使喷雾压力稳定、均匀。

（5）没有安全阀的压缩喷雾器，一定要按产品使用说明书上规定的打气次数打气（一般30～40次），禁止加长杠杆打气和两人合力打气，以免药液桶超压爆裂。压缩喷雾器使用过程中药箱内压力会不断下降，当喷头雾化质量下降时，要暂停喷雾，重新打气充压，以保证良好的雾化质量。

4.2.2.2　电动喷雾器

电动喷雾器是我国近年来迅速发展的一种新型喷雾器。与手动喷雾器相比，电动喷雾器具有省力、操作方便等的特点，目前其市场保有量正在快速增长。

1. 产品结构与工作原理　由药箱、底座、蓄电池、微型电机、隔膜泵、输液管、喷射部件、背带部件、充电器等组成。低压直流电源（蓄电池）为微型电机提供能源，微型电机驱动隔膜泵工作，将药液箱内的药液吸入液泵并加压后排出，药液经过输液管，最后经喷射部件雾化后喷出。电动喷雾器结构如图 4-5 所示。

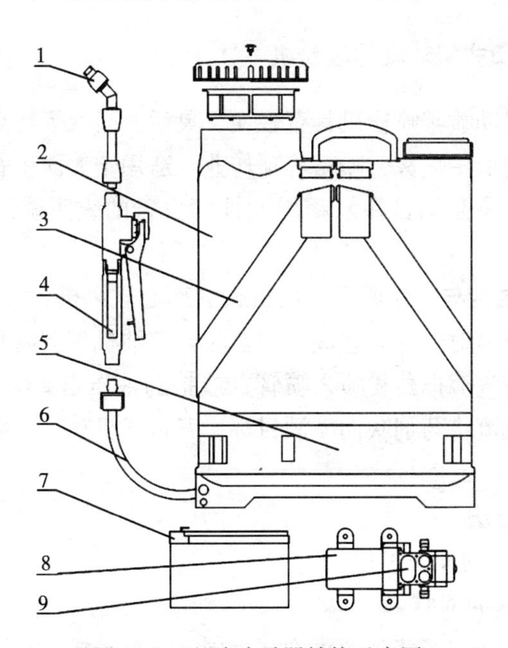

图 4-5　电动喷雾器结构示意图

1. 喷射部件　2. 药箱　3. 背带　4. 开关　5. 底座
6. 输液管　7. 蓄电池　8. 微型电机　9. 隔膜泵

2. 操作方法

（1）施药前的准备工作　使用前先将电动喷雾器蓄电池充足电。

将充电器插头插入充电器插座上，接上 220V 电源，红灯亮时在充电，转换成绿灯时表示电已充满。在不充电的时候把充电器插座上的防护套盖上，可以起防水作用。

（2）田间施药的技术要领 旋开药箱盖，将已配置好的药液加入药箱内。然后旋紧药箱盖。将机具背好。打开电源开关，再压下手柄上开关，喷雾开始。机具通常配有单喷头、二喷头、扇形喷头和可调喷头。可根据不同防治对象选择使用各种喷头进行作业，具体可参考手动喷雾器喷头的使用方法。喷洒完毕后，将电源开关关掉，如中途暂停作业时，也要关掉电源开关（以免机内压力开关频繁工作而缩短使用寿命）。

4.2.2.3 背负式机动喷雾喷粉机

背负式机动喷雾喷粉机具有轻便、灵活、高效等特点，可以进行低量喷雾、超低量喷雾、喷粉等项作业，适用于大面积农作物和规模化专业化病虫害防治，在水稻爆发性病虫害的统防统治中具有独特优势。

1. 产品结构与工作原理 由机架、离心式风机、汽油机、油箱、药箱、喷管及喷射部件等组成。作业时，汽油机带动离心式风机，风机产生的高速气流把药粉喷入喷管（或把药液压送到喷头），再由喷管内的高速气流将药剂吹向喷洒目标。背负式机动喷雾喷粉机结构如图 4－6 所示。

2. 操作方法

1）施药前的准备工作

（1）机具的调整

①检查各部件安装是否正确、牢固。

②新机具或维修后的机具，首先要排除缸体内封存的机油。排除方法：卸下火花塞，用左手拇指堵住火花塞孔，然后用起动绳拉动几次，迫使缸体内机油从火花塞孔喷出，用干净布揩干火花塞孔腔及火花塞电极部分的机油。

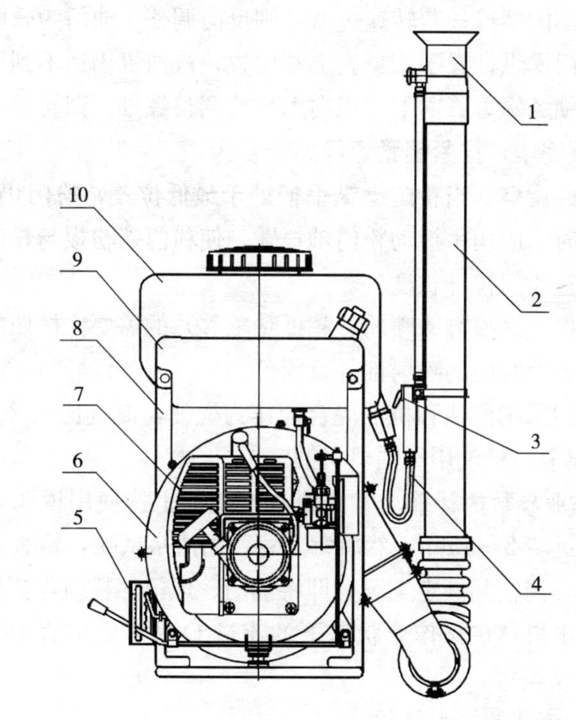

图 4-6　背负式机动喷雾喷粉机结构示意图

1. 喷口　2. 喷管　3. 输液开关　4. 输液管　5. 操纵机构
6. 风机部件　7. 汽油机　8. 机架　9. 油箱　10. 药箱

③新机具或维修后更换过汽缸垫、活塞环及曲柄连杆总成的发动机，使用前应当进行磨合。磨合后用汽油对发动机进行一次全面清洗。

④检查压缩比：用手转动起动轮，活塞靠近上死点时有一定的压力；越过上死点时，曲轴能很快地自动转过一个角度。

⑤检查火花塞跳火情况：将高压线端距曲轴箱体 3～5mm，再用手转动起动轮，检查有无火花出现，一般蓝火花为正常。

⑥汽油机转速的调整：机具经拆装或维修后需重新调整汽油机转速。油门为硬联接的汽油机：起动背负机，低速运转 2～3min，逐渐提升油门操纵杆至上限位置。若转速过高，旋松油门拉杆上的螺母，

拧紧拉杆下面的螺母；若转速过低，则反向调整。油门为软联接的汽油机：当油门操纵杆置于调量壳上端位置，汽油机仍达不到标定转速时，应松开锁紧螺母，向下（或向上）旋调整螺母，则转速下降（或上升）。调整完毕，拧紧锁紧螺母。

⑦粉门的调整：当粉门操纵手柄处于最低位置，粉门仍关不严，有漏粉现象时，应用手扳动粉门轴摇臂，使粉门挡粉板与粉门体内壁贴实，再调整粉门拉杆长度。

⑧根据作业（喷雾、喷粉、超低量喷雾）的需要，按照使用说明书上的步骤装上对应的喷射部件及附件。

⑨本机型采用汽油和机油混合油作为燃油，混合比为 20∶1。汽油用 70 号以上，机油用汽油机机油。

(2) 作业参数的计算 背负机先在地面上按使用说明书的要求启动，低速运转 2～3min，然后背上背，用清水试喷，检查各处有无渗漏。将机具调整到额定工况，即将油门、风门、粉门等挡位调至作业状态，测出机具在该作业状态下的流量 Q 及有效射程 B，并计算出行走速度 V。

2）田间施药的技术要领

(1) 低容量喷雾作业的技术规范 喷雾机作低容量喷雾，宜采用针对性喷雾和飘移喷雾相结合的方式。总的要求是对着作物喷，但不可近距离对着单株喷雾。具体操作过程如下：

①机器启动前药液开关应停在半闭位置。调整油门开关使汽油机高速稳定运转，开启手把开关后，人立即按预定速度和路线前进，严禁停留在一处喷洒，以防引起药害。

②行走路线的确定。喷药时行走要匀速，不能忽快忽慢，防止重喷漏喷。行走路线根据风向而定，走向应与风向垂直或成不小于 45°的夹角，操作者应在上风向，喷射部件应在下风向。

③喷施时应采用侧向喷洒，即喷药人员背机前进时，手提喷管向一侧喷洒，一个喷幅接一个喷幅，向上风方向移动，使喷幅之间相连接区段的雾滴沉积有一定程度的重叠。操作时还应将喷口稍微向上仰

起，并离开作物20～30cm高、2m左右远（图4-7）。

④当喷完第一喷幅时，先关闭药液开关，减小油门，向上风向移动，行至第二喷幅时再加大油门，打开药液开关继续喷药。

⑤调整施液量除用行进速度来调节外，转动药液开关角度或选用不同的喷量挡位也可调节喷量大小。

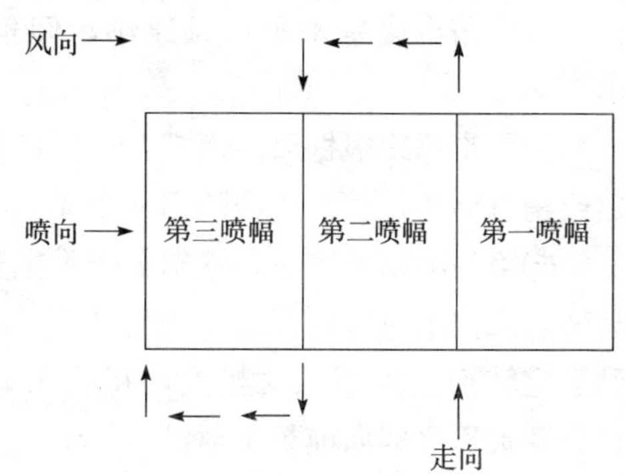

图4-7　背负式机动喷雾喷粉机田间喷雾作业示意图

（2）喷粉作业的技术规范

①按使用说明书的要求起动背负机。

②粉剂应干燥，不得有杂物和结块。

③背负机背上后，调整油门使汽油机高速稳定运转。

④打开粉门操作手柄进行喷粉，喷粉时注意调节粉门开度控制喷粉量。

⑤大田喷粉时应从下风开始喷，走向最好与风向垂直，喷粉方向与风向一致或稍有夹角，并保持喷头处于人体下风侧。晚间利用作物表面露水进行喷粉较好，但要防止喷粉口接触露水。

（3）超低量喷雾作业的技术规范

①按使用说明书的要求起动背负机。

②严格按要求的喷量、喷幅和行走速度操作。在确定了每亩施药液量以后，为保证药效，要调整好喷量、有效喷幅和步行速度三者之间的关系。其中有效喷幅与药效关系最密切，一般来说，有效喷幅小，喷出来的雾滴重叠累积比较多，分布比较均匀，药效更有保证。

③对大田作物喷药时，操作者手持喷管向下风侧喷雾，弯管向下，使喷头保持水平或有5°～15°仰角（仰角大小根据风速而定：风

速大，仰角小或呈水平；风速小，仰角大些），喷头离作物顶端高出 0.5m。

④行走路线根据风向而定，走向最好与风向垂直，喷向与风向一致或稍有夹角，从下风向的第一个喷幅的一端开始喷洒。

⑤第一喷幅喷完时，立即关闭手把开关，降低油门，汽油机低速运转。人向上风方向行走，当快到第二喷幅时，加油门，使汽油机达到额定转速。到第二喷幅处，将喷头调转 180°，仍指向下风方向，打开开关后立即向前行走喷洒。

⑥停机时，先关闭药液开关，再关小油门，让机器低速运转 3～5min 再关闭油门。切忌突然停机。

⑦高毒农药不能作超低量喷雾。

4.2.2.4 担架式（手推）机动喷雾机

担架式（手推）机动喷雾机具有工作压力高、喷雾幅宽、工作效率高、劳动强度低等优点，是一种主要用于水稻大、中、小不同田块病虫害防治的高效植保作业机具。

1. 产品结构与工作原理 由机架、发动机（汽油机、柴油机或电动机）、液泵、吸水部件和喷射部件等组成，有的还配备了自动混药器。作业时，发动机带动液泵运转，液泵将药液吸入泵体并加压，高压药液再由喷射部件进行宽幅远射程喷雾。以 3WKY40 型担架式机动喷雾机为例，其结构如图 4-8 所示。

2. 操作方法

1）施药前的准备工作

①检查机具安装是否正确，动力皮带轮和液泵皮带轮要对齐，螺栓紧固，皮带松紧适度，皮带轮运转灵活，并安装好防护罩，调整机具至符合作业状态。

②按照说明书中的规定给液泵曲轴箱加入润滑油至规定油位，便携式、担架式喷雾机还要检查汽油或柴油机的油位，若不足则按说明书规定牌号补充。

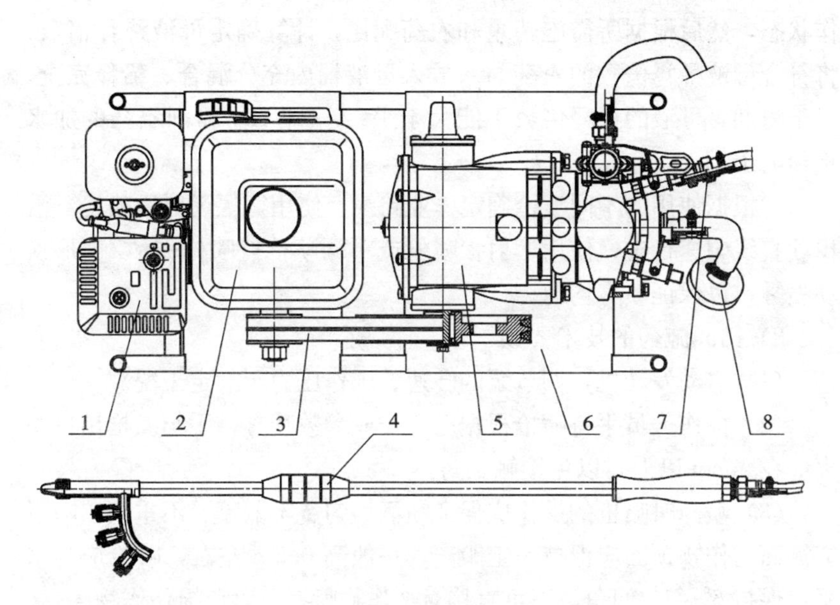

图 4-8　3WKY40 型担架式机动喷雾机结构示意图

1. 发动机　2. 油箱　3. 传动机构　4. 喷射部件
5. 液泵　6. 机架　7. 喷雾软管　8. 吸水部件

③检查吸水滤网。滤网必须沉没于水中；在稻田使用时，将吸水滤网插入田边的浅水层（不少于 5cm 深），滤网底的圆弧部分沉入泥土，让水顺利通过滤网吸入泵。田边有水渠供水时，刚将吸入滤网放入深水中即可。在旱田、果园使用时，可将吸水滤网底部的插杆卸掉，将吸水滤网放在药箱里。

④启动前将调压阀的调压轮按逆时针方向调节到较低的压力位置，再把调压手柄置于卸压位置。

⑤启动发动机进行试运转，低速运转 10～15min，若见有水喷出，并无异常声音，可逐渐提速至泵的额定转速，然后将调压手柄置于加压位置，按顺时针方向慢慢旋转调压轮加压，至压力指示器指示到额定工作压力为止；用清水进行试喷，观察各接头处有无泄漏现象，喷雾状况是否良好。

⑥使用混药器喷药前，应先用清水试喷，将混药器调节至正常工

作状态，然后根据所需施药量和农药配比，计算确定母液稀释倍数，将符合母液稀释倍数的农药与水放入母液桶内充分混合、稀释完全。对于粉剂，母液的稀释倍数不能大于 1∶4（即 1kg 粉剂农药的加水量须大于 4kg）。

⑦根据使用的不同喷枪确定作业路线。使用宽幅远射程喷枪，沿田埂直线匀速行走；使用远射程喷枪或可调喷枪持喷枪作“Z”形摆动喷雾，以保证喷雾均匀。

2）田间施药的技术要领

（1）启动发动机，调节泵的转速、工作压力至额定工况。

（2）操作人员手持喷枪根据已定作业参数喷雾，手与喷枪出口距离应在 10cm 以上，以免接触农药。

（3）喷药时喷枪的操作应保证喷洒均匀、不漏喷、不重喷，喷射雾流面与作物顶面应保持一定距离，一般高 0.5m 左右，喷枪应与水平面保持 5°～15°仰角，不可直接对准作物喷射，以免损伤作物。

（4）喷药时操作人员拉喷雾软管沿田埂移动，避免损伤作物。

（5）当喷枪停止喷雾时，必须在液泵压力降低后（可用调压手柄卸压），才可关闭截止阀，以免损坏机具。

（6）作业时应经常察看雾形是否正常，如有异常现象，应立即停机，排除故障后再作业。

（7）使用混药器时，应待机具达到额定工况后，再将混药器的吸药头插入已稀释的母液桶中，当一次喷洒完成后立即将吸药头取出，避免药液损失。

（8）注意使用中液泵不能脱水运转，以免造成喷雾不均匀或漏喷。

（9）机具转移作业地点时应停机，将喷雾胶管盘卷在卷管机上，按不同机型的转移方式进行转移。

（10）当液泵为活塞泵、活塞隔膜泵且转移距离不长时（时间不超过 15min），可不停机转移。操作方法如下：

①降低发动机转速，怠速运转；

②把调压阀的调压手柄置于卸压位置，关闭截止阀，然后将吸水滤网从水中取出，这样有少量液体在泵体内循环、不致损坏液泵；

③尽快转移机具，将吸水滤网没入水中；

④开通截止阀，将调压手柄置于加压位置，把发动机转速调至额定速度。

（11）每次开机或停机前，应将调压手柄放在卸压位置。

4.2.2.5　背负式液力机动喷雾机

此类机型是欧美国家中小型植保机具的主机型。品种较多，造型美观，工艺先进。药箱容量从12L到20L不等。液泵以微型柱塞泵、隔膜泵为主。动力是小型汽油机。喷射部件以单头可调式喷枪和小型喷杆为主。结构紧凑，简单，故障率低，制造成本低，使用方便。

1. 产品结构与工作原理

背负式液力机动喷雾机由机架、汽油机、液泵、喷射部件、管路、油箱、药箱等部件组成。液泵分别与进水管、出水管和回水管连通，进水管与药箱连通，出水管连接喷管，回水管连接药箱，液泵由汽油机带动工作，将药箱内的药液吸入后加压，通过喷管到喷头喷雾。背负式液力机动喷雾机结构如图4-9所示。

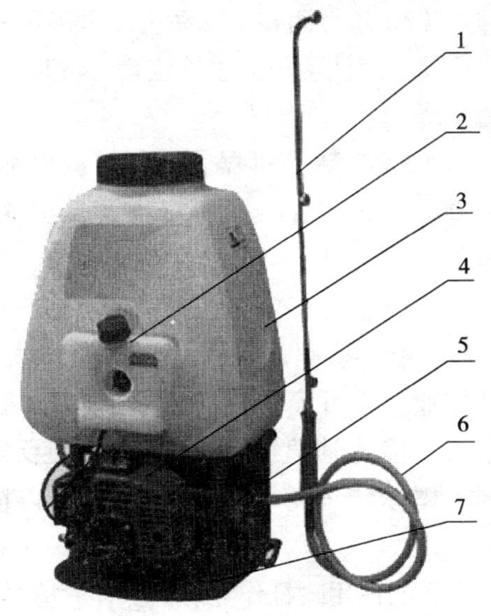

图4-9　背负式液力机动喷雾机结构示意图

1. 喷射部件　2. 油箱　3. 药箱　4. 汽油机　5. 液泵　6. 喷雾软管　7. 机架

2. 操作方法

1）施药前的准备工作

①汽油机的调整可参照背负式机动喷雾喷粉机的操

作方法。

②起动前，按药剂的使用说明兑好药剂，注入药箱内。药箱内无水时，禁止起动发动机。

③对于配置微型柱塞泵的机型，需检查液泵黄油杯中的黄油是否充足，如不足应及时添加，以防液泵的效率降低，甚至损坏液泵。

2）田间施药的技术要领

（1）加药液 加药液之前，用清水试喷一次，检查各处有无渗漏；加液时不可过急过满，要确保药液经过药箱内的过滤网，以防异物进入药箱内，避免机械故障或堵塞喷嘴；加药液后药箱盖必须旋紧，以免漏液；加液可以不停机，但发动机要处于怠速运转状态，同时关闭喷雾管路的截止阀，待机具准备进入正常喷雾状态前再重新打开。

（2）压力调整 发动机转速在5 000～6 000r/min时，根据不同作业要求，调整压力手轮位置。顺时针旋转压力升高，逆时针旋转压力下降。

（3）喷洒 机器背起后，调整油门开关，使发动机转速约在6 000r/min左右，打开喷雾管路开关（截止阀），即可进行喷洒作业。

（4）注意事项

①喷雾管路开关开启后，操作人员随即根据靶标位置开始移动作业，不可停留在一处喷洒，以防产生药害。操作人员的行走路线与前进速度要根据不同喷洒要求（喷射部件作业参数、药剂、靶标特征等）作适当调整，以防漏喷、重喷，并提高防治效果。

②当使用喷杆作业时，操作者应尽量保持行走平稳，以防喷杆严重倾斜与晃动，从而影响喷雾量分布均匀性。

③操作者一定要在风向的前方，以免被药液污染，发生中毒现象。

4.2.3　水稻中后期病虫害防治机具的正确使用

4.2.3.1　科学选择适宜机型和合理配置

针对不同规模和不同时机，科学选择适宜机型、合理配置。根据水稻生产的不同规模和田间作业条件，选择合适的机型及配置。对连片规模化种植的水稻产区，应以高效远程机动喷雾机为主，如担架式、手推式高效远程机动喷雾机，辅以背负式机动喷雾喷粉机；丘陵山地以及小地块的水稻产区，以背负式机动喷雾喷粉机为主，辅以手动或电动喷雾器；对于水源条件差的田块，可选择带药箱的手推式高效远程机动喷雾机、背负式液力机动喷雾机。

在水稻生长发育的不同时期，可根据大田的实际情况，采用适应性更好的机型。水稻大田分蘖初期，田间作业条件相对较好，可根据田块大小和种植规模，选用手动或电动喷雾器、背负式机动喷雾机、担架式高效远程机动喷雾机等类型的植保机具；大田封行后，由于田间作业条件差，下田作业困难，可选用高效远程机动喷雾机，直接在田埂实施植保作业；分蘖初期，采用常量或低量喷雾，以保证喷雾均匀；封行后，采用大流量喷雾，提高药液穿透力，改善水稻植株中下部的防治效果。

4.2.3.2　科学确定施药的技术方法

针对不同病虫害的发生特点，科学确定施药的技术方法。在水稻分蘖至拔节孕穗期，常发性的病虫主要有纹枯病、二化螟、三化螟、稻飞虱等，须根据当地病虫测报情况及时进行化学防治。对螟虫的防治一般每亩用40%三唑磷100ml或5%锐劲特50ml，兑水50～60kg喷施，并可兼治纵卷叶螟，若加阿维菌素混喷，防效更好。防治稻飞虱一般每亩用50%扑虱灵40g或吡虫啉1.5～2.0g（有效成分）兑水80～100kg，喷粗雾于植株中下部即可。大田分蘖末期是防治纹枯病的关键时期，一般当穴发病率达到5%或孕穗期穴发病率达10%时就应防治，一般亩用井冈霉素水剂100～150ml或12.5%纹霉清水剂100～200ml，加水60～80kg，喷施于植株中下部，并视病情再次用药。

近年来，我国水稻机插秧快速发展，然而机插水稻出穗期偏迟，极易遭受三代三化螟的危害。若抽穗前后遇连续阴雨天，更有利于稻瘟病的发生，特别是沿海稻区更应注意防治。防治三化螟每亩可用40%三唑磷100ml，兑水50～60kg，于植株中上部常量喷施；防治稻瘟病，一般用20%三环唑可湿性粉剂或40%富士1号乳剂1 000倍液喷雾1～2次，即可获得良好的防治效果。水稻孕穗中、后期的病害稻曲病多发生在上部，应对穗部喷雾防治。

4.2.3.3 科学配比剂量

剂量过低影响防治效果，剂量过高容易导致药害。过量的农药流失到土壤、空气和水域中，造成对生态环境的污染，需根据水稻病虫害的发生情况、不同药剂的施用要求等，科学配比剂量，并根据配比，精准混合药液。

传统的喷雾混药方式是预混式混药，即由操作人员将农药与水按一定的比例一起装入药箱中，人工搅拌使农药与水均匀混合，随着植保技术与装备水平的提高，混药方式从预混式混药逐步向农药母液与水在喷雾管道内混合发展。目前，国内植保机械所配置的混药装置，根据混药原理的不同，主要包括射流式混药装置与正压式混药装置两类。使用混药装置进行农药喷洒前，需根据预期的喷洒浓度确定母液稀释倍数。确定的方法有两种，即查表法和测算法。

1. 查表法 目前使用的混药装置规格较多，每种混药装置都具有不同的工作特性，主要反映在吸药量不同和通过混药装置压力损失不同。因此，需要根据各种混药装置产品出厂时提供的喷出药液浓度与母液稀释浓度的关系表进行母液稀释配兑。表4-1是目前使用最多的工农-36机型混药装置药液浓度与母液稀释浓度关系。

表 4-1　喷出药液浓度与母液稀释浓度的关系

喷枪排液稀释倍数	母液稀释倍数 1∶m		喷枪排液稀释倍数	母液稀释倍数 1∶m	
	小孔	大孔		小孔	大孔
1∶80	1∶4	1∶6.5	1∶500	1∶31	1∶47
1∶100	1∶5.5	1∶8.5	1∶600	1∶38	1∶57
1∶120	1∶6.5	1∶10.5	1∶800	1∶51	1∶76
1∶160	1∶9.5	1∶14.5	1∶1 000	1∶64	1∶96
1∶200	1∶12	1∶18.5	1∶1 200	1∶77	1∶115
1∶250	1∶15	1∶23	1∶1 600	1∶100	1∶155
1∶300	1∶18	1∶28	1∶2 000	1∶130	1∶190
1∶350	1∶22	1∶33	1∶2 500	1∶160	
1∶400	1∶25	1∶38	1∶3 000	1∶190	

查表方法：确定好需要喷射药液的稀释倍数，查找表中“喷枪排液稀释倍数”栏内相同的稀释倍数，再根据所选定的混药装置吸液口孔径找到相应的“小孔”或“大孔”栏内的母液稀释倍数，即为所需的母液中原药、原液的稀释倍数。

用查表法求得的 m 值还应进行校核才能使用，校核公式为：

$$C=\frac{Q-B\times\frac{1}{1+m}}{B\times\frac{1}{1+m}}$$

式中：Q——喷枪的喷量，kg/min，按 JB/T9782 的有关规定测定；

B——在测 Q 值同时混药装置的吸液流量，kg/min。

C——实际喷雾药液的稀释倍数。

根据校核结果，可适当调整母液浓度，得到要求的施液浓度。

2. 测算法　计算公式如下：

$$m=\frac{BC}{Q}-1$$

4.2.3.4　重视植保作业的气象条件

采用手动喷雾器进行低量喷雾时，风速应在 1～2m/s；进行常量喷雾时，风速小于 3m/s；当风速>4m/s 时，不可进行农药喷洒作业。

采用背负式机动喷雾喷粉机作业，当风速大于 2m/s 及雨天、大雾或露水多时不得施药；大田作物进行超低量喷雾时，不能在晴天中午有上升气流时进行；采用喷射式机动喷雾机作业时，喷洒作业时风速应低于 2.2m/s，以避免飘移污染。

晴天应在早晨、傍晚时间喷雾，阴天可全天喷雾，应避免在雨天或气温高于 32℃的情况下作业，以保证良好防效及作业安全。

4.3 油菜灾害虫害草害防治机械化技术

4.3.1 油菜渍害防治技术

4.3.1.1 渍害

渍害是指由于长时间维持阴雨天气、降水量过多、地下水位过高、地面排水不畅造成植物根层土壤水分长时间处于饱和或过饱和、土壤中空气含量不足状态，危害植物正常生长的一种突然水分过多的农业气象灾害。渍害一般还包括湿害，即土壤相对湿度（土壤含水量占田间持水量的百分比）长时间维持在 85％以上、植株间的空气相对湿度大，导致作物生长不良和病虫草害严重的情况。中国渍害主要分布在三江平原、东北平原、华北平原、两湖平原、长江中下游平原、珠江三角洲、台湾西部平原以及南方诸省。

1. 渍害成因和机理　构成渍害的因素很多，诸如地形、地貌、气候、水文、水文地质、土壤以及人类活动等。就地形地貌而言，在中国以平原地貌为特征的东部沉降区常发生渍害，山丘间的盆地和谷地亦有分布；就气候而言，渍害主要分布在湿润和半湿润地区；就水文地质而言，分布在一些冲积平原、湖积平原、滨海平原等长期或季节性地面积水或地下水位过高的地区；就土壤而言，黏土类、粉沙土类等易于渍水，地下水型水稻土、冷浸型水稻土、沼泽土等属渍水土壤或易渍土壤。

过量的土壤水使土壤和大气之间的空气交换受阻、氧供应不足，因而好气性细菌活动减弱，有机物矿质化进程缓慢，养分供求失调。同时，土壤中嫌气性细菌活动增强，虽有助于腐殖质积累，但由于土壤中的还原作用，产生亚硝酸盐、低价铁等有毒物质，抑制种子发芽，阻碍根系正常发育，持续通气不良，使细胞渗透率减小，造成根死亡。

2. 渍害对油菜田的危害 我国长江中下游地区是全国油菜主产区之一，由于长江流域秋、冬、春季湿润多雨的气候特点，加之油菜与水稻的轮作制度导致油菜容易遭受渍害而减产。渍害已成为引起该地区冬油菜产量降低的主要因素，严重地制约了其油菜产业大力发展。

油菜渍害在菜苗移栽到大田后的各个生长时期都可能发生。因江南一带一般年份秋、冬、春季均雨水较多，持续的降雨就会造成积水，尤是水旱轮作油菜田较为严重。特别是在栽后持续阴雨、地下水位高的条件下，油菜发生渍害的可能性极大。由于土壤含水量过高，土壤通气不良，引起油菜根际缺氧，根系发育受阻，幼苗生长缓慢甚至死苗，形成渍害。

（1）苗期渍害 油菜苗期个体和群体较小，根系和叶片都处于生长发育的初期阶段，根量小，叶片少，叶面积系数低，蒸腾面积小，而且气温、地温日渐降低，根系吸水能力下降，需水量相对较小，此时出现渍害可造成油菜根系发育不良甚至腐烂，外层叶变红（甘蓝型油菜），内层叶生长停滞。叶色灰暗，心叶不能展开，幼苗生长缓慢，即俗称的“渍害僵苗”，甚至死苗，油菜株高、茎粗、根粗、绿叶数均明显降低，同时还显著增加病害、草害和越冬期冻害等次生灾害发生的可能性，对后期产量造成严重影响。

（2）花角期渍害 开春后雨水增多且气温偏低，此时油菜进入旺盛生长期，如果田间积水，出现渍涝，则土壤通透性差，闭气严重，油菜易出现茎秆和叶片发黄、烂根死苗。春季多雨往往伴随着低温寡照，直接影响油菜开花授粉结实，造成果角脱落，阴角增多。严重春涝可导致植株早衰，有效分枝数、单株角果数和粒数大幅下降。另外，长期阴雨、高湿环境也有利于后期各种病菌繁殖。

总之，油菜在生长期间遭遇渍害，会导致油菜株高、茎粗、根粗、根长、绿叶数、叶面积、干重等均不同程度降低，有效分枝数、单株角果数和粒数不同程度减少，严重减产（17%～42.4%）等，最后造成减产等损失。同时，渍害后造成苗势弱、抗耐性较低，此时土壤水分过多，田间湿度大，有利于危害油菜的各种病菌繁殖和传播，使菌核病、霜霉病、根肿病和杂草等大量发生和蔓延，造成渍害次生灾害。

4.3.1.2　油菜渍害的预防和防治技术

实践证明，防治油菜渍害的有效措施在于降低地下水位，降低土壤水分含量，选择抗渍耐渍的品种，提高农业栽培管理技术，结合苗期增施速效肥促进油菜健壮生长，提高抗逆能力，同时及时防止次生病害的发生。

1. 建立完善的排水系统　建立完善的排水系统，拦截外来水，及时排出当地地表径流和地下径流，控制地下水位，是治渍的主要措施。它包括承泄系统和农田排水网两部分。承泄系统基本上分两类：一类是河水位较高，按治渍标准不能完全自流排水的要筑堤圈圩，使内水与外水分开，并于适当地点修建控制建筑物和抽水泵站，必要时实行抽排；另一类是河水位较低，能够充分满足治渍标准的，则实行自流排水。农田排水网基本上可分明沟、暗管、竖井三类。明沟排水网是末级固定排水沟、田块内部各级排水沟和格田等组成，末级固定排水沟按治渍标准设计，田间沟的深度一般为 0.3～0.6m。中国大部分地区采用此类形式。暗管排水网是由不同材料制成的暗管和鼠道等代替明沟。竖井排水能有效降低地下水位，但投资大，耗能多，而且要求适宜的水文地质条件。

1）排水系统的布置　排水沟道一般分为干沟、支沟、斗沟等数级，当排水面积较大或地形较复杂时，排水沟道级数可适当增加。它主要用以排水，有时也起到蓄水和滞水作用。通常采用明沟将涝（渍）水自流排入容泄区。但在一些地区，汛期外江水位高于排水区内的沟道水位，涝水不能自流排出，须设置泵站抽排。为了节省排水费用和能源，还要尽量利用排水区内的湖泊、洼地滞蓄一部分涝水。

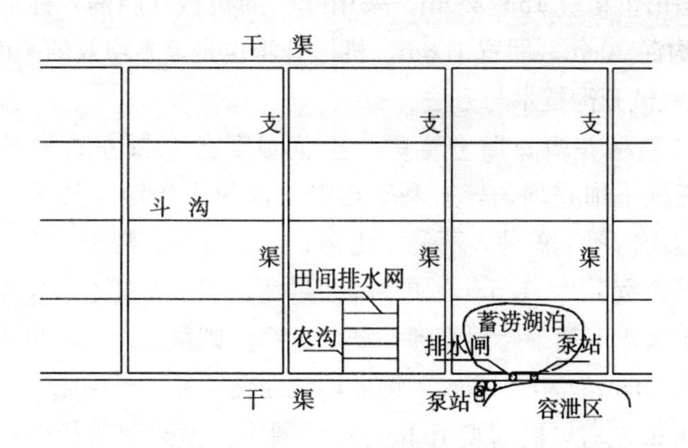

图 4-10　排水系统示意图

排水系统的布置应全面规划，尽量做到：

（1）排水沟道要处于控制面积的最低处，以求尽量自流排水。

（2）根据地形应将排水地区划分为高、中、低等片，做到高水高排，低水低排，自排为主，抽排为辅。

（3）排水干沟的出口应选择在容泄区水位较低和河床比较稳定的地方。

（4）下级排水沟道的布置要为上级沟道排水创造良好的条件，干沟要尽可能布置成直线；此外排水沟布置要避开土质差的地带，以节省工程费用并使排水安全及时。

（5）在有外水入侵的排水区应布置截流沟或撇洪沟，使外来的地面水和地下水直接引入排水干沟或容泄区。

在油菜种植田块，均采用机械化开沟。深挖主沟和围沟，健全沟系，疏干渠系，力求主、支沟畅通无阻，是消除渍害的关键。目前田间排水主要有三种形式：一是明排明降，主要通过隔水沟、腰沟、墒沟；二是暗排暗降，主要通过暗管、鼠道、土暗墒等；三是明暗结合。对于平原地势低洼、地下水位较高、土壤黏性较大地区，采用暗排暗降、明暗结合的排水形式效果较为显著。

油菜田在水稻收获后要及时排水晒田。9 月底至 10 月初，将收割后的稻田留稻桩 15～25cm，采用配套的机械开厢沟，标准为沟宽 25cm，沟深 20cm，厢宽 1.8m。机械开沟也是节本增效的关键措施。

2）机械开沟技术与方法

（1）机械开沟与抛土覆盖　土壤湿度在 70%左右为最佳开沟期，保证抛土细碎均匀，有利于出苗。如果土壤湿度过大、土层黏重、不能均匀覆土盖种，不利于出苗；湿度过小、泥土过干，不利于操作。畦面宽 1.2～1.5m，如果畦面过宽，覆土厚度不够，而且中间低容易积水，不利于后期管理；畦面过窄，则覆土过厚，也不利于出苗。沟宽 20cm，沟深 15cm，将土均匀地覆盖在种子和肥料上，覆土厚度 2.5cm 左右。同时要开好腰沟、围沟，做到沟沟相通，方便排灌，有利于油菜生长。

（2）开沟的方法　开沟方法可根据田块大小不同和机手操作习惯，利用左开法或右开法、中间开法。左开法：从田块左侧下田开沟，由左往右把田沟开完。右开法：从田块右侧下田开沟，由右往左把田沟开完。中间开法：从田块中间开始开沟，向左或向右把田沟开完。把直沟开完后，再沿田块四周开沟一圈，使直沟与田块四周的沟相通。

（3）开沟速度的选择　手扶拖拉机配开沟机时，可根据田泥的松、软、板结等情况选用不同的行走速度。田泥松可选用二挡，田块板结可选用一挡。开沟时，发动机油门控制在中大油门或大油门，发动机转速高，泥土容易旋碎和抛撒开。

（4）开沟的要求　机手在操作开沟时，畦面宽 1.2～1.5m，应使开出的沟保持笔直，不要弯曲，以利排水。

（5）注意的问题　机手在操作时应注意安全。机具转移时，应切断开沟机的旋转动力，行走速度应慢些。为防止开沟机工作时泥土飞溅伤害眼睛，机手最好戴上防护眼镜。在检查调整和维护保养拖拉机及开沟机时，一定要在发动机熄火停机的情况下进行。

3）开沟机械

（1）开沟机械分类　开沟机产品可分为链式开沟机和轮盘式开沟机。油菜田块开沟一般都是轮盘式开沟机。

（2）按产品配置类型　轮盘式开沟机可分为前置式和后置式。一般前置式都是以手扶拖拉机为动力，功率在11.03kW以下。后置式以中高马力的轮式拖拉机为主，也可是中小马力乘坐式拖拉机。

①前置式轮盘式开沟机。以8.83～11.03kW的手扶拖拉机为动力，与1KL-18型开沟起垄机相配套，同步完成开沟、抛土等工序。该机能保证沟宽25cm，沟深20cm，抛土幅宽2.5m以上。生产效率平均每小时可开厢沟2～2.5亩。1台机械每天开沟40亩。

高邮市平安开沟机制造厂生产的前置式开沟机，主要由机架、齿轮箱、离合器、刀盘、分土板等组成，柴油机驱动刀盘转动将土壤铣削成沟，土块向上抛向两侧，完成开沟作业。该机主要技术参数：配套动力东风-12型手扶拖拉机；适用范围农田开沟；开沟速度（理论）Ⅰ挡12.5m/min，Ⅱ挡22.5m/min；抛土幅宽两侧各3m左右；开沟尺寸沟口16～20cm，沟底11～14cm，沟深板茬田10～25cm，耕翻田10～30cm（图4-11，图4-12）。

图4-11　开沟机装配在手扶拖拉机上

②后置式轮盘开沟机。在普通拖拉机上通过安装超低速变速器实现低速缓行，从而使沟深上下统一，宽度左右匀称。该机（图 4-13）采用回旋式开沟器，开沟宽度为10～40cm，开沟深度可调，最大开沟深度为 160cm，开沟速度每小时可达 50～500m。所开沟形沟直、壁陡，沟深和沟宽统一（人工和挖掘机无法开出此沟形）。主要适用于农田水利灌溉地地下管道、自来水管道及地下电缆铺设等项工作的开沟作业。配套拖拉机功率 11.03～47.8kW，工作速度 50～500m/h，油缸压力 16MPa，开沟宽度 16、20、24、28、32、36cm，开沟深度 0～160cm。

图 4-12　正在开沟（由于分土板套上塑料编织袋更加不粘泥，优点显著）

图 4-13　后置式轮盘开沟机

江苏盐城市农机二厂生产的 1K-35 型后置式可调开沟机，配套动力机械为 18.39kW 方向盘式拖拉机（图 4-14）；广德县东武机械厂东武 1KL-18、1SK-22 轴盘式和轴刀式开沟机（图 4-15），与东风-12 型手扶拖拉机配套的油菜开沟机，可一次性完成开沟、碎土、抛土覆盖（盖土）等作业，特别适合在二晚水稻收割后的稻田中进行免耕撒播、开沟覆盖的油菜种植，该机具有结构简单、操作方便、功效高、效益好、劳动强度低的优点。

图 4-14　轴盘式开沟机

图 4-15　轴刀式开沟机

③油菜种植机械化生产技术集成。采用模块化集成技术，将开畦沟、播种、灭茬、旋耕、施肥、覆土、地轮仿形、液压升降等不同技术与装置实施集成，实现联合作业和一机多用。

油菜种植机械化生产技术的集成，不仅能高度简化作业工序、大大提高作业效率、显著降低作业成本，而且非常有利于缓解油菜种植农时紧张的矛盾；可根据实际作业需求实行模块化集成，灵活进行“播种＋施肥＋开沟＋旋耕灭茬”、“播种＋施肥＋旋耕灭茬”、“开沟＋旋耕灭茬”、单独开沟、播种或施肥等不同型式的种植作业，实现一机多用。

例如 2BKY-6F 型油菜直播机（图 4-16），一次作业可完成旋耕灭茬、播种、施肥、开畦沟、覆土等作业。采用前置高速灭茬刀辊进行种床表土处理，为种子发芽创造细碎土壤条件，同时采用轮盘旋转开畦沟装置在播种作业时开畦沟，避免涝渍。主要技术指标：配套动力 36.77kW 以上；工作幅宽 2 300mm；行距 350mm，可调；播种量 1.5～4.5kg/hm^2，可调；播种深度 0～30mm 可调；开沟规格深 18cm，上宽 16cm，下宽 10cm；作业速度 0.5～0.85m/s；播种方式条播。

如 2BFQ-6A 油菜少耕精量联合直播机，其功能集成度：一次性完

图 4-16　2BKY-6F 型复式作业油菜直播机

成油菜播种的全部作业环节，开厢沟、破茬、带状旋耕、精量播种、正位深施肥、覆土、仿行驱动。适应性：未耕地或有作物秸秆残茬覆盖地，尤其适用于稻—油轮作制度下留茬稻板田的油菜少耕精量联合播种。

由武汉黄鹤拖拉机制造有限公司生产的 2BFQ-6A（图 4-17）、

图 4-17　2BFQ-6A 油菜少耕精量联合直播机

2BFQ-6B、2BFQ-6C（图4-18）、2BFQ-4A和2BFQ-4B（图4-19）等5种型式系列油菜精量联合直播机已初步形成年产1 000台套的生产能力。以上5种机型均已投入油菜种植实际生产，图4-20为机具在生产实际中的应用效果图片。

图4-18　2BFQ-6C型油菜精量联合直播机

图4-19　2BFQ-4B型油菜精量联合直播机

机开沟覆盖免耕直播油菜的亩用种量100～120g，均匀撒播，再用开沟机开沟覆盖，沟宽20cm，沟深15cm，厢宽120cm，厢面覆土厚度2～3cm。机开沟结束后，要开挖田角的排水沟，清除沟中碎土，做到沟沟相通。

目前，油菜机械化种植即开沟机推广发展很块。农民迫切需要油菜轻简化技术，减少耕整地、播种、移栽、开畦沟用工，通过机械化

稻茬田联合播种后出苗效果

稻茬田作业效果

高茬稻田苗情、长势

冷浸田作业效果、长势

图 4－20 机具生产应用效果

作业降低劳动强度，降低作业成本，增加农民经济效益。

2. 选用抗渍耐渍的品种 在水旱轮作区，地势低洼地区宜选用耐渍品种。耐渍品种具有较高的相对发芽率、相对苗长、根长、苗重和活力指数，较高的抵御缺氧胁迫能力。

3. 适期播栽 适时直播或移栽油菜，切忌阴雨天抢播抢栽，出苗后及早间苗、定苗，使田间通风透气，并及时补施苗肥。

4. 中耕培土 湿害后容易造成土壤板结，不利于油菜根系发育。应抓住油菜封行前有利时机进行中耕松土，能增强土壤通透性，提高根系活力，增强植株抗寒和抗病能力；通过中耕松土，既可消灭杂草，又可增加土壤通透性，促进根系生长；同时，结合中耕进行培土压根，既可减少肥料流失，也可起到保暖防冻作用。培土能提高地温、有效防冻、固定根系、防止倒伏和减轻杂草的危害。

5. 清理三沟，防渍排涝　遇持续多雨天气要切实加强清沟排渍工作，做到内、外三沟（主沟、围沟和厢沟）沟沟相通；雨后要及时进行疏沟沥水，做到雨住田干；天气转晴后要及时进行中耕松土，以使土层保持通气良好。

6. 增施速效肥　渍害会导致土壤养分流失，根系的营养吸收能力下降，要根据苗期长势，每亩追施4～6kg尿素促进冬前生长；在追施氮肥的基础上，要适量补施磷钾肥，增加植株抗性，每亩可施氯化钾3～4kg或根外喷施0.2%磷酸二氢钾溶液、2%～3%过磷酸钙水溶液50kg。另外，现蕾后增施一次硼肥，即亩用0.1%～0.2%硼肥溶液50kg叶面喷施，预防花而不实。

7. 防止倒伏发生　油菜发生渍害后地下部分发育受到创伤，中后期可能会表现头重脚轻，故，春后要在围绕保叶护根，在中耕松土、培土壅根的基础上，对春后有旺长趋势的地块，薹期及时喷施一次生长调节剂，一般每亩用15%多效唑50g，加水50kg，均匀喷雾，以改善植株型体，增强抗倒伏力。

8. 防止次生病害的发生　发生渍害的田块，在低温高湿条件下易发霜霉病，在高温高湿条件下易发菌核病，并发生根肿病等，对此可选择晴天交替喷施2～3次多菌灵或灭病威、托布津、代森锰锌等进行预防。在清沟排渍和中耕培土的同时，要及时摘除株底部黄老病叶，以减少菌核病的菌源。对发生菜青虫危害的田块，可用阿维菌素乳油或功夫菊酯乳油交替喷雾防治，也可用菊酯类杀虫剂等进行防治。对有蚜虫危害的田块，可用乐果乳剂或吡虫啉可湿性粉剂、吡虫啉乳油等进行防治。

9. 改良土壤物理性状　可通过种植绿肥、秸秆还田、增施农家肥、施用人工合成土壤改良剂、合理轮作、冻垡、晒垡、水稻土的适耕、免耕等措施来实现。

4.3.2　油菜病害防治技术

我国已报道的油菜病害有17种，分别为油菜白斑病、油菜白粉病、油菜白锈病、油菜病毒病、油菜猝倒病、油菜根腐病、油菜根瘿黑粉病、油菜根肿病、油菜黑斑病、油菜黑腐病、油菜黑胫病、油菜菌核病、油菜枯萎病、油菜软腐病、油菜霜霉病、油菜炭疽病、油菜细菌性黑斑病。较重要的病害主要有油菜菌核病、油菜病毒病、油菜霜霉病，被称为油菜三大病害。

4.3.2.1 油菜菌核病

菌核病在世界油菜生产国家和地区均有分布。在我国各油菜产区尤以长江流域和东南沿海地区最为普遍和严重，一般发病率为10%～30%，严重者达80%以上，可导致减产10%～70%，含油量锐减，严重影响油菜的产量和品质。

1. 症状

苗期：受害茎与叶柄初生红褐色斑点，后扩大并变为白色，组织湿腐，上面长出白色菌丝。病斑绕茎后幼苗死亡，病部形成黑色菌核。

成株期：叶片发病多自植株下部的衰老叶片开始，初生暗青色水渍状斑块，后扩展成圆形或不规则形大斑。病斑灰褐色或黄褐色，有同心轮纹，外围暗青色，外缘具黄色晕圈（图4-21）。干燥时病斑破裂穿孔，潮湿时则迅速扩展，全叶腐烂，上面长出白色菌丝。

图4-21　病叶症状

茎部：病斑多自主茎中下部开始发生，初呈水渍状，浅褐色，椭圆形，后发展成长椭圆形、棱形至长条状绕茎大斑，略凹陷，中部白色，有同心轮纹，边缘褐色，病健交界明显。在潮湿条件下，病斑扩展迅速，上面长出白色絮状菌丝。病害发展后期，茎髓被蚀空，皮层纵裂，维管束外露如麻，极易折断，茎内形成黑色鼠粪状菌核（图4-22，图4-23）。

图 4-22　病茎剖面（菌核）

图 4-23　病茎症状

花瓣：极易感染，产生水渍状斑，易脱落。潮湿时，病花瓣迅速腐烂。掉落在植株其他部位的病花瓣可引起新的病斑。

角果：感病后产生不规则白色病斑，内、外部均可形成菌核，但较茎内菌核小。病角果内的种子瘪粒，少数种子表面也裹有菌丝。

2. 病原　病原物为核盘菌，子囊菌亚门核盘菌属。

（1）形态　菌核不规则形，鼠粪状，表面黑色，内部粉红色，全部由菌丝组成，萌发时先产生针状肉质子囊盘柄，其后柄顶端膨大并逐渐形成子囊盘。

（2）生理　菌核形成适温 15～25℃，萌发产生子囊盘的适宜温度 10～20℃，产生子囊盘的最适温度 15～18℃。菌核抵抗干旱和低温的能力强。在长江流域地区，病菌能在冬季低温干旱条件下安全越冬，但夏季的湿热条件易使菌核被其他微生物寄生致腐，对菌核越夏不利。在水浸条件下，1 个月内菌核全部死亡。子囊孢子对温湿度适应性较广，在 5～30℃范围内，孢子萌发率均可超过 50%，一般在 24h 内完成萌发。在 15～20℃时，16～18h 内孢子萌发率即可达

90%～100%。孢子萌发时不需要水膜，在相对湿度 85%以上，萌发率即可达 100%。子囊孢子在直射日光下 4h 丧失萌发能力。

(3) 寄主范围 病菌的寄主范围很广，可侵染 64 个科 396 种植物。我国报道的该菌自然寄主有 36 个科 214 种植物；常见的重要寄主除多种十字花科植物外，还有莴苣、向日葵、胡萝卜、大豆、蚕豆和豌豆等。栽培油菜的 3 个类型 5 个种均可受害。病菌有生理分化现象，异地菌系在培养、生理特性和致病力强弱等方面均有差异。

3. 病害循环 病菌以菌核在土壤、病残株和种子中越夏（冬油菜区）、越冬（冬、春油菜区）。病残株、种子中的菌核随着施肥、播种等农事操作进入土壤中。菌核萌发形成子囊盘。子囊孢子随气流传播最远可至数千米。孢子在寄主上萌发产生侵入菌丝，借机械压力从寄主表皮细胞间隙或伤口、自然孔口侵入。菌丝也可以相同方式直接侵染寄主。病菌一般没有再侵染。

4. 发病因素 菌核病的发生和流行主要取决于越冬菌核的数量、2～4 月（特别是油菜花期）的气候条件、油菜盛花期与子囊盘盛发期的吻合程度以及栽培条件、品种抗（耐）病性等因素。①越冬菌核的数量是病害的初侵染源。②气候条件如降雨量、雨日数、相对湿度、气温、日照和风速等气象因子与病害的发生均有关系，其中影响最大的是降雨和湿度。③栽培条件如播种期和施肥水平等影响病害的发生。④油菜类型间和品种间感病性差异很大。

5. 防治方法 油菜菌核病的防治对策是以种植抗（耐）病品种为基础，药剂防治为主体，结合农业措施进行综合防治。

(1) 农业防治 ①选用抗（耐）病品种；②消除和减少初侵染源，如水旱轮作，旱地油菜的轮作年限应在两年以上，且应大面积实施；选种和种子处理，如选无病株留种，筛去种子中的大菌核，然后用盐水（5kg 水加食盐 0.5～0.75kg）或硫酸铵水（5kg 水加硫酸铵 0.5～1kg）选种，外用清水洗种；也可用 50℃温水浸种 10～20min 或1∶200 福尔马林浸种 3min；在油菜抽薹期培土，收后深耕。③适时播种、合理施肥，如重施基肥、苗肥，早施或控施蕾薹肥，施足磷、钾肥，防止贪青倒伏。④改善田间小气候，深沟窄厢，清沟防渍，在油菜开花期摘除病、黄、老叶。

（2）药剂防治　可用40%菌核净（纹枯利）可湿性粉剂1 000～1 500倍液1～2次，50%多菌灵粉剂或40%灭病威悬浮剂500倍液2～3次，70%甲基托布津可湿性粉剂500～1 500倍2～3次，50%速克灵粉剂2 000倍2～3次，50%氯硝胺粉剂100～200倍液2～3次，50%朴海因粉剂1 000～1 500倍液。上述药液用量为每亩每次100～125kg。油菜开花期，叶病株率10%以上、茎病株率在1%以下时开始喷药，每次间隔7～10天。

（3）生物防治　一般将生物防制剂施入土壤中。防效较好的有盾壳霉、木霉等制剂。

4.3.2.2　油菜病毒病

1. 症状

（1）甘蓝型油菜叶片症状　有黄斑型、枯斑型和花叶型等3种。

黄斑型：先在叶面产生淡黄或橙黄色、圆形或不规则形病斑（图4-25），大小约1～5mm，以后在病斑中央出现1个大小约0.5～1.00mm的黄褐色或黑褐色枯点。

图4-24　花叶型（甘蓝型油菜）　　图4-25　黄斑型（甘蓝型）

枯斑型：叶正面产生直径约0.5～3.0mm淡褐色至褐色枯斑，中心有1黑点。枯斑周围略褪绿。还有另一种表现，即在叶片上散生若干直径约0.5～1.0mm的黑褐色小枯斑（图4-26）。

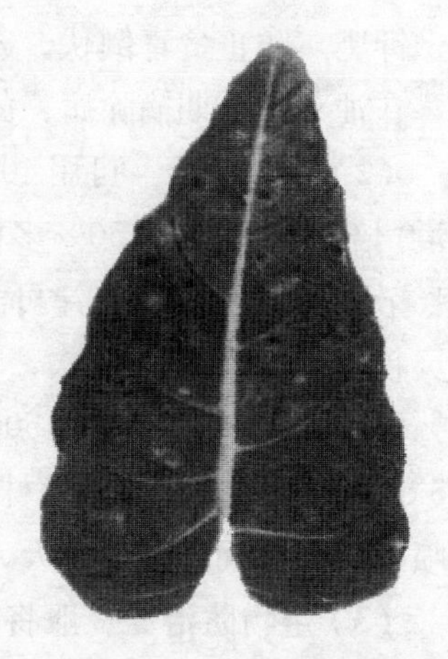

图4-26 叶枯斑型（甘蓝型油菜）

花叶型：主要表现在新生叶上，与白菜型油菜上的症状相似（图4-24）。支脉表现脉明，叶片出现黄绿相间的花叶，有时出现疱斑，皱缩。茎秆上产生长短不等的黑褐色条斑，条斑上下蔓延后成长条形枯斑，有的可从茎下部扩展至顶部，病斑后期纵裂。重病株条斑蔓延连片后，常致植株部分或全株枯死，病稍轻者仍能抽薹、开花，但株型常矮化、薹茎缩短、花果丛集、角果短小甚至扭曲畸形或似鸡爪状，上有细小黑色斑点，结实不良或不能结实。

（2）白菜型和芥菜型油菜 典型症状是在苗期产生脉明和花叶，叶片皱缩。重病株常在越冬期间死亡，病较轻者虽可以越冬，但株型矮化或不能开花结实，或虽能开花结果角但角果密集、畸形、籽粒少而不充实，甚至在成熟前提前枯死。

2. 病原物 病原物主要为芜菁花叶病毒（Turnip mosaic virus，TuMV）、黄瓜花叶病毒（Cucumber mosaicvirus，CMV）和烟草花叶病毒（Tobaccomosaicvirus，TMV），分别属于马铃薯Y病毒属（Potyvirus）、黄瓜花叶病毒属（Cucurnovirus Cucrnovrusui）和烟草花叶病毒属（Tobamovirus Tobaovrusmi）。其中，TuMV是最重要的病原病毒，全国油菜产区的油菜病毒病多由它引起，长江流域发病株中该病毒占80%左右；CMV在长江流域和华南地区发生较多，由TMV引起发病的较少，主要发生在华北和广东。国外报道的病原物尚有花椰菜花叶病毒（Cauliflower mosaicvirus，CaMV CaVM）和甜菜黄化病毒（Beet yellow virus，BYV）等16种。

3. 病害循环　TuMV 和 CMV 主要由蚜虫非持久性传毒，病毒汁液也可传病。传毒蚜虫主要有萝卜蚜、桃蚜和甘蓝蚜等。蚜虫获毒、持毒和传毒时间都很短。

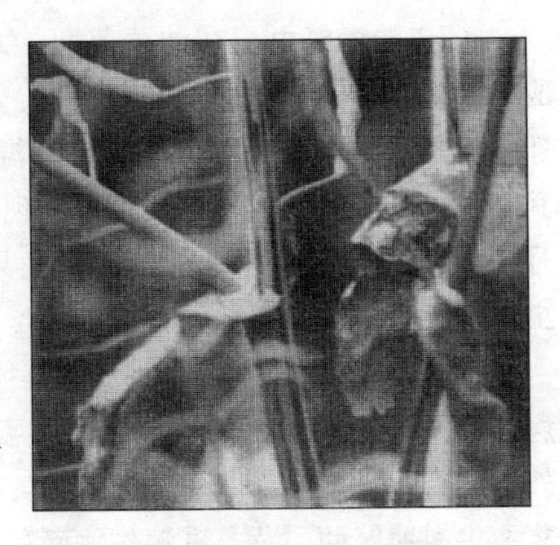

图 4-27　茎枯斑型（甘蓝型油菜）

在病株上吸食约 5min 即可获毒，在健株上吸食不足 1min 即可传病，但吸毒后经 20～30min 后，即丧失传毒力。

冬油菜区病毒在十字花科蔬菜、自生油菜和荠菜等杂草上越夏。秋季首先传播至早播的萝卜、大白菜和小白菜等十字花科蔬菜上，再传入油菜地。

油菜子叶期至抽薹期均可感病。子叶至 5 叶期为易感期。潜育期一般 7～30d，日均温 20～25℃时 7～10d，13℃时 10～20d，5℃以下或 30℃以上病毒不易侵染或表现隐症。油菜出苗后约 1 个月（5 叶期前后）出现病苗。冬季病毒在病株体内越冬。春季旬均温达到 10℃以上时，感病植株逐渐显症。一般在终花期前后达到发病高峰。在春油菜区和夏油菜区，油菜苗期病毒主要来自十字花科蔬菜留种株。

4. 发病条件　油菜成株期病毒病的流行主要取决于苗期感病程度。油菜品种、播种期、传毒蚜虫和毒源数量及气候条件是直接影响病害流行的主要因素。

（1）品种　各种类型油菜品种间的抗病性差异均十分显著，但绝大多数属于低抗或感病品种，高抗品种较少。

（2）播种期　冬油菜区油菜角果发育期病毒病发生率随播种期延迟而降低，主要由于 8～12 月平均气温下降影响油菜苗期传毒蚜虫数量，从而使发病减轻。

播种期与病害的关系还受年度、品种等因素影响，如重病年和种植感病品种。病害受播种期影响最大。

（3）传毒蚜虫　在油菜苗期，TuMV和CMV通常由带毒有翅成蚜传播。传毒蚜虫主要有萝卜蚜、桃蚜和甘蓝蚜，这3种蚜虫约占迁飞蚜总量的60%。油菜苗期在气温15～20℃时出现蚜虫迁飞高峰，其中北方冬油菜区蚜虫迁飞高峰出现在8～9月，长江流域地区在10月，华南地区在10～11月。油菜角果发育期发病株率与苗期迁飞蚜虫总量成正相关。

（4）毒源数量　秋季早于油菜播种的十字花科蔬菜是油菜病毒病的重要毒源作物。冬油菜区的主要毒源作物是萝卜和大白菜。另外，还有北方冬油菜区的自生油菜、长江流域地区的芥菜类和红菜薹、华南地区的白菜。毒源作物面积大小是造成地区间病害流行程度差异的重要原因，毒源作物发病率往往与油菜发病率成正相关，田块发病率高低与油菜距毒源作物的距离成负相关。

（5）气候条件　苗期发病程度还取决于气温和降雨量。冬油菜区秋季月均温达到15～20℃，北方地区在9月，长江流域地区在10月，华南地区在11月，云南等地在1～10月时，最有利于蚜虫迁飞传毒、病毒增殖和病害显症。

降雨量影响蚜虫的迁飞，而迁飞蚜虫数量及其活动能力与油菜发病呈正相关，因此当毒源和感病品种等条件具备的情况下，降雨量是决定油菜病毒病能否流行的关键因素。油菜苗期的降雨量与苗期发病率呈负相关，长江流域4月份降雨量在20mm以下的年份病害大发生，31～49mm的年份病害发生程度为中等，80mm以上的年份病害发生轻。

5. 防治方法　选育并推广抗病品种、减少侵染源、加强栽培管理、提高植株抗性等综合措施，防治关键是预防苗期感病。

（1）选用抗病品种　各类型油菜中，品种间抗性差异显著，具有较多耐病品种，可因地制宜选用抗病或耐病品种种植。

（2）适当推迟播期　根据预测预报，预期病害大流行年份可推迟播种10～15d，可以起到避病作用。

（3）治蚜、驱蚜防病　在油菜出苗前至幼苗五叶期，加强对油菜地附近十字花科蔬菜蚜虫的防治，可大量减少有翅蚜向油菜地的迁飞量；在油菜地边设置黄板诱杀蚜虫，或在油菜播种后用银灰、乳白或黑色膜覆盖油菜行间，用色膜带挂在油菜地等，均可起到驱避蚜虫的作用。防治蚜虫可用40%乐果乳油或50%敌敌畏乳油 1 000 倍液，20%灭蚜松 1 000～1 400 倍液，50%马拉硫磷乳油 1 000～2 000倍液，25%蚜螨清乳油 2 000 倍液，40%二嗪农乳油 1 000 倍液，50%辟蚜雾（抗蚜威）可湿性粉剂 3 000 倍液，或 2.5%敌杀死乳油3 000倍液。

4.3.2.3　油菜霜霉病

该病在全国各油菜产区均有发生，流行年份或地区发病率在10%～50%，严重的达 100%，单株产量损失 10%～50%。

1. 症状　油菜各生育期均可感病，危害油菜地上部分各器官。

(1) 叶片发病后，初为淡黄色斑点，后扩大成黄褐色大斑（图 4-28），受叶脉限制呈不规则形，叶背面病斑上出现霜状霉层。

(2) 茎、薹、分枝和花梗感病后，初生褪绿斑点，后扩大成黄褐色不规则形斑块（图 4-29），斑上有霜霉病菌。

图 4-28　叶正面黄褐斑、背面有霉层

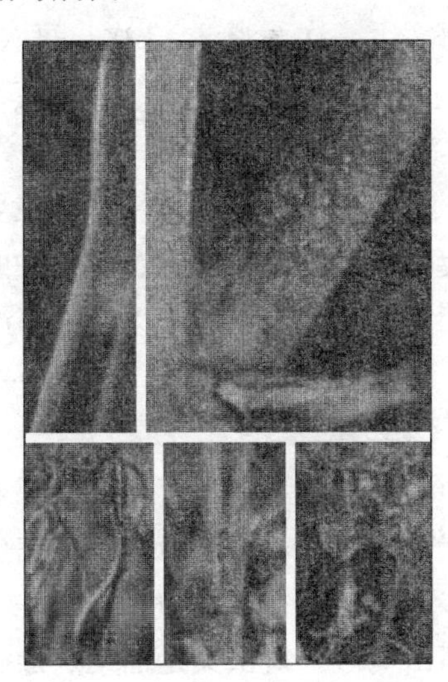

图 4-29　茎上霜霉层、黄褐斑

（3）花梗发病后有时肥肿、畸形，花器变绿、肿大，呈龙头状，表面光滑，上有霜状霉层。感病严重时叶枯落直至伞株死亡。

2. 病原菌和发病规律　病原菌为油菜霜霉菌，初浸染源主要来自病残体、土壤和种子上越冬、越夏的卵孢子。病斑上产生的孢子囊随风雨及气流传播。形成再浸染。冬油菜区，秋季感病叶上菌丝或卵孢子在病叶中越冬，常造成翌年再次传播流行。

3. 防治方法

（1）选用抗病品种　三大类型油菜中，甘蓝型油菜较抗病，芥菜型次之，白菜型最易感病。同一类型油菜中品种间抗性差异也较大。

（2）无病株留种或种子处理　用10%盐水处理种子，再清洗种子，或用25%瑞毒霉浸种、拌种，用量为种子重量的1%。

（3）栽培防病　与禾本科作物轮作1～2年或水旱轮作，施足基肥，增施磷钾肥，窄厢深沟，清沟防渍，适当晚播，摘除黄病叶等。

（4）药剂防治　用25%瑞毒霉粉剂600～800倍液或80%乙磷铝500倍液、50%托布津1 000～1 500倍液、50%退菌特粉剂1 000倍液、65%代森锌500倍液，于初花期叶病株率10%以上开始喷药，每7天一次，喷2～3次，每次每亩喷药液100kg。

4.3.3　油菜虫害防治技术

油菜害虫的种类较多，主要有蚜虫、茎象虫、小菜娥、菜粉蝶、夜蛾、菜螟、菜叶蜂、灰地种蝇、潜叶蝇及跳甲等，近年尤以蚜虫、菜粉蝶、茎象甲和小菜蛾危害严重，严重影响油菜产量和品质。

4.3.3.1　油菜蚜虫

我国油菜蚜虫有3种，即萝卜蚜、桃蚜和甘蓝蚜，是为害油菜最严重的害虫。萝卜蚜和桃蚜在全国都有发生，其中又以萝卜蚜数量最多；甘蓝蚜主要发生在北纬40°以北，或海拔1 000m以上的高原、高山地区。蚜虫又是油菜病毒病的主要传毒媒介，病毒病的发生与蚜虫密切相关。如果防治不力，会给油菜生产和产量带来很大的影响。

1. 特征　3种蚜虫在为害油菜期间均分为有翅和无翅两型，每型又有若虫和成虫两种虫态。若虫为成虫胎生产生，二者形态相似，但若虫体型较小（图4－30）。①萝卜蚜：成蚜体长1.6～1.9mm，背有稀少白粉。头部有额疣但不明显，触角较短，约为体长的1/2。腹管短，稍长于尾片，管端部缢缩成瓶颈状。有翅成蚜头胸部黑色，腹部绿至黄绿色，腹侧和尾部有黑斑。无翅成蚜全体绿或黄绿色，各节背面有浓绿斑。②桃蚜：成蚜体长1.8～2.0mm，体无白粉。头部有明显内倾额疣，触角长，与体长相同。腹管细长，中后部稍膨大，长于尾片长度1倍以上。有翅成蚜头胸部色，腹部黄绿、赤褐柔色，腹背中后部有1大黑斑。无翅成蚜全体同色，黄绿或赤褐或橘黄色。③甘蓝蚜：成蚜体长2.2～2.5mm，体厚，被有白粉。头部额疣不明显，触角短，约为体长的1/2。腹管很短，不及触角第5节尾片长度，尾片短圆锥形。有翅成蚜头胸部黑色，腹部黄绿色，腹背有暗绿色横带数条。无翅成蚜全体暗绿色，腹部各节背面有断续黑横带。

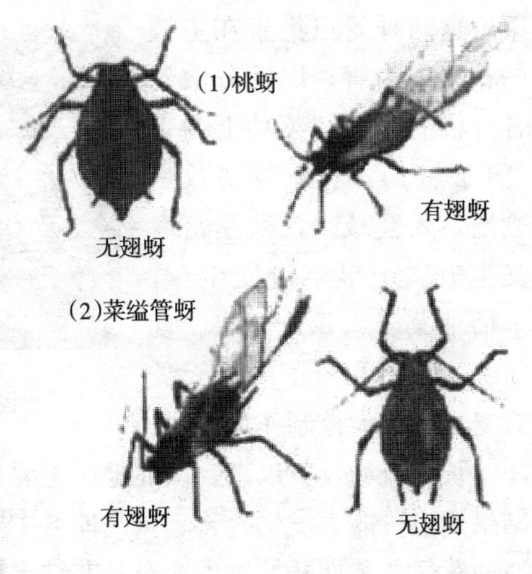

图4－30　蚜　虫

2. 发生规律　油菜蚜虫从北到南一年发生30余代，世代重叠不易区分。

在华北地区，萝卜蚜以卵在贮藏的蔬菜上越冬，桃蚜以卵在桃枝上越冬，甘蓝蚜的习性与萝卜蚜基本相似。秋季油菜播种时正是萝卜蚜和桃蚜迁移扩散盛期。一般是萝卜蚜先迁入，桃蚜后迁入，萝卜蚜发生量多于桃蚜，秋季多雨时桃蚜可超过萝卜蚜。冬季萝卜蚜群集在油菜的心叶中，桃蚜则分散在近地面的油菜叶背面。翌年春季油菜抽薹后这两种蚜虫集聚在主枝的花蕾内为害，以后分散到各分枝的花梗和菜荚上为害（图 4-31），春末夏初数量剧增，入夏减少，秋季密度又上升。干旱年份发生重，早播油菜受害重；瓢虫、食蚜蝇、草岭和蚜茧蜂等天敌对蚜虫有较大控制作用。

图 4-31　蚜虫及为害状

长江流域及其以南、以北地区主要在苗期为害，干旱地区或开花结果期也可能大发生。云、贵高原区主要为害期在开花结果期。北方春油菜区自苗期开始发生，至开花结果期为害达到高峰。油菜蚜虫的发生和为害主要决定于气温和降雨，油菜蚜虫在日均温 17～20℃的条件下，整个若虫期为 7～12d，即出生的小蚜虫经过 7～12d 就能繁殖，在 16～24℃ 范围内种群数量增长最快，油菜蚜虫最适宜繁殖的温度为 14～26℃，相对湿度 40%～80%，特别是在干旱的条件下，无雨或少雨、天气干燥适于蚜虫繁殖，能引起大发生。气候高爽干燥时，应注意油菜蚜虫的危害。

3. 危害特征　萝卜蚜、桃蚜都以成、若蚜密集在油菜叶背、叶表面上（图 4-32）、茎枝和花轴上。冬油菜区一般有两次危害期，一次在苗期，另一次在开花结果期，也就是春季和秋季，常以秋季危害最严重。在苗期，蚜虫以成、若蚜在油菜顶端或嫩叶背面刺吸汁液，破坏叶肉和叶绿素，使苗期叶片受害卷曲、褪绿发黄，重者发黄卷缩变形、生长发育迟缓，影响抽薹、开花、结实。严重时，植株矮缩，生长停止，以至枯死。油菜抽薹后，多集中危害菜薹，形成“焦蜡棒”，影响开花结英，并使嫩头枯焦。在开花、结果阶段，蚜虫密集为害，造成落花、落蕾和角果发育不正常，籽粒秕小，严重时甚至颗粒无收。蚜虫还可传播病毒病，造成的损失往往比蚜虫本身的危害还严重。

图 4－32　油菜叶表面、背面蚜虫

4. 防治方法　防治油菜蚜虫，应以药剂防治为主，抓住三个时期施药：一是苗期（3 片真叶），二是现蕾初期，三是在油菜植株有一半以上抽薹高度达 10cm 左右时。但这三个时期也要看蚜虫数量多少决定是否施药。尤其是初花期、结荚期应注意蚜虫发生，如果数量较大，要施药防治。

（1）化学防治　苗期有蚜株率达 10%，每株有蚜 1～2 头，抽薹开花期 10%的茎枝或花序有蚜虫，每枝有蚜 3～5 头。常用药剂：40%氧化乐果乳油 800～1 000 倍液或 50%抗蚜威可湿性粉剂 3 000～5 000 倍液，每亩喷药液 75～100kg；40%巨雷乳油 1 000～1 200 倍或 20%好年冬乳油 1 000～1 500 倍液，每亩用 10%蚜虱净 15～20g 对水 40kg 喷雾防治；亩用 25%丰山农富乳油 50ml 或 5%利虫净乳油 50ml、15%斯乐地乳油 40～50ml，兑水 30～40kg 均匀细喷雾。

也可用 40%乐果乳油 1 000～2 000 倍液或 50%敌敌畏乳油 1 000 倍液、20%灭蚜松 1 000～1 400 倍液、50%马拉硫磷乳油 1 000～2 000倍液、25%蚜螨清乳油 2 000 倍液、10%二嗪农乳油 1 000 倍液、50%辟蚜雾（抗蚜威）可湿性粉剂 3 000 倍液、2.5%敌杀死乳剂 3 000 倍液防治。

（2）拌种处理　用 20%灭蚜松可湿性粉剂 1kg 拌种 100kg，或用甲基硫环磷、杀虫磷、10%甲拌辛颗粒剂拌种，可防苗期蚜虫。

（3）栽培防治　有条件的用银灰色、乳白色、黑色地膜覆盖地面 50%左右，有驱蚜防病毒病作用；黄板诱蚜（黄板涂机油插于菜田，高 60cm）可降低蚜虫密度。加强肥水管理促菜株早生快发，增强抗蚜力。

（4）生物防治 注意保护和利用天敌。饲养、释放蚜茧蜂、草蛉、瓢虫、食蚜蝇以及蚜霉菌等，可减少蚜害。当田间蚜虫不多，而天敌有一定数量时，最好不要使用农药，以免伤害天敌，破坏生态平衡，反而招致蚜虫为害。在主要天敌繁殖季节，重视协调化防，选择低毒农药喷洒等措施，保护有益天敌，以充分发挥天敌的控害作用。

4.3.3.2 油菜茎象甲

各油菜区均有分布，在西北地区为害严重。为害油菜、十字花科蔬菜和杂草。成虫啃食叶片、嫩茎和嫩果皮层；幼虫钻食叶、茎、根部组织。被产卵的主茎（图 4-33）膨大、扭曲、崩裂，伸长力减弱。严重时受害茎达 70%，造成植株倒折或发黄籽粒不熟。

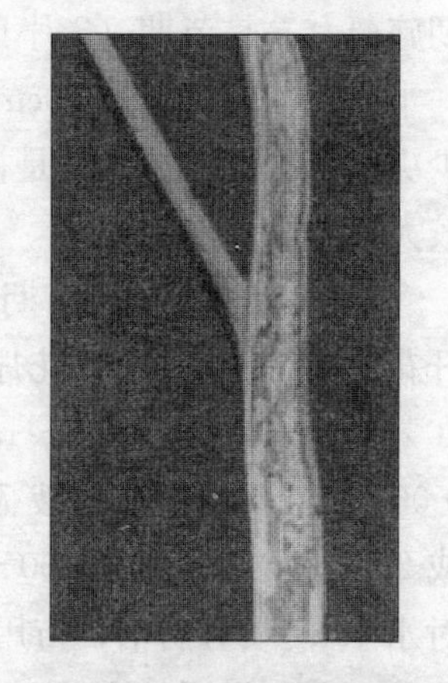

图 4-33 油菜茎象甲为害状

1. 形态 成虫体长 3～3.5mm，灰黑色，密生黄白色鳞片和小毛（图 4-34）。头管长于前胸背板，伸向前足中部，口器在管端；触角生于头管前中部，曲肱状；前胸背板密生粗大刻点，前缘向上翻起；鞘翅上小刻点排列成沟，沟间有 3 列密而整齐的绒毛。幼虫由乳白色转为淡黄白色，老熟时长 6～7mm，弯曲纺锤形，有皱纹，无足，头黄褐色，背中央有 1 条不明显的淡灰色纵线。

图 4-34 油菜茎象甲

2. 发生规律 一年发生一代，以成虫在油菜田土缝中越冬。油莱进入抽薹期，雌成虫在油菜茎上用口器钻蛀一小孔，把卵产入孔中，产卵期 10d 左右，初孵幼虫在茎中向上、下蛀食为害，有时几头或 10～20 头在一起，把茎内食成隧道，茎髓被蛀空以后，遇风易倒折，受害茎肿大或扭曲变形，直至崩裂，严重影响受害株生长、分枝及结荚，提早黄枯，籽粒不能成熟或全株枯死。油菜收获前，幼虫从茎中钻出，落入土中，在深约 3.3cm 处筑土室化蛹，蛹期 20d 左右，后羽化为成虫。成虫有假死性，受惊扰时落地逃跑。

油菜茎象甲在不同油菜种植区随气候、地理海拔等的不同，越冬成虫的活动危害时期不一甚至差异较大。一般随着地理海拔的升高，其越冬成虫的出土活动和产卵为害时期均相应推迟。在海拔高度 600m 以下的冬油菜区，其越冬成虫于 2 月至 3 月上旬陆续出土活动，2 月中下旬至 3 月上旬交配产卵。在海拔 600m 以上的冬油菜区，越冬成虫于 2 月下旬至 3 月中旬出土活动，3 月上中旬交配产卵。在海拔高度 1 500m 以上的高寒春油菜区，其越冬成虫于 4 月下旬至 5 月中旬陆续出土活动，5 月中下旬至 6 月中旬产卵为害。

3. 防治方法

（1）根据油菜茎象甲的危害特点，做好虫情测报，准确把握当地虫情的发生规律。

（2）在耕作制度上要合理轮作倒茬，尽量使油菜与禾本科作物进行轮作；同时要加强中耕除草，彻底清除田间地头的寄主杂草。在油菜蕾薹期加强管理，促进油菜快发稳长，以缩短成虫在嫩茎上的产卵时期。

（3）抓住越冬成虫在产卵前的活动盛期，及时组织化学防治，消灭成虫。即冬油菜区在 2 月下旬至 3 月上中旬，或 9～10 月成虫开始活动时，春油菜区在 5 月中下旬至 6 月上旬（油菜返青起薹期，薹高 2～5cm 时）进行防治。喷洒 2.5%敌百虫粉或 1.5%乐果粉剂，每亩 2～3kg。

（4）必要时喷洒 90%晶体敌百虫 1 000 倍液或 80%敌敌畏乳油 1 000倍液、40%乐果乳油 1 200 倍液、25%爱卡士乳油 1 500 倍液。

（5）第一次防治后，根据虫情隔1周左右可再防一次。对茎象甲历年发生严重的地区还可在冬前9、10月成虫出土为害期进行化学防治。

（6）用象甲归天、氰·辛乳油、氧乐菊酯或丰收菊酯乳油1 000～1 500倍液，每次每亩喷施30～35kg。

4.3.3.3 菜粉蝶

幼虫称菜青虫。全国性分布，嗜食为害十字花科植物，尤以苗期为害严重。

1. 形态 成虫体长12～20mm，翅展45～55mm；体灰黑色，翅白色，顶角灰黑色，雌蝶前翅有2个显著的黑色圆斑，雄蝶仅有1个显著的黑斑。卵瓶状，高约1mm，宽约0.4mm左右，表面具纵脊与横格，初产乳白色，后变橙黄色。幼虫体青绿色，背线淡黄色，腹面绿白色，体表密布细小黑色毛瘤，沿气门线有黄斑。共5龄。蛹长18～21mm，纺锤形，中间膨大而有棱角状突起，体绿色或棕褐色（图4-35）。

图4-35 菜粉蝶成虫（上）幼虫（下）

2. 发生规律 各地发生代数、历期不同，内蒙古、辽宁、河北年发生4～5代，上海5～6代，南京7代，武汉、杭州8代，长沙8～9代。各地均以蛹多在菜地附近的墙壁屋檐下或篱笆、树干、杂草残株等处越冬，一般选在背阳的一面。翌春4月初开始陆续羽化，边吸食花蜜边产卵，以晴暖的中午活动最盛。卵散产，多产于叶背，平均每雌产卵120粒左右。幼虫咬食叶片成空洞、缺刻，成虫寿命5d左右。以春、秋两季为害最重。温度16～30℃、天气干燥、湿度76%左右为害重。

已知天敌在70种以上。主要寄生性天敌，卵期有广赤眼蜂；幼虫期有微红绒茧蜂、菜粉蝶绒茧蜂（又名黄绒茧蜂）及颗粒体病毒等；蛹期有凤蝶金小蜂等。

3. 防治方法

(1) 生物防治　用含活孢子80亿～100亿/g苏云金杆菌或青虫菌粉800～1 000倍液喷雾；人工释放粉蝶金小蜂、绒茧蜂以及应用青虫颗粒病毒，每亩用虫尸15条，研碎成浆，兑水喷雾。

(2) 化学防治　卵孵化高峰后一周左右至幼虫3龄以前可用药剂防治。可选用50%辛硫磷乳油1 000倍液或20%三唑磷乳油700倍液、25%爱卡士乳油800倍液、44%速凯乳油1 000倍液、10%赛波凯乳油2 000倍液、0.12%灭虫丁可湿性粉剂1 000倍液、2.5%保得乳油2 000倍液、5%锐劲特悬浮剂1 500倍液。施用化学防治应以实地调查测报为依据，切忌滥用，争取在幼虫低龄期施用，可望获得事半功倍的效果。

(3) 栽培防治　清除油菜田及蔬菜地的残株、残叶、杂草，有辅助防效。

(4) 生理防治　可采用昆虫生长调节剂（又名昆虫几丁质合成抑制剂），如国产灭幼脲一号（伏虫脉、除虫脲、氟脲杀、二氟脲、敌灭灵）或20%、25%灭幼脲三号（苏服一号）胶悬剂500～1 000倍液。此类药剂作用缓慢，通常在虫龄变更时才使害虫致死，应提早喷洒；这类药剂常采用胶悬剂的剂型，喷洒后耐雨水冲刷，药效可维持半月以上。还可用1.8%爱福丁乳油3 000～4 000倍液或0.9%爱福丁乳油2 000～3 000倍液、苏云金秆菌乳剂500～800倍液、青虫菌6号1 000倍液喷雾防治幼虫。

4.3.3.4　小菜蛾

别名小青虫、两头尖。世界性迁飞害虫，全国各油菜区均有发生。为害油菜和十字花科蔬菜，幼虫啃食叶片以及茎枝、花器、角果的表层。

1. 形态 成虫体长6～7mm，灰黑褐色（图4-36）。前翅后缘有三曲波状淡黄或淡黄色纵带，停息时两翅合拢成屋脊状，黄色纵带组成3个相连的斜方块；后翅色浅，翅缘有长毛。蛹长5～8mm，淡黄色，外有丝茧。雌虫较雄虫肥大，腹部末端圆筒状，雄虫腹末圆锥形，抱握器微张开。产卵期约10d，雌虫每头产卵200～600粒，产卵适温20～30℃。幼虫共5个龄期，发育生长适温18～28℃，历期12～18d。卵椭圆形，稍扁平，长约0.5mm，宽约0.3mm，初产时淡黄色，有光泽，卵壳表面光滑。初孵幼虫深褐色，后变为绿色。末龄幼虫体长10～12mm，纺锤形，体上生稀疏长而黑刚毛。头部黄褐色，前胸背板上有淡褐色无毛小点组成两个U形纹。臀足向后伸超过腹部末端，腹足趾钩单序缺环。

图4-36 小菜蛾

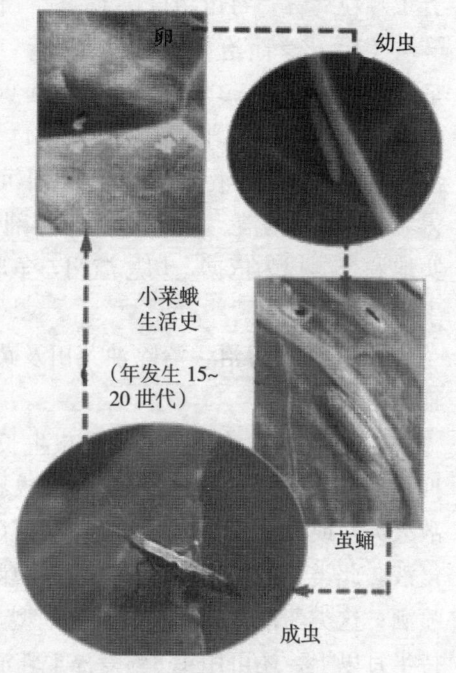

图4-37 小菜蛾生活史

2. 发生规律 一年15～20代。幼虫、蛹、成虫各种虫态均可越冬、越夏，无滞育现象。成虫夜间活动。幼虫活泼，受惊吐丝下坠。全年发生为害明显呈两次高峰，第一次在5月中旬至6月下旬，第二次在8月下旬至10月下旬（正值十字花科蔬菜大面积栽培季节）。一般年份秋害重于春害。卵产于叶脉旁或角果上。小菜蛾发育适温为

20～30℃，在两个盛发期内完成一代约20d。喜栖于凉爽处，多雨、高温、高湿不利于其发生危害。

3. 防治方法

(1) 农业防治　合理布局，尽量避免大范围内周年连作，以免虫源周而复始。油菜地要远离十字花科蔬菜地。收获后要及时清除田间杂草、残株败叶，可消灭大量虫源。有条件的地方可考虑晒田，以减少虫源栖息地，目的主要是切断害虫食物链，降低田间虫源数。

(2) 物理防治　小菜蛾有趋光性，可放置电网黑光灯诱杀小菜蛾成虫，或用性引诱剂以减少虫源。特制黏性黄板可诱杀成虫，减少田间落卵量。

(3) 生物防治　采用细菌性杀虫剂如BT乳剂600倍液，可使小菜蛾幼虫感病致死；或者在害虫少量时用生物农药苏云金杆菌压低小菜蛾数量。通过引进或饲养天敌释放到田间，达到以虫治虫的目的。保护田间蜘蛛、绒茧蜂等捕食性和寄生性天敌，发挥天敌的自然控制作用。

(4) 化学防治　幼虫盛孵期至2龄前喷药，用25%亚胺硫磷乳油400倍液或50%马拉硫磷乳油500倍液、90%敌百虫晶体1 000倍液、2.5%溴氰菊酯乳油3 000倍液、20%杀灭菊酯乳油2 000倍液、灭幼脲700倍液、25%快杀灵2 000倍液、24%万灵1 000倍液、5%卡死克2 000倍液进行防治。注意交替使用或混合配用，以减缓抗药性产生。

小菜蛾发生初期或低龄幼虫期，可用高效Bt乳剂、杀虫双、灭幼脲、菊酯类和氨基甲酸酯类药剂。但使用时应注意，Bt乳剂易被雨水冲刷和紫外线破坏，因此施药后4h内下大雨，要及时补施，不要在阳光猛烈的下午施药。

小菜蛾发生高峰期，用高效菜宝、害极灭、菜喜、除尽、宝路等药剂进行防治，可达理想的防效。其中菜宝是由阿维菌素配以高效增效剂而成的新型杀虫杀螨剂，其有独特的有效成分和杀虫机理，小菜蛾不易产生抗性，对人畜安全，是对付抗性小菜蛾的理想药剂，还对潜蝇、螨类、白粉虱等害虫有较好的兼治作用。使用浓度为1 000～1 200倍，兑水喷雾，可达理想的防效。为了延缓抗药性的产生，建议一造菜使用不宜超过 3 次，且与其他不同类型的杀虫剂轮换使用，收获前 5 天停用。

4.3.4 油菜草害防治技术

4.3.4.1 草害对油菜的危害

1. 杂草对油菜的危害 我国油菜有冬油菜区和春油菜区之分。冬油菜产区主要集中在长江流域和黄淮流域的四川、陕西、贵州、湖南、湖北、浙江、上海、江苏、安徽、河南等省（市），油菜种植面积占全国油菜总面积的 90%左右。其中稻茬油菜田以禾本科杂草为主，发生的主要杂草有看麦娘、日本看麦娘，其他有棒头草、早熟禾、猪殃殃、牛繁缕、雀舌草、大巢菜、稻搓菜、婆婆纳、碎米荠等杂草，以看麦娘发生危害最为严重。旱茬油菜田以阔叶杂草为主，有猪殃殃、大巢菜、荠菜、小藜、刺儿菜、波斯婆婆纳、粘毛卷耳和野燕麦等，部分地区野燕麦危害严重。

春油菜区包括青海、西藏、新疆、甘肃、内蒙古和黑龙江等省（区），油菜种植面积仅占全国种植面积的 10%左右。主要杂草有野燕麦、薄蒴草、香薷、藜、灰绿藜、扁蓄、遏蓝菜、微孔草、苣荬菜、苦苣菜、地肤、刺儿菜、苍耳、芦苇、田旋花、苘森、野西瓜苗、反枝苋和凹头苋等。

由于油菜田杂草种类多、数量大，杂草与油菜强烈地争夺水、肥、光照和生存空间，苗期为害可导致油菜成苗数减少，形成弱苗、瘦苗、高脚苗，抽薹后使分枝结荚数和荚籽粒数明显减少，千粒重降低。长江流域冬油菜田杂草发生面积约 180 万 hm^2，占油菜面积的 46.9%；云南省冬油菜田杂草发生面积约 15 万 hm^2，占油菜面积的 62.9%。上海的研究表明，在免耕移栽、肥力中等的油菜田，每平方米有硬草 45.5～91 株，可使油菜株高降低 4.02%，有效分枝减少

3.9%，单株结荚数减少 11.01%，单荚籽粒减少 5.32%，千粒重减少 0.02%，产量损失 15.83%。北方春油菜区习惯撒播和条播种植，人工除草困难，杂草更为严重，草害面积占种植面积的 90%以上。仅青海省春油菜田发生草害 6 万 hm^2，占油菜面积的 78.1%，其中有 52.3%的面积受害较重，产量损失在 20%以上，每年损失油菜籽 1 100 余 t。不少杂草还是油菜主要病虫害的中间寄主或蛰伏越冬的场所。因此，杂草严重发生的地块更加重了对油菜的危害。

2. 杂草种类及发生规律　冬油菜田杂草主要有看麦娘、日本看麦娘、棒头草、早熟禾等禾本科杂草，阔叶杂草主要有繁缕、牛繁缕、雀舌草、荠菜、碎米荠、通泉草、稻槎菜、猪殃殃、大巢菜、婆婆纳等。稻茬冬油菜田以看麦娘与日本看麦娘为最多。

因生态条件与栽培条件的不同，各地杂草种类与优势群落存在着较大的差异。如近年来江苏、安徽、四川等地的恶性杂草早熟禾逐年上升，江苏南部的茵草与硬草、安徽中部的日本看麦娘、四川成都平原的通泉草等都处于重发的状态，成为农民防除的难点。此外，长期使用某种或某类单一的除草剂也引起冬油菜田杂草种群的变化。前述早熟禾、日本看麦娘、茵草等禾本科杂草难防，就是因为十多年来长期使用芳氧苯氧丙酸酯类除草剂（也有文献称之为苯氧羧酸类除草剂，代表品种有精喹禾灵、高效吡氟禾草灵、精噁唑禾草灵、炔草酯等），压制了以前占优势的看麦娘所致。长期使用选择性禾本科杂草除草剂，也造成很多地方阔叶杂草密度上升，如江苏南部的野老鹳草、湖北江汉平原的通泉草等。

冬油菜区一般是一年两熟或两年三熟制，多与水稻或玉米、大豆、蔬菜等作物轮作，为秋种夏收的栽培制度。稻茬免耕直播油菜田由于播种时气温高、墒情好，油菜播种后杂草立即萌发出土，并很快形成出苗高峰。江苏省油菜多在 10 月上旬播种，只要播种时土壤墒情好，播种后 5d 杂草开始出土，7～15d 为杂草出苗高峰期，有 90%的杂草可在播种后 40d 内出土，这是与油菜竞争并形成危害的主要杂草群落。由于 12 月到来年 1 月份气温低，油菜和杂草基本停止生长。

2月底以后气温回升，土壤较深层的杂草种子有少量出土，但由于油菜生长速度快，并很快覆盖地面形成郁闭，使这部分杂草因缺少光照而生长瘦弱，为害不大。多数杂草在3月中下旬进入拔节期，4～5月陆续开花结实，成熟后落入田间。直播油菜田杂草出土高峰期和杂草数量大小与秋季、冬季气温及降雨量有关，若温度高、雨量大，则杂草数量大、危害重。若冬季冷得早，杂草出土停止早，而冬季冷得迟，杂草出土时间便长。油菜播种后天气干旱少雨，土壤墒情差，杂草出土推迟，但降雨后将很快形成杂草出苗高峰。

春油菜区由于冬季严寒，无霜期短，只能一年一熟，即春种秋收，前茬为春小麦或青稞。杂草在春季油菜播种后出土，前期生长慢，后期生长快。在青海省，野燕麦于油播种后5～7d后陆续出苗，6月抽穗，7～9月成熟。其他杂草于4月中下旬萌发出土，4月下旬至5月上旬为出土高峰期，6～7月开花，7月下旬开始成熟。在新疆塔里木垦区，主要是春型杂草，旬平均气温达5～8℃时，3月下旬开始出土，4月中旬为杂草出苗盛期，以后虽然还有杂草出土，但由于油菜株生长快并覆盖地面而形不成危害。春油菜田杂草出土集中，一般在一旬之内，这个时间点对化学除草十分有利，只要准确掌握施适期，一次施药便可有效控制杂草危害。

随着耕作制度的改革和化学除草面积的不断扩大，油菜田杂草的区系和危害程度也发生了明显变化。长江流域长期推行油菜与水稻轮作，使水稻后茬油菜田的土壤湿度比玉米、大豆、棉花后茬油菜田的土壤湿度大，这使一些喜湿性杂草如看麦娘、茵草、日本看麦娘、硬草和棒头草等的发生面积扩大，危害加重。近年来采用机械化收割并秸秆还田，这使无数杂草种子不经高温沤肥又直接返回农田，加之稻茬免耕直播油菜田面积的扩大，与耕翻田相比，免耕田的杂草出土早、数量大、长势旺、危害重。20世纪80年代以前，长江中下游油菜田的主要杂草是看麦娘和牛繁缕，之后长期单一使用绿麦隆后，有效地控制了看麦娘和牛繁缕的发生，但对绿麦隆耐药性强的日本看麦娘、硬草、棒头草、茵草的种群密度上升，已成为该区油菜田的主要恶性杂草。由于以前缺少油菜田防除阔叶杂草的高效安全除草剂，一些地区则连年单一使用防除禾本科杂草的除草剂，如盖草能、稳杀得、禾草克或燕麦畏后，禾本科杂草为害减轻了，而阔叶杂草种群又迅速上升，危害加重。

3. 杂草的生物学特性

（1）看麦娘　禾本科看麦娘属。越年生或一年生草本（图4-38）。11月至翌年2月为苗期，其中11月为第一出苗高峰。花果期4～5月。子实随成熟随脱落，带稃颖漂浮水面传播。适生于潮湿土壤，在干燥环境中其子实生命力降低，甚至丧失。麦田危害严重。产于江苏省各地，分布于华东、中南、陕西等省区。为长江流域、西南及华南等地区稻茬麦、油菜田危害最为严重的杂草，成为这些地区麦类高产的限止因子。其次在黄河流域的部分地区亦有分布和危害。常和牛繁缕、雀舌草、茵草、稻槎菜、猪殃殃、大巢菜或和日本看麦娘混生成一定组成的杂草群落，其种类因环境因子不同而有差异。长江以南山区多和雀舌草、稻槎菜组成群落，沿江地区的低洼田地则多和牛繁缕、茵草组成群落；长江以北单季稻茬麦田则和猪殃殃、大巢菜等组成杂草群落。上述地区的春季蔬菜也受危害。

图4-38　看麦娘

（2）日本看麦娘　禾本科看麦娘属。越年生或一年生草本（图4-39）。秋冬季出苗或延至翌年春季，花果期4～6月。子实随熟随落，带稃颖果常可漂浮水面，随水流传播。为夏熟作物田杂草，对麦类作物危害较大。常和看麦娘混生，有时也成纯种群，局部地区发生数量大。与看麦娘相比，日本看麦娘竞争力更强。分布于长江中下游地区以及广东、广西、贵州、云南、陕西南部和河南省。近年来安徽、江苏、四川等地普遍反映，日本看麦娘对精唑禾灵、高效吡氟禾草灵等药剂表现出明显耐药性。

(3)茵草　禾本科茵草属。越年生或一年生草本（图4-40）。单株能产生数十个分蘖，并可自行解体独立生长。种子经半个月休眠后，在当年或次年春季萌发出苗。一年生情况下出苗期3～4月份，花果期5～8月份。喜生于湿润、肥沃的土壤上，低湿农田、河床或水边湿润处常见。分布遍及全国，为长江流域及西南稻区稻茬麦和油菜地主要杂草。江苏近年来对精噁唑禾草灵表现出明显耐药性。

图4-39　日本看麦娘

图4-40　茵草

(4)早熟禾　俗称小鸡草，禾本科早熟禾属。越年生草本（图4-41）。苗期秋末冬初，北方地区可迟至第二年春天萌发，一般早春抽穗开花，果期3～5月。为夏熟作物田及蔬菜田杂草，亦常发生于路边、宅旁。局部地区蔬菜及麦和油菜田危害较重。几乎广泛分布于全国各地。江苏、安徽、四川及湖南部分地区近年来普遍反映对苯氧羧酸类除草剂表现出极为显著的耐药性，成为当地重发的主要难防杂草。

(5)棒头草　俗称棒槌草，禾本科棒头草属。一年生草本（图4-42）。4～6月开花。种子繁殖。多发生于潮湿之地。夏熟作物田杂草。危害不重。除东北、西北外几广布于全国各省区。

图4-41　早熟禾　　　　图4-42　棒头草

(6)硬草　禾本科硬草属。越年生或一年生草本。秋冬季或迟至春季萌发出苗，花果期4～5月。为夏熟作物田杂草，在稍盐碱性的土壤发生数量较大，淮北地区为其危害的重发区。分布于安徽、江苏、江西、广西等省区。

(7)碎米荠　十字花科碎米荠属。越年生草本。冬季出苗，翌年春季开花，花期2～4月，果期4～6月。种子繁殖。为夏熟作物田杂草，长江流域地区局部油菜田发生和危害较重，常和弯曲碎米荠(图4-43)混生危害。分布于长江流域及其以南的福建、西南等地。

图4-43　弯曲碎米荠

（8）猪殃殃　茜草科拉拉藤属。越年生或一年生蔓状或攀援状草本（图4-44）。多于冬前出苗，亦可在早春出苗；花期4月，果期5月。果实落于土壤或随收获的作物种子传播。为旱性夏熟作物田恶性杂草。华北、西北、淮河流域地区麦和油菜田有大面积发生和危害，长江流域以南地区危害局限于山坡地的麦和油菜作物。对麦类作物的危害性要大于油菜。攀援作物，不仅和作物争阳光、争空间，且可引起作物倒伏，造成较大减产，并且影响作物收割。分布范围最北至辽宁，南至广东、广西。全国大部分地区对苯磺隆表现出明显耐药性。

图4-44　猪殃殃

（9）野老鹳草　牻牛儿苗科老鹳草属。多年生草本植物（图4-45）。花果期4～8月。种子繁殖。喜生于荒地、路旁草丛中，为夏收作物田中常见之杂草。对麦类及油菜等作物轻度危害，近年来江苏南部发生密度逐年上升，成为冬油菜田新的优势种群。分布于河南、江苏、浙江、江西、四川及云南。

（10）稻槎菜　菊科稻槎菜属。越年生或一年生草本（图4-46）。在长江流域，秋、冬季出苗，花、果期翌年4～5月，果实随熟随落。以种子繁殖。生于田野、荒野及沟边，为夏熟作物田杂草。多发生于稻—麦或稻—油菜轮作田。初春，当麦类和油菜等作物生长前中期时，大量发生，危害重，是区域性的恶性杂草。分布于华东、华中、华南、河南、四川和贵州等省区。

图 4-45　野老鹳草

图 4-46　稻槎菜

（11）牛繁缕　俗称鹅儿肠、鹅肠菜，石竹科牛繁缕属。越年生或一年生甚或多年生草本（图 4-47），农田中生长的以越年生或一年生者较为多见。在黄河流域以南地区多于冬前出苗，以北地区多于春季出苗。花果期5～6 月。有些个体由于受到刈割等影响，可延至夏、秋季开花结果，但植株生长较差。喜生于潮湿环境。全国稻作地区的稻茬夏熟作物田均有发生和危害，尤以低洼田地发生严重，是我国夏熟作物田的恶性杂草。以长江流域为其发生和危害的主要地区，华南和西南北部地区有较重危害的报道。此外，华北和东北地区亦有发生的报道，但危害都不严重。其危害的主要特点为作物生长前期与作物争水、肥，争空间及阳光；在作物生长后期迅速蔓生，并有碍作物收割，尤其是机械收割。我国南北各省均有分布。

图 4-47　牛繁缕

（12）通泉草　玄参科通泉草属。一年生草本（图 4-48）。花果

图 4-48 通泉草

期长，4～10 月相继开花结果。以种子繁殖。喜生潮湿的环境，偶尔侵入稻田，危害小；或生于田边、林间阴湿处，为旱作地常见杂草。危害性一般，遍布全国。但四川盆地的通泉草逐渐演化成越年生杂草，且对百草枯表现出明显的耐药性。

图 4-49 雀舌草

(13) 雀舌草 石竹科繁缕属。二年生草本（图 4-49）。苗期 11 月，花果期 4～7 月。果后即枯，种子散落土壤中。种子繁殖。常生于河岸、河滩湿草地、路边、水田边及旱田内，喜在湿润的土壤内生长。是稻茬油菜田及麦田的主要危害性杂草之一，尤在沙质土壤上危害更重，在长江流域以南地区的夏熟作物田中发生量较大，危害较重，有时也危害蔬菜。分布于东北、华北、华中、华东及华南等省区。

图 4-50 波斯婆婆纳

(14) 波斯婆婆纳 玄参科婆婆纳属。二或一年生草本（图 4-50）。秋冬季出苗，偶也延至翌年春季；花期 3～4 月，果期 4～5 月。果实成熟开裂，散落种子于土壤中。茎着土易生出不定根。为夏收作物田杂草，在长江沿岸及其以南地区的旱性地发生较多，尤其在长江中下游沿岸地区，有时成为优势种群，危害较重，防除也较为困难。

(15) 大巢菜 又叫救荒野豌豆，豆科野豌豆属。二或一年生蔓性草本（图 4-51）。苗期 11 月至翌年春，花果期 3～6 月。果实随熟随开裂，散出种子。同时也随收获物而掺与其中传播。为夏收作物田危害较为严重的杂草。冬麦区麦田发生普遍，危害较大。此外，在春麦区也有发生。同时，亦危害油菜等作物。果园、桑园、荒地、路旁也大量发生，有时成纯种群。分布几遍全国各地，尤以长江以南、南岭以北地区为其发生较重区。

图 4-51 大巢菜

4.3.4.2 油菜草害的综合防治措施

油菜田杂草的防除应以综合防治为基础，化学防治为重点。农业防除措施可采用轮作灭草；合理密植、深耕等措施。

近些年来，对于冬油菜田杂草的防除基本上都是以化学除草剂为主，对农田生态环境造成了一些不必要的负面效应。其实，结合农业栽培、化学除草及人工除草，采取综合治理措施，才能达到安全、有效、经济地控制草害的目的。

综合防治技术措施主要包括植物检疫、农业防治、人工除草、化学防治。

1. 植物检疫

(1) 对地区间调运的作物种子或植物产品进行检疫，防止危险性外来有害杂草进入油菜田危害。

(2) 对田间现场检疫发现的检疫性有害杂草应及时铲除、销毁。

2. 农业防治

(1) 首先要完善水利配套措施，提高农田的排灌能力。田间开深沟排水，抑制杂草的生长。

(2) 盖草控草，效果可达85%以上。覆盖900g/m² 对牛繁缕、看麦娘及茵草的总体控草效果达到96.31%。

(3) 适当增加油菜种植密度有一定的控草作用。进行合理密植，促其早发，形成郁蔽，发挥油菜群体的竞争优势，压制杂草。据研究，前期适量增施氮肥，亦能增强油菜对杂草的竞争力。

(4) 实行水旱轮作，合理调整农作物的结构，轮作换茬抑制优势杂草的发展。在耕作模式上可采取水旱轮作，如采取“水稻—油菜—棉花/大豆/花生—油菜—水稻—小麦—水稻—油菜”的茬口，这样可以交叉使用防除阔叶杂草的除草剂，压低越年生阔叶杂草的田间密度。实际应用表明，采取这样水旱轮作、倒茬、交叉使用除草剂的措施之后，看麦娘与猪殃殃的种群密度可以下降80%～90%，同时还能达到调整地力、改良土壤、促进增产的目的。

油菜田的前作可以是水稻，也可以是玉米、大豆、西瓜、蔬菜等旱作物，如果前作进行水旱轮作可以减少油菜田杂草发生的基数和改变杂草群落的结构。前茬旱改水的油菜田可以减少恶性杂草婆婆纳、泽漆、野老鹳草的数量；而前茬水改旱的油菜田可以减少稻槎菜、硬草、茵草、看麦娘等的数量。阔叶杂草多的油菜田可轮作小麦，在小麦田使用使它隆、巨星、麦喜、快灭灵等除草剂消灭阔叶杂草，以降低来年阔叶杂草在油菜田的发生量。铲除田埂、灌渠、路边的杂草，可以避免这些杂草开花结实后种子脱落进入田间，减少田间杂草发生量。

3. 人工除草

(1) 人工拔除 人工除草要抓住冬闲时和早春杂草两次发草高峰，掌握墒情及时除草。冬油菜进入越冬期之后，一般都要进行追肥或培土作业，可随手拔除个体较大的杂草。

(2) 中耕 提倡区域化种植，条栽，便于机械化除草。

4. 化学防治

1) 种群监测及防治指标 在化学防治前，必须对防治对象进行监测，根据监测结果确定防治时间、用药种类、剂量（表4-2）。

表4-2 部分杂草防除阈值

防除对象	经济危害允许水平（%）	防除阈值（株/m^2）
小飞蓬	7.99	5.28
野燕麦	2.99	0.70

2）除草剂使用原则 因地制宜，灵活掌握，施药量（浓度）和最多使用次数应符合GB4285－1989及GB/T8321.1－8的规定（表4-3）。油菜上登记的农药品种的日允许摄入量、急性参考剂量及毒性情况详见表4-4。

表4-3 农药合理使用准则（油菜常用农药）

有效成分	作用靶标	剂型	含量（%）	推荐剂量（g/hm^2）	施药方式	最多施药次数	施药时期
喹禾灵	禾本科杂草	EC	10	90～150	茎叶喷雾	1	苗期
精喹禾灵	禾本科杂草	EC	5/8.8/10.8/15.8	37.5～60.0	茎叶喷雾	1	苗期
精吡氟禾草灵	禾本科杂草	EC	15	112.5～157.5	茎叶喷雾	1	苗期
精噁唑禾草灵	禾本科杂草	EC/EW	6.9/10/8.05	48.3～60.4	茎叶喷雾	1	苗期
高效氟吡甲禾灵	禾本科杂草	EC	10.8	30～45	茎叶喷雾	1	苗期
烯草酮	禾本科杂草	EC	12/24	54～72	茎叶喷雾	1	苗期
烯禾啶	禾本科杂草	EC	20	199.5～360.0	茎叶喷雾	1	苗期
二氯吡啶酸	阔叶杂草	SG	75	67.5～112.5（冬油菜）；100～180（春油菜）	茎叶喷雾	1	苗期
丙酯草醚	一年生杂草	SC	10	45.0～67.5	茎叶喷雾	1	苗期
异丙酯草醚	一年生杂草	SC	10	45.0～67.5	茎叶喷雾	1	苗期

（续）

有效成分	作用靶标	剂型	含量（%）	推荐剂量（g/hm^2）	施药方式	最多施药次数	施药时期
乙草胺	一年生杂草	EW/EC	45/50/90	540～810	土壤喷雾	1	播后苗前
氟乐灵	一年生杂草	EC	48	720～1 080	播后苗前土壤喷雾	1	播后苗前
敌草胺	一年生杂草	EC/WP	20/50	750～900	土壤喷雾	1	播后苗前
胺苯磺隆	一年生杂草	SP/WP/WG	5/20/25	18.75～22.5（冬油菜）；22.5～30.0（春油菜）	茎叶喷雾	1	苗期
草除灵·精喹禾灵	一年生杂草	EC/WP	14/17.5/35	视混用和配比	茎叶喷雾	1	苗期
噁草酮·乙草胺/丁草胺/异丙草胺	一年生杂草	EC	37.5	视混用与配比	播后苗前土壤喷雾	1	播后苗前
胺苯磺隆·草除灵·精喹禾灵	一年生杂草	WP	20	190.8～2.6（冬油菜）	茎叶喷雾	1	苗期
草甘膦	杂草	AS/SG	10/41/60/75.7	1 500～2 250	移栽前茎叶喷雾	1	种植前
百草枯	杂草	AS	20/25	450～600	移栽前茎叶喷雾	1	种植前
百草枯·敌草快	杂草	AS	20	450～600	移栽前茎叶喷雾	1	种植前

注：参考 GB4285 和 GB/T8321 并对用药次数和用药种类修改补充。

表 4-4　油菜田农药品种的日允许摄入量、急性参考剂量及毒性情况

有效成分	日允许摄入量（ADI，mg/kg）	急性参考剂量（ARfD，mg/kg）	急性毒性（大鼠）			毒性级别
			经口 LD_{50}（mg/kg）	经皮 LD_{50}（mg/kg）	吸入 LC_{50}（4h，mg/kg）	
喹禾灵			1 670	10 000		低毒
精喹禾灵			雄 1 210 雌 1 182	兔＞2 000		低毒

（续）

有效成分	日允许摄入量（ADI，mg/kg）	急性参考剂量（ARfD，mg/kg）	急性毒性（大鼠）			毒性级别
			经口 LD_{50}（mg/kg）	经皮 LD_{50}（mg/kg）	吸入 LC_{50}（4h，mg/kg）	
精吡氟禾草灵			3 680	2 076		低毒
精噁唑禾草灵			3 040	>2 000		低毒
高效氟吡甲禾灵	0.000 7	0.08	雄 300 雌 623	>2 000		低毒
草除灵				>6 000	>2 100	低毒
烯草酮	0.01		1 630	>5 000		低毒
烯禾啶				>5 000	3 200	低毒
胺苯磺隆				>5 000	>2 100	低毒
丙酯草醚				>4 640	>2 150	低毒
异丙酯草醚				>5 000	>2 000	低毒
乙草胺			2 148	兔 4 166	>3	低毒
敌草胺			>5 000			微毒
二氯吡啶酸				>4 640	2 000	低毒
草甘膦	0～1	不必设定	兔>5 000	4 320		低毒
百草枯	0～0.005	0.006	157	230～500		中毒
敌草快	0.002		408	>793	极度暴露会流鼻血	中毒
氟乐灵			>5 000	50 000		微毒

（1）允许使用的除草剂　喹禾灵、精喹禾灵、精吡氟禾草灵、精噁唑禾草灵、高效氟吡甲禾灵、草除灵、烯草酮、烯禾啶、丙酯草醚、异丙酯草醚、乙草胺、异丙草胺、敌草胺、氟乐灵、二氯吡啶酸、草甘膦、草除灵・精喹禾灵、胺苯磺隆・草除灵・精喹禾灵、噁草酮・乙草胺、噁草酮・丁草胺、噁草酮・异丙草胺、胺・吡・草除灵、炔草酯、丁草胺・扑草净、二氯・草・胺、烯草酮・草除灵等26种。

（2）禁止使用的除草剂　甲草胺等高毒、高残留和未在油菜上登记的农药。

（3）限制使用的除草剂 在油菜出苗前或移栽前可以使用的除草剂，如草甘膦、百草枯、百草枯·敌草快等。

3）化学防治技术规程

（1）免耕地油菜田化学除草技术 在早发的冬季杂草齐苗后油菜出苗前或移栽前2～5d进行防治。可选用如下除草剂：20%百草枯AS（水剂）每亩150～200ml；20%百草枯·敌草快AS每亩150－200ml；41%草甘膦AS每亩240～360ml。

（2）翻耕地杂草的化学防除

①土壤处理：油菜播后苗前或移栽前，在杂草出苗前喷药。可选用如下除草剂：90%乙草胺EC每亩40～60ml；48%氟乐灵EC每亩100～150ml；72%异丙草胺EC每亩100～200ml；36%恶草酮·乙草胺EC每亩125～200ml；52%丁草胺·扑草净WP每亩200～400克。

②苗后茎叶处理：禾本科杂草的茎叶处理：一般在油菜苗期，禾本科杂草3叶期左右进行防治。水旱轮作油菜田常见的禾本科杂草有看麦娘、茵草、日本看麦娘、棒头草、早熟禾等。可以选用如下除草剂：5%精喹禾灵EC每亩50～80ml；15%精吡氟禾草灵EC每亩50～70ml；10.8%高效氟吡甲禾灵EC每亩18.3～27.7ml；12%烯草酮EC每亩30～40ml。旱旱轮作油菜田常见的禾本科杂草有野燕麦等，可以选用的除草剂有6.9%精噁唑禾草灵EW（水乳剂）每亩46.7～58.3ml、15%顶尖（麦极）WP每亩20～25g。

阔叶杂草的茎叶处理：一般在油菜苗期，阔叶杂草2～4叶期进行防除。根据杂草对各种除草剂的敏感性不同，选用不同的除草剂。防治牛繁缕、碎米荠、猪殃殃、雀舌草等，施用50%草除灵SC（悬浮剂）每亩26.7～40ml。防治大巢菜和稻槎菜等杂草，可施用75%二氯吡啶酸SG（可溶性粒剂）每亩6～10g（冬油菜）或8.9～16g（春油菜）。

禾本科和阔叶杂草混生的油菜田：一般在油菜苗期，禾本科杂草和阔叶杂草 2～3 叶期进行防治。可以选用如下药剂：17.5%草除·精喹禾灵 EC 每亩 100 ml；41%二氯·草·胺 WP 每亩 30～80g；14.5%精氟·胺苯·草除灵 WP 每亩 50～60g；11.2%烯草酮·草除灵 EC 每亩 150～200ml；10%丙酯草醚 SC（悬浮剂）每亩 30～45ml；10%异丙酯草醚 SC 每亩 30～45ml。

4）科学合理使用除草剂　加强有害杂草种群监测，达到防治指标的应及时防除。允许使用的除草剂品种中每种每年最多使用一次。最后一次施药时间应距采收期在 20d 以上，限制使用的农药在 30d 以上（表 4-2）。注意选取不同作用机理的除草剂交替使用和合理混用，以减少用药次数，避免或延缓杂草产生抗性。严格按规定剂量施用，喷雾时力求雾滴均匀周到。

4.3.5　油菜病虫草害防治机具及正确使用

4.3.5.1　防治机械的分类

防治机械（施药机械）的种类很多，由于农药的剂型和作物种类多种多样，以及喷洒方式、方法不同，决定了防治机具也多种多样，从手持式小型喷雾器到拖拉机机引或自走式大型喷雾机；从地面喷洒机具到装在飞机上的航空喷洒装置。

1. 按喷施农药的剂型和用途分类　分为喷雾机、喷粉机、喷烟（烟雾）机、撒粒机、拌种机、土壤消毒机等。

2. 按配套动力分类　分为人力植保机具、畜力植保机具、小型动力植保机具、大型机引或自走式植保机具、航空喷洒装置等。

3. 按操作、携带、运载方式分类　可分为人力植保机具、小型动力植保机具、大型动力植保机具。人力植保机具可分为手持式、手摇式、肩挂式、背负式、胸挂式、踏板式等；小型动力植保机具可分为担架式、背负式、手提式、手推车式等；大型动力植保机具可分为牵引式、悬挂式、自走式等。

4. 按施液量多少分类　可分为常量喷雾、低量喷雾、微量（超低量）喷雾。但施液量的划分尚无统一标准。

5. 按雾化方式分类 可分为液力喷雾机、气力喷雾机、热力喷雾（热力雾化的烟雾）机、离心喷雾机、静电喷雾机等。气力喷雾机又称之为弥雾机，近年来又出现了利用高压气泵（往复式或回转式空气压缩机）产生的压缩空气进行雾化，由于药液出口处极高的气流速度，形成与烟雾尺寸相当的雾滴，称之为常温烟雾机或冷烟雾机。还有一种用于果园的风送喷雾机，用液泵将药液雾化成雾滴，然后用风机产生的大容量气流将雾滴送向靶标，使雾滴输送得更远，并改善了雾滴在枝叶丛中的穿透能力。离心喷雾机是利用高速旋转的转盘或转笼，靠离心力把药液雾化成雾滴的喷雾机。如手持式电动离心喷雾机，由于喷量小，雾滴细，可以用在要求施液量少的作业。有人把这种喷雾机称为手持式电动超低量喷雾机。雾滴能随防治要求而改变，能控制雾滴大小变化的喷雾机，称为控滴喷雾机。

总之，防治机械的分类方法很多，较为复杂。往往一种机具的名称中，包含着几种不同分类的综合。

此外，对于喷雾器来说，还可以按对药液的加压方式及机具的结构特点进行分类。例如对药液喷前进行一次性加压、喷洒时药液压力在变化（逐渐减小）的喷雾器，称为压缩喷雾器，有的国家把这类喷雾器称为自动喷雾器。单管喷雾器实际上是按其结构特点，有一根很细的管状唧筒而定名的。

20 世纪 70 年代以后，随着农药不断地更新换代和对喷洒技术不断地深入研究、改进提高，国内外出现许多新的喷洒技术和新的施药理论。大量试验表明，雾滴直径大小、雾滴直径尺寸分布、喷洒药液浓度、施液量多少等参数，对防治效果、农药的有效利用率、雾滴和药液在靶区内的沉积分布影响极大，从而出现了以施液量多少、雾滴大小、雾化方式等进行分类并命名的新情况。

4.3.5.2 防治机械的选择

根据当地农业生产经营形式、规模，主要防治对象、施药方法，以及经济、技术情况等条件，选择适宜的机型。经济条件较好的国营农场和已形成规模经营的集体单位，可选用高效、大功率的植保机械；经营规模较小的单位，可选用小型机具。若以防治林果病虫害为主，应采用高压、高射程的机型；以农田作业为主，应采用喷雾、喷粉机；零星分散的地块，以选用背负式机动喷雾喷粉机较合适；在经济条件较差还没有健全植保服务组织的地区，以选用手动喷雾、喷粉器械为宜。具体方法如下：

（1）了解防治对象的病虫草为害特点及施药方法和要求。例如病、虫在植物上的发生或危害的部位，药剂的剂型、物理性状及用量，喷洒作业方式（喷粉、雾、烟等），喷雾是常量、低量或超低量等，以便选择植保机械类型。

（2）了解防治对象的田间自然条件及所选防治机械对它的适应性。例如田块的平整及规划情况，是平原还是丘陵、旱作还是水田、株行距，考虑所选机具在田间作业及运行的适应性，以及在田间的通过性能。

（3）了解作物的栽培及生长情况。例如作物的株高及密度，喷药是苗期还是中、后期，要求药剂覆盖的部位及密度、果树树冠的高度及大小、所选植保机械的喷洒（撒）部件的性能是否能满足防治要求。

（4）如购买的喷雾机械要用于喷洒除草剂，需配购适用于喷洒除草剂的有关附件如狭缝喷头、防滴阀、集雾罩等。

（5）了解所选植保机械在作业中的安全性。例如有无漏水、漏药，对操作人员的污染，对作物是否会产生药害。

（6）根据经营模式及规模以及经济条件如分户承包还是集体经营，防治面积大小与要求的生产率，购买能力及机具作业费用（药、供水、燃料或电费、人工费等）的承担能力，以确定选购机具的生产能力、人力机械还是动力机械以及药械的大小。

（7）产品是否经过质量检测部门的检测并且合格，产品有无获得过推广许可证或生产许可证，并了解其有效期。

（8）产品及生产厂的信誉如何，产品质量是否稳定，售后服务好否，产品曾否获得过能真正反映质量的奖项，曾否获优质奖。

（9）到相同生产条件的作业单位了解打算购买的药械的使用情况，以作参考。

（10）选定好机型后，购买时应按装箱单检查包装情况是否完好，随机技术文件与附配件是否齐全。

4.3.5.3 植保机械的正确使用及保养

1. 准备工作

（1）做好使用前的准备工作 仔细阅读并理解所购机具的使用说明书，准备好橡胶（或塑料）手套和口罩（或防毒面具）。

（2）正确安装喷雾器零部件 检查各连接是否漏气，使用时，先用清水代替药液进行试喷。

（3）正式使用时，把药液倒入喷雾器桶内以前，一定要把喷雾器喷头开关关闭，以免药液漏出。加注药液时要使用滤网过滤，以防药液喷液不畅。倒入药液的量不要超过桶壁上所示水位线的位置。加注药液后，要盖紧桶盖，以免作业时药液漏出。

（4）严格按使用说明书的规定配制药液 乳剂农药要先在药箱中加入清水，再加入农药原液至规定的浓度，并拌匀、过滤后使用；可湿性粉剂农药应先将药粉调成糊状，然后加清水搅拌、过滤后使用。

（5）初次装药液时，由于气室及喷杆内含有清水，在喷雾起初的2～3min内所喷出的药液浓度较低，所以应注意补喷，以免影响病虫害的防治效果。

2. 正确使用

（1）背负式喷雾器作业时应先撳动摇杆数次，使空气室内的压力达到工作压力后打开开关，边喷雾边撳动摇杆。如果撳动摇杆感到沉重，不能过分用力，以免空气室炸裂伤人。一般每行走2～3步撳动一次摇杆，但每分钟不能超过25次。

（2）背负式喷雾喷粉机作业前应先按汽油机的有关操作方法检查油路系统和点火系统，然后起动，确保汽油机正常工作。喷雾作业时，机器应处于喷雾状态，加药液之前，先用清水试喷一次，检查机器各连接处是否有渗漏现象。药液不可加太满，不能超过最高水位刻度线。加药后一定要拧紧药箱盖。机器起动后，先怠速运转2～3min，再调整油门开关，使机器达到额定转速后打开开关喷药。开关开启后严禁停留在一处喷药，以防对作物产生药害。

（3）喷雾作业时，操作者的前进方向应与喷洒方向垂直，以防药液侵害操作者。作业过程中一旦出现恶心和头晕现象，应立即停止作业。

（4）作业过程中，严禁吸烟和进食，以防中毒；作业完毕，操作者凡与药液接触的部位（外漏部位）应立即用清水冲洗，再用肥皂水洗干净。

（5）凡身体上有未愈的伤口者、哺乳或怀孕的妇女、少年儿童、体弱多病者不宜进行喷药作业。

（6）喷雾器每次使用结束后，应倒出桶内残余药液，加入少量清水继续喷洒干净，并用清水清洗各部位，然后打开开关，置于室内通风干燥处存放，喷洒农药的残液或清洗药械的污水，应选择安全地点妥善处理，不准随地泼洒，以免污染环境。

（7）若短期内不使用喷雾器，应将主要零部件清洗干净，擦干装好，置于阴凉干燥处存放。若长期不用，则要将喷雾器各个金属零部件涂上黄油，防止生锈。

4.3.5.4　如何正确选购机具

由于喷雾器产品质量好坏会直接影响操作者人身健康与人体安全、农产品的安全以及导致环境污染方面的问题，因此用户在购买时最好注意以下几点：

1. 看标志

（1）查看是否有国家强制性认证的3C标志。

（2）查看产品的商标、型号、名称、生产日期、厂名、厂址、工作参数及合格证标识是否齐全。

（3）从产品的包装上看，整机外包装应牢固可靠，包装箱上应标明产品执行的标准代号，随机文件包括产品使用说明书，三包凭证，产品合格证应齐全，随机工具是否齐备。

（4）查看产品上面安全标志、安全防护用具说明是否齐全。

2. 外观及手感

（1）查看塑料件的外观，好的材料往往颜色鲜艳，有一定的透明度，而差材料则反之。

（2）触摸是否有良好的手感，好的光滑，次的粗糙；胶管可以看材质，有内承压层的为好的。

（3）看整机和零配件的加工质量。

（4）看整机的装配质量。

3. 简易测试

（1）背负式喷雾器称其重量，所称整机净质量应不小于说明书中规定的重量，质量重的，一般比较耐用；在额定压力下工作，喷雾应连续均匀，各部件和连接处不得有滴漏，同时可将装满额定容量水的药液箱在各方向倾斜45°左右，观察药箱连接处有无渗漏。

（2）背负式喷雾喷粉机等还要检查动力部分是否运作正常、是否有较大的噪声和振动。

4.3.5.5 介绍几种机具的使用与故障排除

1. 手动喷雾器（图4-52）

（1）喷不出雾且滴水 其原因，一是套管内滤网堵塞，二是喷头内斜孔堵塞，卸下清除堵塞物即可。

（2）喷雾时水和气同时喷出 其原因是桶内的输液管焊缝脱焊，或输液管被药液腐蚀，需进行焊补或更换新管。

（3）喷出的雾零散，不呈圆锥形 其原因是喷孔形状不正或被脏物堵塞，造成雾化不良。应拧下喷头帽调整，并清除喷孔脏物。

（4）气筒打不进气　其原因，一是皮碗干缩硬化，磨损破裂；二是皮碗底部螺钉脱落，皮碗脱下。干缩的皮碗卸下放在机油或动物油中浸泡，待膨胀后再装上；破裂的皮碗要更换新品，螺钉松脱者装好皮碗后拧紧即可。

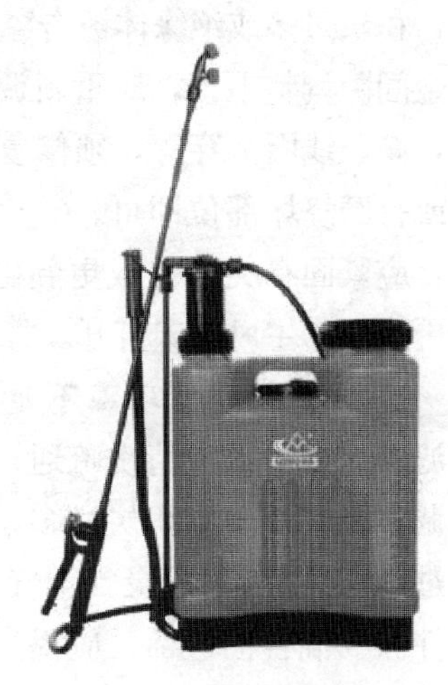

图 4-52　手动喷雾器

（5）气筒压盖或加水盖漏气　造成这种状况主要是密封不严，应检查橡胶垫圈是否损坏或未垫平，凸缘是否与气筒脱焊，应视情况更换垫圈、安装找平、对脱焊部位进行修补。

（6）塞杆和压盖冒水　气筒壁与气筒底脱焊，或阀壳中钢球被脏物卡住不能与阀体密合，都会引起冒水。应视情况进行焊补或清除脏物。

（7）开关漏水　开关损坏或开关帽下的石棉绳老化而产生间隙会导致漏水，应视情况更换新品或换新石棉绳，拧紧即可。

2. 小型机动喷雾器（图 4-53）

（1）不能起动或起动困难　其原因：①油箱无油，加燃油即可。②各油路不畅通，应清理油道。③燃油过脏，油中有水等，需更换燃油。④气缸内进油过多，拆下火花塞空转数圈并将火花塞擦干即可。⑤火花塞不跳

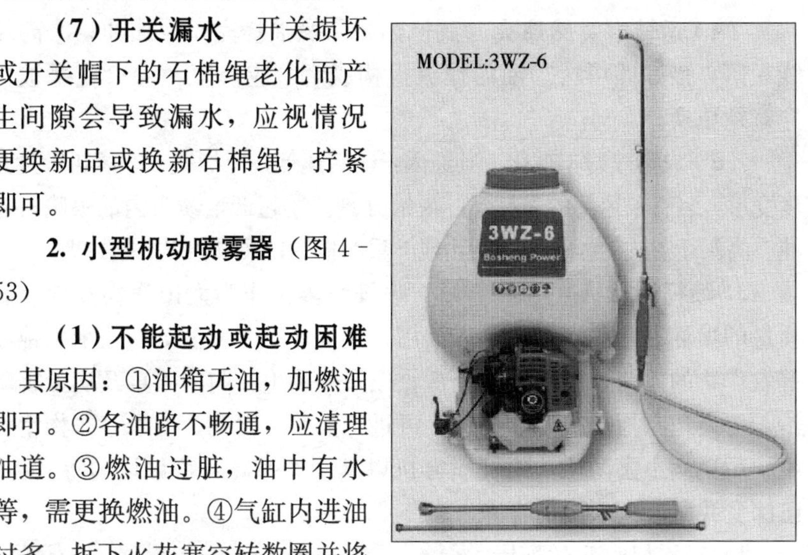

图 4-53　小型机动喷雾器

火，积炭过多或绝缘体被击穿，应清除积炭或更新绝缘体。⑥火花塞、白金间隙调整不当，应重新调整。⑦电容器击穿，高压导线破损或脱解，高压线圈击穿等，须修复更新。⑧白金上有油污或烧坏，清除油污或打磨烧坏部位即可。⑨火花塞未拧紧，曲轴箱体漏气，缸垫烧坏等，应紧固有关部件或更新缸垫。⑩曲轴箱两端自紧油封磨损严重，应更换。⑪主风阀未打开，打开即可。

（2）能起动但功率不足　其原因：①供油不足，主量孔堵塞，空滤器堵塞等，应清洗疏通。②白金间隙过小或点火时间过早，应进行调整。③燃烧室积炭过多，使混合气出现预燃现象（特征是机体温度过高），应清除积炭。④气缸套、活塞、活塞环磨损严重，应更换新件。⑤混合油过稀，应提高对比度。

（3）发动机运转不平稳　其原因：①主要部件磨损严重，运动中产生敲击抖动现象，应更换部件。②点火时间过早，有回火现象，须检查调整。③白金磨损或松动，应更新或紧固。④浮子室有水或沉积了机油，造成运转不平稳，清洗即可。

（4）运转中突然熄火　其原因：①燃油烧完，应加油。②高压线脱落，接好即可。③油门操纵机构脱解，应修复。④火花塞被击穿，须更换。

（5）农药喷射不雾化　其原因：①转速低，应加速。②风机叶片角度变形，装有限风门的未打开，视情处理。③超低量喷头内的喷嘴轴弯曲，高压喷射式的喷头中有杂物或严重磨损等，采取相应措施处理。

3. 喷杆喷雾机（图 4－54）　喷杆喷雾机作为大田作物高效、高质量的喷洒农药的农具，可广泛用于大豆、小麦、油菜、玉米和棉花等农作物的播前、苗前土壤处理，以及作物生长前期灭草及病虫害防治。与高地隙拖拉机配套使用，可进行油菜、棉花、玉米等作物生长中、后期病虫害防治，喷杆喷雾机以其生产率高、喷量均匀等特点，已深受我国广大农民的青睐。

1）喷雾机喷头的配置

（1）喷头的选用和布置方式　横喷杆式喷雾机喷洒除草剂作土

图 4-54　喷杆喷雾机

壤处理时，要求雾滴覆盖均匀，常安装 N100 系列钢玉瓷狭缝喷头。通常喷杆上的喷头间距为 0.5m，为获得均匀的雾量分布，作业时喷头的离地高度选 0.5m，以达到整个喷幅内雾量分布最为均匀。用横喷杆式喷雾机进行苗带喷雾时，常安装 N60 系列钢玉瓷喷头。喷头间距和作业时喷头离地高度可按作物的行距和高度来确定。

吊杆式喷雾机主要是对棉花等作物喷洒杀虫剂，因此通常在横喷杆上棉株的顶部位置安装一只空心圆锥雾喷头自上向下喷雾，在吊杆上根据棉株情况安装若干个相同的喷头，还可根据需要任意调节喷雾角度，使整个棉株的正反面都能喷到雾滴。这样，就形成立体喷雾，达到治虫的最佳效果。

(2) 喷头数量的确定　喷头数量主要根据液泵常用工作压力下的排液量和喷头在该压力的喷雾量来确定。要增大喷幅，选用大喷量喷头等改变喷雾机原来的设计时，就需要校核所用的喷头数是否合适。通常为保证液泵回水进行搅拌，各喷头喷量的总和应小于液泵排量的 88%，即喷头数量＜0.88×液泵排量/喷头喷雾量（个）。

2）确定施药液量和行走速度　农田病虫害的防治，每公顷所需农药量是确定的。但由于选用的喷雾机具和雾化方法不同，所需水量变化很大。应根据不同喷雾机具和施药方法的技术规定来决定田间施药液量。

拖拉机的行走速度，应根据实际作业情况首先测定喷头流量，并确定机具有效喷幅，计算出速度＝666.7/喷幅（m），可选择拖拉机相应的速挡进行作业。若计算的行走速度过低或过高，实际作业有困难时，在保证药效的前提下，可适当改变药液浓度，以改变施药液量，或更换喷头来调整作业速度。

3）调整和校准

（1）机具准备 喷雾前按说明书要求做好机具的准备工作，如对运动件润滑，拧紧已松动的螺钉、螺母，对轮胎充气等。

（2）检查雾流形状和喷嘴喷量 在药液箱里放入一些水，原地开动喷雾机，在工作压力下喷雾，观察各喷头的雾流。

4. 超低量喷雾器 超低量喷雾是近年来植物保护中大力推广的一种新技术，每亩仅需喷施330ml以下油剂农药即可收到良好的防治效果。由于雾滴直径很小，喷洒时省工省时，又不需用水，尤其适于山地和缺水、少水地区。在使用超低量喷雾器时，不仅能大大提高工作效率，还能有效防止和及时排除各类故障发生。

1）构成及工作原理 超低量喷雾器是一种工效和防治效果都较高的新型喷雾机械。既可用于农作物和果林树木的病虫害防治，又可用于仓贮、温室大棚消毒。超低量喷雾器主要由风机、药液箱组件和喷洒部件所组成。全机由4个防震垫固定在机架上，油箱、药箱和手柄固定在机架上方。由于该机采用了气压输液原理，发动机的功率输出轴带动风扇叶轮旋转，产生高速气流，小部分气流用来冷却发动机，另一小部分气流经弯头增压管进入药液箱使药液增压，大部分气流经弯头、喷管到喷口促使转笼高速转动，药液箱药液经药液开关、节液阀流入高速旋转的转笼内，并在转笼转动房产生的离心力作用下被甩出，再由高速气流将雾滴送出喷口，喷洒在防治对象上。

2）使用及注意事项

（1）使用前的准备　在使用超低量喷雾机前，应检查机器零部件是否齐全，安装是否正确，各连接部分是否牢固可靠，转笼转动是否灵活自如；往发动机内加入汽油和机油配成的混合油时，应先向药液箱内加清水试喷，并观察药液箱及药液流过的管路有无漏液，转笼喷出的雾滴是否正常；在使用前，还要根据防治对象，在专业技术人员的指导下选择药剂种类和剂型，要以适合超低量喷雾为准。喷洒的药量可用节流阀控制。

（2）使用中的操作　喷洒农药时，须待机器各部件运行正常后，操作人员先行走，再打开输液开关，同时要始终保持步行速度一致，停止喷药时，要先关闭输液开关，然后方可关机。喷药时，要注意当时风向，应从下风向开始，喷雾方向要尽量与自然风向一致，不允许逆风喷药。田间喷雾时应用侧喷技术，喷管喷口不能对着作物，但对作物要有一定角度。角度大小要视自然风速大小来定，其原则是风速大时，角度要大；风速小时，角度要小。喷药时间不宜选择在炎热的中午进行，自然风大于 3 级时，不应施行超低量喷雾。在仓库、温室等处喷药时喷雾时间不要过长，以防止人员发生药物中毒。当喷洒的药液进入转笼的轴承部分时，应将轴承取下，用煤油或汽油清洗，在轴承室内按说明书的要求加入适量的二硫化钼固体润滑剂或钙基润滑脂润滑，然后再装上转笼；在喷药时，喷头雾化器的转笼不要触碰作物，以防止转笼损坏；加入药液箱的药液不要过满，以防溢出，若有溢出，应立即清洗干净。每次使用后，要将药液箱、输液管内的剩余药液放出，将全机擦拭干净；喷雾作业结束后，在收藏保管前，除将油箱、药液箱内的残余油液倒干净外，还要全面清洗，金属件要涂抹防锈油，然后保存在通风阴凉干燥处。

3）故障及排除方法

（1）喷量减小或不喷雾　检修时，若查明属节流阀阀芯位置不正，可重新对好阀芯位置；若属输液开关堵塞，须清洗输液开关；若属节流阀节流孔堵塞，应清洁阀芯节流孔；若属轴头出液孔堵塞，应清洗轴头输液孔；若属药液箱增压不够或漏气，可重装增压接头，使缺口向着风机；若属药液箱盖未拧紧，应重新拧紧药液箱盖。

（2）雾粒明显粗大或转笼转速偏低 若查明属汽油机转速不够，应调整或检修汽油机；若属转笼轴承缺油，应清洗轴承并加润滑剂；若属轴承磨损，应更换新轴承；若属转笼尼龙网罩堵塞或破裂，应清洗或更换网罩。

5. 手持式超低量喷雾 超低量喷雾与常量喷雾不同之处是喷雾细、匀，属飘移性喷雾，亩喷液量 1～10kg，药液均匀覆盖作物但不流失，喷雾行走速度一般为 1m/s（图 4-55）。

图 4-55 手持式超低量喷雾器

（1）喷雾效果 手动喷雾器低量喷雾，其有效喷幅为 1.5～2m，若按每亩 2～3kg 喷液量，每亩次需 8～12min，每人每天喷 30～40 亩，工效比常量喷雾提高 10 倍以上，而劳动强度却大大降低，防治效果与常量喷雾相当。

（2）喷雾要点 喷雾时喷头距作物顶端 0.5～1m，在 1～3 级风的情况下，喷孔与风向一致，每走一步摆动一次喷杆，以保证有效喷幅内雾滴密度均匀。应掌握好喷雾量与喷雾速度的关系，一般为亩喷液量 2～3kg，行走速度为 1m/s；亩喷量 3～4kg，行走速度为 0.6～0.7m/s；亩喷液量 4～5kg，行走速度为 0.4m/s。

超低量喷雾器在防治花木、草坪以及农作物病虫害时，与常用的喷雾器相比，具有快速、高效、轻便、节省成本等优点。具体表现为：①用水量少。超低量喷雾器用的是农药原液，或者只需经过极低倍的稀释，因而它不需要大量的水。②用药量少。每亩喷药液 100g 左右，而不是数十千克，甚至上百千克，因此在使用时可大大减轻劳动强度，节省了劳动力。③雾滴均匀分布。超低量喷雾器不是将药液直接喷布在植物上，而是凭借风力使直径只有几十微米的雾滴分散飘移，再在植物周围的微气流作用下将雾滴均匀分布在植物叶片及全株的正反面及侧面。这样，要比加入大量水稀释后的药剂对害虫的杀伤率更高，特别是对某些已产生抗药性的害虫，效果更好。因农药原液的杀伤功能要比加水稀释后高出几倍甚至几十倍。④使用方法简便。手持超低量喷雾器喷药时机头始终保持在高出植物1m左右的高度上。由于这类喷雾器省去了药液喷头，药液在药瓶放下时自行流出，因此当电动机未开启前，药瓶应在下方，机头在上方。喷药时，应先启动电动机，然后改变药瓶和机头的位置，使药瓶在上方，瓶口向下，瓶身与地面垂直，药液即自行流出。

喷药时，由下风方向开始，来回行走路线应隔开一定的距离，即为喷幅。喷幅的大小应根据风速的大小而灵活掌握。风速小时，喷幅也应小一些，反之则应大些，一般以3～3.5m为宜。喷药时间最好选在早晨、下午或阴天，避免烈日暴晒。超低量喷雾最好使用内吸剂、熏蒸剂或胃毒剂。用药量一般每亩50g左右。如需适量加水，可用等量法。

决定电动喷雾器品质和性能的关键部件是水泵和电瓶。电瓶一般采用免维护铅酸蓄电池。生产免维护铅酸蓄电池的厂家很多，市场上这种电池随处可见，一般采用大厂生产的电池质量可靠，稳定性和一致性良好，只要正常使用问题都不会太大。

电动喷雾器的核心部件是水泵。目前生产电动喷雾器的厂家全国有数十家，产品达几十种，但是按采用的水泵来分不外乎三大类，即活塞泵型、隔膜泵型、齿轮泵型。活塞泵的工作原理是由电机带动一套传动装置推动活塞做往复运动，将药水抽入压力壶内，工作稳定可靠，压力较大，但设计复杂，噪音较大，能量转换率较低。隔膜泵的工作原理是由电机驱动一个与之相连的带隔膜的泵头，电机运转时使泵头隔膜一侧吸水，使另一侧产生高压，水从高压侧直接喷出去，优点是设计简单、压力大、噪音少、耗电小，电瓶连续工作时间长，但泵的材质要耐腐蚀、耐磨、耐高频振动，同时泵的制作精密度要高，泵的耐用性不如活塞泵，一些厂家的产品使用一段时间后因采用的材质较差、模具精度达不到要求容易造成漏水或不吸水。目前市场上采用的电动喷雾器大部分是隔膜泵。齿轮泵型的电动喷雾器国内市场很少见，据了解，目前只有一两家在生产，产品定位较高，全部供出口。齿轮泵的压力可以做得很高，喷洒流量稳定，但噪音较大，对电机的设计要求较高。

4.4 油菜施肥、中耕除草机械化技术

在油菜生产中，田间管理是不能缺少的。田间管理对油菜产量、质量有着十分重要的作用，俗话说："三分种、七分管"，"种"是基础，"管"是关键。根据油菜各个生育期的生长发育特性，抓好油菜施肥、中耕除草等田间管理，满足油菜对养分、水分、温度、空气和光照等条件要求，才能保证油菜高产增收。

油菜田间管理机械化技术主要包括施肥机械化技术、中耕除草机械化技术等。我国目前油菜机械化生产水平总体比较低，尤其是在田间管理机械化方面，更是落后一大截，基本依靠人工作业方式来完成，用工量大、效率低。为了提高油菜机械化生产水平，许多科研院所已将油菜种植、耕整、化肥深施、收获等机械化技术列入研究方向，由于均处在起步阶段，在配套机具方面除油菜种植和收获机械方面已有一些从谷物种植和收获机型改进而来的机型，尚未研制出适合田间管理的机械。

4.4.1 油菜施肥机械化技术

油菜施肥一般包括基肥和追肥两个部分，油菜田间管理中耕施肥主要是施追肥。根据油菜生长的不同阶段，油菜追肥一般分三次进行，第一次为苗期施苗肥，第二次油菜现蕾施蕾薹肥，第三次油菜初花施初花肥。

4.4.1.1 油菜追肥机械化主要内容

油菜追肥机械化技术是用机械将化肥按油菜施肥的农艺要求均匀地深施入地表以下作物根系密集部位，既能保证被作物充分吸收，又显著减少肥料有效成分的挥发和流失，达到充分利用肥效和节肥增产。这项技术要求同时完成开沟（或穴）、施肥、覆盖和镇压等多道工序，并要确保合理的施肥数量、适宜的施肥深度和位置、严密地覆盖和有效地镇压。

4.4.1.2 油菜追肥的农业技术要求

（1）应根据油菜生长期需要的化肥品种和数量施肥。

（2）按照油菜的需肥规律和农业要求的时间适时施肥。

（3）作业时保证化肥均匀一致，深度适中不烧种、不伤苗，严密覆盖。

（4）油菜既有主根系又有侧根系，施肥作业时尽量不要损伤植株根系系统。

4.4.1.3 油菜施肥机械的研制情况

1. 国外中耕施肥机械化技术的研究 美国、加拿大、澳大利亚等都是人少、耕地多的国家，粮食作物类耕整、种植已经进入到高度机械化阶段，主要发展了适应大规模集约化经营所需的高效、大型农业机械，如施肥采用农用飞机撒播化肥。近年来各国也高度重视农业资源（水、种、肥、农药、土壤、能源等）的高效利用，如中耕施肥采用化肥深施技术，研制了用于粮食作物类的化肥深施机械，加拿大是油菜种植面积较大的国家，油菜生长过程中中耕施肥使用双翼铲中耕机、翻转式中耕机等防治杂草并增施肥料。

2. 国内中耕施肥机具的情况及配套原则 中耕施肥方法最合理的是应采用化肥深施技术。化肥深施技术是将化肥定量均匀地施入到地表以下作物根系密集部位，使之既能保证被作物充分吸收，同时又显著减少肥料有效成分的挥发和流失，达到充分利用肥效和节肥增产之目的。化肥深施技术适用于油菜这种旱地作物，人力、畜力和机械力均能达到深施要求。但如果由人工开沟、覆盖，则效率较低。因此，化肥深施技术要在农业生产上大面积应用，需要研制专门的化肥深施机械。

我国施肥机械化技术研究远落后于国外，与作物耕、种、收阶段机械化相比也相对滞后，配套的机具大多是沿用传统的作业机械，中耕施肥机械就是在中耕机上改造，配上不同的工作附件，满足不同的功能要求。我国南北方自然条件不同，不同地方种植方式也有较大区别，中耕机具的种类也有所不同，各个地区根据自己的需求，研制了一些适合本地区的中耕施肥机械，主要适用于粮食作物（谷类、玉米），用于油菜施肥也需要改进和调整。

目前中耕施肥机具配套原则，一是能够保证在作业期内适时完成施肥任务和施肥质量，二是所配备的动力机械与施肥机械应当经济适用。

4.4.1.4 目前国内追肥深施机具组成及工作原理

利用中耕播种施肥机或中耕机悬挂机架配套单体施肥（播种）机，用拖拉机牵引或装用小动力机自走，进行行间或株侧深施肥。常

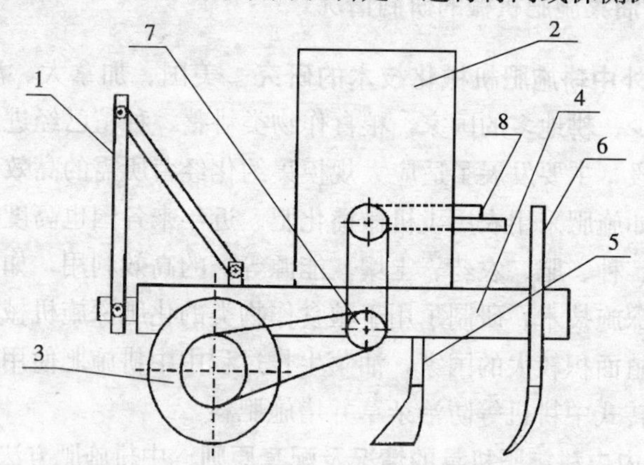

图 4-56 3ZF-150 中耕施肥机结构示意图

1. 悬挂装置 2. 肥料箱总成 3. 地轮 4. 机架总成 5. 施肥开沟器 6. 深松凿形铲 7. 排肥链传动总成 8. 肥量调节手柄

见的机型有：2FLD-2G型化肥深施机，XBFL-4/8型旋播施肥机，2BF-9型种肥分层播种施肥机，3ZF-4.2中耕施肥机。

(1)组成　机具一般主要由肥料箱、传动链、地轮、机架、施肥开沟器、镇压轮等组成（图4-56）。

(2)工作原理　工作时由动力牵引，地轮驱动传动机构带动排肥轴转动，主要工作部件槽轮式排肥器在排肥轴带动下将肥料均匀排出，并沿输肥管导入施肥开沟器而施入苗行一侧。排量可调，排肥深度也可调。一次完成开沟、排肥、覆土和镇压四道工序。

(3)工作部件　中耕施肥机所用的工作部件——排肥器，主要用于排施粒状和粉状化肥。常用于中耕施肥机上的排肥器有离心式、振动式、外槽轮式、星轮式、螺旋输送式等。其中外槽轮式排肥器

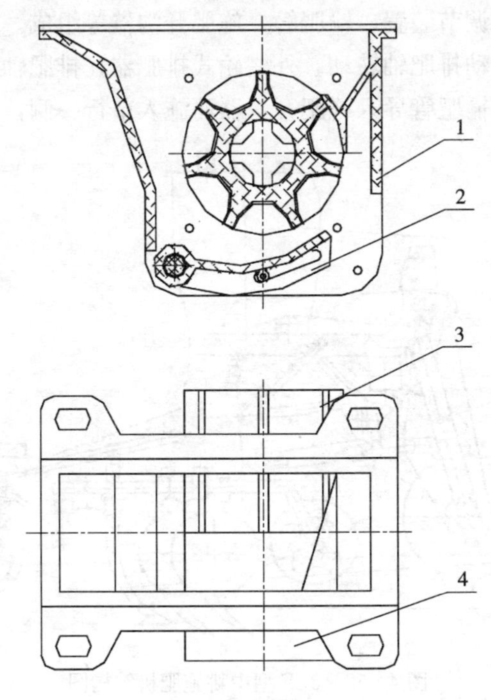

图4-57　外槽轮排肥器

1. 排肥器外壳　2. 排肥舌　3. 排肥槽轮　4. 阻塞轮

（图 4－57）具有结构简单、通用性好、工作可靠、调整和维护方便的优点，较多用于国内的中耕机上。工作过程：排肥器工作时，肥料靠重力充满壳体和槽轮凹槽，槽轮旋转将肥料带出从排种舌上流入排种管，经开沟器落入开好的沟中。

4.4.1.5　国内中耕机具简介

目前，国内中耕机机型多，机型复杂，配有不同的工作部件，大多数主要具有深松和施肥、除草、培土等功能，适合玉米、葵花、马铃薯等农作物的中耕施肥，并具有深松功能。

图 4－58 所示机型为悬挂式，与中马力拖拉机配套使用，可一次性完成中耕松土、施肥、开沟培土等作业。施肥机构由箱体、外槽轮排肥器、肥量调节装置、输肥管、施肥开沟器等组成。工作时地轮驱动传动机构带动排肥轴转动，外槽轮式排肥器在排肥轴带动下将肥料均匀排出，经输肥管导入施肥开沟器而施入苗行一侧，肥量可调，施

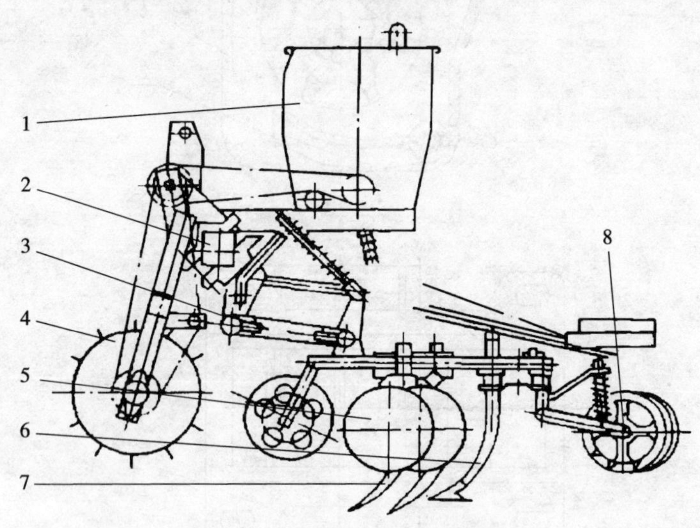

图 4－58　3ZF 型中耕施肥机结构图

1. 排肥箱　2. 主机架　3. 四连杆机构　4. 地轮
5. 护苗圆盘　6. 人字铲　7. 松土杆齿　8. 碎土镇压轮

肥深度可达 14cm 以上，能够满足油菜中耕施肥的农艺要求。

国内还没有专门用于油菜的中耕施肥机具，较多的机型行距、施肥深度、施肥量都可调，只要根据作物的农艺要求加以调整，既可作为小麦、玉米又可作为油菜等作物的中耕施肥机具。在机具的功能上，工作时附件多可更换，如深松凿形铲可换浅松双翼铲，达到开沟、施肥、起垄、培土等工序一次完成的目的。

由于油菜追肥期的中、后期，植株高大，限制了机械追肥作业，针对这一矛盾，相继研制出一批手动追肥机具，可分别排施固态化肥和液态化肥。手动机型有 2BF－1D 型旱田化肥深施器、2F－90 型化肥深施器、LYJ 系列追肥枪等，可用于油菜的中耕施肥。

4.4.1.6 油菜中耕施肥机具作业技术要求

(1) 作业前中耕施肥机械主要技术状态检查。①深施作业前要检查机具技术状况，重点检查施肥机械或装置各联接部件是否紧固，润滑状况是否良好，转动部分是否灵活。②调整施肥量、深度和宽度，使机具满足油菜施肥农艺要求。③根据中耕要求，选用合适的工作部件。

(2) 中耕施肥机械作业操作要求。①拖拉机、中耕机械的轮子应走在作物的行间，尽量减少伤苗。②工作部件要边走边下落入土。工作部件完全出土后方可转弯。③施肥深度、施肥量应符合农艺要求，施肥均匀，作业时不应有断条现象。④化肥的土壤覆盖率要达到 100%，要保证镇压密实。

4.4.1.7 油菜追肥机械化的优势及应用前景

实现油菜追肥机械化，即使用机具一次性完成开沟，实现深施肥、覆盖、镇压，甚至中耕除草，它能使油菜肥料单株独用，苗齐苗壮，充分提高化肥利用率，提高油菜的亩产量；机具的使用还可以提高作业效率、减轻农民劳动强度，促进农机与农艺的结合，具有显著的节本增效效益。

我国油菜种植面积广大，常年种植面积超过1亿亩，除耕整地与植保外，油菜种植方面机械直播不足20%，收获方面机械收获不足10%，而在田间管理方面机械化方面更是空白，主要依靠人工作业，严重影响油菜产量。加拿大、德国等油菜生产大国已实现油菜生产全程机械化，加拿大近年来普遍推行翻转式中耕机或双翼杆式中耕除草机，即可防治杂草又可中耕施肥。我国应该加大油菜施肥等田间管理机械方面的研究力度，这也是新形势下的必然趋势，具有广泛的推广应用前景。

4.4.2　油菜中耕除草机械化技术

4.4.2.1　目前我国油菜中耕除草机械化状况

在我国传统农业中，油菜生产一直实行的常规耕作法，也称精细耕作法。它通常指作物生产过程中由机械耕翻、耙压和中耕等组成的土壤耕作体系，即在一季作物生长期间，机具进地从事耕翻、耙碎、镇压、播种、中耕、除草、施肥、开沟、喷药、收获等作业的次数达7～10次。其中中耕除草是油菜田间管理的一个重要环节，在作物生长中，中耕除草是不可缺少的，但都是人工作业。

近年来，我国南方及黄淮海地区油菜种植区推行免耕栽培技术，遵循土地尽量少耕或免耕的原则，如田间局部耕翻、以耙代耕、以旋耕代犁耕、耕耙结合、板田播种、免中耕等。中耕除草环节已被化学除草代替，仍实施中耕的也多为人工作业，机械化中耕的面积不大。我国北方的旱作区普遍采用机械中耕除草，也有一部分保护性耕作区采用化学除草。我国油菜生产机械化整体水平不高，油菜中耕除草机械化发展更是落后，这直接导致用于油菜中耕作业的机具空白，目前用于油菜中耕除草的机械都是由玉米、谷类等作物的中耕机械改装而来。

油菜属于中耕作物，油菜中耕机械化技术具有一定的发展空间，对保证油菜的高产起着不可小看的作用。

4.4.2.2　油菜中耕除草的特点

在油菜田里，杂草极易生长，特别是在油菜苗期及雨后，中耕除草必不可少。油菜封垄后，叶大遮荫，杂草生长受到抑制，对作物影响程度较小，一般不需要除草。中耕除草的时间和次数、深度应根据油菜生长情况、土壤状况、气候特点和杂草生长情况而定。对直播油菜，一般在全苗后出现2～3片真叶时结合间苗、追肥进行第一次中耕除草，当有4～5片真叶时，结合定苗、追肥进行第二次中耕，此后在低温来临之前再中耕一次。为避免伤根，中耕深度宜先浅后深，即第一次、第二次中耕浅，第三次中耕深。对移栽油菜，应在幼苗移栽返青后结合追肥进行第一次浅中耕，以后在冬前再进行1～2次深中耕。水田油菜中耕可稍深，旺长油菜中耕也应适当加深，以切断部分根系，控制地上部分生长，使旺苗变壮苗。但在冬季较寒冷年份和地区，为了防冻保湿，一般不宜进行深中耕。

4.4.2.3　油菜中耕除草机械化技术内容

油菜中耕除草机械化技术是使用中耕机械在油菜行间进行除草、疏松土壤的一项技术。中耕除草机械化技术不仅包括是除草，还可以灭茬、间苗、疏松土壤，并配合施肥、培土壅根，为油菜生长创造有利条件，实现苗匀、苗壮。

4.4.2.4　中耕的农业技术要求

（1）除净杂草，又不伤及幼苗。

（2）松土性好，土壤位移小。

（3）表土要松碎，但不伤害油菜根系。

（4）中耕深浅按油菜生长期具有不同要求，一般浅中耕，深3～5cm；深中耕，深7～10cm。

（5）对中耕机，要求机具要行走直，不摆动，仿形性好，不漏耕、不压苗。

4.4.2.5 油菜中耕除草机械研制情况

1. 国外除草机械化技术的研究 国外从20世纪50年代就开始了对机械除草技术的研究，如美国的JD970滚刀式除草耙。其工作部件随着机器前进，带动刀轴转动，滚切刀外缘的刀刃切断草根，实现除草目的。除草效率高，消耗动力小，机具的作业部件为滚动部件，因此不会发生秸秆堵塞。美国的JD886型行间管理除草机具有可调整的护苗板，进行喷药除草治虫或机械除草时可以有效地保护作物，离地间隙高，适宜在秸秆覆盖的田间进行行间作业。加拿大使用双翼铲中耕机、翻转式中耕机或双翼杆式中耕除草机防治杂草并增施肥料，玉米、大豆和禾谷类作物的机械除草分别占20％、30％和40％。日本的除草机械种类较多，按切割器类型划分有圆盘式、甩刀式和往复式；按与拖拉机挂接方式划分有前置式、侧置式和后置式；按与拖拉机配套方式划分有手扶式和乘坐式。由于种植方式、土地条件以及经济发展等多种因素的不同，国外的除草机械大都是牵引式，工作幅面很大，效率较高。其结构和工作性能等方面不太符合我国的国情。

2. 国内中耕除草机具的应用情况 由于中耕机械种类与作物栽培制度密切相关，机型与农业生产规模密切相关，我国地域辽阔、自然条件复杂，从而决定中耕除草机械具有很强的区域性，我国的南方是油菜种植面积较大的地区，但耕地一般地块面积小，对机械化除草适应性较差，其市场需求以小型机械为主。我国目前具有的中耕除草机械在北方旱地应用较多，南方较少。

3. 中耕除草机械的配套形式 油菜的中耕除草机械主要适用于油菜苗期至封垄前的中耕除草，配套动力可分为人畜力和机力两种。

(1) 人畜力中耕除草机械 一般由导向地轮、牵引钩、锄铲、扶手、机架等组成。工作时一人手握扶手，一人牵着牲畜向前进行中耕作业。每小时可中耕0.1～0.13hm^2，与人力中耕相比，能减轻劳动强度，提高工效。目前较多用于玉米、大豆中耕除草，油菜应用较少。

（2）机力中耕除草机　通常与拖拉机配套，与拖拉机的连接方式分为牵引、悬挂和直连式三种。按工作条件可分为旱地和水田用中耕除草。按工作部件形式可分为锄铲式和旋转式中耕机，其中锄铲式应用于较广。按用途可分为全面中耕机、行间中耕机和通用中耕机。我国北方地区大多采用中耕通用型机具，可大大提高机具利用率。

4. 中耕除草机械的构造及工作原理　中耕除草机一般由工作部件（即除草、松土和培土部件）、仿形机构、机架、地轮、牵引或悬挂架等组成。图 4-59 所示的是 2BZ-4/6 型播种中耕通用机的中耕状态。它主要用于除草和松土，工作部件为锄铲式（双翼铲和单翼铲）。

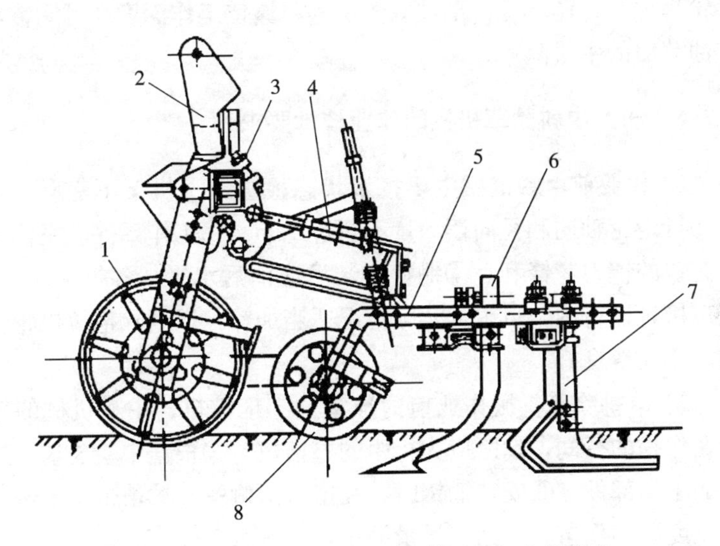

图 4-59　2BZ-4/6 型播种中耕通用机中耕状态

1. 地轮　2. 悬挂架　3. 方梁　4. 平行叫连轩仿形机构
5. 仿形轮纵梁　6. 双翼铲　7. 单翼铲　8. 仿形轮

中耕机工作时，单翼铲一边铲除靠近油菜苗的杂草，一边负责松土。单翼铲分左翼铲和右翼铲两种（图 4-60），工作时对称安装于幼苗的两侧。双翼铲主要用于铲除油菜苗行间杂草，松土作用较小，一般与单翼铲配合使用。

除以上主要工作部件外，中耕除草机还配套松土铲（用于作物行间松土，它使土壤疏松但不翻转，松土深度可达13～16cm）和培土铲（用于作物根部培土和开沟起垄）。

油菜中耕目前还没有专用的机具，但此种机型的每个中耕单组（即工作部件和仿形轮）位置可调，工作部件双翼铲和单翼铲工作深度亦可调整，以适应油菜田的中耕除草。

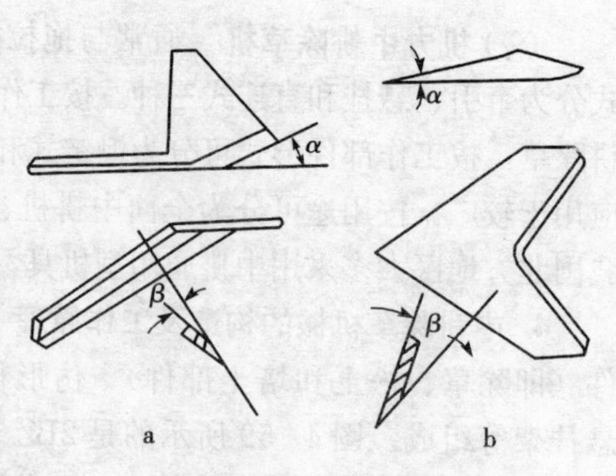

图 4-60　除草铲的类型

a. 单翼铲　b. 双翼铲

4.4.2.6　油菜中耕除草机具的作业技术要求

(1) 作业前中耕机械主要技术状态检查　①机架不变形，不弯曲。②行走轮轴向和径向摆动量不超过1cm。③工作部件应完整不变形，锄铲的铲刀应锋利。④锄铲安装后应前后水平，各行深度一致。在拖拉机轮辙行内，可根据实际情况适当加深，以消除拖拉机轮辙的影响。⑤润滑良好。

(2) 中耕除草机械作业前的准备　①拖拉机、中耕机械的轮子应走在作物的行间，轮距应为行距的整倍数。②根据中耕要求，选用合适的工作部件。③安装锄铲时，在苗行两侧留有护苗带不中耕，护苗带宽度以不伤苗为原则，尽量缩小，一般为10～15cm。

(3) 中耕除草作业的操作要求　①选用的拖拉机应具有良好的技术状态，液压悬挂装置要升降灵活、可靠；作业时，拖拉机液压操纵杆要放在浮动位置。②作业中，要注意对行作业，以避免漏耕和伤苗；要注意观察中耕深度、除草率和碎土率是否符合要求，发现问题，及时停车排除。③作业过程中严禁在不提升中耕机械的状态下倒车和转弯，以免损坏机具。④机组地头转弯时正确掌握锄铲起落的时机，过早升起，造成漏耕，过晚升起，造成铲苗。

4.4.2.7 油菜中耕除草机械化的应用前景

油菜在生长期内需要多次中耕除草，目前基本是采用的传统的人工除草方法。人工中耕除草虽然具有操作方便，不留机械行走的位置，不但可以除掉行间杂草，而且可以除掉株间的杂草的优点，但方法落后，且耗用大量人工，工作效率较低。另一种传统除草方法是根据田间杂草群落选用一种除草剂或一组混配剂茎叶喷雾，即化学防除。化学药剂往往因为土壤旱、涝或作业后下雨而达不到预期的效果，从而造成经济上的损失；另外，化学除草剂的毒性残留在作物内，土壤也会被污染，这与农业可持续性发展的宗旨相违背，是一种不可持续的耕作方式。

与传统的中耕除草相比，机械化中耕除草针对性强，干净彻底，技术简单，不但可以清除杂草，还可以给作物松土、培土，提供良好生长条件。机械中耕除草比人工中耕除草先进，工作效率高。随着农业资源污染的加剧，食品安全越来越受到极大关注，减少化学农药的施用量，机械除草对环境不造成污染，以机械除草替代或部分替代化学除草受到重视。机械化中耕除草是农业可持续发展的一项关键性生产技术，具有广泛的应用前景。

4.4.3 大棚油菜人工辅助授粉设备

4.4.3.1 大棚油菜传统的授粉过程

油菜的授粉过程要依赖自然界的风力、人工或昆虫等外部力量才能完成。生长在大田里的油菜可以靠自然界的风力或借助于昆虫的媒介来完成授粉过程，结出丰硕的果实。而生长于大棚内的油菜在通风状态不好的情况下，普遍使用的授粉方式是放置昆虫（蜜蜂），并辅以人工授粉。

蜜蜂的利用虽然解决了大棚油菜的授粉问题，但蜜蜂授粉具有不均匀性，集中在蜂箱周围的油菜花束由于蜜蜂较多，能得到充分的授粉，距蜂箱较远的区域，蜜蜂到达的数量少，授粉就不充分，对产量造成一定影响。为了使大棚内的各处都能授粉均匀，需采用人工方式辅助授粉。最简单的大棚人工授粉操作方法是，手拿工具（长竹竿或毛刷）从大棚的一端走到另一端，工具从油菜授粉部位轻轻地、均匀地扫过，完成授粉。一般大棚长度为20～50m，若有多个大棚需要人工授粉，工人每天的劳动强度就较大。为了减轻工人的劳动强度，就要增加用工量，这会使大棚油菜种植成本提高。

4.4.3.2 油菜人工辅助授粉装置研制方案

油菜人工辅助授粉装置的研制，目的是节本增效，为大棚油菜的授粉提供一种结构简单、操作容易、易于维护的装置。

油菜辅助授粉设备设计要求如下：①单人操作，无需跑动，即可完成长度为20～50m的大棚内的油菜授粉；②授粉均匀，不损伤作物；③高度根据作物生长高度可调；④操作简便，省时省工，设备不会对大棚内的原设施造成任何损坏。

布置及工作原理：油菜人工辅助授粉设备的布置如图4-61所

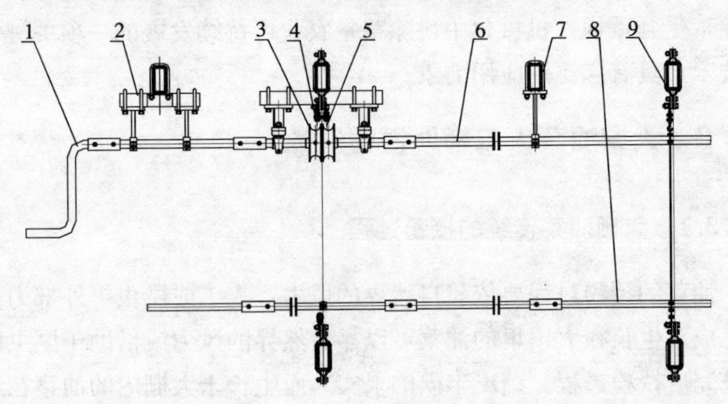

图4-61 油菜人工辅助授粉装置

1. 摇把 2. 支撑部件Ⅰ 3. 卷筒部件 4. 滑轮 5. 钢丝绳
6. 卷筒轴连接管 7. 支撑部件Ⅱ 8. 移动授粉部件 9. 支撑钢丝

示，主要部件包括卷筒部件、定滑轮、移动授粉部件、支承部件、钢丝绳等。工作时人工摇动摇把，带动卷筒卷绳，通过定滑轮改变钢丝绳运动方向，来回移动的钢丝绳带动固定在钢丝绳上的移动授粉部件从大棚的一端移向另一端，完成授粉过程。

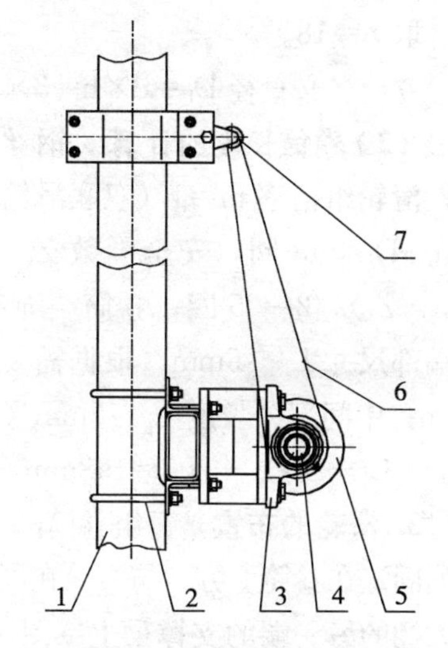

图 4-62　卷筒部件和定滑轮
1. 支撑梁　2. U形螺栓　3. 轴承　4. 卷筒轴　5. 卷筒　6. 钢丝绳　7. 滑轮

4.4.3.3　主要部件的设计

1. 卷筒部件的构成　卷筒部件主要由卷筒、卷筒轴、轴承、轴承座等构成（图 4-62）。卷筒采用同轴双联卷筒，两个卷筒并排分别与卷筒轴固定，卷筒轴的两端各有一带座轴承与轴承座相联，卷筒部件通过轴承座由 U 形螺栓固定在大棚原有的支撑梁上。

2. 卷筒的设计

（1）卷筒（图 4-63）名义直径的计算　试验大棚长 50m，宽 8m，授粉时移动授粉部件横向移动单程行程 H=8m。

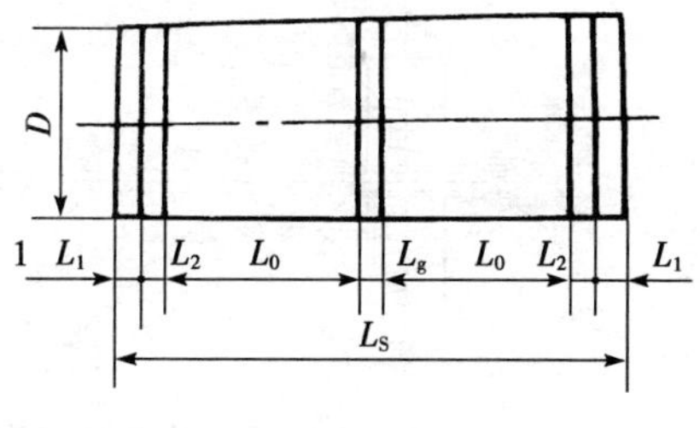

图 4-63　卷　筒

钢丝绳的选取：选用 6×19+IWS 钢丝绳，公称直径 d=3mm。

系数 h 的选取：根据授粉装置的工作级别选取，油菜从初花到终花这一阶段为开花期，开花期内油菜是一边生长一边开花，需要反复的授粉。不同的油菜品种开花时间有差别，但从初花到终花，一般在 25d 左右，授粉装置是可以使用多年但在一年中使用不频繁的设备。取 $h=18$。

卷筒名义直径 $D_1=d\times h=3\times 18=54mm$，采用无绳槽的光滑卷筒。

（2）卷筒长度的计算 钢丝绳节距 $p=3mm$，钢丝绳为双层缠绕；滑轮组倍率 $m=1$（双联滑轮组）；钢丝绳单层缠绕每层圈数 $Z_0=Hm/\pi D_1\approx 48$ 圈，安全圈数 $Z_1=2$；钢丝绳双层缠绕每层圈数 $Z=(Z_0+Z_1)/2=25$ 圈；卷筒绕绳部分长度 $L_0=1.1Zp=82.5mm$；卷筒端部尺寸 $L_1\sim 5mm$（根据需要选）；固定绳尾所需长度 $L_2=3p=9mm$；中间部分长度 $L_g\sim 5mm$（根据需要选）；双联卷筒长度 $L_S=2(L_0+L_1+L_2)+L_g=198mm$。

3. 滑轮的布置 每组卷筒部件配用3个定滑轮，其中2个定滑轮并列固定在卷筒上方，与卷筒在同一根支撑梁上，另一个定滑轮Ⅲ固定在大棚的另一端的支撑梁上（图4-64），安装时尽量保持定滑轮Ⅰ、Ⅱ的两个固定轴同心，且距离合适，保证钢丝绳偏角 α 不大于5°。

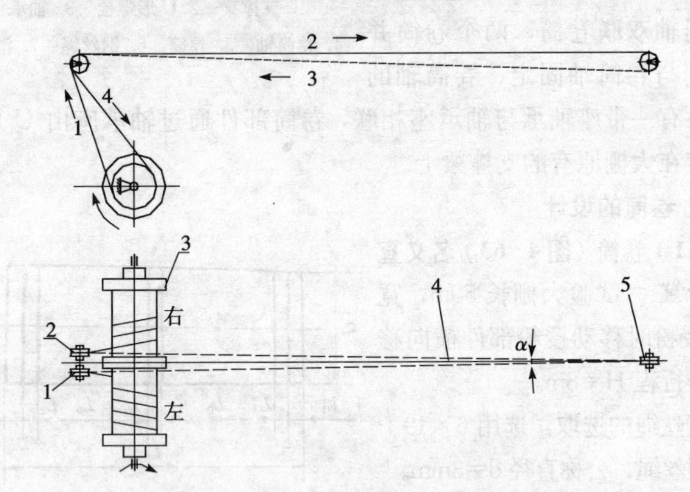

图4-64 定滑轮及钢丝绳的布置示意图

1. 定滑轮Ⅰ 2. 定滑轮Ⅱ 3. 轴承 4. 钢丝绳 5. 定滑轮Ⅲ

4. 钢丝绳缠绕方式 大棚授粉单程行程为8m，因为采用双联卷筒，钢丝绳行走为3个行程长度 $l_1=3\times 8=24m$，安全绳长 $l_2=50\times 3.14\times 0.054\sim 8\approx 0.5m$，钢丝绳从卷筒到绕过定滑轮Ⅰ、Ⅱ的绳长

$l_3=2\times0.51=1.02$ m（根据设计），钢丝绳总长 $l=l_1+l_2+l_3=24+0.5+1.02=25.5$ m，考虑安装时的误差，总长取 27m。

钢丝绳缠绕方向从左卷筒开始（图 4－64 箭头所示），一端固定在左卷筒端部，顺时针缠绕左卷筒，然后钢丝绳从左卷筒后向上顺时针绕过定滑轮Ⅰ，穿过定滑轮Ⅲ后，绕回定滑轮Ⅱ，反时针绕过定滑轮Ⅱ，再向下从右卷筒的前面顺时针缠绕右卷筒，注意此时旋向与左卷筒保持一致，绳的另一端固定在右卷筒端部。使手柄顺时针摇动卷筒工作时，左端放绳，右端收绳，移动授粉部件从左向右横向移动；反之，则移动授粉部件从右向左横向移动，重复以上动作，移动授粉部件不断来回横向移动，进行授粉工作。

4.4.3.4　油菜人工辅助授粉设备试验

试验时间：3 月下旬至 4 月中旬。

试验条件：大棚长 50m，宽 8m，油菜生长高度约为 0.8～0.9m，初花期。

油菜人工辅助授粉设备在试验场地安装完毕后，首先检查各部件安装是否牢靠，旋转部件转动是否自如，检查通过后，即可开始试验。试验时工人站在大棚的一头摇动摇把，与摇把相连的卷筒轴转动，带动卷筒卷绳，使挂在钢丝绳上的移动授粉部件从大棚的一边缓缓移向另一边，授粉部件上夹的布帘从油菜开花部位均匀扫过，移动到端点后反转摇把，使授粉部件回到起始点，完成一次授粉过程。工作时根据需要重复以上动作，就能反复移动授粉部件为油菜授粉。随着油菜的不断生长，布帘的高度可调，满足油菜整个开花期的授粉的要求。

4.4.3.5　试验结果

油菜人工辅助授粉设备试验时安装方便、操作容易，即省工又省力。在试验操作时运转正常，能较好地完成授粉动作，油菜授粉高度 0.8～1.6m，可调；授粉均匀度达 90%以上，达到设计要求。

目前大棚油菜的栽植情况一是农村为了下茬作物的栽植，前茬油菜一般使用大棚栽植，二是许多科研院所在培育油菜品种时普遍采用大棚栽植。本设备使用经济，不仅适用于农村大棚油菜人工授粉，也适用于科研院所用来筛选、培育油菜品种的大棚油菜人工授粉，具有一定的推广应用前景。

第五章
收获机械化技术

5.1 水稻联合收获机械化技术

5.1.1 水稻联合收获的主要工艺

我国幅员辽阔，地形复杂，水稻的种植收获受气候条件、地理环境、耕作制度、经济条件等诸多因素的影响，各地水稻的收获方式、方法应根据作业环境及其他有关生产条件而定。主要应考虑到田块大小、机械作业道的通过性能及稻田防陷性能。目前，国内外采用的水稻机械收获工艺主要有三种——全喂入式联合收获、半喂入式联合收获和梳脱式联合收获。这三种收获工艺机械化程度高，可以大幅度提高生产效率，降低劳动强度，减少总损失，并能及时清理田地，以便下茬作物的耕种，特别有利于抢收、抢种。

5.1.1.1 全喂入式联合收获

在收割时，作物被割断后由输送装置将谷物茎秆、籽粒全部喂入脱粒装置进行脱粒、分离、清选，一次完成收割、脱粒、分离和清选等作业。但由于谷物茎秆、籽粒全部进入机器，各工作部件的处理量大，清粮困难，谷壳破碎多，功耗大。经全喂入处理过的秸秆被打碎、揉乱，无法用机器和人工进行捡拾打捆回收。

5.1.1.2 半喂入式联合收获

在收割时，先将作物割断，茎秆被夹持输送装置整齐、均匀、连续地输送至滚筒，喂入夹持链夹持茎秆根部将带穗头的上半部分喂进脱粒装置进行脱粒、分离、清选，一次完成收割、脱粒、分离和清选等作业，脱粒后的茎秆则基本保持完整，秸秆可放铺、放堆，也可切碎还田，因此较适用于水稻收割，并且具有较强的收割倒伏作物的能力。但机器结构复杂，且工艺性高，价格昂贵，使用成本也较高。

5.1.1.3 梳脱式联合收获

在作物处于田间自然站立状态下，利用高速旋转的梳脱元件先将茎秆上的籽粒直接由梳脱滚筒梳脱下来，梳脱下来的籽粒、碎草、断穗头等混合物由输送装置送至复脱装置进行复脱、分离、清选，同时将梳去籽粒的茎秆由茎秆切割机构割断输送至机具一侧有序铺放。由于茎秆不进入机具，大大减轻分离和清选负荷，减少了功耗。湿脱湿分离能力强，适用于高产水稻收获作业。

5.1.2 半喂入水稻联合收获机的主要结构原理

这种机型采用自走式底盘、橡胶履带，其工作部件均安装在底盘上，由自带的发动机提供动力。其脱粒元件一般采用弓形齿，因此主要适用于水稻联合收获，也可兼收小麦。它由发动机、行走机构、割台装置、中间输送装置、脱粒清选装置、操纵控制系统、传动系统等部分组成（图 5-1)。

半喂入机型作业时，扶禾器首先插入作物中，将作物扶起由切割装置进行切割。割下的作物由输送装置夹持输送至夹持喂入链夹持，作物的穗头被喂入脱粒主滚筒沿轴向运动进行脱粒。作物在沿滚筒轴向移动过程中，穗头不断受到滚筒弓齿的梳刷和冲击，籽粒被脱下。脱下的籽粒由凹板筛分离出来，断茎秆和断穗头等则由脱粒主滚筒排至副滚筒再次脱粒，杂草排出机外，始终由夹持喂入链夹持的茎秆则交由排草机构切碎、铺放或堆放至田间。

由于脱粒时只有穗头进入脱粒室，因此滚筒的功率消耗少、节

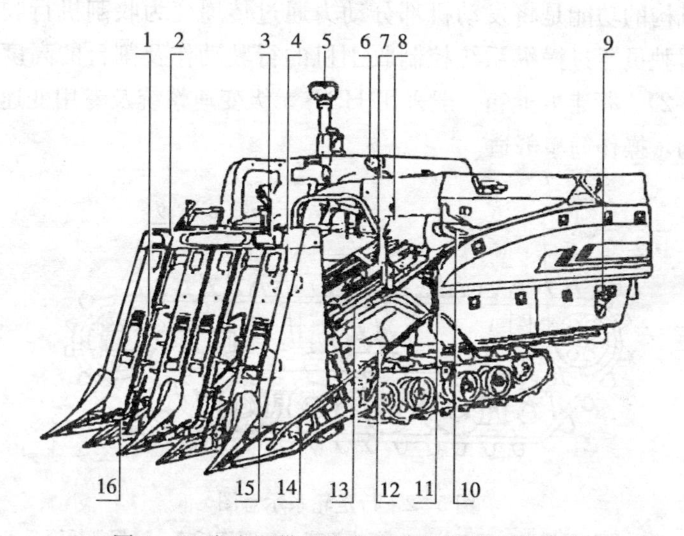

图 5-1 自走履带式半喂入联合收割机示意图

1. 拨禾链 2. 右大灯 3. 左大灯 4. 上输送链 5. 空气滤清 6. 脱粒口作业灯 7. 辅助输送链 8. 主滚筒 9. 燃油加油口 10. 压草板 11. 中间输送链 12. 侧分草杆 13. 纵输送链 14. 割刀 15. 下输送链 16. 分禾器

能，但对作物穗幅差较为敏感。使用时可根据作物长势情况进行喂入深浅调节，以减少脱粒损失。脱粒以后的茎秆可以切碎还田，也可以保留完整为后续处理创造条件。

5.1.2.1 发动机

发动机由曲柄连杆机构、配气机构、柴油供给系统、润滑系统、冷却系统、起动系统等组成，将燃烧柴油产生的热能转化为机械能，是整机所有系统的动力来源。半喂入联合收割机一般采用大功率、低油耗的发动机，在高速作业中体现动力强劲、功率大、低振动、低噪声和低消耗的优异性能。

5.1.2.2 行走机构

主要由底盘机架、行走变速箱、行走轮系、行走离合器等组成。

行走机构的功能是将发动机部分动力通过传递变为收割机行驶驱动力，驾驶员通过操纵系统控制收割机的行驶动作及割台的高度调整（图5-2）。行走变速箱一般采用HST无级变速系统及专用变速箱组合结构，操作简单舒适。

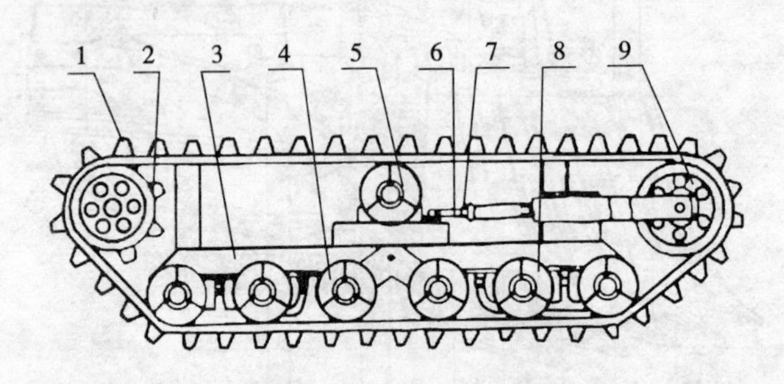

图5-2　行走轮系示意图

1. 橡胶履带　2. 驱动轮　3. 行走机架　4. 平衡托轮　5. 履带托轮
6. 调节螺杆　7. 调节螺母　8. 支重轮　9. 张紧轮

5.1.2.3　割台装置

由扶禾装置、切割装置、割台输送装置等组成。割台的作用是将谷物梳整扶直、切割，并以合适的脱粒深度整齐地输送给中间输送装置。立式割台一般采用链条拨指式扶禾器，工作部件主要有扶禾链、拨禾指、夹持输送链、扶禾星轮和分禾尖。作业时扶禾器拨指从作物根部插入作物丛中，由下而上将作物梳整及将倒伏的作物扶起，并在拨禾星轮的配合作用下使茎秆在直立状态下切割，然后将割下的作物由割台输送装置输送至中间输送装置。

5.1.2.4　中间输送装置

主要由输送链、喂入深浅调节机构等组成，是割台与脱粒两大功能部件的交接过渡装置。该装置将割台送来的作物以合适的深度整齐地输送至脱粒室。

5.1.2.5　脱粒清选装置

脱粒清选装置是收割机的重要组成部分，主要有脱粒、清选及茎秆处理三大部分。其处理能力的大小决定了收割机的工作效率，其工作状态的好坏又直接影响收割机的脱粒、清选等性能指标。一般采用下置式轴流式双滚筒脱粒，采用了二次脱粒、二次清选分离方式，采用高效弓齿脱粒滚筒、耐湿脱粒滤网，并采取扩大脱粒、清选室容积等措施。各种有利条件极大地增强了脱粒部的处理能力，大幅度提高了清洁度和减少了破碎率，装入袋中的谷粒几乎不含任何杂质和米粒。采用自动控制脱粒深浅装置，自动调节穗头进入滚筒的最佳位置，最大限度地减少了茎秆的夹带损失。

1. 脱粒装置　脱粒装置主要包括主副滚筒、凹板筛、压草板、喂入链及脱粒室盖等。其功能是经装有弓齿的主脱粒滚筒及复脱滚筒的二次脱粒，将谷粒从穗头脱下，并使尽可能多的谷粒从凹板筛孔漏下，以减轻清选装置的负荷。脱粒清选装置的工作过程：作物由夹持喂入链夹持，穗头部分被带入滚筒腔内，在滚筒脱粒弓齿的连续梳刷和冲击下脱粒干净，脱净后的茎秆排出机外。脱下来的籽粒及短小禾屑、杂质等由凹板筛筛孔下落，在下落过程中，受到风扇的清选作用，次粒从次粒口吹出，轻杂物、禾屑、尘土等则由集尘斗排出机外，只有净籽粒落到籽粒输送搅龙，再由扬谷器送至粮箱。不能通过凹板筛和副滚筒的长禾屑由副滚筒排尘口排出机外，部分夹杂籽粒受振动筛分离后落到脱粒室内进行二次清选分离。

（1）脱粒滚筒　滚筒是脱粒装置的关键部件。喂入端有一段截锥体，便于作物从轴向喂入。脱粒滚筒上有蜗轮箱及各种齿等零件，不同的齿起不同的作用。梳整齿斜置于简体的喂入端，是将喂入时交错的茎秆梳理整齐，引导作物进入滚筒以便脱粒。脱粒齿（弓形齿）的作用是脱粒，板齿是用来减少飞溅和夹带的损失，击禾板与滚筒铰接，靠其离心力将夹杂在茎秆中的籽粒抖落出来并进一步进行脱粒，减少夹带损失。

（2）副滚筒 副滚筒设在主滚筒的上方，其作用是将断穗上未脱净的少数籽粒进行再次脱粒，以提高脱粒质量，减少损失，并将短茎秆和断穗排出机外。

（3）凹板筛 凹板筛位于滚筒下方，作用是将籽粒和碎茎秆分离出来，以利于清选装置清选。

（4）喂入链 夹持喂入链主要由夹持链、夹持台、弹簧等零部件组成，配置在滚筒的侧边，夹持链和夹持台配合夹紧作物，使其沿滚筒轴向喂入脱粒滚筒。

（5）脱粒室盖 脱粒盖上装有导板和挡板，用来控制被钉齿梳刷下的断穗、籽粒、碎草等在滚筒内轴向流动速度，减少籽粒排出损失。

2. 清选装置 清选装置主要包括主风扇、吸引风扇、振动筛、各种搅龙、扬谷器、粮箱等，其功能是将脱粒后的谷物籽粒从杂余中分离出来，最大可能地降低杂余，得到清洁的谷物并送人粮箱。在提高清洁度的同时，需注意减少损失和降低破碎率。

（1）主风扇 位于凹板筛下面，作用是将轻杂物吹出机外，使得干净的籽粒落到籽粒输送搅龙。

（2）吸引风扇 当电机带动叶片转动时，空气一边随叶轮转动，一边沿轴向推进；当空气被推进后，原来占有的位置形成局部低压，促使外面的空气由吸人口进入，从出口排出。

（3）振动筛 根据物料与杂质粒度的不同，物料在筛面上发生离析现象。物料在筛面上产生剧烈跳动，容易松散，有利于筛去小杂质，而且筛孔不易堵塞，筛分效率和生产率较高。

（4）各种搅龙、扬谷器、粮箱 输送和保存籽粒。

3. 茎秆处理装置 主要包括排草链、切草机等，其功能是按农户要求对脱粒完的茎秆进行切碎还田或成条整齐铺放。

5.1.2.6 操纵控制系统

由电气、液压、操作系统三部分组成。

1. 电气系统 主要由发电机、蓄电池、起动电机、调节器、指示仪表、控制开关、灯光照明、喇叭、导线等各种电路元件组成。

2. 液压系统　主要由油泵、油箱、液压阀、管路、油缸等组成。

通过 HST 主变速箱，即可实现控制收割机的行走速度，实施前进、倒退和停车，并实现无级变速。割台升降油缸使割台具有足够的上升高度和适当的工作位置。转向油缸实现收割机的左右转向。一般配置的转向系统具有手动、液压二级控制，可靠地保证了收割机的转弯质量与行驶安全。

3. 操纵系统　主要由主操纵手柄、副变速操纵手柄、脱粒深度手动调节开关、割台离合器手柄、脱粒离合器手柄、油门手柄、脚踏制动器等组成（图 5-3）。

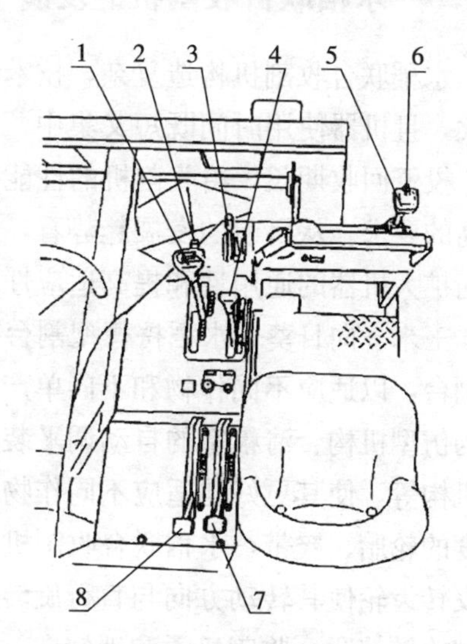

图 5-3　操作系统示意图

1. 主变速手柄　2. 脱粒深度手动开关　3. 油门手柄　4. 副变速手柄　5. 主操纵手柄　6. 转向微调开关　7. 脱粒离合手柄　8. 割台离合手柄

自走履带式半喂入联合收割机普遍采用了高可靠性的机电液一体化技术，能有效地防止故障发生并延长使用寿命。在操纵控制上采用液压无级变速单手柄装置操作及各种自动控制装置，实现模拟人工的自动化控制，在易发生故障或人工难以监测到的重要工作部位装有先进的自动控制装置，而且这些自控装置在仪表盘上能自动报警，部分实现了自动监测和控制，减轻了人的劳动强度。单操作手柄可同时控制收割机割台的升降或改变行走方向，微调开关更能体现转向的灵活性。

5.1.2.7　传动系统

传动系统将发动机产生的动力安全有效地传递至各工作部件。其主要由传动离合器（包括单向离合器）、张紧装置、无级变速器、安全离合器及各种皮带、链条等传动元件组成。传动机构把柴油机的动力经分动箱分三路输出：第一路经V形带传给行走离合器，行走离合器带动行走变速箱，再带动驱动桥主链轮和履带，使收割机前进或倒退；第二路经联轴节与主离合器相联，带动脱粒机及整个工作部件；第三路带动油泵，经操纵阀液压控制割台升降及行走转向。

5.1.3 水稻联合收割机的发展

水稻联合收割机构造复杂，技术含量高，价格昂贵，一次性投入较大，且机器使用时间既短又集中，作业环境恶劣，负荷大，利用率低，投资回收期长，给收割机的性能、质量、适应性和可靠性提出了较高的要求。从目前的发展趋势看，水稻联合收割机的发展方向，一是向扩大机器的通用性和提高适应性发展，除发展多种专用割台如大豆、玉米、向日葵、水稻捋穗型割台外，同一台机器还可配不同割幅的割台，以适应不同作物和不同单产的需要；改进机体结构，如收割台的仿型机构、清粮室的自动调平装置、全喂入水稻联合收获机的扶禾机构等，使其更好地适应不同作物和倾斜地面，行走装置配置多种宽度的轮胎、履带，水稻联合收割机上采用双泵双马达转向方式，通过反转齿轮使其转动方向与直行旋转方向相反，左右履带差速或等速反向旋转使联合收割机柔和地转向，实现原地回转等功能，以提高在潮湿地和水田中工作的适应能力。二是向高效脱粒筒、耐湿脱粒及扩大脱粒、清选室容积提高核心技术方面发展。全喂入机型脱粒分离装置，以提高生产率、减少谷粒损失为目标，在保证良好性能的前提下，向高效、大功率、大喂入量方向发展，以提高生产率。在传统的纹杆切流滚筒及键式逐镐器的脱粒分离装置之后，双滚筒横置轴流式结构广为应用，继而又研制了单滚筒或双滚筒纵置的轴流式脱粒分离结构。新材料和先进制造技术的广泛应用使产品性能更好、可靠性更高；以人为本，广泛应用机电一体化和自动化技术，向舒适性、使用安全性、操作方便性方向发展；向智能化收获机发展，使操纵、调节更加灵活、快捷、方便。喂入量已由一般的5～6kg/s发展到10～12kg/s；所配发动机的功率最大到243kW，正在研发的有276kW；割台最大割幅已超过9m。半喂入水稻联合收割机采用自动控制脱粒深浅装置，自动调节穗头进入滚筒的最佳位置，最大限度地减少了茎秆的夹带损失。脱粒滚筒采用同轴差速脱拉滚筒，高低速分别驱动。滚筒前半部低速转动，后半部设有增速机构转速比前半部高。前半部脱下易脱籽粒，后半部脱下难脱的籽粒和小枝梗上的籽粒，提高了脱净率，降低了破碎率。车体采用车体水平控制机构，能实现机体左右、前后升降，使作业中的联合收割机始终保持水平状态；割台、脱粒机等工作部件保持在正常工作状态，机器性能不变，特别适用于深泥田作业；能提高机器坡地行走的稳定性。田埂不高时，一条履带可压在田埂上行走，减免田边作物的手工收割。振动筛采用振动筛角度自动控制系统，根据落到振动筛上的脱出物的变化，由传感器快速测出脱粒室风量随之发生的变化，通过空气浓度系统自动调整振动筛筛片的角度，提高谷粒的清洁度，减少清选损失。同时，新材料和先进制造技术的广泛应用，将谷物联合收割机机架、割台体加大壁厚或加强骨架，用大直径薄壁钢管作轴，纹杆进行表面硬化处理；各种联合收割机在易堵塞的部件上设置各种快速切离的安全装置，传动胶带采用新的结构和材料。

5.2　油菜联合收获机械化技术

5.2.1　油菜收获工艺

根据各地不同的自然条件、耕作栽培制度、经济结构和技术水平，目前国内外采用的油菜机械收获工艺主要有分段收获和联合收获两种。

1. 联合收获法　运用联合收获机一次完成收割、脱离、分离和清选工作，机械化水平高，能显著提高劳动生产率和减轻劳动强度；对于直播油菜一般机械收获难度较小，联合收获容易获得较好的作业效果，因此更适合直播油菜的收获。作业后能及时清理田地，以利于下茬作物的抢耕抢种。但是联合收获的适宜收获期短，单机作业量受到适收期短的制约，适应性差。除对油菜成熟度适应性差以外，联合收获对移栽油菜株型大、分枝多、上下层成熟不一致的适应性以及对天气的适应性也相对较差。

2. 分段联合收获法 把收获分为两个阶段进行，先用割晒机将7～8成熟的油菜割下，并成条地铺放在具有一定高度的割茬上，利用油菜的后熟作用使籽粒逐渐成熟一致，采用带有捡拾器的联合收获机沿着条铺进行捡拾、脱离、分离和清选的联合作业，其特点是相对联合收获可以提前进行分段收获。适宜收获期较长，有利于使单机作业量提高和机械收获社会化服务成为可能，进而提高作业收益。收获的油菜籽籽粒饱满，有利于提高产量。分段收获的总损失不大于联合收获，特别是在天气不好的情况下，分段收获更具优势。但所用机具多，两种机具分两次下地作业，由于割、脱分两段进行，历时较长，增加了组织管理时间。

5.2.2 油菜联合收割机的主要结构原理

油菜联合收获机整机设计采用机、电、液一体化先进技术，配置橡胶宽覆带，应用静液压驱动装置与机械变速箱组合行走底盘，采用油菜组合式割台，脱粒、清选、分扬等机构优化设计，实现收获、行走无级变速，具有油菜、水稻和小麦等不同作物联合收获的功能。油菜联合收获机主要由组合割台、脱粒、清选装置和静液压驱动行走底盘等几大部分组成。

5.2.2.1 作业流程

油菜联合收获机作业时，拨禾轮将作物拨向切割装置，切割下的作物被拨到收割台上，由输送搅龙将作物送到割台左边输送槽喂入口处进入输送槽，再由输送槽送入脱粒清选装置内的脱粒滚筒，作物经脱粒滚筒脱粒后，长茎秆由脱粒滚筒右端后边的排草轮排出，通过粉碎装置粉碎、扩散，颖壳和籽粒经脱粒滚筒下的凹板筛落到摆船筛上，在气流作用下，碎秸秆、颖壳由风扇吹出，大部分籽粒经摆动清选筛落入籽粒搅龙，另一部分籽粒混合物进入杂余搅龙，经杂余提升机进入到摆船清选筛上进行二次清选，同时落入籽粒搅龙的籽粒经由籽粒提升机进入贮粮仓，满仓后卸粮。工艺作业流程如图 5-4 所示。

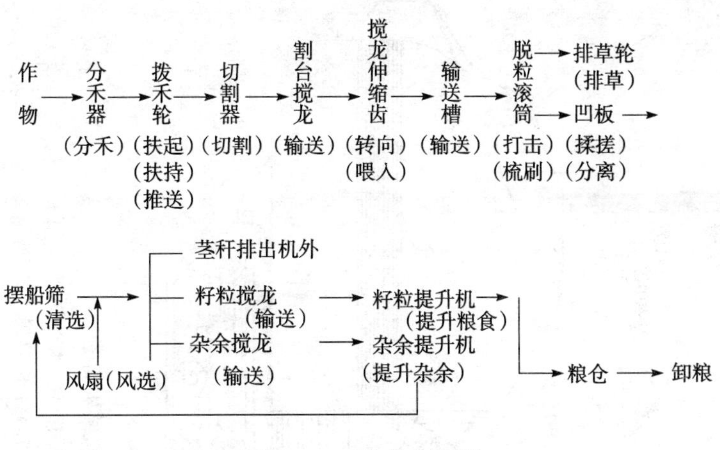

图 5-4　工艺作业流程

5.2.2.2　结构形式

如图 5-5 所示，割台位于收获机的正前方，相对于履带纵轴线对称，发动机位于底盘的前部偏右，使整机重心尽量位于履带接地中心的前部，以防止下水田时发生翘头现象。驾驶室位于脱粒装置的前上方，视野开阔；排草口位于整机右后部，排草口高度尽量低，减少工作灰尘。采用油菜专用割台同稻、麦通用割台驳接组合，与底盘机架铰接，过桥左侧偏置，输出口通过输送槽连接脱粒滚筒喂入口，机体内装有脱粒分离清选装置、二次杂余回收装置和茎秆粉碎等工作部件。

5.2.2.3　传动路线

发动机输出动力一路经中间传动轴传送至风扇和脱粒、分离、清选装置，再由脱粒、分离、清选装置传送到输送槽，经输送槽后将动力传递至割台及拨禾轮。发动机输出动力另一路由三角皮带传送至液压无级变速系统（HST），经变速增矩后由驱动轮带动履带。传动路线如图 5-6 所示。

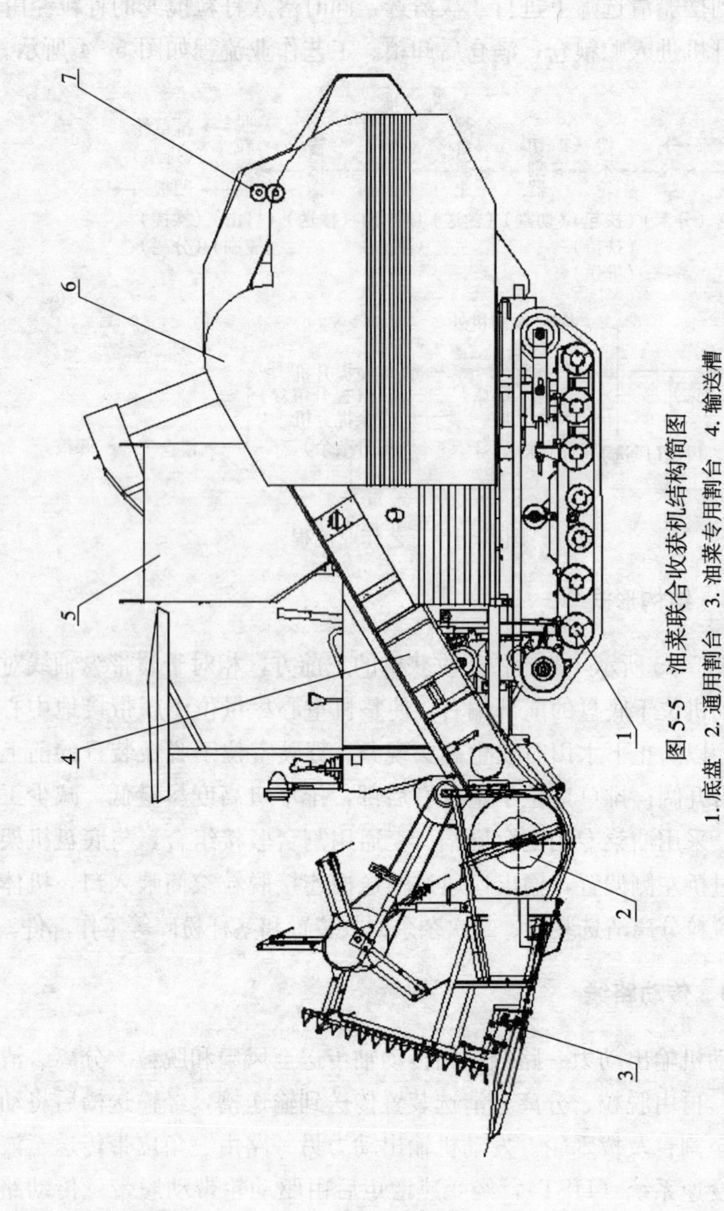

图 5-5 油菜联合收获机结构简图

1.底盘 2. 通用割台 3. 油菜专用割台 4. 输送槽 5. 储粮仓 6. 脱粒清选装置 7. 秸秆粉碎装置

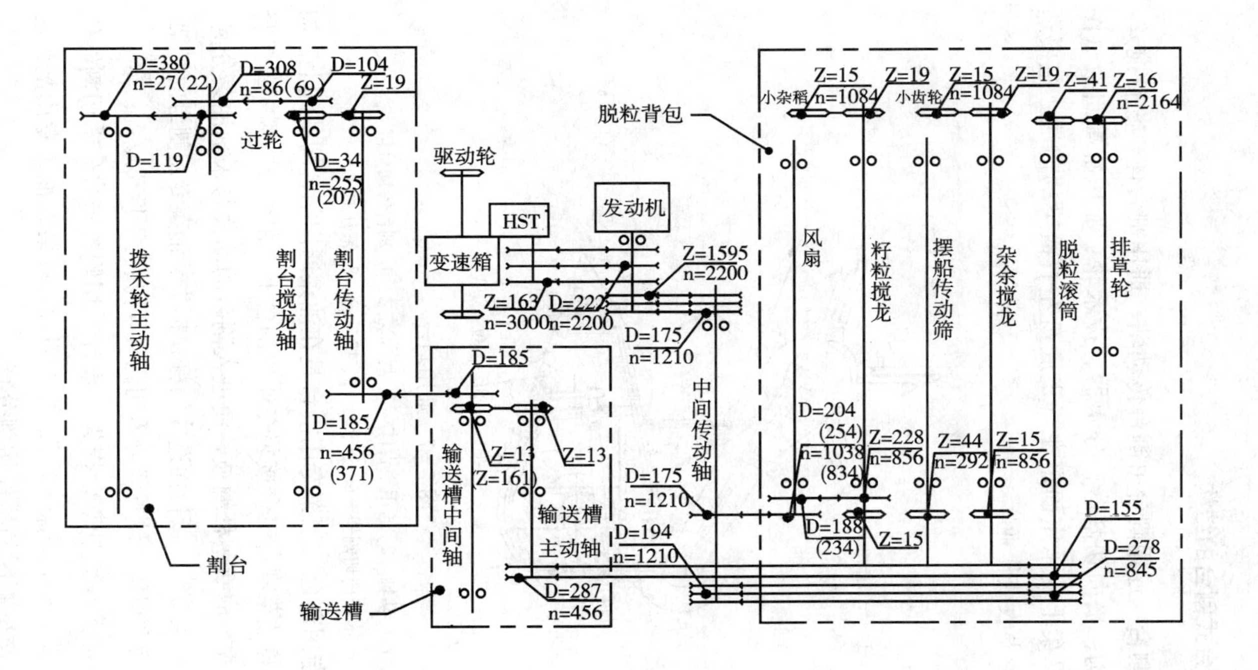

图 5-6 油菜联合收获机传动示意图

5.2.2.4 组合式割台的结构

1. 通用割台 通用割台由割台传动轴、通用割台体、割台搅龙、割台传动机构、横向切割器、分禾器、拨禾轮、液压缸等组成（图5-7）。通过悬梁上支承座固定在行走底盘左右横梁的前端。主要适用于水稻、小麦收获作业。

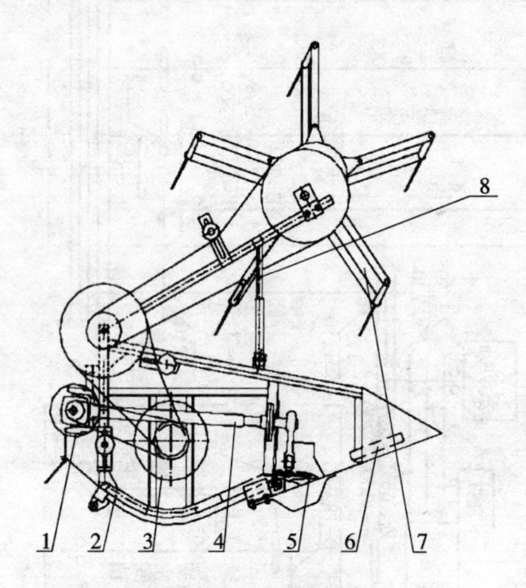

图5-7 通用割台

1. 割台传动轴 2. 通用割台体 3. 割台搅龙 4. 割台传动机构 5. 横向切割器 6. 分禾器 7. 拨禾轮 8. 液压缸

2. 油菜专用割台 油菜专用割台是在油菜通用割台的基础上，油菜收获作业时将油菜割台组合接装在通用割台上，在割台左侧配置侧竖分禾切割器，先行剪断茎秆缠枝，使进入割台的油菜与未割油菜分离，有效减少荚果相互缠绕、撕拉而造成的籽粒损失。油菜专用割台由机架、横向切割器、换向机构、侧置竖分禾切割器等构成（图5-8）。

为了减少油菜收获的割台损失，设计采用侧置竖式分禾切割器代替传统的分禾器。竖切割器选用整体小刀片，安装在油菜专用割台左侧，将收割区与待割区的植株切割分行。

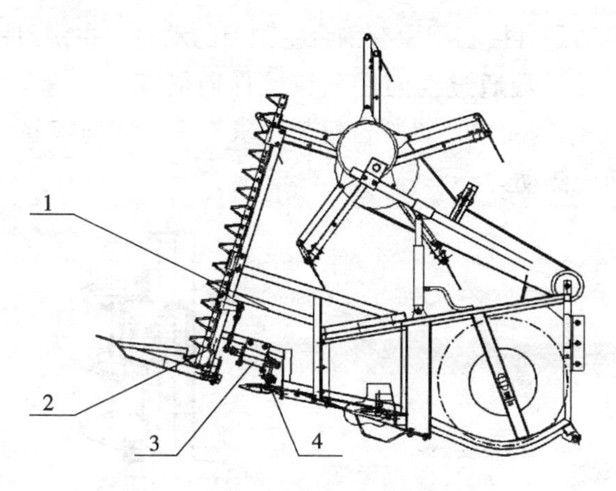

图 5-8　油菜割台示意图

1. 油菜专用割台　2. 侧置竖式分禾切割器
3. 换向机构　4. 横向切割器

3. 传动方式　侧割刀的传动方式有直接传动和间接传动两种。

直接传动有电传动、液压传动两种。需要主机单独提供与侧割刀功率匹配的电源或液压源，后一种是通过割台传动主轴的带轮输出动力给摆轮（图 5-9）。其原理较简单，直流电机通过带轮减速后，驱动曲轴转动，而曲轴通过曲轴连杆推拉侧割刀做剪切运动。将电机部分换成液压马达就成了液压传动。

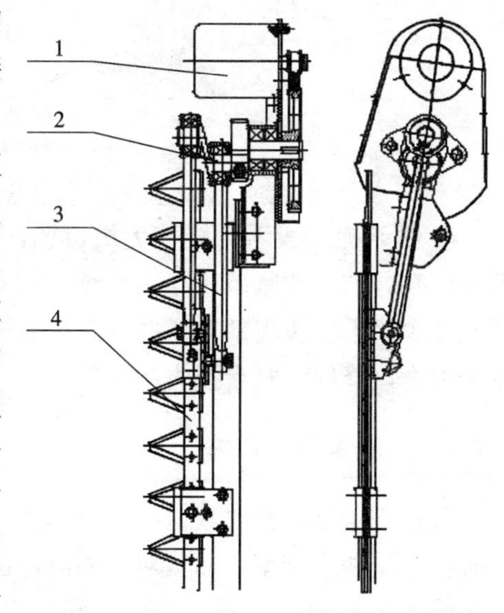

图 5-9　直接传动

1. 直流电机　2. 曲轴　3. 曲轴连杆　4. 侧割刀

间接传动是直接利用原有割台主割刀的动力。主割刀一端靠摆杆传入动力，另一端通过换向件和铰接件向侧割刀传递动力（图 5-10)。该方法结构简单，对割台机架要求不高，实施容易，但是主割刀只能传递一侧动力。

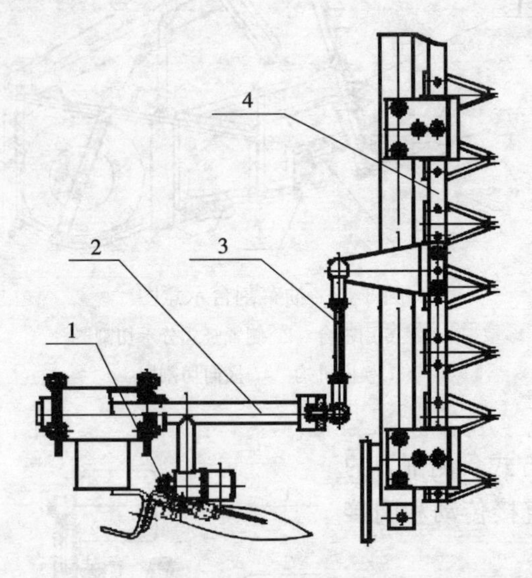

图 5-10　间接传动

1. 横向切割刀　2. 换向机构　3. 连接件　4. 侧竖分禾切割器

4. 拨禾轮　拨禾轮转速无级可调，拨禾轮相对于主割刀的位置也可调整，前后调整范围增大，能同时适应油菜、水稻、小麦收获；适当减少拨禾轮拨齿的数量并重新按螺旋排列，减轻了对油菜角果的打击力度，降低了割台损失率。

5.2.2.5　脱粒分离机构

脱粒机构是联合收获机的核心部件之一，很大程度上决定了机器的脱粒质量和生产率，而且对分离清选也产生了很大的影响。对脱粒机构的要求是脱得干净，谷粒破碎、暗伤少，分离性能好，通用性好，能适应多种作物和多种要求。脱粒的难易程度与作物品种、成熟度和湿度等有密切联系。油菜作物成熟度不一致，湿度高、秆草含量高，造成脱粒难度大，分离难度高，主要解决油菜成熟度不一致、果荚难脱分离问题，增强脱净程度，减少堵塞与损失。

1. 脱粒装置的形式及工艺流程选择　脱粒装置从结构上分为纹杆式、钉齿式、弓齿式三种。从脱粒形式上分为切流式和轴流式。从滚筒的布置形式上分为横向布置和纵向布置。就目前国内外联合收获机的实际应用情况看，全喂入联合收获机多采用纹杆式和钉齿式脱粒滚筒，收获小麦等易脱粒作物多采用横向布置形式的纹杆脱粒装置，收水稻、油菜等难脱粒作物多采用钉齿轴流式脱粒滚筒，目前滚筒以横向布置居多。对潮湿作物油菜等难脱粒作物一般采用横向轴流式钉齿脱粒滚筒或采用钉齿式异速双滚筒配置。其特点是抓取谷物能力强，脱粒时间长，对不均匀喂入适应能力强。

2. 滚筒直径和长度　单滚筒配置要达到满意的脱粒分离、减少损失的目的，已基本上符合技术要求，一般选取油菜收获机的滚筒直径为 550～650mm，滚筒长度为 1 200～1 500mm。

双滚筒配置，前脱粒滚筒为切流喂入结构转速较低，使成熟、饱满、易脱落的籽粒快速脱落下来；第二滚筒为切向喂入的轴流式脱粒滚筒，转速较高，使油菜茎秆上不十分成熟、含水率较高、未被第一滚筒脱下的籽粒在较高速旋转滚筒更强力的打击下脱落下来。一般选取油菜收获机的滚筒直径为 530～550mm，滚筒长度为 1 220～1 320mm。

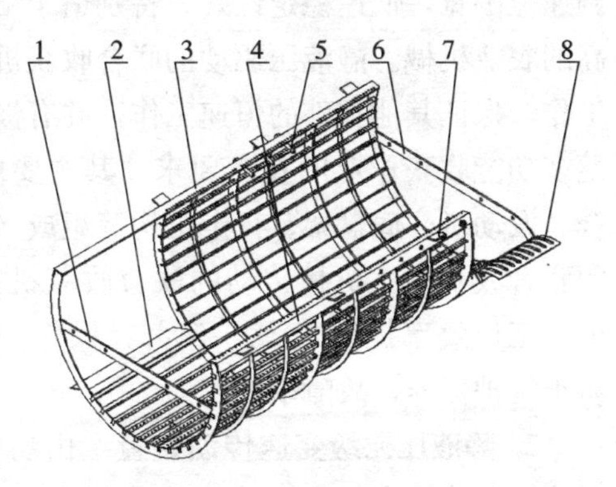

图 5-11　凹板筛结构示意图

1. 左固定扁铁　2. 进口搁板　3. 长横角铁　4. 短横角铁　5. 固定钉齿　6. 右固定扁铁　7. 固定耳　8. 出口栅条

3. 凹板筛　凹板筛型式有编织筛式、冲孔筛式和栅格筛式。其中栅格筛式凹板的脱粒分离能力最强，对收割作物的脱净、分离能力，对减少油菜青果角脱粒难、分离不清而造成损失的效果明显。栅格式凹板筛由幅条、栅条、钢丝、固定钉齿等组成（图5-11）。

4. 清选装置 清选装置采用单风机—双层振动筛结构，上、下层为不同孔径的编织筛组合，有效分离面积大，对气流的阻力小，籽粒的通过性能好。整筛为可拆卸式结构，根据不同作物清选的要求，可快速更换。输送部分设计采用适当加宽方案来解决油菜秸秆粗大、滚筒喂入过程中容易堵塞的问题。

5.2.2.6 行走变速机构

油菜联合收获机行走变速机构具有无级变速功能，能满足收获不同作物时所需的最佳机器前进速度。在水田作业时有良好的通过性，既能在旱地通过也能在泥脚深度小于25cm左右的水田中通过。机动性好，具有较小的转弯半径。结构简单、重量轻，坚固耐用。解决油菜收获机兼用稻、麦收获作业的功能，形成具有多功能作业特点的联合收获机械。

1. 静液压专用底盘 静液压驱动装置可以无级变速，易于布局，调速范围宽，低速稳定性好。特别适于结构形态多样化，行驶速度不高的农业机械。静液压驱动的联合收获机可使发动机在客观定工况下工作，保证其他部件的恒速工作，并有极佳的最低稳定行驶速度，满足多功能收获作业的技术要求。其主要由液压组合泵传动变速箱组合、发动机、底盘架、行走机构等组成（图5-12）。采用静液压驱动的联合收获机比机械传动的联合收获机工作效率高、辅助工作时间少，工作效率提高10%～30%，操作方便，舒适，减轻劳动强度，易于维护保养，故障率低。

2. 静液压无级变速传动装置 由功率元件和控制元件等组成的闭式回路系统介于原动力和工作机之间，传动以机械能转化为液压能，液压能转化为机械能，中间通过控制元件实现变量，从而实现无级变速，操纵方便，灵活机动，提高作业性能和工作效率。采用静液压传动器与机械专用变速箱组合底盘（图5-13），橡胶宽履带，前轮

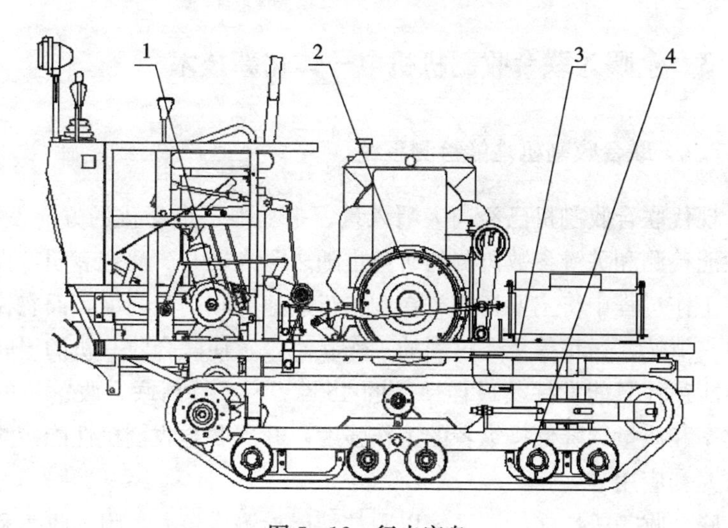

图 5-12　行走底盘

1. 液压组合变速箱　2. 发动机　3. 底盘架　4. 行走机构

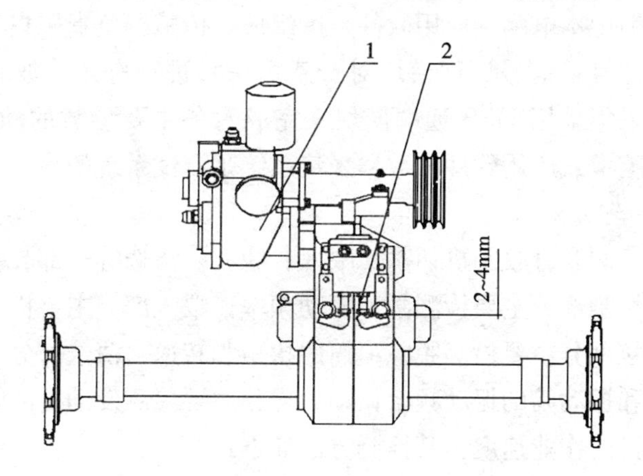

图 5-13　液压组合泵、传动变速箱组合示意图

1. 液压组合泵（HST）　2. 机械专用变速箱

驱动。可以得到高、中、低三种变速范围，实现收获、行走无级变速，行驶速度平稳，有利于提高收割机的作业性能和工作效率，减轻操作者劳动强度。同时可适应深泥脚田块作业，有良好的防陷通过性能。

5.2.3 全喂入联合收割机机电一体化新技术

5.2.3.1 联合收割机性能检测系统

现代联合收割机已经向大喂入量、多功能、自动化的方向发展，且性能检测和关键参数监测的研究也随之深入展开。研究表明，操纵者在工作过程中将主要精力放在调整行进速度和割台高度，而忽视了脱粒、清选、运粮等重要过程的工作状态，致使联合收割机的田间工作性能往往只能发挥其最佳性能的 45%。为了提高联合收割机的工作效率和质量，降低操纵者的工作强度，开展联合收割机性能检测系统研究和应用。

联合收割机性能检测系统以脱粒性能检测为核心，附加收割和清选的性能参数检测。检测系统主要由传感器、信号调理模块、数据采集模块和笔记本电脑（应用软件）等组成：传感器负责采集各主要参数的动态信号；信号调理模块对传感器信号进行有效滤波和整形处理；数据采集采用 USB 远端模块，完成对各主要参数的动态采集；笔记本电脑承载应用软件和数据采集系统是测试系统的核心，且便于安装和携带。

系统检测联合收割机切割、喂入、脱粒、清选等全部收获工艺流程包括：切割部分主要检测割刀振动频率；喂入部分主要检测拨禾轮转速；脱粒部分主要检测脱粒滚筒的扭矩和转速；清选部分主要检测风机转速和振动筛的振动频率；动力部分主要检测发动机的转速以及联合收割机的作业速度。其检测方法如下：

（1）割刀、拨禾轮、风机、振动筛等都依靠链传动，通过对链轮转速的检测就可换算得到所需参数值。采用磁电式转速传感器，分别对各链轮转速进行测量，便可得到割刀频率、拨禾轮转速、风机转速、振动筛频率等参数。

（2）脱粒滚筒扭矩和转速采用现场总线型扭矩转速传感器进行测量，该扭矩转速传感器采用特殊结构设计，安装在脱粒滚筒的皮带轮上，对联合收割机的结构不需要进行任何调整。将脱粒滚筒扭矩的模拟信号转变为高频数字脉冲量，便于数据的采集和远距离传输。

（3）作业速度检测可以利用联合收割机的行驶轮来实现，但由于行驶轮转速很低，故选用旋转编码器来检测其转过的角度。为便于旋转编码器的安装，用强力磁座将其吸附在联合收割机车轮上，与车轴同心，通过记录单位时间脉冲数换算得到联合收割机作业速度。为了降低车轮打滑和地形因素的影响，将传感器安装在从动轮。

（4）发动机转速检测通过将外卡式传感器夹持在发动机的高压喷油管上，获取喷油脉冲，便可得到发动机的转速。

5.2.3.2　联合收割机电气开机自检系统

随着联合收割机操控系统自动化程度的提高，联合收割机上的控制系统越来越复杂，使用的电气单元越来越多。联合收割机田间作业时，电气系统处于振动、风尘、高温、高湿的恶劣环境，容易出现故障。因此，电气系统的故障自动诊断可以帮助联合收割机机手及时发现故障并进行处理。

江苏大学农业工程研究院在实验室内对 4LZ-2.0 型碧浪牌湖州 200 全喂入联合收割机采用仪器为 CS010GT 型电流传感器，测量范围为 0～20A；NIUSB-6008 型数据采集卡，分辨率为 14bits，采样率为 48kS/s；IT6322 型可编程直流电源，电压范围为 0～30V，电流范围为 0～3A。通过人为设置故障，确定了对象不同状态下的诊断电流值，开发了联合收割机电气开机自检系统。

1. 系统组成　联合收割机电气系统主要有照明回路、充电回路、启动回路和仪表指示等组成（图 5-14）。对出现故障率较高的蓄电池、保险丝、照明、喇叭、起动机等电气部分进行开机自检是非常必要的。

2. 原理　对于蓄电池、保险丝等诊断对象采集电压信号，对于照明、喇叭、起动机等诊断对象施加测试电压，采用测试回路的电流信号。采集到的信号经过数字滤波、标度变换、数据有效性判定后，输入诊断对象的故障诊断模型，进行故障类型的判别（图 5-15）。

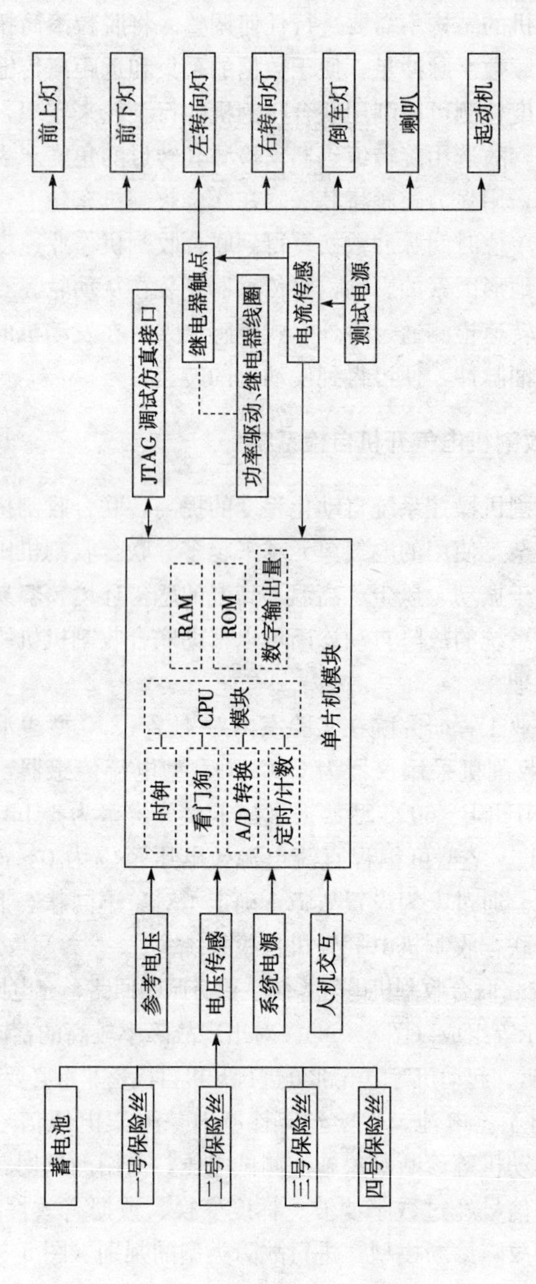
蓄电池
一号保险丝
二号保险丝
三号保险丝
四号保险丝
参考电压
电压传感
系统电源
人机交互
时钟
看门狗
A/D 转换
定时/计数
CPU
模块
RAM
ROM
数字输出量
单片机模块
JTAG 调试仿真接口
功率驱动、继电器线圈
继电器触点
电流传感
测试电源
前上灯
前下灯
左转向灯
右转向灯
倒车灯
喇叭
起动机

图 5-14 系统组成框图

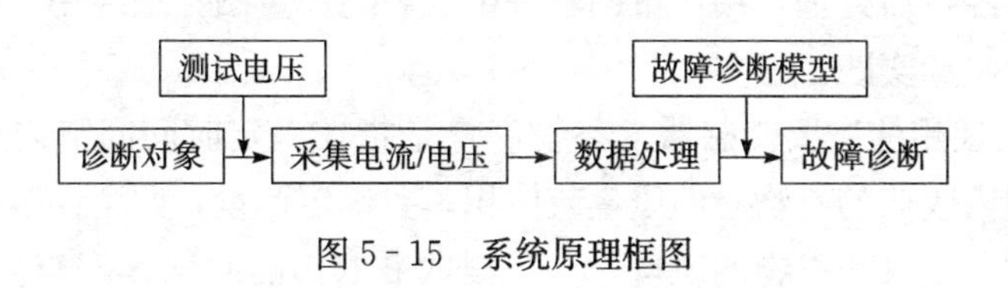

图 5-15　系统原理框图

5.2.3.3　联合收割机测产系统

1. 系统基本组成与测产原理　谷物联合收割机智能测产系统是基于 DGPS（差分的全球定位系统）技术、传感器技术和微处理器技术的集成系统。系统主要包括主控单元、CF 卡（Compact Flash Card）、差分全球定位系统（DGPS）、一组传感器（流量传感器、含水率传感器、地度传感器、割台高度传感器等）。

当智能测产系统工作时（图 5-16），由一组传感器实时测得单位时间谷物质量或流量、谷物含水率、机器前进速度、割台高度、运粮升运器提升速度，同时向控制显示终端传送数字或模拟信号，据此可以计算谷物单位面积产量。由 DGPS 指示出每一测试点的经纬度值（可通过坐标转换为 X、Y 坐标），割台高度信号控制系统的运行，这些信号通过控制终端显示处理，并且可通过 CF 卡记录和存贮这些数

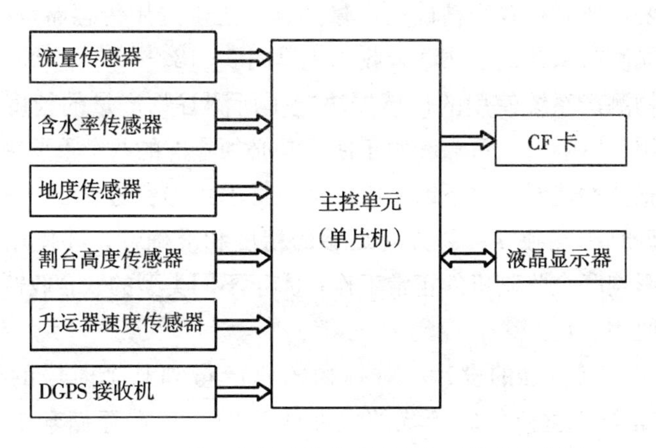

图 5-16　联合收割机智能测产系统总体结构框图

据，再经过后处理，用产量图软件生成谷物产量图，最终用于指导精细农业生产实践。

2. 使用的主要传感器 谷物产量是指在一定时间间隔内单位面积农田内收获的谷物总的质量或体积。要确定产量，两个参数必须能测定：一是收获谷物的质量 M，二是收获农田的面积 S，这样就可计算单位面积的谷物产量，测量点的位置通过 DGPS 系统可测定。智能测产系统的主要传感器有流量传感器、含水率传感器、割台高度传感器、地速传感器、升运器速度传感器、收割幅宽传感器、DGPS 接收机。

传感器向主控单元（产量监视器）传送信号流向可见图 5-17。

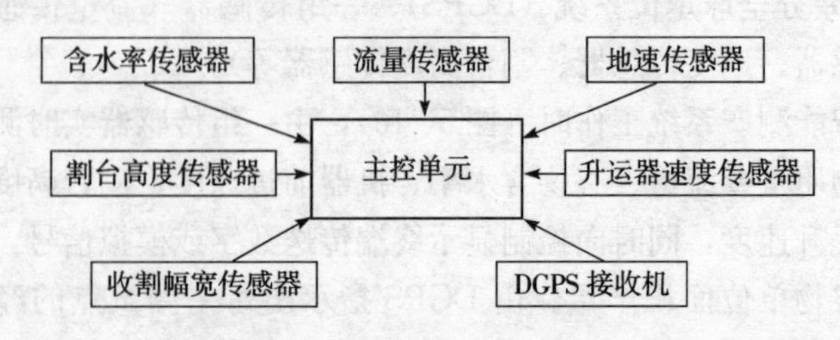

图 5-17　传感器向主控单元（产量监视器）传送信号流向

了解测产系统使用的传感器性能、使用范围、测量精度、标定都十分重要，要获得较为精确的产量数据，正确选用传感器是必要的。装备智能测产系统的谷物联合收割机见图 5-18。

谷物测产系统使用的传感器决定了所测谷物产量的精度和可靠性。选用传感器时，可靠和便于使用是必须考虑的两个重要因素。在评价传感器性能时，以下因素应该加以考虑：①容易校准，收获不同作物类型时相互独立；②具有足够的精度和准确性；③使用传感器时，不影响联合收割机的正常工作；④于不同类型的联合收割机便于安装和使用。

3. 测产传感器的设计 对谷物的总产量和某个时段的产量进行统计是非常重要的。传统的农业收获做法是把存储仓中的谷物卸下进行称重，这样做不仅降低了收割机作业的效率，增加了劳

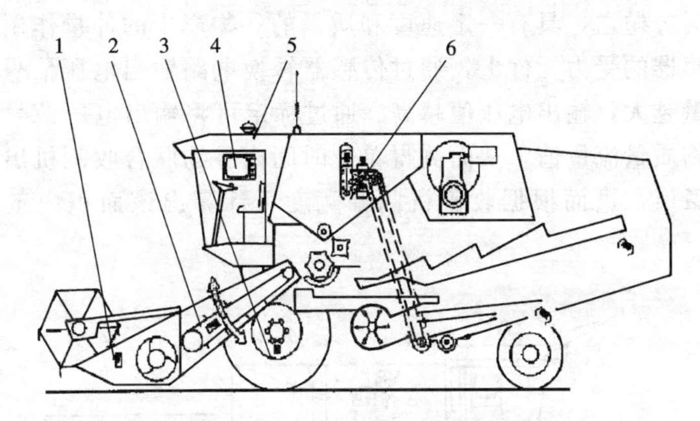

图 5－18　装备测产系统的谷物联合收割机

1. 收割幅宽传感器　2. 割台高度传感器　3. 地速传感器
4. 显示终端　5. GPS 天线　6. 流量和含水率传感器

动力投入，而且不能反映该小区产量的差异性信息。为了实时地获取作物产量，可以在收割机上装测产传感器并将数据储存在测产系统中，实时显示产量数据，收获完成后还可以进行数据的分析。

(1) 冲击式载荷测量法　冲量式谷物流量传感器安置在联合收割机谷仓顶部，接收来自刮板的谷物冲量（图 5－19）。

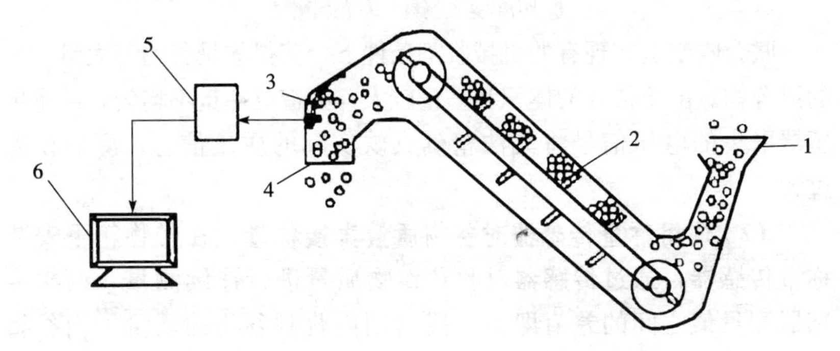

图 5－19　谷物产量冲击式载荷测量法示意图

1. 入料口　2. 输送带　3. 冲量传感器　4. 出料口　5. 数据采集器　6. 处理器

工作原理（图 5－20）：工作时，谷物在升—运器刮板的作用下向后方抛送，具有一定速度和质量的谷物产生的冲量作用在冲量传感器的受力元件上，通过传感器转换电路输出电压信号，谷物冲量越大，输出电压值越高。通过标定可将输出电压信号转变为谷物质量流量值，从而测得单位时间内谷物联合收割机出粮口的流量值，进而根据收割机割幅宽度可计算出该面积内玉米的产量。

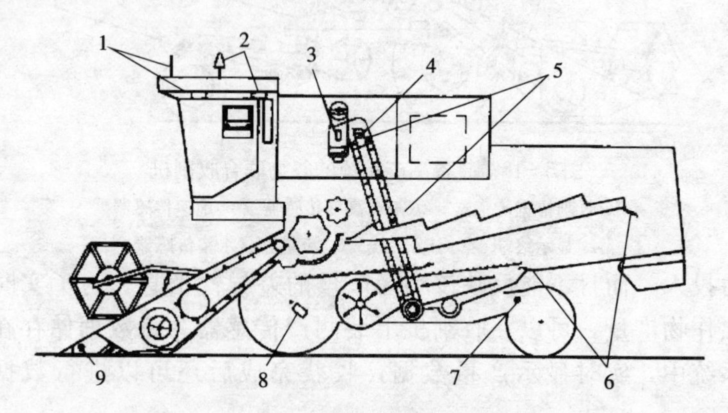

图 5－20　相应传感器在谷物联合收割机上的布置

1. DGPS 接收装置　2. GPS 接收装置　3. 谷物湿度测量　4. 谷物密度测量
5. 谷物体积流量测量　6. 谷物损失测量　7. 转向角度测量
8. 距离/速度测量　9. 割幅测量

联合收割机在现有的机械收割条件下，获得的是谷物与大量秸秆的混合物。由于秸秆的体积和重量较大，会造成冲量不均匀，冲量传感器采集的电压信号将无法精确反映实际的质量信息，测量误差过大。

（2）使用称重传感器对谷物质量直接称量　在谷物箱下安装称重传感器，通过传感器对收获作物质量进行连续测量，两次传感器测量值之间的差值即为这段时间内收割谷物的质量。当谷物箱装满后，将其中谷物全部倾倒，继续实时测量。该方法直接对谷物重量进行测量，设计简单，且可连续测量。但由于外界干扰（如联合收割机的颠簸、震动等）较大，需剔出干扰，以获得较精确的数据。

（3）测产系统的构成　整个谷物测产系统由两部分组成，即数据获取部分和数据处理部分。

数据获取部分包括称重传感器。称重传感器用于采集谷物重量信息，转换为电信号。称重传感器采用 BLR-12 型拉压式称重传感器，该传感器采用 S 型弹性体结构，既能测量拉力也可测量压力，具有精度高、稳定性好的特点，广泛应用于各种构造物体的拉式和压式称重。

数据处理部分是操作人员与整个系统的交互平台，通过嵌入式系统采集传感器信号，进行前期数据处理、存储和显示。整个系统构成如图 5-21 所示。

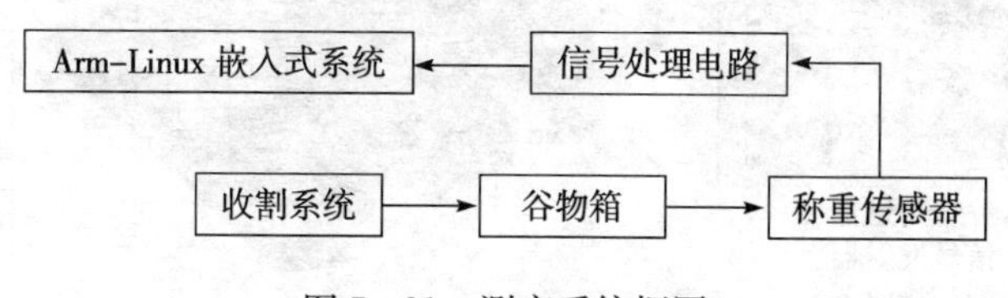

图 5-21　测产系统框图

测产系统中，称重传感器安置在谷物箱的下方，能够承受所有谷物重量，确保谷物箱体不与联合收割机的车体直接接触。系统使用三个量程为 300kg 的 BLR-12 型拉压式称重传感器，将三个传感器以等边三角形对称固定在称重板上放在谷物箱的下方。确保在收割机行进的过程中传感器不会发生晃动，而且除了称重板以外没有其他物体接触到谷物箱，确保传感器能测得谷物的真实重量。虽然称重在静止时是精确的，但是每行驶一段距离停下来静止测量在实际操作中是不可行的。而对收获过程中实时测产系统而言，不但要补偿或消除来自地形的不平整、机器震动和在斜坡上操作的干扰，还要补偿收割机行驶加速度引起的误差。

4. 产量分布图的形成　带有产量传感器的收割机及其生产产量图如图 5-22 所示。

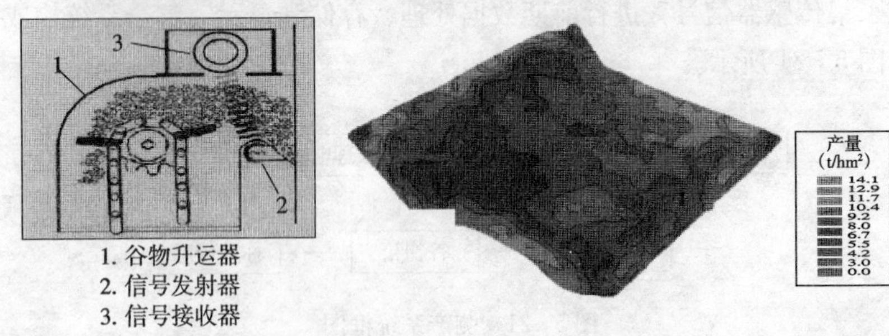

1. 谷物升运器
2. 信号发射器
3. 信号接收器

图 5-22　带有产量传感器的收割机及其生产产量图

5.2.3.4　联合收割机夹带损失的测量

逐稿器分离出的秸秆中夹带的谷粒为夹带损失。谷物在经过脱粒后，被风机吹出秸秆等杂物，里面夹杂着谷物颗粒。若脱粒滚筒负荷过重会有大量的谷粒夹杂在秸秆等杂物里，对农民造成很大的损失。

1. 传统的测量方法　现在大多数的对夹带损失的检测是通过在排草口安装力—电传感器，根据采集到的秸秆和杂草不同质量的电信号送至处理器计算，进而测得夹带损失量。

2. 图像检测方法　系统流程如图 5-23 所示。脱粒后，利用密度差将输出中夹带的谷粒从秸秆中分离出来，经检测台收集后定时通过 CCD 图像检测收集平台上的谷粒图像送处理器进行分析。收集装置为三角旋转装置，完成一次图像采集后，检测台上的收集平台旋转，将已有的谷粒倒掉，进行下一次采集。采集卡采集数据间隔时间与旋转平台旋转间隔时间一致，设定为0.5s/次。

把采集到的图像灰度进行处理，中值滤波后经适当二值化后形成二值文件（二值化闭值须根据检测台实际情况选定，可能需动态自适应选择），对二值文件进行扩张收缩，去除其中的干扰，算出谷物面积，与谷粒平均尺寸进行比较得到谷粒数量，最终获得夹带数据。

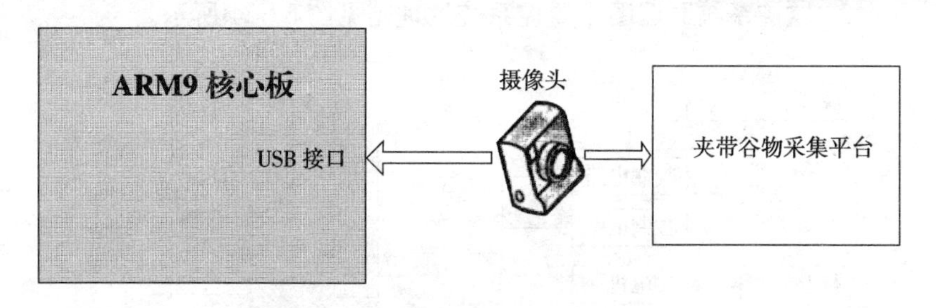

图5-23　夹带损失传感器系统流程图

摄像头可采用具有防抖动CCD图像探测器，具有体积小、结构紧凑等优点。与ARM核心板通过USB接口连接。

5.2.3.5　联合收割机脱粒滚筒监控系统

1. 脱粒性能的影响因素　脱粒装置是影响整机性能的关键因素，脱粒效果的好坏直接影响到清选、分离装置的性能。影响脱粒性能的因素有很多，其中包括喂入量、滚筒转速等可控因素，也有作物湿度、作物密度和青杂草含量等不可控因素。

（1）滚筒转速　脱粒装置的速度对于脱粒质量和功率消耗的影响很大。脱粒某一作物时，当滚筒速度增加到某一值时，会使谷粒受到严重的损伤并出现破碎，这个速度称为脱粒极限速度。为了减少谷粒的破碎，滚筒的圆周速度必须降到极限值以下。作物的极限速度随该作物脱粒时的湿度而变化。对于较湿的作物，收获时可提高滚筒转速以减少脱粒损失而不会影响茎秆破碎。对于较干的作物应适当调整滚筒转速，要兼顾脱粒损失和茎秆破碎。

（2）喂入量 喂入量是影响脱粒工作的另一个因素，联合收割机的脱粒质量决定于较为恒定的喂入量和与之相匹配的滚筒转速。

（3）谷物湿度 谷物湿度直接影响到脱粒的性能，随着谷物湿度的增加，茎秆和凹板间的摩擦将增大，在脱粒间隙内谷物层增厚，厚的谷物层和较大的摩擦力都不利于分离，所以湿脱时分离率显著降低，同时脱不净率增加，造成脱粒损失。

2. 监控系统原理图 监控系统原理图见图 5-24 所示。

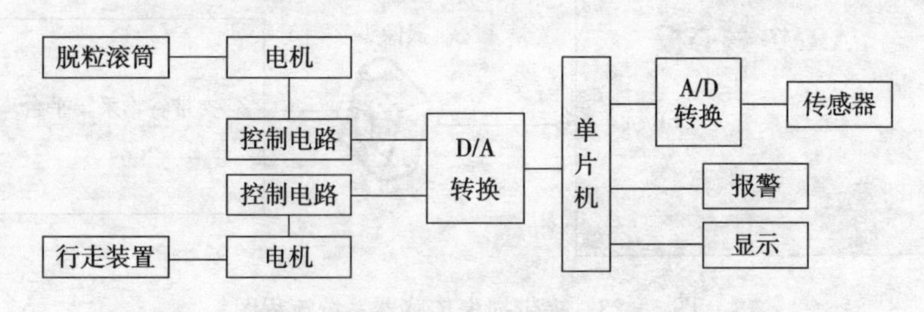

图 5-24 监控系统原理图

3. 转速的检测 滚筒转速的检测采用霍尔传感器。霍尔传感器由霍尔开关集成电路和小磁钢组成，转速传感器的测量原理如图 5-25 所示。小磁钢固定在旋转轴上，随旋转轴一起转动。霍尔开关集成电路固定在靠近对着磁钢的机架上。旋转轴带动磁钢一起转动，当磁钢接近霍尔开关集成电路时，输入磁感应强度，产生一个脉冲信号。由于这种传感器是无触点式的，因此使用寿命长，可靠性高，抗污染能力强，体积小，并且具有安装方便，价格低廉，输出数字化等特点，符合单片机处理信号的要求。

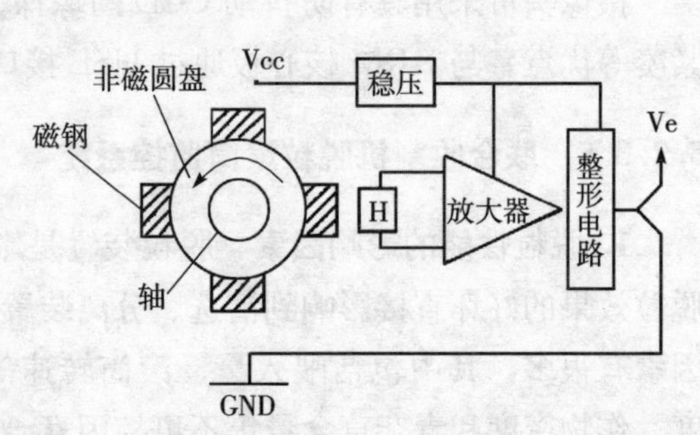

图 5-25 转速检测传感器原理图

4. 喂入量检测　传感器采用力—电传感器，当联合收割机切割后的谷物通过倾斜输送器时，由于喂入量的大小不同，对其底板的挤压力也就不同。喂入量大时挤压力大；反之，则挤压力小。在倾斜输送器的入口或出口处安装一个力—电传感器，便可把谷物对底板（或链耙被动辊）挤压力的大小转变为电信号的强弱，倾斜输送器（即过桥）是割台切割后的谷物进入滚筒进行脱粒装置的唯一通道，它的喂入量直接真实地反映脱粒装置的实际喂入量。

5. 含水率的检测　在含水率检测中，完全干燥的粮食介电常数一般为 2～3，而水的介电常数高达 81.5。

一定量的谷物电容的大小取决于谷物的含水率。谷物的电容大小主要取决于谷物含水率的高低，谷物含水率的增加和电容量的增加基本上呈线性关系，含水率的检测采用变介电常数式的电容水分传感器。电容式传感器的优点是简单、价廉、可靠，适于在线测试。

此传感器靠差分电压信号来反映谷物的含水率。在联合收割机的净粮升运器上开一取样口，设计一个取样通道，在取样通道上安装含水率传感器，谷物在升运至粮仓的过程中，便可进行数据检测。图 5-26 是其电容传感器的等效电路图。

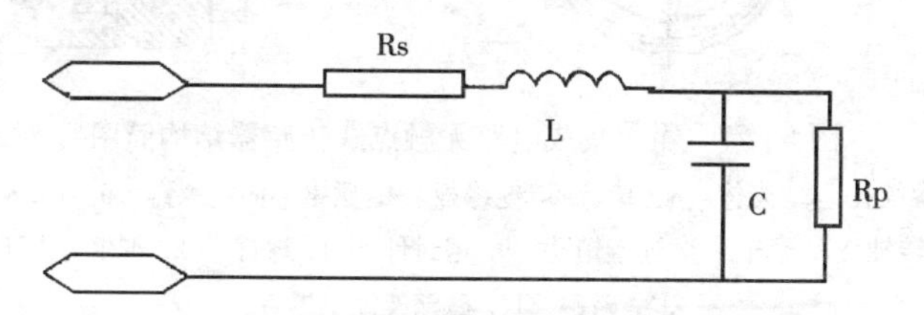

图 5-26　电容式传感器的等效电路图

在测谷物含水率的时候，测试结果受温度影响很大。所以对温度进行测试，进行温度补偿。

$$谷物含水率\% = CX + 0[(80 - T)/20]$$

其中：X——传感器输出的差分电压；

C——不同谷物的标定因素；
O——不同谷物的偏差量；
T——测量时的温度。

5.2.3.6 联合收割机割台监控系统

1. 割台高度无触点式传感器 无触点式传感器可以避免触点式传感器存在的各种缺点。无触点式传感器有光电式开关、磁感应接近式开关、霍尔式开关等，其中光电式开关抗油污、抗灰尘的能力比较差；磁感应接近式开关电路比较复杂，成本比较高；霍尔集成开关体积比较小，价格比较低，技术比较成熟（图 5-27）。

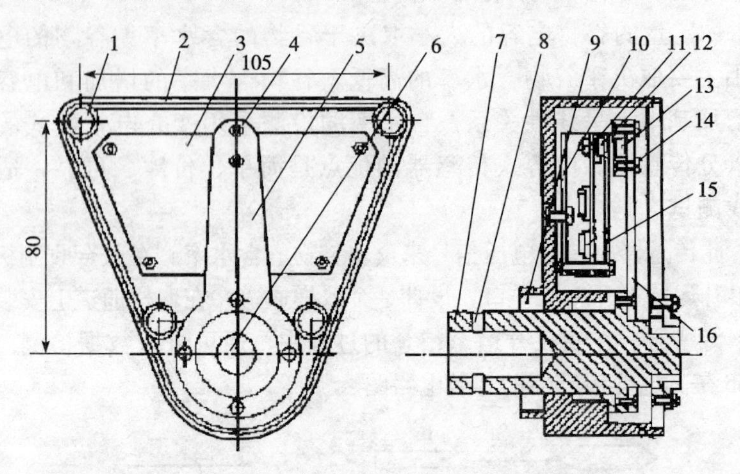

图 5-27 霍尔集成电路无触点式传感器结构简图

1. 螺纹孔 2. 壳体 3、10、15. 绝缘板 4. 磁钢架固定螺钉 5、16. 转臂 6. 转轴 7. 套轴 8. 连接销孔 9. 密封件 11. 螺钉 12. 霍尔集成开关 13. 磁钢 14. 磁钢架固定螺钉

2. 图形处理割台高度控制 利用数码相机获取图像（图 5-28），通过图形的预处理，提取特征目标，在遇到倒伏作物情况下，能够自动识别倒伏的作物，并根据倒伏高度控制收割机割台高度的升降。此方法的开发应用可降低倒伏造成的颗粒损失，提高机械自动化水平，降低劳动者的劳动强度。

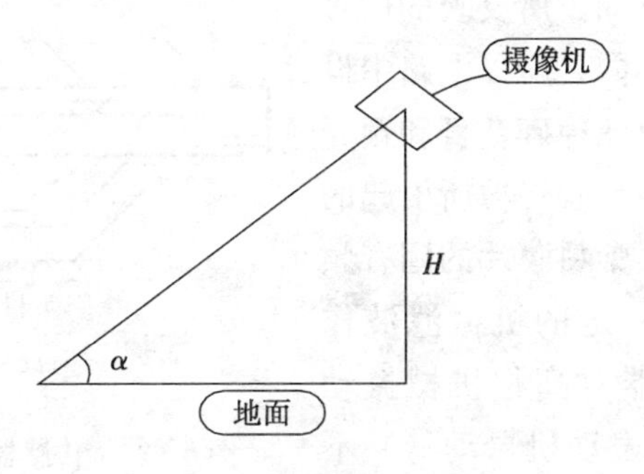

图 5-28　摄像机的安装

3. 拨和轮转速调整　对拨禾轮的转速实施自动控制（图 5-29），可以减少传动的级数，减少功率的损耗，增加工作的可靠性和实时性，还将极大地减少拨板对谷物的碰击，从而在拨禾、扶持、铺放三者中取得最佳的综合效果。

目前，无论是国内还是国外，拨禾轮的转速控制只停留在液压无级变速的基础上。

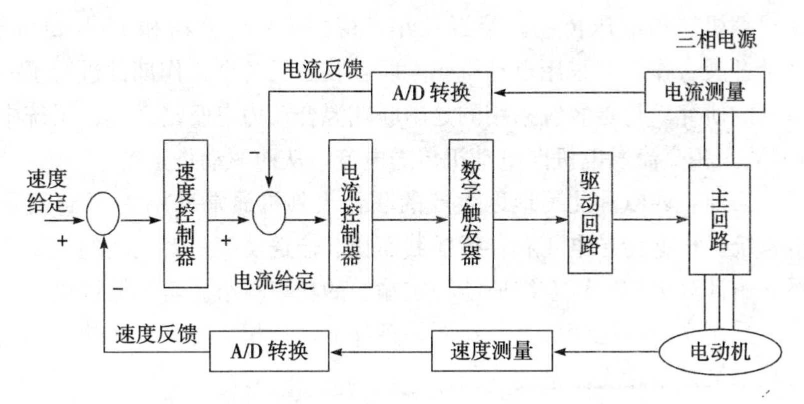

图 5-29　由低频电源供电的拨禾轮双闭环控制系统

5.2.3.7　联合收割机清粮损失的测量

传感器采用压电晶体式（图 5-30），安装清粮筛尾部，当受到撞击时传感器将产生相应的电脉，由于谷粒和茎秆落在传感器上时对传感器的冲击力不同，所反映的信号频率和振幅也不同，所以电路中设置的滤波器可以滤掉碎茎秆和颖壳产生的信号，只反映谷粒所引起的脉冲信号。由于塑料膜片的固有频率很低，具有一定的机械滤波作用，可使传感器对高频机械振动（如电机振动、发动机振动等）不敏感。

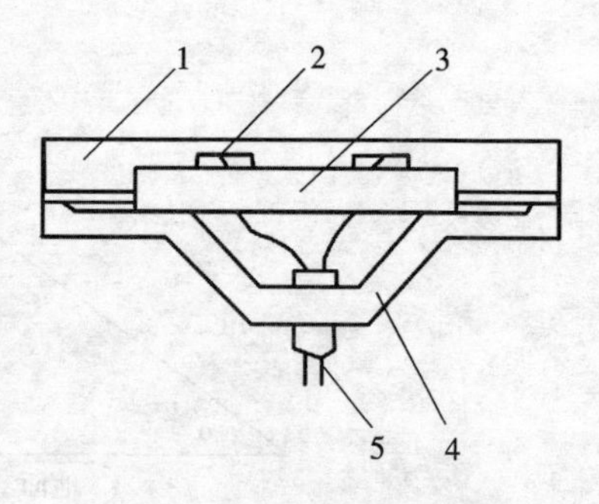

图 5-30　传感器结构示意图
1. 塑料膜片　2. 压电晶体膜片
3. 阻尼垫　4. 传感器体　5. 导线

5.2.3.8　联合收割机的驱动系统

1. 电驱动　电驱动联合收割机在我国的研究几乎还是空白，国外也刚处于起步阶段。目前国外研究的重点在于行走装置和脱粒装置如何实现电驱动。为减轻操作者的劳动强度，德国的研究人员在实现自走式联合收割机自动化控制方面作了大量努力，首先就是采用电驱动代替机械和液压传动。最近几年，德国 Deere 公司和 Hohenheim 大学开展合作，对采用电动机驱动联合收割机各个工作部件进行了一系列的研究。行走装置采用的是串联式混合动力电驱动系统，系统中 400V 三相交流发电机向电动机传送电流，从而驱动行走轮。

当前，西欧和北美地区生产的联合收割机通常采用 14V 直流供电系统，根据传导电 4 和导线横截面积、输送功率三者之间的数学关系，由计算可知，该系统所能稳定输送的功率很小。若要输送更大功率，采用交流电比较合适，在同等条件下，三相交流电所能输送的最大功率又是单相交流电的 3 倍。

Deere 公司在 2002 年开发出新的电动脱粒滚筒，它是一种将电动机和变速装置共同置于滚筒体内部的新型脱粒滚筒，电动机通电后，转子将带动滚筒体转动，滚筒转速可通过转子与滚筒体之间的变速装置调节。Hohenheim 大学又对这种滚筒进行了改进，由电动机内部转子带动滚轴，从而带动滚筒体，滚筒转速可通过转子与滚轴之间的行星齿轮系调节。联合收割机上其他工作部件也同样可以实现电驱动，实现方法与行走装置和脱粒装置有一定的相似性。完全电驱动的联合收割机目前仍处于试验阶段，电驱动在联合收割机自动化、智能化控制方面应用前景良好。

2. 液压驱动 液压系统作为联合收割机上一个重要组成部分，已成为技术水平的主要标志之一。

现将国内履带自走式联合收割机上配置的典型液压系统简介如下。

（1）以三位四通多功能滑阀/转阀为主的液压控制系统 这种液压系统是近年来开发的，应用最为广泛。它主要应用于割幅在1.3～2.0m的全喂入联合收割机及部分半喂入联合收割机上。其功能较完备，集多功能滑阀/转阀于一体，缩小了体积，降低了内泄漏，并便于安装维修。优良的保压和自动复位功能（滑阀）使操作安全可靠，独特的固定节流和可变节流装置使割台动作平稳、割台下降速度随意控制。这种液压控制系统具有无动力卸荷功能，配置的安全锁使主机工作更加可靠。以上系统均具备较好的抗污染能力。价格低廉的转阀和性能优良的滑阀在收割机中担任了同样的角色，起到了同样的作用，但当这种系统未能进行合理的配置时，工作时容易产生噪声，并会出现一定的压力损失，容易造成发热。这类液压控制系统由于结构合理、布置简单、实用性强等优点，国内大多数主机生产厂、科研单位均选用此类系统。但由于主机没有液压转向系统，全靠机械控制，转向灵敏度差。

（2）电液一体控制的液压控制系统 这种液压系统是引进国外先进技术，并针对市场发展及用户的需要而开发设计的具有国内先进水平的机电液控制系统，同时执行割台稳定提升、下降及行驶转向的功能，较适用于半喂入式高挡联合收割机，如无锡太湖1450联合收割机，也可用在全喂入式联合收割机上。这类系统性能稳定，结构紧凑，安全可靠，操作简单，灵敏度高，与国外同类机型具有通用性，特别是转向系统具有手动、液压二级控制，可靠地保证了收割机的转弯质量与行驶安全。由于这类系统采用电磁换向阀，所以必须增设精滤网以提高系统的安全性及抗污染能力。系统对油液的要求有着严格的规定，同时对机手的素质、技术水平也有着较高的要求。

（3）全机械操纵的液压控制系统 通过不断改进和完善，借鉴国外先进技术成功开发了新一代液压系统——机液一体化控制系统。该液压系统集其油箱于一体，体积小，质量小，泄漏少，操作方便，性能可靠，非常便于田间作业。此类液压系统的机械传动部件较多，对传动件的安装要求较高。此类系统比较适宜于配套技术含量高、产品档次高、对产品有着严格要求的全喂入和半喂入式联合收割机（如液压操纵类似于 PRO488 型联合收割机的某些机型）。

（4）以多功能换向阀为主的液压控制系统 这类液压系统是最近通过市场调研而开发研制比较适应中国国情的新型多功能操纵系统。该系统为单手柄操纵，控制割台提升、下降及转向。从功能及可靠性的角度出发，可替代诸如日本久保田、洋马等液压系统，也可应用在全喂入式收割机上。该系统操纵部分与液压总成为一整体，安装、调整十分方便。其抗污染能力好且成本相对较低，与一般类型的液压系统相比，它的性能价格比更优越。

（5）以静液压无级变速器（HST）为主的液压行走系统 HST 非常适用于联合收割机，集泵、马达和各种阀于一体，结构紧凑，系统管路少，便于布置。由于系统是一个闭式回路，油箱体积小，受外界污染少，但对油液的清洁度要求较高。HST 操纵方便，单手柄摆动即可实现机器前进—停车—后退，行驶平稳，无级变速，大大提高了联合收割机的收获效率与使用寿命。

近年来，小批量研制的梳脱式联合机，其液压控制原理与上述各类系统类似，用双路液压阀进行控制，分出一条油路来控制梳脱台升降。有的机型利用液压马达带动风扇进行散热，有的则利用液压油缸来控制拨禾轮升降，液压原理均大同小异。

5.2.3.9 “约翰迪尔”9660STS 型谷物联合收割机

9660STS 型收割机采用国际先进的 STS 技术，单轴流脱粒分离系统，设计新颖，技术含量高，功能齐全，可以收割油菜、水稻、小麦、玉米、大豆等多种作物，其收获性能在国际上处于领先水平。该产品在先进性、可靠性和经济合理性方面均有新的突破。增大喂入量，提高效率，降低油耗及收获损失，通过卫星定位实现自动绘制产量图、粮食水分图、地形等高图，自动驾驶，自动调整，故障诊断等先进技术举世瞩目。

割台高度自动控制系统可以自动补偿地面的不平，在水平和垂直两个方向控制割台位置。通过电子液压系统调整割台浮动位置，即横向倾斜调整和割台高度调整。拨禾轮上的 DIAL-SPEED 系统可供驾驶员自动控制拨禾轮转速和带式拾禾器转速。触摸式收割机自动调整（ACA）系统（选装）。工厂为驾驶员预置了 16 种收获作物状态设置，可以自动调整脱粒转速、风速转速、凹版间隙、上筛间隙、下筛间隙。同时，驾驶员可自定义另外 5 种作物收割状态。

用"高压共轨"供油系统，与电脑控制的喷油嘴相配套。电脑控制负载感应和油量控制系统，通过感应作业负荷的大小，调节相应的供油量达到节油效果，使发动机转速稳定。采用三挡静液压无级变速，四轮驱动（后轮驱动为选配），行走轮由液压马达驱动，收割机转向由液压操作。有行车制动和驻车制动两种功能。如选配卫星定位系统，可实现自动驾驶和自动对行行走。

豪华舒适的圆弧型驾驶室，视野开阔，密封性好，噪音低，作业更加方便、安全、高效、舒适。配有冷暖空调系统、空气过滤系统，使空气更清新。方向盘可随意调整。安装先进齐全的仪表组合，不仅可显示发动机工况，还显示收获机各部工况，控制按钮齐全。采用先进的电子报警系统和故障诊断系统，便于驾驶员操作。外部作业各部工况控制齐全。主要工况调整可在驾驶室内调整，如凹板间隙、滚筒转速、上筛调整、下筛调整及发动机工况控制。监视器可显示各部件工况如割台高度、拨禾轮位置、谷粒损失。照明灯齐全，有公路照明灯、侧探照灯、粮箱灯、作业照明灯、清选筛灯、转向灯、离开照明灯、卸粮搅龙照明灯。收获监视器和收获记录系统（选装）是一套全集成的精准农业套件，由显示屏、绘图处理器、流量传感器、水分传感器和位置接收器组成。收获监视器分为：①收割机自动调整（ACA）显示屏（选装）；②活动割台控制显示屏（选装）；③谷物损失显示屏；④三行多功能显示仪表。

收获机记录系统可监视收割机工况，使驾驶员能利用收割机最大收获能力。驾驶员根据监视器指示的最佳位置调整收割机和割台，使之达到较小的收获损失率。

5.3 油菜分段收获机械化技术

5.3.1 油菜分段收获的特点

油菜分段收获是把油菜割晒和脱粒分两次完成，可由机械割晒和机械捡拾脱粒，即先由割晒机将油菜割倒、铺放田间，放置5～7d，待油菜后熟干燥后，再用捡拾脱粒机进行捡拾收获、脱粒、茎秆分离、油菜籽清选等作业。分段收获利用了作物的后熟作用，可以提前收获，延长了收割期，对收割时机要求不太严格，又因为摊晒数日，油菜籽因后熟而饱满，易于脱粒。与联合收获相比，具有收割早、适收期长、对作物适应性强、收获损失小、籽粒破碎少、籽粒含水量低、便于贮藏的特点。特别是我国南方的移栽油菜由于株型大、分枝多、角果易开裂，联合收获损失率高而且不易控制，不同田块、品种、成熟度、株型等都对收获损失率产生重要影响。而采用分段收获技术能有效避免上述因素的影响，对作物状态适应性强，既可以满足直播油菜也可满足移栽油菜收获需要，既可适应南方越冬油菜又可适应北方春油菜的收获要求，收获期延长，有利于提高单机作业量，并且能够将收获损失率控制在较低的水平（6%以下）。油菜分段收获可比人工收获降低菜籽损失40%以上，作业效率提高10倍以上，节省生产成本50%以上。

总的来说分段收获具有以下一些优点。

（1）相对联合收获可以提前进行收获。分段收获期较长，有利于提高单机作业量和使机械化收获社会化服务成为可能，进而提高作业收益。这是农民购置油菜收割机的基本前提，也是推广油菜收获机械化的前提。

（2）分段收获适应强，既能适应北方直播油菜，也能适应南方移栽油菜，特别是移栽油菜相对联合收获具有更好的适应性和作业质量。

（3）收获的油菜籽粒饱满，有利于提高产量。提前收获，但利用割后的后熟作用，仍然可以获得饱满的籽粒，有利于提高产量。

（4）总体收获损失一般不大于联合收获。分段收获的割台损失一般要小于联合收获的割台损失，因为提前割晒落粒少。分段收获的脱粒清选损失也比联合收获小，控制捡拾损失是分段收获的主要问题。但一般来说，分段收获的总损失不大于联合收获。特别是在天气不好的情况下，分段收获更具优势。

（5）籽粒含水率低，场院压力小。分段收获经晾晒使籽粒含水率低许多，收获后籽粒晾晒更容易，场院压力小。

（6）分段收获容易组成多种作业形式，在目前油菜联合收获机性能尚不能达到理想要求的情况下，农民人工留高茬割晒，人工收集至田边地头，采用稻麦联合收割机（全喂入）在田边地头脱粒。还有人工割—捡拾脱粒机脱粒、割晒机割—联合收割机脱粒、割晒机割—捡拾脱粒机脱粒等多种作业组合形式，适应于不同地区不同经济水平和装备水平，给农民更多更灵活的选择。

但是分段收获也有一定的缺点：①由于割、脱分两段进行，历时较长。如果割后晾晒几天，从割、晒、捡拾脱粒整个收获过程要历时6～7d。②所用机具多，两种机具分两次下地作业，增加了组织管理时间。③分段收获籽粒清洁度一般比联合收获低。分段收获时油菜叶、细小分枝经割后晾晒容易在脱粒过程中粉碎，而混杂在籽粒中不易被清选出来。

分段收获应选择合适收获的条件、把握收获时机，降低损失率，提高收获的机械化效益。

收获期的选择：油菜分段收获的最适时期是在全株有70%～80%的角果呈黄绿至淡黄色，籽粒由绿色转为红褐色时，先用割晒机把油菜割倒铺放，待晾晒3～7d后，选择早晚或阴天，避开中午气温高时进行捡拾脱粒完成收获过程。

合理调整机具：割晒机根据油菜株型和倒伏情况，调整割晒机割刀与拨禾轮的相对位置及拨禾轮转速（适宜转速19～23r/min）；速度不能过快，只能选择中、低挡速度工作。

捡拾脱粒机：根据收获田块的平整程度调节捡拾器仿形移动量，并固定其位置。根据油菜晾晒的成熟度、脱粒效果、清选和损失情况，合理调整滚筒转速、凹版间隙及风机进风量。

5.3.2　油菜分段收获割晒机的结构原理

5.3.2.1　油菜割晒机的种类

油菜割晒机用于油菜分段收获作业，它将油菜割断后，在田间放成首尾相搭接的“顺向条铺”，与装有捡拾装置的联合收割机配套使用，油菜在条铺过程中经过晾晒及后熟，再进行捡拾—脱粒—清选联合作业，完成油菜分段收获。根据油菜农艺、形态参数，油菜割晒机一般采用卧式割台收割机。

根据油菜输送路线和放铺方向的不同，卧式割台油菜割晒机可分为侧向放铺型、中间放铺型两种形式；按照配套动力不同，卧式割台油菜割晒机可分为与手扶拖拉机配套的油菜割晒机、与中马力拖拉机配套的油菜割晒机、与联合收获机底盘配套的油菜割晒机、自走式油菜割晒机4种形式；按照挂接方式的不同，卧式割台油菜割晒机可分为前悬挂式和侧牵引式2种形式。

在油菜分段收获作业中，以下5种形式的油菜割晒机比较常用：与联合收获机底盘配套的前悬挂式侧向铺放型油菜割晒机、与中马力拖拉机配套的前悬挂式侧向铺放型油菜割晒机、与手扶拖拉机配套的前悬挂式侧向铺放型油菜割晒机、与中马力拖拉机配套的侧牵引式中间铺放型油菜割晒机、自走式中间铺放型油菜割晒机。

5.3.2.2　与联合收获机底盘配套的前悬挂式侧向铺放型油菜割晒机结构和工作原理

1. 整机结构和工作原理　与联合收获机底盘配套的前悬挂式侧向铺放型油菜割晒机适合于南方小面积移栽油菜割晒作业，与联合收获机底盘配套（图5-31），主要由传动箱、排禾口横向拨动油菜装置、拨禾轮、竖割刀、分禾器、水平割刀、单带式输送器、摆环传动机构、机架、排禾口纵向拨动油菜装置等组成。油菜割后呈鱼鳞状铺放于田间，便于摊晒，便于后续捡拾作业。

机具与联合收获机底盘配套，挂接方式采用全喂入联合收获机割

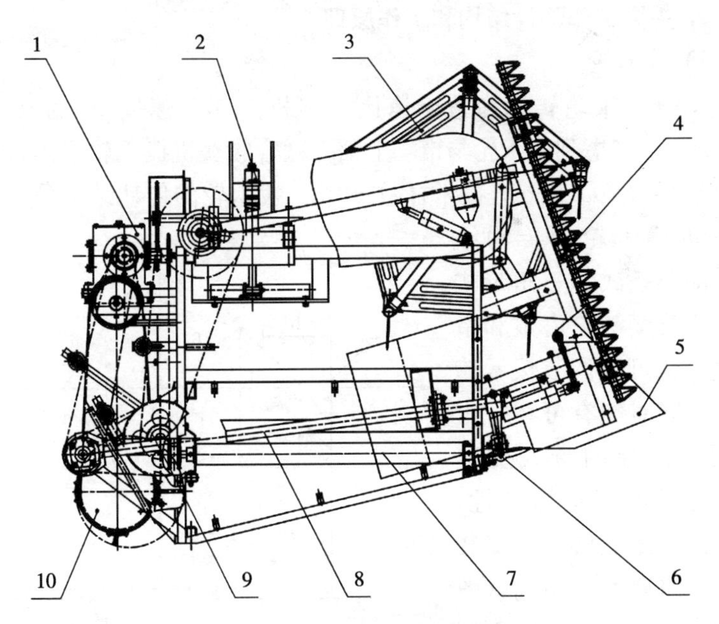

图5-31　4SY-2型油菜割晒机结构简图

1. 传动箱　2. 排禾口横向拨动油菜装置　3. 拨禾轮　4. 竖割刀　5. 分禾器　6. 水平割刀　7. 单带式输送器　8. 摆环传动机构　9. 机架　10. 排禾口纵向拨动油菜装置

台的挂接方式，作业时，动力由联合收获机动力输出，经摆环传动机构 8 驱动水平割刀 6 做水平往复运动，水平割刀 6 通过销连接驱动竖割刀 4 做竖直往复运动。另一方面，动力输出通过传动箱 1 驱动单带式输送器 7、排禾口横向拨动油菜装置 2、排禾口纵向拨动油菜装置 10 运动。联合收获机底盘带动割晒机在田间行进，割晒机前方的油菜被水平割刀 6 切割，在竖割刀 4 的作用下，将收割区与待割区的分枝切断，达到分禾的目的。在拨禾轮 3 的作用下，已割的油菜与未割的油菜分离，同时将已割的油菜推向割台，在单带式输送器 7 的作用下，倒向割台的油菜向排禾口输送，在排禾口横向拨动油菜装置 2 的往复作用下，油菜被拨离单带式输送器 7，在排禾口纵向拨动油菜装置 10 的作用下，油菜被成条鱼鳞状铺放于排禾口处。

2. 主要工作部件结构和工作原理

1）拨禾轮

（1）拨禾轮转速和拨禾速比　本机具作业速度 v_m 为 0.43～0.96m/s，考虑到拨禾轮与市场上稻麦联合收获机拨禾轮通用，取拨禾轮半径 $R=450$mm，拨禾杆数 $z=5$，拨禾轮的传动结构采用谷物收获机拨禾轮的传动结构，即链条式和三角带式传动。改变链轮齿数和带轮直径就可以调节拨禾轮转速，同时配有可在一定范围内调速的带式变速轮。针对油菜植株特性，需确定拨禾轮转速、安装高度、前后移动距离（图 5-32）。

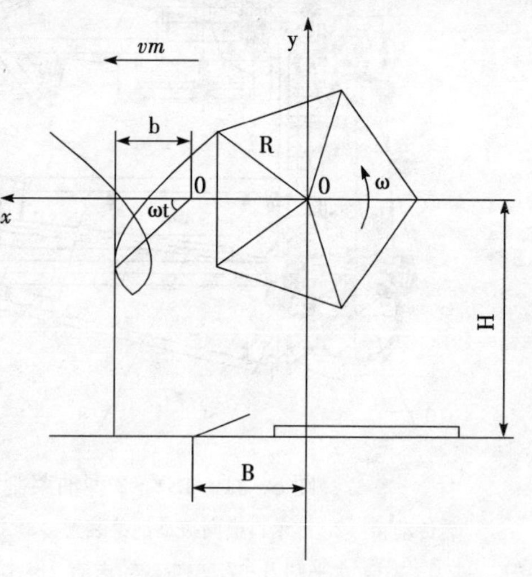

图 5-32　拨禾轮结构及运动轨迹示意图

拨禾轮正常作业必要条件为拨禾轮速比 $\lambda>1$，λ 值的选取，需根据拨禾杆数、作业速度和割晒时作物的成熟度等条件来确定。油菜割晒作业时，角果尚青，不易开夹，λ 取值可以稍大一些，以增强拨禾轮的作用范围和作用程度。参考小麦割晒机技术参数，取 $\lambda=1.3$，

$$拨禾轮转速为：n = \frac{30v_m\lambda}{\pi R} \tag{1}$$

利用（1）式求得拨禾轮转速为 12～26r/min。

由于拨禾轮采用机械无级变速装置，变速范围一般为 1～1.6，因此设计时拨禾轮转速为 12～42r/min。

（2）拨禾轮轴的安装高度 H（距水平割刀面）　拨禾轮中心离水平割刀的高度应满足：

$$H > h_0 + R \tag{2}$$

式中：h_0——割后油菜植株的质心高度。

油菜的平均高度范围 1 450～1 650mm，由于油菜角果的生长区较高，割后油菜植株的平均质心高度为 600mm，拨禾轮半径为 450mm，即 $H>$ 1 050mm。为了增强拨禾轮对不同品种及高矮株型油菜割晒时的适应性，以便随时能按作物的生长状况来调节拨禾轮的高低，拨禾轮安装位置为液压控制，可调。拨禾轮轴实际上下调节范围为 910～1 190mm。

（3）拨禾轮的前后移动距离　拨禾轮轴以处于切割器正上方为正中位置。拨禾轮轴可能的最大前移距离为：

$$b_{max} = \frac{D}{2\lambda\sqrt{\lambda^2 - 1}} \tag{3}$$

式中：D——拨禾轮直径。

利用（3）式，求得 $b_{max}=417$mm，由于油菜禾秆茂密，割晒作业时基本不倒伏，拨禾轮应当适当后移，增加推送角，增加其向单带式输送器上推送禾杆的能力，所以拨禾轮采取后缩量设计。

（4）拨禾节距拨禾节距 X_z

$$X_z = \frac{\pi D}{Z\lambda} \tag{4}$$

式中：Z——拨禾轮板数；

D——拨禾轮直径；

λ——拨禾轮速比。

拨禾节距过大，禾丛过厚，会影响禾株切割的整齐度，增加水平输送难度。稻麦割晒机的拨禾节距一般为0.5～0.8m，按照（4）式求得本割晒机的拨禾节距为0.4，由于油菜植株高大，此拨禾节距基本合理。

2）竖割刀与水平割刀

（1）竖割刀 竖割刀的作用主要是切断切割区和未切割区之间油菜分枝的纠缠，实现油菜分行。工作时竖割刀的长度为：

$$L = L_1 - L_2 \tag{5}$$

式中：L_1——油菜高度；

L_2——割茬高度。

实际设计中，选用 $s = t_1 = t_0 = 50$mm 标准Ⅱ型割刀，长度 $L=$ 1 200mm。

竖割刀的曲柄转速主要影响切割质量和割台的振动。做出机器在0.43m/s和0.96m/s两种速度下的竖割刀切割图中空白区 a 与曲柄转速 n_c 关系曲线（图5-33）。结果表明，当作业速度为0.43m/s时，

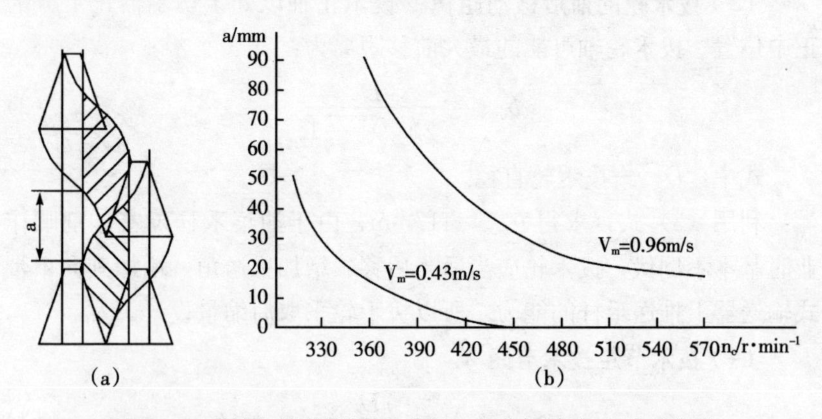

图5-33 竖割刀切割图中空白区 α 与曲柄转速 n_c 关系曲线

（a）竖割刀切割图 （b）曲柄转速与空白区关系曲线

曲柄转速大于450r/min时切割图中没有空白区；作业速度为0.96m/s时，曲柄转速在500r/min左右空白区较小，并且此后随着转速的增加变化不大。竖割刀的动力取自水平割刀，考虑到减小割台振动、传动系统的结构紧凑，实际中曲柄转速取477r/min。

（2）水平割刀　水平割刀采用锯齿形标准Ⅱ型割刀，驱动机构采用摆环机构，切割频率为477r/min。

3）单带式输送器　作业时，拨禾轮首先将机器前方作物拨向切割器，切断后被拨倒在单带式输送器上，送至排禾口。单带式输送器由主动辊、条形防跑偏橡胶输送带、弹性拨齿、从动辊组成（图5-34）。从动辊的位置可以移动，其轴承座用丝杠拉紧，以便调节输送带的张紧度。主动辊和从动辊的直径均为0.06m，输送带带长1.9m，带宽1m。

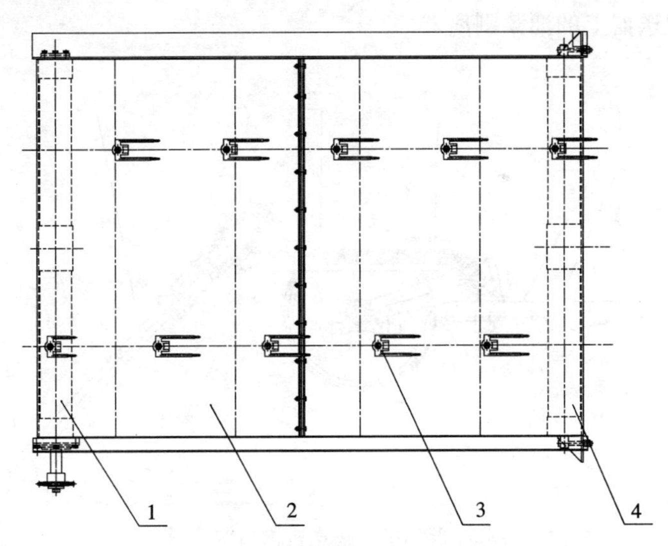

图5-34　单带式输送器结构简图

1. 主动辊　2. 输送带　3. 弹性拨齿　4. 从动辊

作业时，机器前进速度为0.43～0.96m/s，割副2m。按照田间测定的数据，油菜角果层直径为0.44～0.72m，移栽油菜株距0.16～0.20m，直播油菜株距大约为0.05m，割晒移栽油菜时，输送带上堆积 2 株左右油菜；割晒直播油菜时，输送带上堆积 5 株左右油菜，油菜堆积高度比较合理。对于移栽油菜每秒内每行将有 2.7 株油菜被切割后倒向输送带，对于直播油菜每秒内每行将有 8.7 株油菜被切割后倒向输送带，因此输送带的输送速度为 4m/s，转速为 860r/min。

4）横向输送机构　割倒后的油菜经单带式输送器送至排禾口，由于油菜分枝多，排禾口离地高度 0.51m，油菜割茬 0.15m，所以在排禾口处油菜不能顺利脱离输送器，容易造成排禾口堵塞。横向输送机构安装在排禾口处（图 5－35），由拨叉、曲柄、连杆、摇臂、支座构成。作业时，拨叉端部沿图 5－36 的轨迹运动，拨叉端部的轨迹中所标各点与曲柄的各等分点相对应，由此看出拨叉的工作行程 6～7 点和 7～8 点较大，即此时拨叉端部速度较快，以便于在排禾口处快速将输送器上的油菜剥离。

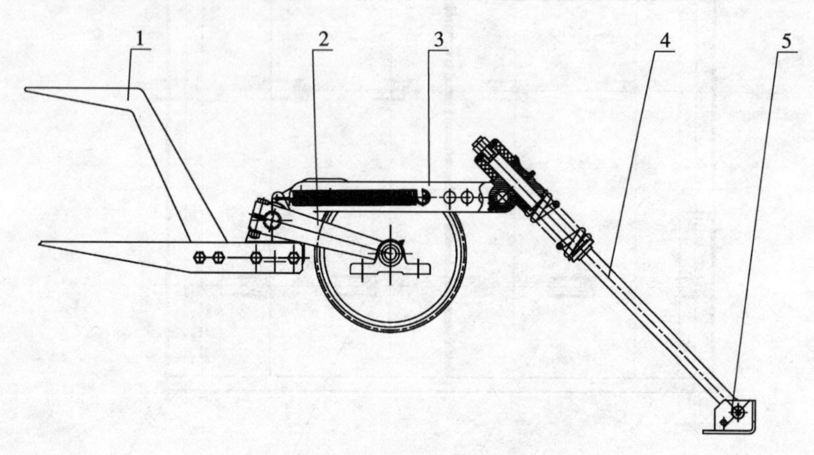

图 5－35　横向输送机构结构简图

1. 拨叉　2. 曲柄　3. 连杆　4. 摇臂　5. 支座

拨叉端部的速度 V_c 可采用拨叉的瞬时回转中心求得，如图 5－37 所示。图中 O 点为拨叉端部转至 C 点时的拨叉瞬时回转中心。计算式为

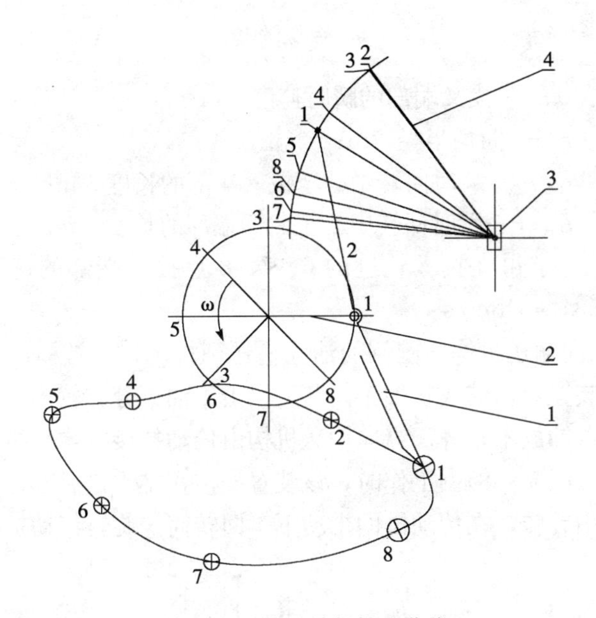

图 5-36　拨叉端部轨迹曲线

1. 拨叉　2. 曲柄　3. 支座　4. 摇臂

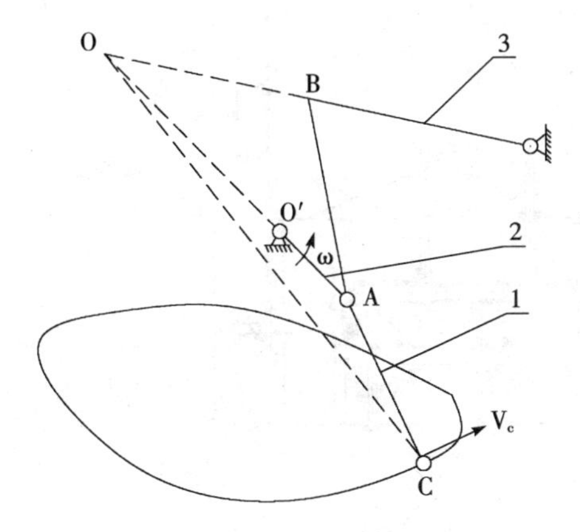

图 5-37　拨叉端部速度的图解

1. 拨叉　2. 曲柄　3. 摇臂

$$v_c = r\omega \frac{l_{OC}}{l_{OA}} \tag{6}$$

式中：v_c——拨叉端部的瞬时速度，m/s；

r——曲柄半径，m；

l_{OC}——瞬时回转中心至拨叉端部的长度，m；

l_{OA}——瞬时回转中心至曲柄端部的长度，m。

按照（6）式求得在拨叉轨迹的 6、7、8 点拨叉端部的速度分别为 5.09，5.53，4.48m/s。

5）纵向输送机构　割倒的油菜输送到排禾口，被横向输送机构剥离输送装置后，铺放在油菜割茬上，由于油菜分支较多，茎秆之间相互牵连，铺放不整齐。纵向输送机构由传动挂接机构、扒指、回转筒体构成（图 5-38）。工作时，该装置挂接在排禾口后部，可以绕传动挂接机构旋转，在传动链的带动下，回转筒体旋转带动扒指一起旋

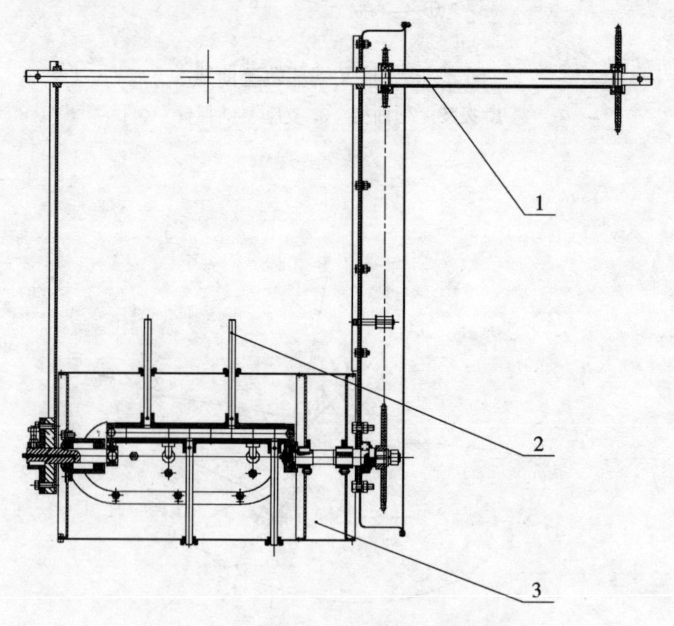

图 5-38　纵向输送机构结构简图

1. 传动挂接机构　2. 扒指　3. 回转筒体

转，由于扒指与回转筒体不同心，扒指就相对筒面作伸缩运动，回转筒体浮动在铺放的油菜茎秆上，对铺放的油菜茎秆有一定的压实作用。在扒指的伸缩运动作用下，油菜茎秆被拨向排禾口后方，克服了油菜茎秆之间的互相牵连，保证条铺形状。

割下油菜茎秆的长度一般为 1.3m 左右，回转筒体的周长大于割下油菜茎秆的长度，以免被油菜茎秆缠绕，因此其直径采用 0.45m。伸缩扒指由 8 个扒指并排铰接在扒指轴上，通过曲柄与固定半轴固结在一起，因而扒指轴中心与回转筒体有一偏心距 e，扒指的外端穿过球铰连接于回转筒体上。当扒指转到后方应缩回回转筒体内，以免回带油菜茎秆，但为了防止扒指端部磨损，扒指在回转筒体外应留有 0.01m 的余量。考虑到油菜秸秆相互之间的压实作用，当扒指转到前方应伸出回转筒体外 0.1m，以便达到一定的抓取能力（图 5-39），伸缩扒指的长度为

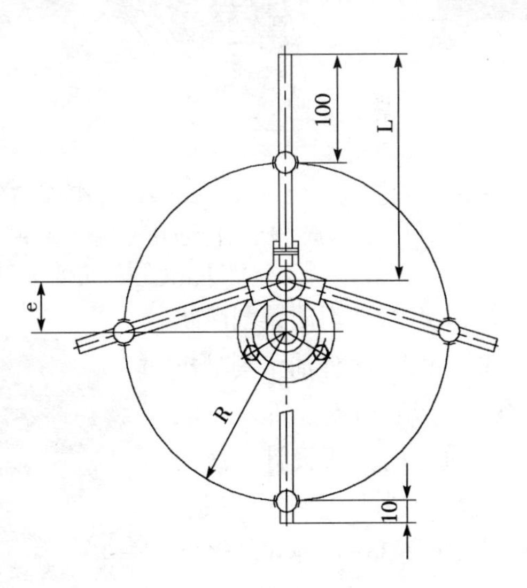

图 5-39　伸缩扒指长度及偏心距

$$L=R-e+100=d+e+10 \tag{7}$$

式中：e——扒指轴中心与回转筒体中心偏心距，mm；

R——回转筒体半径，mm；

求得，$L=280$，$e=45$。

6）挂接升降装置　挂接升降装置如图 5-40 所示。4SY-2 型油菜割晒机机架上设置挂接圆管，挂接在联合收获机底盘挂接底座上，由半圆形固定卡通过螺栓联接固定，挂接圆管可以自由转动。该机升降采用单作用液压油缸控制。

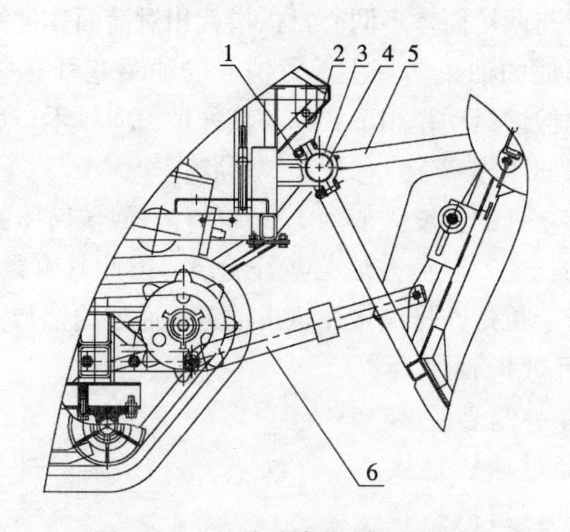

图 5-40　挂接升降装置结构简图

1. 联合收获机底盘挂接底座　2. 螺栓联接　3. 固定卡
4. 挂接圆管　5. 机架　6. 液压油缸

3. 4SY-2 型油菜割晒机简介　4SY-2 型油菜割晒机（图 5-41）由农业部南京农业机械化研究所设计，获国家发明专利。主要技术参数：配套动力 35～50kW，幅宽 200～300cm，割茬高度 30～40cm，作业效率 0.27～0.4hm²/h，可靠性有效度≥95%，损失率≤2.0%。该机作业性能良好，油菜割晒作业时茎秆铺放角≤30°，铺放角度差≤15°，割晒总损失率≤2%。

图 5-41　4SY-2 型油菜割晒机

5.3.2.3　与中马力拖拉机配套的前悬挂式侧向铺放型油菜割晒机结构和工作原理

1. 整机结构和工作原理　如图 5-42 所示，该机由纵向输送机构1，纵向输送耙齿2，机架3，传动机构4，横向输送机构5，横向输送耙齿6，立割部件7，水平割刀8，拨禾轮9构成。工作时，该机通过机架3挂接在拖拉机前面，动力由拖拉机后动力输出经传动机构4驱动水平割刀8、立割部件7、横向输送机构5和纵向输送机构1运动，拖拉机带动割晒机在田间行进，割晒机前方的油菜被水平割刀8切割，在拨禾轮9的作用下，已割油菜与未割油菜分离，同时将已割的油菜推向割台，在横向输送机构5、横向输送耙齿6的作用下，倒向割台的油菜向纵向输送带输送，在纵向输送机构1、纵向输送耙齿2的作用下，将输送带上的油菜顺利送到出口，顺利排出。在立割部件7的作用下，将收割区与待割区的分枝切断，达到分禾的目的，解决了油菜分枝相互牵连而造成收割过程中的炸荚损失。

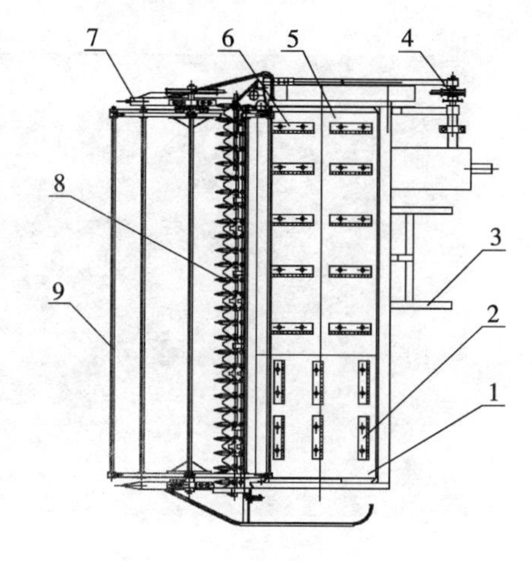

图5-42　与中马力拖拉机配套的前悬挂式侧向铺放型油菜割晒机结构简图

1. 纵向输送机构1　2. 纵向输送耙齿　3. 机架　4. 传动机构　5. 横向输送机构　6. 横向输送耙齿　7. 立割部件　8. 水平割刀　9. 拨禾轮

2. 4SY-2.8型油菜割晒机简介　4SY-2.8型油菜割晒机（图5-43）由农业部南京农业机械化研究所设计，获国家发明专利。主要技术参数：可与404、454、484、504、524等系列中马力拖拉机配套使用，前悬挂、皮带传动、液压起落、倾斜割台、单带输送、左侧放铺。连续整齐、均匀鱼鳞壮条铺。割茬高度200～250mm。

图 5-43　4SY-2.8 型油菜割晒机

5.3.2.4　与手扶拖拉机配套的前悬挂式侧向铺放型油菜割晒机

与手扶拖拉机配套的前悬挂式侧向铺放型油菜割晒机结构和工作原理与中马力拖拉机配套的前悬挂式侧向铺放型油菜割晒机结构和工作原理相同，只是配套动力采用手扶拖拉机。典型机型 4S-2000 油菜割晒机（图 5-44）由上海市农业机械研究所研制，该机与手扶拖拉机配套，割副 2m。

5.3.2.5　与中马力拖拉机配套的侧牵引式中间铺放型油菜割晒机

与中马力拖拉机配套的侧牵引式中间铺放型油菜割晒机结构和工作原理与中马力拖拉机配套的前悬挂式侧向铺放型油菜割晒机结构和工作原理相同。配套动力采用中马力拖拉机，挂接方式采用侧牵引式，采用两段输送带，排禾口在两输送带中间，割倒的油菜由输送带两边向中间输送，经排禾口排出。典型的机型 4FQ-5 型油菜割晒机（图 5-45）由黑龙江省牡丹江农垦迎丰机械制造有限责任公司研制，配套动力 40.45kW 以上大型拖拉机，割茬高度 35～200mm，割幅 3.5～6m，铺放形式中间铺放或偏离中间铺放，工作效率 30～60 亩/h，整机质量 1 989kg。

图 5-44　4S-2000 油菜割晒机

图 5-45　4FQ-5 型油菜割晒机

5.3.2.6　自走式中间铺放型油菜割晒机

自走式中间铺放型油菜割晒机结构和工作原理与中马力拖拉机配套的侧牵引式中间铺放型油菜割晒机结构和工作原理相同。其主要特点是自带动力，有专用的底盘。这种机型在国外使用较多，国内目前还没有在实际中使用。典型机型 MacDon9250 型自走式油菜割晒机（图 5-46）由加拿大麦克唐公司生产，采用的是康明斯 3.9L4 气缸柴油发动机，功率 59kW，割台可选幅宽 5.5m，6.4m，7.6m，9.1m 和 11m。

图 5-46　MacDon9250 型自走式油菜割晒机

5.3.2.7　影响油菜割晒机铺放质量的主要因素分析

1. 油菜的生物形态　由于受输送带宽度和油菜割茬高度的限制，卧式割台油菜割晒机不宜割晒生长过高的油菜，但油菜株高过低也不易形成高质量的铺放效果。田间试验表明高度在 1.3～1.7m 的油菜适宜该机割晒作业。

2. 割晒时油菜的成熟度　油菜应在黄熟期进行割晒作业。晚割要比早割铺放质量高一些。早期油菜茎秆含水率大，重量大，增加了输送的难度，且含水率大的茎秆相互缠绕，影响铺放质量。但晚割损失相对大一些。

3. 机器前进速度、输送带转速和拨禾轮转速的协调关系　针对油菜田间生长状况，选择合理的机器前进速度、输送带转速和拨禾轮转速，可以形成高的铺放质量。试验表明拨禾轮圆周线速度与前进速度的比值宜控制在 1.1～1.5，输送带速度与前进速度的比值宜控制在 1.7～2.0。

4. 排禾口的因素　在排禾口有两股作物流，处在排禾口的油菜茎秆被切割后直接铺放在底层，并且对输送带上油菜茎秆顺利铺放形成干扰。

5.3.3　油菜分段收获捡拾脱粒机的结构原理

分段收获即先割晒再检拾和脱粒的收获方式，利用油菜后熟作用在完熟期前先割倒晾晒之后捡拾脱粒，两次作业完成收获过程。由于油菜经晾晒后茎秆、角果等含水率显著降低，而且植株之间、角果层上下之间的成熟度差异性显著降低，从而使得捡拾脱粒作业的损失率降低，并且可以有效控制。

5.3.3.1　总体结构

在稻、麦通用联合收割机割台喂入装置的前端两侧安装轴承座构成挂接装置，该挂接装置可挂装捡拾器，实现油菜专用捡拾器部件与稻、麦通用联合收割机体驳接组合形成4SJ－1.8型油菜捡拾脱粒机(5-47)。其主要工作部件由捡拾装置1、割台装置2、输送装置3、行走底盘4、脱粒装置5、分离清选装置6等组成。在自走联合收获机不挂接捡拾器部件时，自走联合收获机可进行正常的稻、麦收获作业，实现一机多用的功能。

5.3.3.2　工作原理

油菜捡拾脱粒机工作之前，由割晒机将作物割倒，铺放成条，经晾晒成熟后方可捡拾脱粒。工作时，捡拾器上带有拨指的捡拾带转动拾起作物并送入割台装置，并经其横向输送搅龙喂入输送装置，通过输送槽均匀地进入脱粒滚筒，由滚筒、凹板共同作用进行脱粒。脱粒滚筒脱出物中长茎秆由主滚筒旋转带出；油菜籽粒、碎茎秆、果荚经凹板筛孔落到双层筛上，碎茎秆、果荚被风机吹出，籽粒穿过清选室两层筛落入横向推运搅龙，经升运搅龙送往集粮箱。

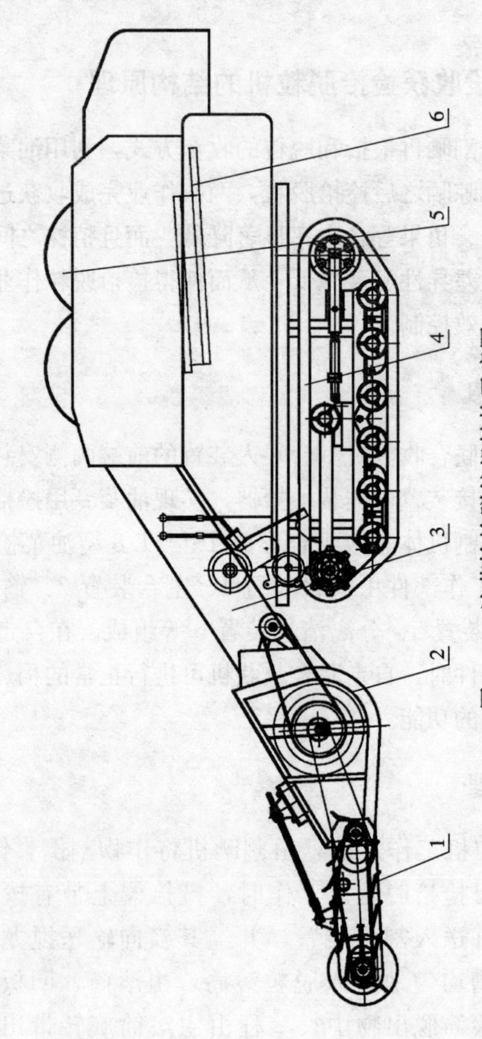

图5-47　油菜捡拾脱粒机结构示意图

1. 捡拾装置　2. 割台装置　3. 输送装置　4. 行走底盘　5. 脱粒装置　6. 分离清选装置

5.3.3.3 捡拾器工作部件

捡拾器主要由捡拾器架、传动机构及捡拾机构组成（图 5－48）。捡拾器架由左侧架和右侧架组成，其上设有安装辊轴的轴承座。捡拾机构由前、后辊轴、齿带、尼龙弹性拨指组成带式回转机构。两仿形装置分别通过被动辊轴安置在带式捡拾机构前侧两边，与挂接装置形成对带式捡拾机构的前后支撑，这样可以保证捡拾器随地面起伏作仿形运动，便于捡拾。带式捡拾机构由环绕在主动辊轴和被动辊轴上的齿带构成，为了保证齿带处于张紧状态和良好输送状态，主动辊轴和被动辊轴之间还装有张紧调节螺栓。

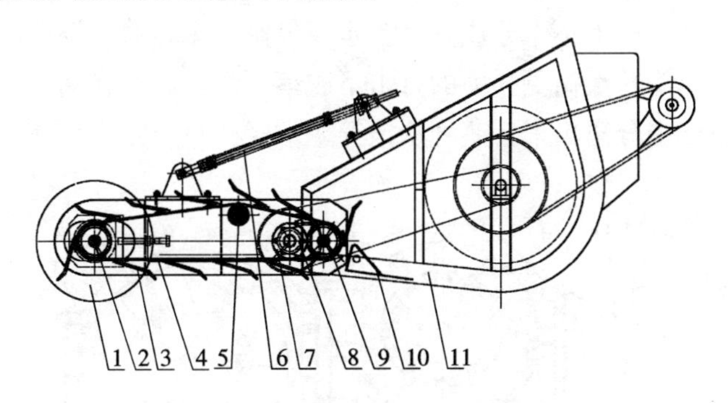

图 5－48　油菜捡拾器结构示意图

1. 地轮　2. 从动辊轴　3. 尼龙弹性输送拨拔指
4. 齿带　5. 中辊轴　6. 仿形装置　7. 换向机构
8. 挂接装置　9. 主动辊轴　10. 喂入导板　11. 割台

当油菜捡拾脱粒机前行时，捡拾器开始作业，动力由割台搅龙轴经动力传动换向机构传至捡拾器主动辊轴，通过主动辊轴上的皮带轮带动被动辊轴一起逆前进方向回转，尼龙弹性拨指将禾铺油菜挑起输送至割台内，再由输送槽装置喂入联合收割机原有的脱粒清选装置，完成油菜捡拾后的脱粒清选作业。

5.3.3.4 脱粒清选工作部件

脱粒清选是捡拾脱粒机的核心部件之一，对收获质量和性能指标影响很大，脱粒清选的难易程度与作物品种、成熟度和含水率等有密切的联系。对用于分段收获的油菜捡拾脱粒机，因其作业对象是经晾晒后的油菜作物，其成熟度基本一致，且含水率低，主要解决小籽粒易吹出造成的损失。

脱粒清选部件是由自走式稻、麦联合收割机原有装置在基本不改变脱粒清选部件结构的前提下，根据晾晒后油菜的成熟情况和脱粒效果合理调整滚筒转速、凹板间隙和风量，完成油菜捡拾后的脱粒作业，主要结构如图 5－49 所示。脱粒装置采用钉齿式异速双滚筒配置，前脱粒滚筒为切流喂入结构转速较低，使成熟、饱满、易脱落的籽粒快速脱落下来；第二滚筒为切向喂入的轴流式脱粒滚筒，转速较高，使油菜茎秆上不十分成熟、含水率较高、未被第一滚筒脱下的籽粒在较高速旋转滚筒更强力的打击下脱落下来。籽粒在离心力作用下从凹板栅格中分离出来，茎秆从滚筒末端经排草口排出机体。

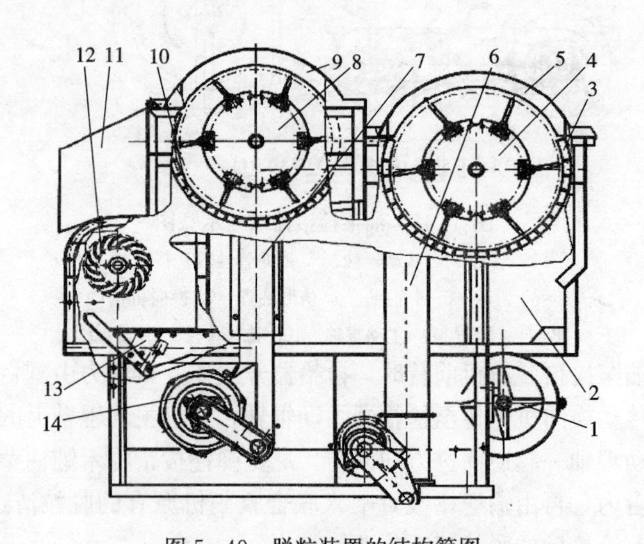

图 5－49　脱粒装置的结构简图

1. 前风机　2. 机架　3. 前凹板筛　4. 前滚筒　5. 前顶盖
6. 1 号搅龙　7. 2 号搅龙　8. 后滚筒　9. 后顶盖
10. 后凹板筛　11. 排草口　12. 后风机　13. 往复筛　14. 复脱筒

清选装置采用单风机—双层振动筛结构，上、下层为不同孔径的编织筛组合，有效分离面积大，对气流阻力小，籽粒通过性能好。整筛为可拆卸式结构，根据不同作物清选的要求，可快速更换。输送部分设计采用适当加宽方案来解决油菜秸秆粗大、滚筒喂入过程中容易堵塞的问题。

5.3.3.5　传动机构

捡拾作业时，联合收割机割台处的搅龙传动轴经主动辊一侧动力传动换向机构带动主动辊轴转动，通过主动辊轴上的链轮链条带动被动辊轴一起转动，此时捡拾输送齿带逆前进方向回转，尼龙弹性拨指将禾铺油菜挑起送入割台，由橡胶履带自走式稻、麦联合收割机原有的脱粒装置完成油菜脱粒作业。

5.3.3.6　仿形机构

在收获油菜过程中，一方面需要捡拾装置与改装后的稻麦联合收割机之间的联接为非刚性浮动联接，确保在高低不平的田间作业过程中不会因机器前部捡拾装置抬高或压低导致收获作业无法正常工作；另一方面，机器在非工作或运输状态时，前部的捡拾装置需要升起时，又不至于翻转角度过大而造成捡拾装置部件损坏。仿形机构的作用是在机器正常工作时能够使捡拾行走装置前支轮始终与地面接触，自动调节捡拾器因地面起伏或因整机下陷导致的上下波动。在非正常工作即提升捡拾装置与地面脱离接触时，能够起到捡拾装置提升翻转的限位作用，避免提升时因翻转角度过大而造成捡拾装置部件损坏。

5.3.4　油菜分段收获技术的研究与发展

通过对联合收获和分段收获的研究，大多数人认为分段收获能获得较高的产量，降低损失率，同时收获的种子含油量也较联合收获的高，这些优势在气候条件恶劣的时候显得更为突出。因此，分段收获机械化技术在我国近几年得到很大的重视。油菜分段收获技术主要对以下几方面进行了研究。

5.3.4.1 油菜品种培育与机械化收获的适应性

油菜某些生物学特性很不利于机械化收获：油菜植株下部（大约50cm以下）茎秆粗壮且坚韧，不易切割；油菜株体上部（大约60cm以上）分枝密布纵横交错，分禾困难，而且含水率高，对后续的分离、清选十分不利；成熟的果荚在受到拨禾轮、分禾板的拨动、牵拉后极容易开裂，造成落粒损失；油菜各个部位的果荚成熟很不一致，过熟的果荚在机械化收获时会开裂落粒，未成熟的青果荚又会产生脱不尽的现象，也会造成损失。可见，油菜的农艺、生物学特性对其机械化收获有着重要影响。

机械化作业对油菜品种的要求是抗裂角，抗倒伏，株型紧凑，高度适中，成熟期一致性较好。在油菜品种方面研究适合机械化生产的优质、抗倒、抗裂角、双低高产油菜品种（系），并研究适于机械化生产的农艺措施，制定适合机械化生产品种的栽培技术规程，为油菜机械化生产打好基础。

5.3.4.2 油菜割晒技术的研究

1. 割晒时机的选择 不同的收获方式，适宜收获的时期也不相同。Sims通过测定得出结论：当籽粒含水量达38%～43%时，籽粒产量最高，而当籽粒含水量达35%时，油产量最高，因此在此时期进行割晒，可获得最高产量。Loof认为，在角果黄色、籽粒变成黑色或稍后的时期内含油量达到高峰，籽粒产量一般在角果黄色时最高，收获推迟会使产量降低，但是如果能避免收获过程中的损失，推迟收获会获得更高的产量，其原因是由于千粒重在角果黄色以后的一定时期内还有所增加，因此以油菜籽含水量来判断，采用分段收获时，割晒宜在种子含水量35%～40%时进行。联合收获宜在种子含水量15%～20%时进行。含水量过低，损失严重。从油菜角果的颜色上判断，油菜分段收割的最适时期是在全株有70%～80%的角果呈黄绿至淡黄，这时主序角果已转黄色，分枝角果基本褪色，种皮也由绿色转为红褐色。

2. 割晒装备的研究 油菜割晒技术的研究主要集中在条铺形成过程以及放铺质量的研究方面。条放的形成过程起始于割台，被切割作物在割台上成三角形分布，堆聚的最大高度值与输送带的速度成反比，与机组的前进速度成正比，此外又与作物的状况有关。被切割作物在割台上堆聚是有层次的，其层次数与堆聚高度值、拨禾轮转速、压板的数目成正比。

油菜割晒机采用单带输送时，倒于输送带上的作物由于穗部与根部输送速度是一致的，割倒的作物只能在铺放口处靠输送带甩出一个角度，很难保证作物全部落在禾茬上，必然有部分作物顺茬落于地面。采用汇流输送方式，将原来的一条宽输送带改为若干条窄输送带，而且这些输送带之间呈现一定角度分布，使倒于每一条输送带上的作物向不同方向输送，实现交叉铺放。

针对油菜生长分枝多、花序长，生育后期植株倾斜，形成枝茎相互交错，分枝互相搭缠连成一片，造成割晒机拨禾轮缠绕和割台堵塞等问题，海拉尔垦区研制推广了立式割刀油菜分禾器。该分禾器可以把待割区和未割区的油菜强制切割分离，消除割晒作业中作物的缠绕现象。

国外对于油菜割晒机的研究也主要集中在拨禾轮转速、输送带转速和前进速度方面。在理论分析的基础上给出了机器前进速度与输送带速度之间的关系式。油菜割晒机铺放质量与株高及产量、作物成熟度、拨禾轮转速、输送带转速和前进速度、放铺口的因素有关，拨禾轮圆周线速度与前进速度的比值控制在1.2～1.5，输送带速度与前进速度的比值控制在1.2～1.6，铺放质量最佳。不同的拨禾轮转速、输送带转速和前进速度配合下可以形成平行放铺、人字形放铺、扇形放铺、燕尾形放铺。

面对现行油菜的生长特征和我国油菜收获期的环境条件，机械收获应采取高秆高割，即尽可能将无荚的高茬留于田间。由此能尽可能提高有效喂入量，在减少脱粒、清选等夹带损失的同时，有助于生产效率的提高，降低能源消耗，减少收获成本，提高产出效益。同时，加强旋耕埋秆机械对高留茬适应性的试验研究与示范推广，确保下茬作物顺利播栽。多方面采取措施，尽可能降低总损失率。

3. 割晒损失的研究 收获机械损失率的检验机具其性能好坏的主要指标也是用户选择机具的主要参考依据。油菜收获损失率不仅与品种、收获时间等因素有关，同时也与机具性能密切相关。油菜割晒作业时还没有完全成熟，发生在收割以前的自然落粒损失较联合收获少，在割晒作业时的损失容易发生在竖割刀分行区、横向输送过程以及铺放作业时。

农业部南京农业机械化研究所研制的油菜割晒机割晒损失在2%以内。

5.3.4.3 油菜捡拾脱粒技术的研究

1. 捡拾脱粒时机选择 油菜割晒后5～7d可进行捡拾脱粒，在早晚有露水时或在阴天捡拾脱粒，种子含水量在12%～15%为好。如收获时期过早，籽粒不能完全充实，未成熟的籽粒所占的比例高，脱粒困难，并且籽粒的品质也差；收获过迟，由于成熟籽粒的脱落而损失大，产量低，如遇阴雨，损失更重。

2. 捡拾脱粒装备的研究 国内油菜捡拾脱粒机主要有两种形式：一种为专用的捡拾台与油菜联合收获机配套，作业时将联合收获机割台拆下，更换成捡拾台即可作业；第二种形式为专用的捡拾台挂接在联合收获机割台前面即可实现作业。现有的油菜捡拾台与稻麦捡拾台差别不大，大多采用弹齿式捡拾器。农业部南京农业机械化研究所研发出了可自动仿形的独立单元式捡拾器，与割台无缝衔接，优选了捡拾器、脱粒滚筒和清选筛的参数，使捡拾损失率降到5%以下。

现有机型上的分禾立刀，由于高速往复运动将果枝果荚切断，落地损失十分严重，如果油菜播栽时使厢面宽度与收获机割幅保持一致，则可望取消该分禾装置。现有机型通过加长割台，能减少切割损失。要探索轻柔拨禾原理，减少脱粒损失，不能完全依赖于加大滚筒直径。应采取二次轴流脱粒方式。同时，为提高筛分清选能力，减少夹带损失，坚持振动筛分的同时，气流风选的最佳配合是十分必要的。鉴于油菜籽粒轻小，茎秆不宜过分打碎，以免夹带损失增加。上述这些看法还只是理性的，有待于按联合收获机合理的工艺流程，分专题开展机理研究与试验，然后对整机系统参数、结构直至制造工艺予以优化组合，包括尽可能减少机箱等密封不严、钣金件耦合不好所造成的飞溅、泄漏和残留损失。同时，针对湿软田行走装置的适应性研究也不可忽视。

在适宜的油菜品种、适度的经营规模、标准化的栽培模式等问题尚未解决之前，多种收获技术及装备并举也是符合当前乃至今后一个时期油菜的生产发展需求。如人割机脱，应重视田间移动式高性能脱扬机的研发；又如机割机脱，不仅应重视油菜割晒机的研发，还应重点支持油菜捡拾脱扬机的研发。与联合收获一样，分段收获也应力求工艺过程轻简化，也应抓住减少损失、提高效率两大技术关键开展深层次的技术创新。所以现阶段在机械化技术模式上，应该采取多技术并存、多条腿走路的方针，以加快油菜收获机械化的发展步伐。与小麦、水稻机收相比，油菜机收还刚刚起步，其技术基础十分薄弱，以致装备水平和机械化程度尚未正式纳入各级年鉴统计范畴。随着产业地位的迅速提高，加速其机械化的发展，尽快适应社会需求已成为不争的事实。但实现油菜收获机械化的难度不容轻视。

参考文献

陈凤祥，等.2010. 油菜科学栽培. 合肥：安徽科学技术出版社.

陈志，等.2007. 农业机械设计手册. 北京：中国农业出版社.

高连兴.2000. 农业机械概论：北方本. 北京：中国农业出版社.

农业部农业机械化管理司.2009. 中国农业机械化科技发展报告［M］. 北京：中国农业科学技术出版社.

王汉中.2009. 中国油菜生产抗灾减灾技术手册. 北京：中国农业科学技术出版社.

汪懋华.2000. 农业机械化工程技术［M］. 郑州：河南科学技术出版社.

吴崇友.2010. 农机具安全使用知识. 北京：中国劳动社会保障出版社.

吴崇友.2009. 农作物生产机械化 100 问. 北京：中国农业出版社.

夏晓东.1999. 耕整地机械的使用与维修［M］. 南京：江苏科学技术出版社.

肖宏儒，等.2009. 农作物秸秆综合利用技术与装备. 北京：中国农业科技出版社.

中国农业机械化科学研究院.2007. 农业机械设计手册［M］. 北京：中国农业科学技术出版社.

杜长征.2009. 我国秸秆还田机械化的发展现状与思考. 农机化研究（7）.

范伯仁.2007. 麦秸秆机械化还田与水稻机插秧集成技术要点. 江苏农机化（3）.

樊家志，徐敏.2010. 农作物秸秆机械化还田技术应用分析. 中国农业机械化信息网.

贺文胜，等.2007. 机械化保护性耕作技术——秸秆还田机和旋耕机. 当代农机（3）.

江苏省农业机械管理局.2009.2009 年全省秸秆机械化还田工作材料汇编.

縻南宏，等．2010．稻麦秸秆机械化直接还田几种新机型介绍．江苏农机化（2）．

李翰如．1962．悬挂割晒机设计的几个理论问题［A］．科学论文集［C］．北京农机学院．

李翰如．1962．配东方红-28拖拉机前悬挂割晒机设计与初步试验［A］．科学论文集［C］．北京农机学院．

林景尧，郑文华．1983．割晒机放铺质量研究［J］．农业机械学报，2：66-73．

徐顺年．2010．江苏农作物秸秆机械化还田探索与实践．首届农村废弃物及可再生能源开发利用技术装备发展论坛论文集．

杨玲．2010．合肥市油菜秸秆还田现状和对策．安徽农学通报，16（13）．

［作者不详］．2010．2010年全省麦秸秆机械化全量还田技术路线．靖江市农业委员会网站．

本书部分原色

BENSHU BUFEN YUANSE

播　种

长毯式秧苗

滚卷秧苗

卷好的秧苗

图1—10　日本水稻长毯式育秧

图1-12　日本制造的长毯状小苗插秧机

图1-16　日本采用射程近30m的喷雾机（上）和直升机（下）喷药追肥

图2-67　水田埋草起浆整地机在田间作业

图2-68　华中农业大学研制的1GMC-70 型船式旋耕埋草机一次作业可连续完成压秆→旋耕→碎土→埋草→平整等多道工序

图2-69　该机组适用于麦—稻、油菜—稻、稻—稻、绿肥—稻和休闲田等种植模式，对前茬收获后的残留秸秆高度和数量没有特定限制，适应性强

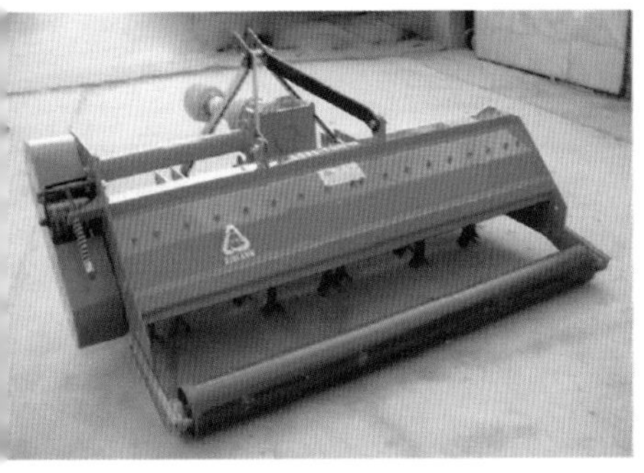

图2–89　卧式旱田秸秆粉碎还田机

秸秆粉碎还田机可对铺放田间的小麦、水稻、玉米、高粱、油菜等农作物秸秆进行直接粉碎还田

图3–68　1960年代生产的东风–2S机动水稻插秧机

图3–69　规格化育秧

20世纪70年代末80年代初，带土盘育秧插秧机与农村经济体制改革后的农村联产承包责任制经营方式相适应，既能规模化应用，又能实现一家一户的服务（图3-69，图3-70，图3-71）

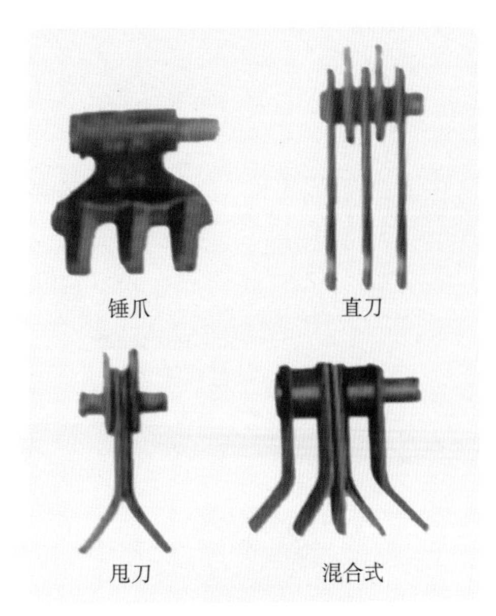

图2–90　秸秆粉碎还田机用粉碎刀

按其结构型式粉碎刀可分为锤爪式、直刀式、甩刀式和混合式几种

图3–70　独轮插秧机

图3–71　乘坐式插秧机

图3—74 软盘育秧

图3—75 精量栽插

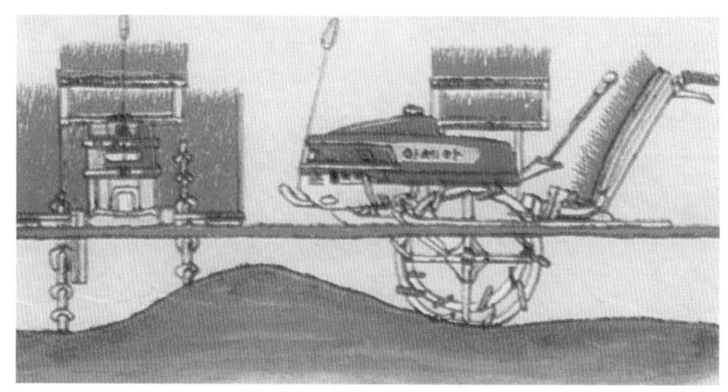

图3—76 液压仿形

图3—77 双轮驱动步行机

图3—78 四轮驱动乘坐机

水稻机械化插秧技术是继品种和栽培技术更新之后进一步提高水稻劳动生产率的又一次技术革命（图3-74，图3-75，图3-76，图3-77，图3-78）

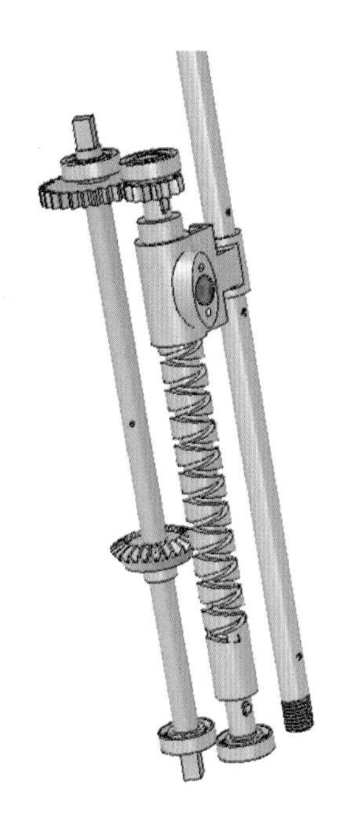

图3-99　凸轮轴组合示意图　　　　图3-101　插植臂内部构造

乘坐式插秧机的插植部主要由插植部齿轮箱、插植臂组合和液压部分等组成（图3-99，图3-101）

图3-110　多功能精量排种器

宝鸡市农科所发明的多功能精量排种器，外槽轮与窝眼孔式排种器结合在一起，适合多种作物种子播种，如油菜等小粒种子用其窝眼孔排种

图3-114　2BF-4Y油菜直播机

图3-115　2BYF-6B油菜免耕直播联合播种机

图3-116　2BY-4油菜播种机

图3-117　2BFQ-4B油菜精量联合直播机

与手扶拖拉机配套的油菜直播机（图3-114，图3-115，图3-116，图3-117）

图3-120　2BGKF-6油菜施肥播种机

图3-121　2BKF-6复式作业油菜直播机

由拖拉机动力输出轴强制驱动的代表机型有上海农业机械化研究所研制的2BGKF-6油菜施肥播种机（图3-120）和农业部南京农业机械化研究所研制的2BKF-6复式作业油菜直播机（图3-121）

图4-16　2BKY-6F型复式作业油菜直播机

油菜种植机械化生产技术集成采用模块化集成技术，将开畦沟、播种、灭茬、旋耕、施肥、覆土、地轮仿形、液压升降等不同技术与装置实施集成，实现联合作业和一机多用

图4-17　2BFQ-6A油菜少耕精量联合直播机

油菜少耕精量联合直播机可一次性完成开厢沟、破茬、带状旋耕、精量播种、正位深施肥、覆土等作业

图4-18　2BFQ-6C型油菜精量联合直播机

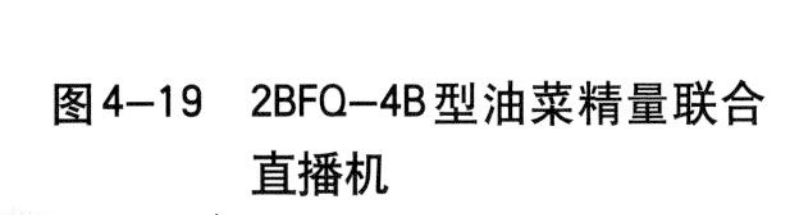

图4-19　2BFQ-4B型油菜精量联合直播机

稻茬田联合播种后出苗效果

武汉生产的2BFQ-6A（图4-17）、2BFQ-6B、2BFQ-6C（图4-18）、2BFQ-4A和2BFQ-4B（图4-19）等5种型式系列油菜精量联合直播机已投入油菜种植实际生产（图4-20）

稻茬田作业效果

高茬稻田苗情、长势

冷浸田作业效果、长势

图4–20　机具生产应用效果

油菜菌核病

病斑灰褐色或黄褐色，有同心轮纹，外围暗青色，外缘具黄色晕圈（图4-21）；病害发展后期，茎髓被蚀空，皮层纵裂，维管束外露如麻，极易折断，茎秆内形成黑色鼠粪状菌核（图4-22，图4-23）

图4-21　病叶症状

图4-22病茎剖面（菌核）

图4-23病茎症状

油菜病毒病

图4-24　花叶型（甘蓝型油菜）

图4-25　黄斑型（甘蓝型油菜）

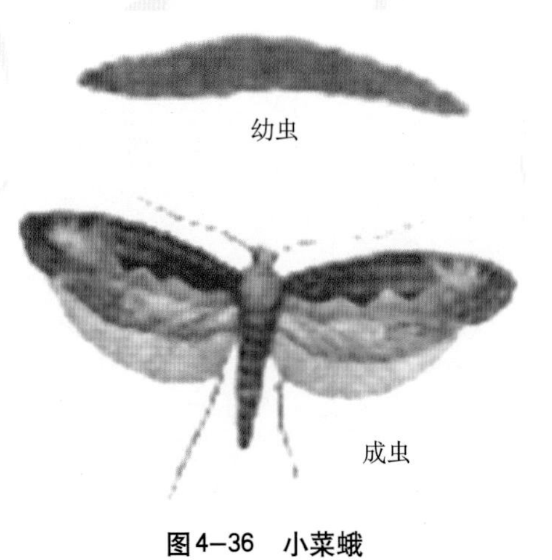

图4–36　小菜蛾

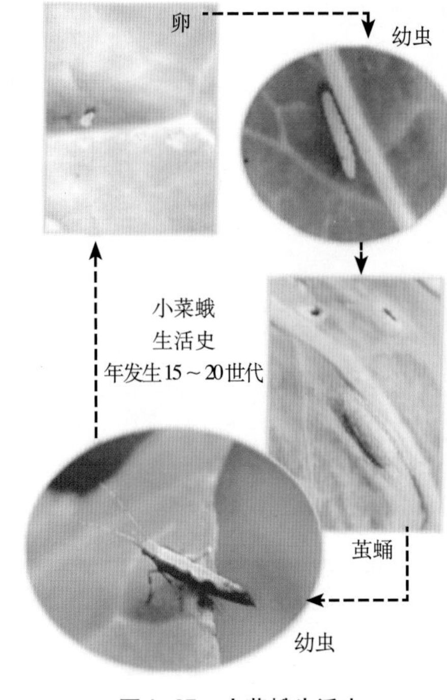

图4–37　小菜蛾生活史

油菜草害

图4–38　看麦娘

图4–39　日本看麦娘

图4–40　茵　草

图4-41　早熟禾

图4-42　棒头草

图4-43　弯曲碎米荠

图4-44　猪殃殃

图4-45　野老鹳草

图4-46　稻槎菜

图4-47　牛繁缕

图4-48　通泉草

图4-49　雀舌草

图4-50　波斯婆婆纳

图4-51　大巢菜

图4-54　喷杆喷雾机

喷杆喷雾机作为大田高效、高质量的喷洒药具，可广泛用于大豆、小麦、油菜、玉米和棉花等农作物播前和苗前土壤处理以及作物生长前期灭草、病虫害防治（图4-54）

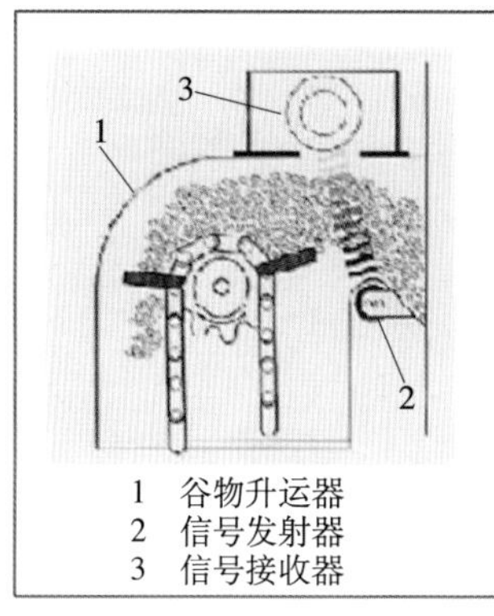

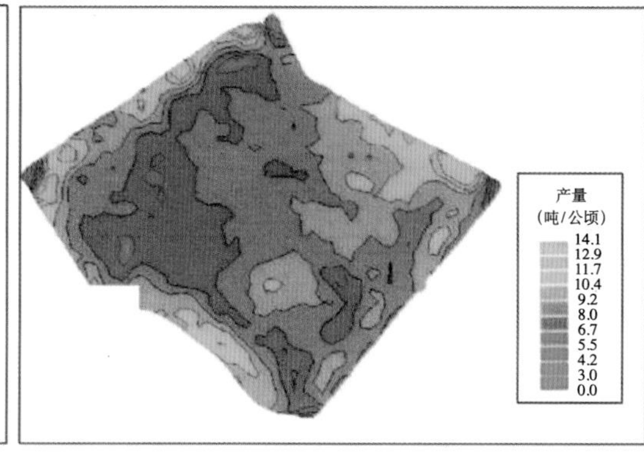

图5-22　带有产量传感器的收割机及其生产产量图

图5-41　农业部南京农业机械化研究所设计的4SY-2型油菜割晒机

图5-43　农业部南京农业机械化研究所设计的4SY-2.8型油菜割晒机

图5-44　上海农业机械研究所研制的4S-2000油菜割晒机

图5-45　黑龙江省牡丹江农垦迎丰机械制造有限责任公司研制的4FQ-5型油菜割晒机

图5-46　加拿大麦克唐公司生产的MacDon9250型自走式油菜割晒机